喷气织机和织造研究

张俊康　著

PENQI ZHIJI HE ZHIZAO YANJIU

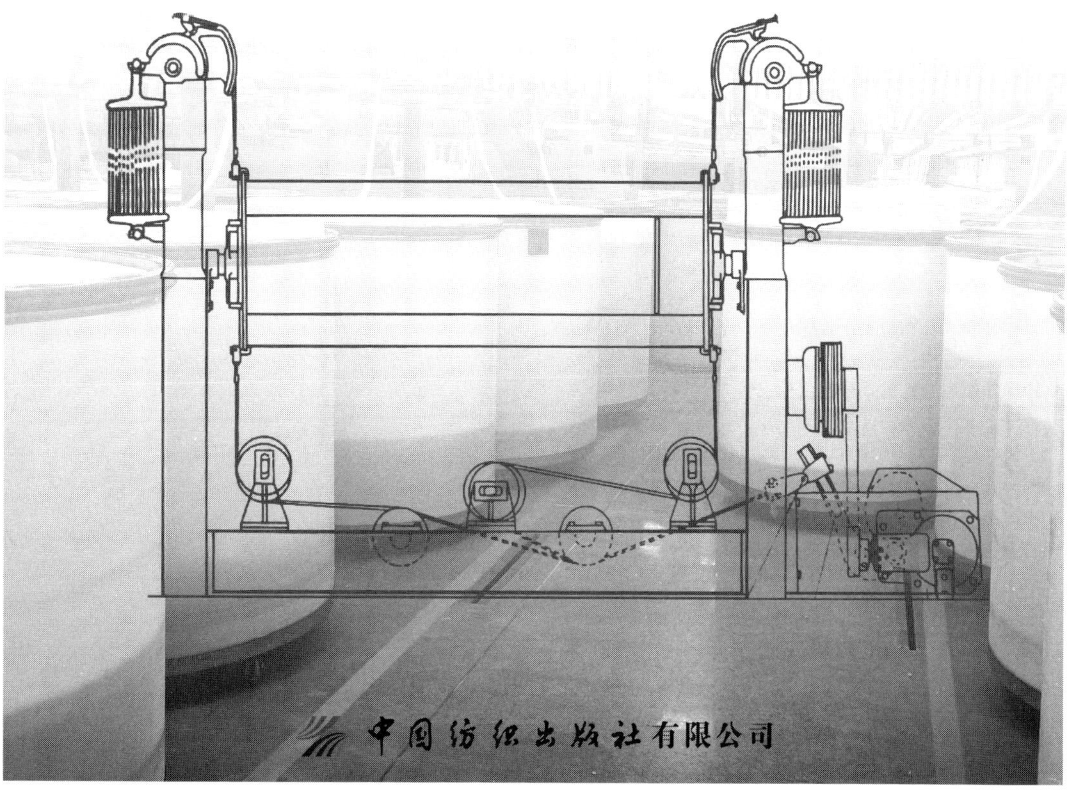

中国纺织出版社有限公司

内 容 提 要

本书从喷气织机机构与工艺、引纬问题研究、织口纬向条带的研究、浆纱与煮浆问题研究四方面介绍了喷气织机等设备的消化吸收成果以及在织造过程中易产生的一些疑难或"熟视无睹"问题的研究成果,以解决生产实际问题为目的,内容具有一定的实用价值。书中提倡模型化、公式化、数据化、图形化、智能化、便利化,其中把实际问题简化成模型是一大创新。

本书适合织造及纺织机械行业的工程技术人员、科研人员和纺织院校的师生阅读参考。

图书在版编目(CIP)数据

喷气织机和织造研究/张俊康著. --北京:中国纺织出版社有限公司,2022.3
ISBN 978-7-5180-9112-6

Ⅰ.①喷… Ⅱ.①张… Ⅲ.①喷气织机-研究 Ⅳ.①TS103.33

中国版本图书馆 CIP 数据核字(2021)第 229643 号

责任编辑:孔会云　　责任校对:楼旭红　　责任印制:何　建

中国纺织出版社有限公司出版发行
地址:北京市朝阳区百子湾东里 A407 号楼　邮政编码:100124
销售电话:010—67004422　传真:010—87155801
http://www.c-textilep.com
中国纺织出版社天猫旗舰店
官方微博 http://weibo.com/2119887771
唐山玺诚印务有限公司印刷　各地新华书店经销
2022 年 3 月第 1 版第 1 次印刷
开本:710×1000　1/16　印张:21.5
字数:366 千字　定价:88.00 元

前　　言

众所周知,对引进设备要进行消化吸收,即寻找引进设备的规律性,进而掌握并应用于生产。至于创新,可以是在引进设备的基础上进行创新,也可在原有设备的基础上进行创新。

本书主要介绍作者对喷气织机等设备的消化吸收成果和对织造过程中的一些疑难或"熟视无睹"问题的研究成果。

本书内容以解决实际问题为目的进行研究,故具有一定的实用价值。书中提倡和追求模型化、公式化、数据化、图形化、智能化、实用化、便利化。能把实际问题简化成合理的模型是一大创新。建立了模型就抓住了主要矛盾,便于应用数学方法解决问题,应用数学方法可以使逻辑性更强,可以推导出公式。公式是对规律的最简洁描述,便于得出数据,用数据说话,公式还可以直接应用于那些需要靠多年经验积累才能解决的问题,数据太多,则不直观,画出图形,往往能达到一目了然的效果。公式或公式推导过程的缺点是烦琐、枯燥,而理解公式也需要一定的基础知识,有时使读者摸不着头脑或望而却步。对于比较复杂的公式和计算过程,本书是这样解决这个矛盾的,将计算过程编写成 MATLAB 程序,放在 Excel 电子表格中,在表中标注颜色,供读者填写基础数据。读者只要按说明把基础数据填入颜色格中,然后将整段程序复制,粘贴到 MATLAB 命令窗口,计算机就会自动运行,给出所要的数据或图表。这实际上是要求读者作一个填空工作,而填空工作只要看懂问题、基础数据及其代号、要求输出项目的代号就可以。例如,四连杆打纬机构,基础数据是四个杆的长度、曲柄转动中心的坐标、筘座(或摇杆)转动中心的坐标、筘座与摇杆的夹角、车速。如果是 ZA200 织机,前七个基础数据都已填在颜色格内,车速也填了一种,读者如果要改变车速,只要把指定的车速填到车速栏的颜色格内,然后把编好的程序复制、粘贴在 MATLAB 命令窗口,计算机就会自动运行,画出筘座角位移、角速度、角加速度与主轴转角的关系图并给出有关数据。如果是 ZAX-E 织机,前七个基础数据在书中已给出,需要读者按说明填入颜色格内,填入方式完全一样。如果是其他织机,则需要读者收集基础数据,然后填入颜色格内,复制和粘贴方式完全相同。这样便可节省时间,既得到深层次的研究结果,又实现了计算过程的简单化、便利化。

本书建立的主要模型如下:

（1）建立了浆槽浆液的输入输出模型，画出了浆槽浆液新鲜度、各桶浆液百分比与整个浆纱过程的时间关系图，对于使用淀粉浆和分析毛轴及选用浆料配方有重要意义。

（2）在考虑停经片运动条件下，建立了经纱张力与开口机构、打纬运动、送经运动及经向各工艺参数以及纱线原料性能的数学关系方程，通过数值方法和语言程序较准确地计算出织造过程中任一瞬时的经纱张力，并画出整个织造过程中的经纱张力曲线，这样就可以把大多数经向工艺试验放在计算机里作，便于优化工艺和提高布机效率。

（3）打纬时，织口到边撑握持点之间的织物条带的撑幅实际上是由边撑和钢筘共同完成的。将该织物条带抽象为平面网络模型，计算出打纬时从中间到两边各根经纱的张力大小及摩擦力大小等，进而可以解释许多织造现象并解决一些织造问题。

（4）纱线在气流中的摩擦系数一般是通过实验求出力，然后折算出来的。本书将纱线简化成狼牙棒模型，可以用纺织企业一般的试验数据和本书中编制的程序直接计算出摩擦系数。

（5）通过建立一系列小力学模型来计算储纬鼓上纱线的卷绕张力和退绕张力，最后给出近似但简捷的计算公式，对求引纬力和节能都具有重要的意义。

（6）通过力学计算，进而讨论喷气织机卷取胶辊的“卷而取之”和“卷而不取”的问题，对选用糙面皮并延长其使用寿命等有益。

（7）建立斜面模型，计算织轴轴芯和边盘受力。

本书是《喷气织机使用疑难问题》（中国纺织出版社 2001 年出版）的姊妹篇，和《喷气织机使用疑难问题》构成了一个相对的整体，两书在内容上互补，在《喷气织机使用疑难问题》一书中还提出过几个模型（有的模型作者在文章中已先提出，然后引用到该书），如

（8）将辅喷气路间歇流简化为充放气问题模型，从而计算出辅喷嘴出口处任一瞬时的气流参数，如气压、流速、温度、流量等。

（9）将绳状绞边画成几何模型，提出绳状绞边的五种曲线形式［A、B（特殊形式为 B_0）、C、D、E］，提出了纬密越大或纬向紧度越大，绳状绞边应越细等观点，对解决松边问题具有重要意义。

（10）查清了断一撮纱的基本原因，根据织造过程中经纱与喷气织机停经架前后边框的位置关系，将停经架位置分成 a、b、c、d 四种形式，通过理论和实践证明了 d 形式对于解决停经架处毛羽粘连和断一撮纱等问题有奇效（特别是高密织物）。

（11）建立了绳状绞边机构张力杆的摆动方程，给出绞边经纱的一般张力曲线，

并指出开口臂孔眼中心的运动轨迹是极扁的椭圆。

(12)下层经纱紧，上层经纱松，且打纬角小于90°，有利于打纬，该书通过力学模型解释了造成这种现象的原因是：下层经纱与纬纱的滑动摩擦包角减小（与对称梭口相比），且纬纱在上层经纱上滚动（至少部分段是这样）。

(13)介绍了作者为制织色织物编制的工艺设计自动化程序软件，该软件使工艺设计时间大大降低。

(14)提出减少异型筘磨损、提高使用寿命的方法，获普遍推广。

创造性是书的灵魂，也是最花工夫的。作者提出的模型多数具有创造性。

由于本书研究的都是纺织企业遇到的基本问题（大部分还是基础性的技术问题），所叙述的大多数原理不会随机型更新或有些机构尺寸及工艺变化而改变，本书涉及的织造共性问题也适用于其他织机，因此具有长期价值。

本书分为四章，分别是喷气织机机构与工艺、引纬问题研究、织口纬向条带的研究、浆纱与煮浆问题研究，重点介绍喷气织机及织造方面的疑难问题。

由于作者水平有限及条件限制，本书缺点、错误在所难免，敬请读者批评指正。

张俊康

2021年3月

目　　录

第一章　喷气织机机构与工艺

第一节　经位置线及构成部件

经位置线是指在织机综平时，胸梁、织口、综眼中心、停经架、后梁之间的织物或经纱构成的折线。对于喷气织机来说，经位置线是指在织机综平时，边撑杆的托布杆、织口、综眼中心、停经架、后梁之间的织物或经纱构成的折线。这根折线是经纱或织物受若干机部件约束以及经纱张力形成的。为了便于分析，经位置线上各点需要有一个共同的坐标系，使用的度量单位也需一致。从侧面看，将墙板的上平面作为 X 轴，自机前向机后为 X 轴正方向；将墙板的前侧面作为 Y 轴，自下向上作为正方向；坐标原点（0，0）定在墙板的前上角。为叙述方便，把这个坐标称为绝对坐标。在实际生产过程中，为测量、操作方便，在设定工艺参数时，往往采用相对值，如第 1 页综框高度 152mm、停经架高度 3 格、后梁位置后 6 格等，实际上是分别用来表示第 1 页综框的综眼中心位置、停经架处纱线高度位置、后梁轴心的前后位置的。但这些值，使用的长度单位也不一样，不能直接表示经位置线上的点。从分析的角度看，这些工艺是碎片化的。本节的任务是，以 ZA203 织机为例，说明工艺参数值和绝对坐标值之间的关系。对于工艺参数值，在本节中，一律在工艺参数名称前加上工艺二字，以示与绝对坐标参数值的区别。如第 1 页综框高度 151mm，称为第 1 页综框工艺高度 151mm。绝对坐标参数值名称如综眼中心高度则直接称呼。织机的墙板是织机上许多零部件的承载体，墙板又分为左墙板和右墙板。墙板都呈箱形形状，连杆和齿轮等部件都封装于内。墙板高 920mm，长（前后方向）920mm。另外还有小机架也分为左右两部分，主要用作织轴、后梁等的支撑。需要说明的是，本节虽以 ZA203 织机为例，但 ZA203～ZA209 织机工艺参数与绝对坐标值之间的计算关系几乎完全一样，ZA202 织机除边撑杆角度外，其他尺寸的计算关系式也同 ZA203 织机。ZAX-E 织机经停架、后梁位置的计算关系也同 ZA203 织机。本节的计算方法也可供其他织机参考。本节的公式虽然多，对于 ZA203 织机，只要将经向工艺填写成第四节表 1-4-1 的形式，运行第四节的表 1-4-2 与表 1-4-3 的（程序），十几秒后，可将经向工艺控制元件或要素的坐标化成绝对坐标值。

一、小托布杆的位置和织口位置

直接影响织口高度的主要部件是与边撑杆固装在一起的小托布杆的高度，而影响小托布杆高度的部件是胸梁、边撑杆托脚及垫片厚度、边撑杆尺寸和倾斜角，边撑杆与小托杆之间的距离等。

胸梁固装在墙板上，胸梁上平面低于墙板上平面 36mm（图 1-1-1），边撑杆托脚下平面安装在胸梁上，上面的斜槽，安装边撑杆。斜槽的倾斜角是 8°，决定了边撑杆上平面的倾斜角也是 8°，边撑杆呈正梯形形状，边撑杆下边长 25mm，梯形两斜边与下边组成的角度都是 75°，边撑杆厚度为 11mm。边撑杆最高点与托脚下平面的垂直距离为 53mm。在边撑杆上安装着托布小杆，按安装要求，托布小杆最高点在边撑杆上平面的 8°延长线上，托布小杆最高点与边撑杆最高点之间的水平距离为 47mm（如果安装有两个小托布杆，以后面的小托布杆为准），则托布杆最高点高于边撑杆最高点 6.61mm。织口高度主要由托布杆最高点位置确定。根据品种不同，边撑杆托脚下垫不同厚度的垫片。故：

$$\text{托布杆最高点的 } Y \text{ 坐标}=53+6.61-36+\text{垫片厚度} \quad (1)$$

$$=23.6+\text{垫片厚度}$$

托布杆最高点的前后位置由筘座轴心位置、筘座摆动到前死心时异型筘筘槽上鼻梁与边撑盒盖外侧之间的间距，以及边撑盒盖外侧与托布杆最高点之间的距离决定。一般规定，筘座摆动到前死心时，异型筘筘槽上鼻梁与边撑盒盖外侧之间的间距为 2mm（高密织物最小可小到 1mm），在此条件下，托布杆最高点与筘槽打纬点的水平距离约为 14mm。筘座轴轴心的绝对坐标是（415，-166），自轴心至筘座槽槽底的距离是 147mm，筘底面到筘槽上壁的距离是 56mm，自筘座轴轴心至筘槽上壁的距离是 203mm，打纬点与轴心的距离约是 201mm，ZA203-190 织机打纬机构是四连杆机构，曲柄半径是 35mm，牵手长度是 75mm，摇轴长度是 145mm，摇轴中心与曲柄轴中心处于同一垂面上，但摇轴中心高于曲柄轴中心 160mm。筘座与摇轴的夹角是 152°。可以算得，筘座摆角为 27.94°，其中前摆角为 13.92°，后摆角为 14.02°。故：

$$\text{托布杆最高点的 } X \text{ 坐标}=415-201\times\sin 13.92°-14\approx 353 \text{ (mm)}$$

$$\text{边撑杆最高点的 } X \text{ 坐标}=353-47=306 \text{ (mm)}$$

$$\text{织口 } X \text{ 坐标}=\text{托布杆最高点的前后位置}+14=353+14=367 \text{ (mm)}$$

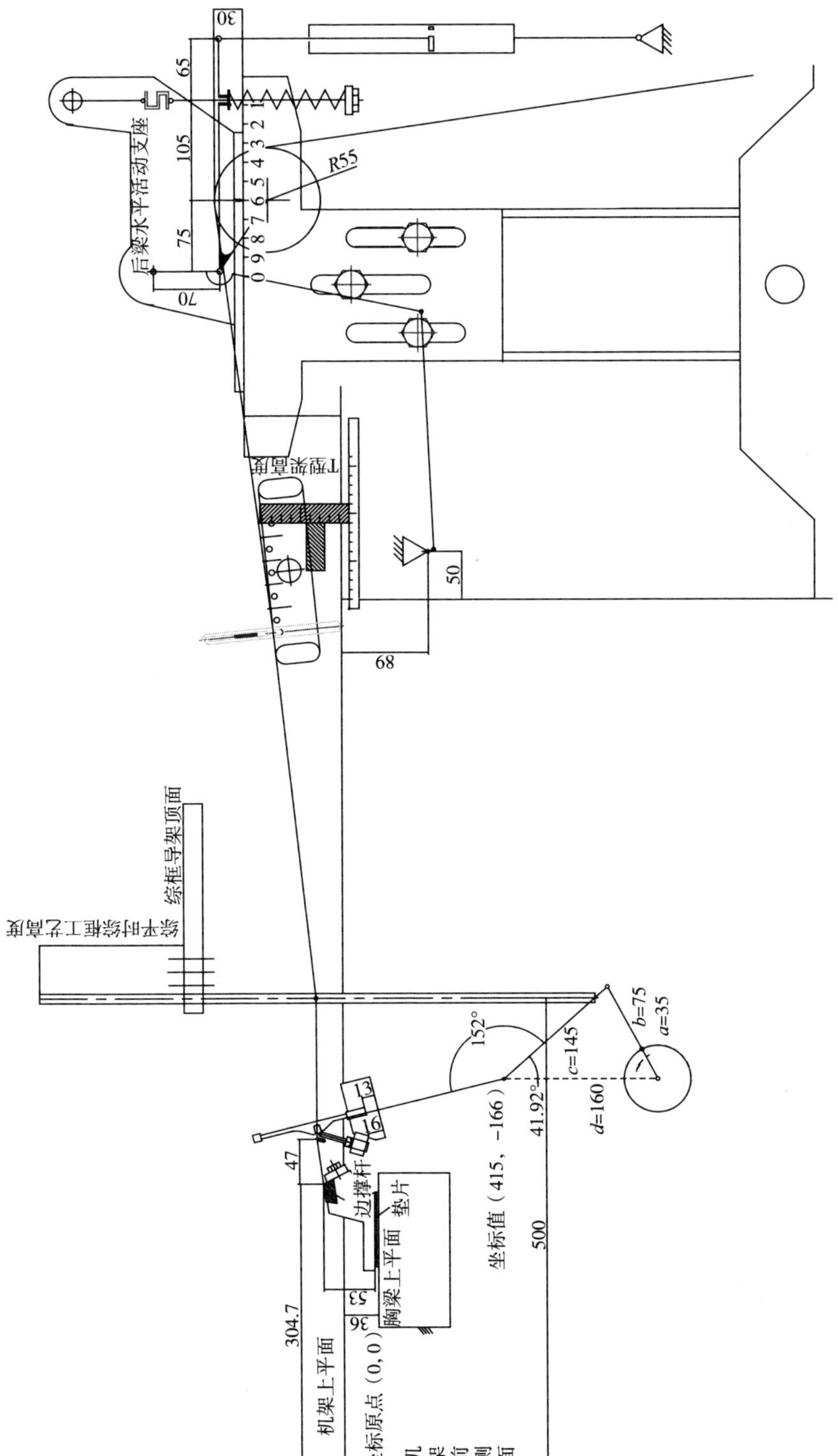

图1-1-1　ZA203织机经位置线及其有关机件示意图

上面这个式子给出的织口前后位置是打纬时至前死心时的织口位置，在综平时织口向后游移3~4mm。如果不作很深入的研究，不需考虑织口游移量，则织口的前后位置就是367mm。

织口高度由综平时综眼中心的位置和托布杆最高点位置等决定。

综平应至少涉及两页综，生产平纹织物，喷气织机大多用四页综或六页综，第1、第2页综框的综平时间和第3、第4页综框的综平时间也往往不一样。这时按各自的综平时间计算织口高度，然后综合考虑。另外为简单起见，第1、第2页综形成综平，也可只按第1页综计算。

$$织口高度=（综平时综眼中心的 Y 坐标-托布杆最高点的 Y 坐标）\times（织口 X 坐标-托布杆最高点的 X 坐标）\div托布杆最高点到综眼中心的水平距离+托布杆最高点的 Y 坐标 \quad (2)$$

一般可把织口高度看作与托布杆最高点高度同高，或低于后者1mm。如果按上面公式计算，可能得出综平时，织口位置是高于托布杆最高点高度的，但对于平纹织物，为什么平时总觉得综平时，织口位置稍低于托布杆最高点高度呢？这是因为使用喷气织机织造时，往往使用两个综平位置，如第1、第2页综框综平时间为300°，第3、第4页综框综平时间为280°或270°，而经停或纬停等停车位置一般是300°，在此时看织口使然。在经停或纬停等停车位置，恰是第1、第2页综框综平时间，而此时第3、第4页综框形成的梭口已开启到一定程度。平纹工艺，一般采用下层经纱张力大于上层经纱的不对称工艺，即使上、下层经纱开启量相同，下层经纱张力也会大于上层经纱，从而拉动织口稍向下偏。在综平位置时，自织口到综眼中心再到停经架（或后梁），是一条在综眼中心向下折的折线，当上下层经纱自综平位置开启时，下层经纱比上层经纱多一个限制点即停经架前边框，下层经纱的折线会变得更长，从而张力更大。而上层经纱在开始向上运动的一小段时间内，折线的长度是缩短的，综眼中心走至织口与停经架（或后梁）的连线处，经纱折线变成了直线，这时张力最小，当综眼中心再向上走时，上层经纱才又变成折线，张力才又开始增加。所以这段时间下层经纱张力大于上层经纱张力，从而拉动织口略低于图1-1-1上画出来的预想织口。对于300°以外的角度，也存在织口略低的现象，除梭口的不对称设计外，ZA203织机的开口凸轮曲线也是原因之一。ZA203织机在设计平纹开口凸轮时，将凸轮设计成，综框在梭口满开时，在上面时停留角度（指织机主轴转过的角度）为0°，在下面停留的角度则有120°、90°、60°、30°、0°五种，分别称为P、G、Q、V、O凸轮，还有一种凸轮，使综框在最上位置停留30°，在最下位置停留60°，称为H凸轮。笔者原单位使用的凸轮属第2种，所以下梭口（下层经纱）在某段时间内已处于满开的位置，而上梭口（上层经纱）还处于向上运动或向下运动状态，只有在向上与向下的拐点处，上梭口才达到满开。

二、综眼中心的位置

首先介绍几个基本名词。

综框动程：综框最高位置和最低位置的差值叫综框动程。综平位置以上的动程叫上动程，综平位置以下的动程叫下动程。

综平高度：相向运动的两综框达到同一高度，这个高度称为综平高度。

开口时间（综平时间）：综框达到综平时织机主轴所在的角度。钢筘前死心位置对应的织机主轴角定为0°。

如果第2页综框和第1页综框的运动规律是一样的，第2页综框仅比第1页综框滞后360°主轴角，在这个前提下，当两页综框的开口动程和最低位置都相同时，两页综框或它们的综眼中心有唯一的综平高度和唯一的综平时间。就是说，第1页综框下降、第2页综框上升至综平的综平高度与第1页综框上升、第2页综框下降至综平的综平高度是一样的，而且，相邻两次综平之间的主轴转角恒为360°。例如，第1页综框下降、第2页综框上升至综平的综平高度152mm，综平时间是300°，织机主轴继续转动，当转到下一个综平位置时，即第1页综框上升、第2页综框下降至综平的综平位置时，织机主轴恰好转动了360°，则综平时间也恰好是300°，这时的综平高度也是152mm，和第一次综平高度一样。在这种情况下，第2页综框好像是第1页综框滞后了360°的影子，而第2页综框又是真实存在的。为了叙述方便，可为每页综框都虚拟一个影子综框。虚拟的影子综框满足五个条件：影子综框和当页综框的运动规律相同、综框动程相同、综框最低位置相同、前后位置即X坐标相同、影子综框比当页综框滞后（或超前）360°。影子综框和当页综框交替运动，有唯一的综平位置，本书中把这个综平位置叫做自综平位置，记为ξ_i，下标i表示综框序号，如第1页综框的自综平位置记为ξ_1，第2页综框的自综平位置记为ξ_2。影子综框和当页综框交替运动，也会产生综框的上动程和下动程，分别称为自综平上动程和自综平下动程，自综平下动程与当页综框动程的比值，称为自综平下动程系数E_1，即：

$$\text{自综平下动程系数}\ E_1 = \text{自综平下动程} \div \text{当页综框动程}$$

$$\text{自综平上动程系数}\ E_2 = 1 - \text{自综平下动程系数} = 1 - E_1$$

当第1、第2页综框的开口动程和最低位置不相同时，一般地，就会出现两组综平高度和综平时间。但只要把第 1 页综框的自综平位置 ξ_1 和第 2 页综框的自综平位置 ξ_2 定在同一坐标高度（如 152mm），则第 1、第 2 页综框的综平高度和综平时间都是唯一的。设计综框工艺高度（在最低位置）过程是：①确定综平高度；②确定第 1、第 2 页综框的开口动程；③根据凸轮类型、钢丝绳与开口臂的连接形式分别计算出第 1、第 2 页综框的自综平下动程系数，进而计算出第 1、第 2 页综框下动程；④计算出第 1、第 2 页综框在最低位置时的综框工艺高度。表 1-1-1 给出了 ZA200、ZAX 织机六种平纹凸轮在两种联接形式下的自综平下动程系数。早期的织机 ZA202、ZA203、ZA205i 的钢丝绳与凸轮开口臂之间的联接是以点联接的，后来的织机如 ZA209、ZAX-e 织机，钢丝绳与开口臂以圆弧连接。

另外斜纹织物、缎纹织物、灯芯绒织物也可分为 Q、V 两种凸轮。

表 1-1-1 还给出了综框自最高位置至综平期间主轴转过的角度，P、G、Q、V、O 凸轮约为 171°，H 凸轮为 156. 6°。了解这一点在实际中是很有用的。如已知综平是 300°，对于前五种凸轮，则综框大约在 129°时处于最高点。

表 1-1-1　六种平纹凸轮在两种联接形式下的自综平下动程系数

凸轮类型	下静止角	钢丝绳与开口臂以点联接（图 1-1-1）		钢丝绳与开口臂以圆弧联接	
		综框自最高位置至综平（°）	自综平下动程系数	综框自最高位置至综平（°）	自综平下动程系数
P	120°	171. 0	0. 3710	171	0. 3455
G	90°	170. 9	0. 4156	170. 9	0. 3888
Q	60°	171. 0	0. 4567	171	0. 4288
V	30°	170. 6	0. 4943	170. 6	0. 4659
O	0°	170. 5	0. 5288	170. 5	0. 5
H	上 30°下 60°	156. 6	0. 4910	156. 6	0. 4626

在实际使用织机或查表 1-1-1 时，必须查清楚凸轮的种类即综框下静止角的大小。判断综框下静止角的大小：一是看凸轮标记，二是从机上慢速转车判断。这里只说后者，综框在上时，凸轮的静止角为 0°，但当慢速转车，在把综框转到最高位置附近时，却感到综框在将近 30°范围内似乎没动，不妨把它称作相对静止角是将近 30°。这是因为综框动得太小，用普通的钢尺几乎量不出来，或综框运动的量被机械间隙淹没了。同样，综框在最下位置时，除真正的静止角外，还有将近 30°的相对静止角。所以，在慢速转车时，查出综框在最下位置时，有 90°或将近 90°未动，说明综框的下静止角是 60°；查出综框在最下位置时，有 120°或将近

120°未动，说明综框的下静止角是 90°，其余类推。

下面介绍综眼中心的位置。

（1）综眼中心的 X 坐标。第 1 页综中心面与机架前侧面的距离是 500mm，综框间距是 14mm，故第 2 页综中心面与机架前侧面的距离是 514mm，第 3 页综中心面与机架前侧面的距离是 528mm，一般地，第 n 页综框中心面与机架前侧面的距离 x 为：

$$x = 14(n-1) + 500 \tag{3}$$

（2）综眼中心的 Y 坐标。对于综眼中心的高度，工艺上一般是间接给出的。间接给出的方法也有两种，第一种方法是在两页综框综平时，给出综框上平面到综框导架上平面的垂直距离 H_2。ZA200 系列织机综框导架上平面高于机架上平面 166mm，有的企业的综框上平面高于综眼中心 289mm（此尺寸各企业的值可能不同，同一个企业前后两批织机也有可能不同）。故：

综平时综眼中心的绝对高度 = 166+ H_2 −综眼中心与综框最高点的距离

综框在最低位置时，综眼中心的 Y 坐标 = 166+ H_2 −综眼中心与综框最高点的距离
−综框动程×自综平下动程系数

第二种方法是当综框在最低位置时，给出综框上平面到综框导架上平面的垂直距离 $H_{2低}$，于是：

综框在最低位置时综眼中心的 Y 坐标 = 166+ $H_{2低}$ −综眼中心与综框最高点的距离

综框在综平时综眼中心的 Y 坐标 ≈ 166+ $H_{2低}$ −综眼中心与综框最高点的距离
+综框动程×自综平下动程系数

为什么采用约等于，详见第三节。

关于工艺上间接地给出综眼中心的两种方法，早期用的是第一种方法，优点是直接给出两页综框的综平位置；后来用的是第二种方法，优点是便于实际操作。还有一种方法是当综框在最低位置时直接量出机架上平面高出综眼中心的距离（说明书上称为 h 值），相当于直接给出综框在最低位置时综眼中心的 Y 坐标（$Y=-h$，这里的 h 是说明书上所称的 h 值），这种方法的好处是不受综框尺寸和综框导架位置的影响，缺点是测量不便。

三、停经架位置

ZA200、ZAX-E 织机的停经架一般有六列停经片，还有前后边框，如图 1-1-2 上的 E 部分。前后边框由扁圆管做成，扁圆管半圆周部分的外圆半径是 10mm。图 1-1-2 是停经架安装简图，停经架本体由 E、D、C 组成，D、C 可看成一个机件，E 部分根据织造情况可绕轴 D 转过一定角度固装。当 E 部分的上缘处于水平

位置时，停经架本体高度是60mm。停经架本体安装在立架B上，立架B上标有尺寸刻度，停经架本体的底面所对应的尺寸值称为停经架工艺高度（图1-1-2中的工艺高度是2.5cm）。立架B安装在停经架的水平托架A上，A上也标有尺寸刻度，立架B前侧面所对应的尺寸值称为停经架前后工艺位置（图1-1-2中的前后工艺位置是12cm，是从前向后读数的，也有的工厂从后向前读标尺，后起读数=15-前起读数）。水平托架A又安装在联接块上，联接块再与墙板固装在一起。水平托架A有前后两个安装位置（图1-1-3中记为1、2，每个安装位置有两个螺孔，笔者用点划线将它们连在一起以便观察）。联接块有上下两个安装位置（图1-1-3中记为Ⅰ、Ⅱ，每个安装位置有两个螺孔，也用点划线将它们连在一起）。停经架与联接块相互配合中，就有四个安装位置，见表1-1-2，使得水平托架A能处于上前、上后、下前、下后位置，前位置与后位置相差60mm，上位置与下位置相差30mm。当水平托架A在上前位置时，水平托架A的左上端点的绝对坐标是（910，-8）（图1-1-2）。为了后面叙述方便，把停经架前后边框最高点的连线称为停经架上平线，前后边框最高点之间的距离称为上平线长度，上平线的中点称为停经架中心，故：

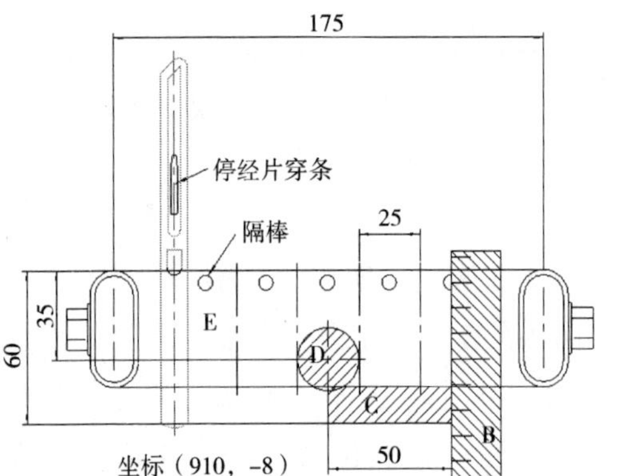

图1-1-2　停经架安装简图

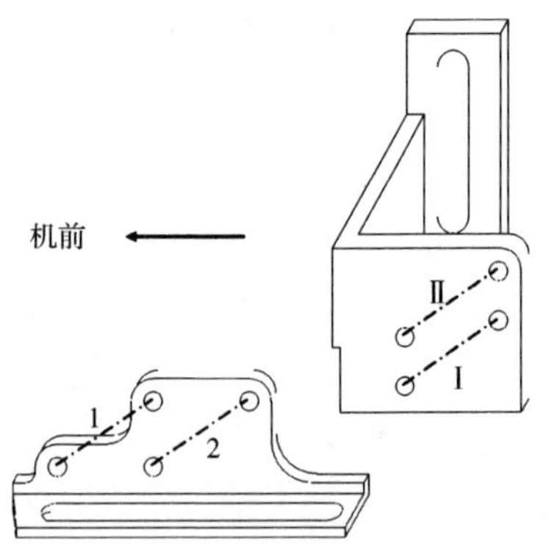

图1-1-3　水平托架A的两个安装位置

表1-1-2　停经片与联接块配合的四个安装位置

水平托架与联接块配合	停经架水平托架A实际位置	停经架水平托架A 0刻度位置的绝对坐标
（1，Ⅰ）	下后	（970，-38）
（2，Ⅰ）	下前	（910，-38）

续表

水平托架与联接块配合	停经架水平托架 A 实际位置	停经架水平托架 A 0 刻度位置的绝对坐标
（1，Ⅱ）	上后	（970，-8）
（2，Ⅱ）	上前	（910，-8）

水平托架 A 在上前或下前位置时：

$$\begin{aligned}\text{停经架中心的 } X \text{ 坐标} &= 910+\text{停经架前后工艺位置}\times 10-50-35\sin\alpha_1 \\ &= 860+\text{停经架前后工艺位置}\times 10-35\sin\alpha_1\end{aligned} \tag{4A}$$

水平托架 A 在上后或下后位置时：

$$\text{停经架中心的 } X \text{ 坐标}=920+\text{停经架前后工艺位置}\times 10-35\sin\alpha_1 \tag{4B}$$

水平托架 A 在上前或上后位置时：

$$\begin{aligned}\text{停经架中心的 } Y \text{ 坐标} &= -8+\text{停经架工艺高度}\times 10+60 \\ &= \text{停经架工艺高度}\times 10+52-35(1-\cos\alpha_1)\end{aligned} \tag{4C}$$

水平托架 A 在下前或下后位置时：

$$\text{停经架中心的 } Y \text{ 坐标}=\text{停经架工艺高度}\times 10+22-35(1-\cos\alpha_1) \tag{4D}$$

对于 ZA203～ZA209、ZAX-E 织机，停经片列间距为 25mm，上平线的长度是 175mm。早期的 ZA202 织机停经架停经片列间距也是 25mm，上平线长度是 160mm。ZAX-N9100 织机停经架停经片列间距也是 25mm，上平线长度是 200mm，停经片中间的隔棒变成了隔条，此外，它的前后边框的高度不再是 46mm，而是 50mm，停经架转轴位置也变化了。再一个停经架中间的撑脚，变得比 ZA200、ZAX-E 好。

对于停经架来说，停经架前框上缘的位置比较重要，因为在综平时，或综框运动时，下层经纱始终贴在停经架前边框上。停经架 E 部分可绕轴 D 转过一定角度（即上式中的 α_1）固装，在此条件下，停经架前框上缘的圆心的 X 坐标可按如下来写。

水平托架 A 在上前或下前位置时：

$$\begin{aligned}\text{停经架前边框上圆心的 } X \text{ 坐标} &= 910+\text{停经架前后工艺位置}\times 10-50-(175/2)\cos\alpha_1-25\sin\alpha_1 \\ &= 860+\text{停经架前后工艺位置}\times 10-(175/2)\cos\alpha_1-25\sin\alpha_1\end{aligned} \tag{5A}$$

水平托架 A 在上后或下后位置时：

$$\text{停经架前边框上圆心的 } X \text{ 坐标}=920+\text{停经架前后工艺位置}\times 10-(175/2)\cos\alpha_1-25\sin\alpha_1 \tag{5B}$$

式中：α_1 为停经架倾斜角。

水平托架 A 在上前或上后位置时：

$$停经架前边框上圆心的 Y 坐标 = (52 - 35) + 停经架工艺高度 \times 10 - (175/2)\sin\alpha_1 + 25\cos\alpha_1 \quad (5C)$$

水平托架 A 在下前或下后位置时：

$$停经架前边框上圆心的 Y 坐标 = (52 - 35) + 停经架工艺高度 \times 10 - (175/2)\sin\alpha_1 + 25\cos\alpha_1 \quad (5D)$$

若要求停经架后边框上圆心的位置，只需将式（5A）~式（5D）中第三项前的“-”号变成“+”号即可。

若要求停经架前边框最高点的 X 位置，则仍由式（5A）（5B）决定；Y 坐标则在式（5C）、式（5D）计算结果的基础上加上圆的半径。

水平托架 A 在上前或下前位置时，停经架上平线与第 n 列停经片穿条中心的交点 P_{Mn} 点的 X 坐标：

$$=860+停经架前后工艺位置\times10+[25\times(n-3)-12.5]\cos\alpha_1 - 35\sin\alpha_1 \quad (6A)$$

水平托架 A 在上后或下后位置时第 n 列停经片 P_{Mn} 点的 X 坐标：

$$=920+停经架前后工艺位置\times10+[25\times(n-3)-12.5]\cos\alpha_1 - 35\sin\alpha_1 \quad (6B)$$

水平托架 A 在上前或上后位置时第 n 列停经片 P_{Mn} 点的 Y 坐标：

$$=停经架工艺高度\times10+52+[25\times(n-3)-12.5]\sin\alpha_1 - 35(1-\cos\alpha_1) \quad (6C)$$

水平托架 A 在下前或下后位置时第 n 列停经片 P_{Mn} 点的 Y 坐标：

$$=停经架工艺高度\times10+22+[25\times(n-3)-12.5]\sin\alpha_1 - 35(1-\cos\alpha_1) \quad (6D)$$

还有几个点的位置比较重要，就是停经片隔棒的圆心点的位置 O_b，6 列停经片，共有 5 个隔棒。

水平托架 A 在上前或下前位置时，停经架第 n 个隔棒圆心 O_{bn} 的 X 坐标：

$$=860+停经架前后工艺位置\times10+25\times(n-3)\cos\alpha_1 - 28.5\sin\alpha_1 \quad (7A)$$

水平托架 A 在上后或下后位置时，停经架第 n 个隔棒圆心 O_{bn} 的 X 坐标：

$$=920+停经架前后工艺位置\times10+25\times(n-3)\cos\alpha_1 - 28.5\sin\alpha_1 \quad (7B)$$

水平托架 A 在上前或上后位置时，停经架第 n 个隔棒圆心 O_{bn} 的 Y 坐标：

$$=停经架工艺高度\times10+52-35+25\times(n-3)\sin\alpha_1 + 28.5\cos\alpha_1 \quad (7C)$$

水平托架 A 在下前或下后位置时，停经架第 n 个隔棒圆心 O_{bn} 的 Y 坐标：

$$=停经架工艺高度\times10+22-35+25\times(n-3)\sin\alpha_1 + 28.5\cos\alpha_1 \quad (7D)$$

停经架水平托架 A 最常见的安装位置是上前位置（当然这也与生产的品种和企业使用习惯有关），所以式（4A）（4C）、式（5A）（5C）用得较多。本章从现在开始，如果不作特别说明，都是默认停经架水平托架 A 安装位置在上前位置。

对于任一列停经片，也可以确定出停经片压纱点（或称为停经片挂纱点）的前后位置，也可由张力和停经片重量以及综框位置和后梁位置等确定压纱点的高度（假如停经片不跳动）。在所有的经位置点中，纱线在停经片处的经位置点是最难确定的。

停经架隔棒直径为 7mm，隔棒中心低于停经架上平线 6.5mm。

四、后梁位置

T 型架固装在小机架上，但 T 型架的高低位置可调节。T 型架上平面高于墙板上平面的距离称为 T 型架工艺高度。在 T 型架上方固装着一个可前后水平移动的支座，这个水平移动支座上安装着松经机构（实际是一个四连杆机构，见图 1-1-4）的摇杆，在松经装置摇杆的中间，安装着一个可摆动的角形杠杆，后梁是表面镀锌的圆辊，就安装在这个可摆动的角形杠杆的短杆上。经纱张力作用于后梁上，后梁再把自身的重量等和经纱张力传递到角形杠杆的短杆上，角形杠杆的长杆与送经弹簧及张力传感器连接在一起。这样送经弹簧就通过角形杠杆平衡了经纱张力。角形杠杆在织机运转时处于摆动状态，但安装时一般将角形杠杆的长杆的摆动中心调到水平位置，在此条件下，当后梁直径是 110mm 时，后梁最上端高于 T 型架上平面 30mm。后梁的高度靠 T 型架来调节，前后位置靠水平移动支座调节（松经四连杆装置的牵手长度是可变的，不影响水平移动支座和后梁的前后移动）。后梁在织造过程中是轻微摆动的，在水平移动支座上有一个记号，在水平方向恰对应着后梁轴心线摆动的中心位置。就是说，后梁轴心线摆动中心的前后位置，就是水平移动支座记号的前后位置。在 T 型架上从前到后依次刻着从 1 到 10（机上将 10 刻成 0），又从 10（机上将 10 刻成 0）到 1 共 20 个数字和 20 个线条印，每个数字对应一个线条印。相邻两个数字印的间隔为 20mm。水平移动支座上的记号对着哪个数字印，就说明后梁前后位置是几。如水平移动支座上的记号对着后面 6 那个数字印，就说后梁前后位置是后 6。数字后 10 的线条印在前后方向的坐标值是 1260（=920+340）。前面 1 到 10 个数字印，受安装尺寸限制，基本没用。所以只需写出水平移动支座上的记号与后 10 个数字印对应时的后梁前后位置即可，即：

$$\text{后梁轴心的}\ X\ \text{坐标}=1260+20\times(10-m_4)=1260+20\times(10-m_4) \qquad (8)$$

式中：m_4 表示水平移动支座上的记号正对着的线条印的记号数字（这里专指后面的 10 个数字）。

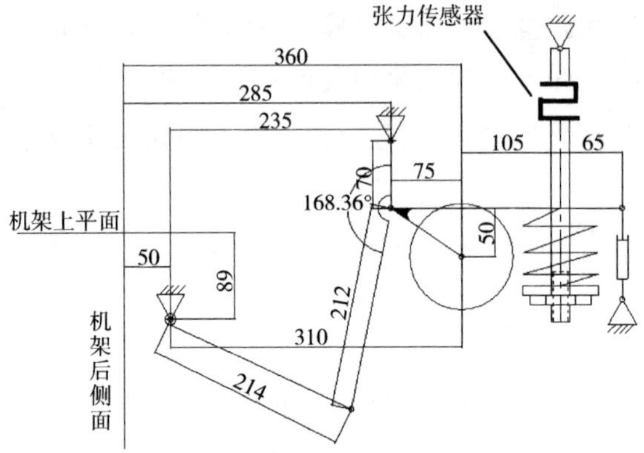

图 1-1-4　ZA203 织机松经机构

当后梁直径是 110mm 时，当后梁轴线处于其摆动中心位置时，后梁最高端高于 T 型架 30mm，前面已叙述过，T 型架上平面高于墙板上平面的距离称为 T 型架工艺高度。故：

$$\text{后梁轴心的 } Y \text{ 坐标} = \text{T 型架工艺高度} - 25 \tag{9}$$

$$\text{后梁最上位置高度（简称为后梁高度）} \approx \text{T 型架工艺高度} - 25 + \text{后梁直径}/2 \tag{10}$$

可见，后梁直径不同，即使 T 型架工艺高度相同，后梁高度也是不同的。例如，T 型架工艺高度为 90mm，后梁直径分别为 110mm、136mm，则后梁最上位置高度分别为 110mm、123mm。在要求不太高的条件下，经纱与后梁的接触点可认为是通过式（8）（10）两式计算出来的位置。在比较深入研究时，则必须把纱线与后梁圆辊的切点作为后梁位置。

ZA200- 190 织机的后梁直径为 110mm。ZAX 织机的后梁直径有 113mm、124mm、136mm 三种。

五、后梁摆动量与松经量的关系

松经机构是四连杆机构。松经装置的偏心实际就是一个变形的曲柄，偏心量 r 就是曲柄半径 r 。ZA203 织机松经机构曲柄转动中心的坐标是（970，-89），摇杆转动中心的坐标 =（后梁圆心点的 X 坐标 -75，后梁圆心点的 Y 坐标 +120）= [1260+20×（10-m_4）-75，H-25+70]，摇杆长度是 281mm，曲柄半径（即偏心量 r）可调，牵手长度按下式近似计算：

$$\text{牵手长度} \approx \sqrt{[210 + 20 \times (10 - m_4)]^2 + (H - 78 - r)^2} \approx 210 + 20 \times (10 - m_4) \tag{11}$$

式中：H 为 T 型架工艺高度（mm）。

前面已叙述过，后梁所在的角形杠杆安装在松经四连杆机构的摇杆上。摇臂总长约281mm，角形杠杆支点距摇杆摆动中心的距离是70mm，而约为前者的1/4。摇杆端点的摆动量大约是2倍的松动量（偏心量），角形杠杆与摇杆绞接点处的摆动量则大约是松经装置的偏心量的1/2。在不考虑其他因素的条件，这个摆动量可认为的由松动装置造成的后梁摆动的前后摆动量。如某平纹织物（在图1-1-3条件下），松经装置偏心量是6mm，松经机构摇杆端点摆动量是12.2mm，可认为的由松动装置造成的后梁前后摆动量是3.05mm。松经四连杆机构的特点是，曲柄半径很短，牵手长度很长，牵手长度与曲柄半径之比很大。如曲柄半径（即偏心量，松经量），早期的说明书给出的最大值是13mm，但实际上用不到这么大的值，后来的说明书给出的松经量（即偏心量、曲柄半径）见表1-1-3。早期的ZA202织机、ZA203织机的牵手长度在230mm以上，后来的织机牵手长度更长，牵手长度与曲柄半径之比更大。这个比值越大，摇杆的摆动规律越接近余弦运动规律。既使牵手长度按230mm计，松经量按最大值10mm计，角形杠杆与摇杆绞接点处的最大摆动量为5.18mm，按四连杆计算得到的摇杆的摆动规律和直接按余弦位移规律计算得到的值的最大差异仅为0.1014mm。如果不考虑后梁的上下摆动，只考虑后梁的水平摆动，那么就可以抛开四连杆机构，直接将后梁轴心的摆动写成余弦位移规律（简谐运动规律）即可。对于不带松经弹簧和阻尼器的织机（图1-1-5），就更应该将后梁轴心的摆动写成余弦位移规律了。

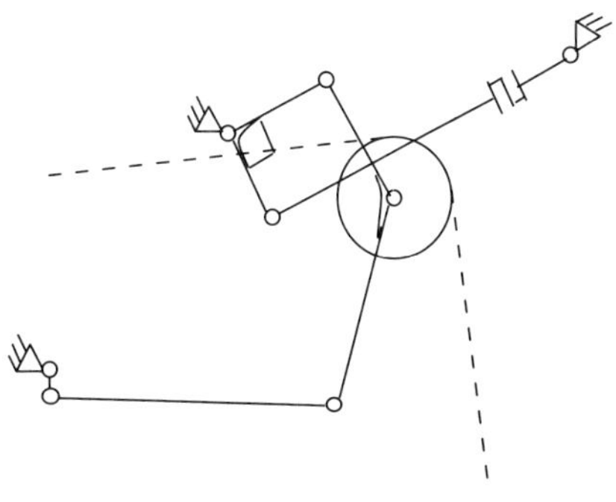

图1-1-5　无弹簧松经机构

对于ZA202、ZA203、ZA205织机，后梁轴心的摆动规律可写成：

$$x_{51} = x_{510} - r + r\{1 - \cos[\gamma - (\gamma_S - 180°)]\} = x_{510} - r + r\{1 - \cos[\omega t - (\gamma_S - 180°)]\} \tag{12}$$

式中：$r \approx$松经量/4（对于ZA202、ZA203、ZA205织机），x_{51}为后梁轴心水平坐标；

x_{510} 为按工艺计算出来的后梁轴心水平位置；γ 、γ_S 分别为刻度盘主轴转角、松经角；ω 为主轴角速度；t 为时间（s）。表 1-1-3 所示为 ZAX 织机松经量。

表 1-1-3　ZAX 织机松经量

织物种类	织物分类	松经量（mm）	
		带弹簧	不带弹簧
平纹、风格织物	府绸、细平布、防羽绒布	6~8	10
一般织物	条格色布、牛津布、细薄织物、密织细平布	6	6~8
斜纹不规则织物	斜纹、灯芯绒、牛仔布、工业资材	0~6	4~6

织轴轴心在织机上的绝对坐标是（1250，-460）。

以上经纱控制元件及其要素的坐标的计算公式是比较烦冗的，但不必担心，在第四节给出了计算程序，只要按工艺规格表填好工艺表，运行该程序，几秒钟时间可将各工艺控制元件的工艺参数对应转化成绝对坐标值。

六、ZA202 织机和 ZA203 织机工艺部件不同之处

ZA202 织机和 ZA203 织机工艺部件绝大部分相同，只有三处不同。

（1）ZA202 织机边撑杆托脚上的斜槽倾斜角是 5°，故小托布杆最上点高于边撑杆最高点 4. 1mm。又边撑杆最高点高于边撑杆托脚下平面 53mm（此值同 ZA203 织机），胸梁上平面低于墙板上平面 36mm（此值也同 ZA203 织机），故：

小托布杆最上点高度 = 53-36+4. 1+边撑杆托脚垫片厚度 = 21. 1+边撑杆托脚垫片厚度

小托布杆最上点前后位置也略有变化，可仍视同 ZA203 织机的值。前后位置略有变化，是由下面第二个不同点引起的。

（2）ZA202 织机筘座自轴心至筘座槽槽底的距离是 144mm（ZA203 织机是 147mm），筘底面到筘槽上壁的距离是 56mm（此值同 ZA203 织机），自筘座轴轴心至筘槽上壁的距离是 200mm，打纬点与轴心的距离约是 198mm（ZA203 织机约是 201mm）。

（3）停经架前后边框最高点之间的距离是 160mm，ZA203 织机则是 175mm。

七、ZAX-E 织机（指凸轮开口织机）和 ZA203 织机工艺部件不同之处

ZAX-E 织机和 ZA203 织机的墙板长和高都是 920mm，经位置线取相同的绝对

坐标系和坐标原点。

使用普通边撑杆之小托布杆（即小托布杆截面为带圆角的矩形）的 ZAX 织机，胸梁低于机架上平面 85mm，边撑杆的小托布杆的最高点高于边撑杆托脚底部 103mm。故：

$$\text{边撑杆之小托布杆的最高点的 } Y \text{ 坐标}=\text{边撑垫片厚度}+18 \tag{13}$$

使用 Γ 形托布杆（Γ 的上端伸进筘槽内）的 ZAX 织机，胸梁低于机架上平面 85mm，边撑杆的小托布杆的最高点高于边撑杆托脚底部 107.3mm，故：

$$\text{边撑杆 Γ 形托布杆的最高点的 } Y \text{ 坐标}=\text{边撑垫片厚度}+22.3 \tag{14}$$

$$\text{边撑杆 Γ 形托布杆的最高点的 } X \text{ 坐标}=\text{前死心钢筘打纬点的 } X \text{ 坐标}-4$$

ZAX 织机筘座轴轴心位置（即摇杆轴轴心位置）是（410，-170），曲柄轴轴心位置的坐标位置是（420，-335），四连杆机构曲柄的长度是 36，牵手的长度是 60，摇杆的长度是 170，曲柄轴轴心与摇轴中心的距离是 165.3028（$=\sqrt{165^2+10^2}$）。筘座轴轴心到筘座槽槽底的长度是 144.6mm，到钢筘筘槽上壁的距离是 200.6mm，打纬点与筘座轴心的距离约是 197.6mm，织口的 *X* 坐标约为 372mm。边撑杆 Γ 形托布杆最后端的 *X* 坐标约是 368mm。

ZAX 织机第 1 页综框综框中心的 *X* 坐标是 495，ZA200 织机是 500，两者的综框间距都是 14mm。综框导架最上端的 *Y* 坐标也不同于 ZA 织机。共轭凸轮开口的织机的综框间距则是 12mm。

ZAX-E 织机停经架、后梁轴心坐标位置与 ZA 织机完全相同，故坐标位置算法相同。但 ZAX-N9100 停经架形状则有些变化。

ZAX-E 织机松经四连杆机构曲柄轴（偏心轴）的轴心位置的坐标是（832.9，-110.3），摇杆轴的轴心的 *X* 坐标=后梁轴心平衡位置的 *X* 坐标-75，摇杆轴的轴心的 *Y* 坐标=后梁轴心平衡位置的 *Y* 坐标+120。连杆长度随后梁前后、高低位置变化而定。摇杆长度和形状与图 1-1-4 不同。摇杆的上半部分也是垂线，长度也是 70mm，与图 1-1-4 相同；摇杆的下半部分长度是 145mm，相对于垂线向机后偏了 6°，而不是图 1-1-4 的略向前偏。其它未提及尺寸都与图 1-1-4 相同。由此看，ZAX-E 织机的松经机构，后梁前后摆动的振幅约是偏心量的 1/3。

ZAX-N9100 织机采用积极式共轭凸轮开口，松经机构变成机外松经，有利于操作。

第二节　打纬机构运动曲线

喷气织机打纬机构分三种：四连杆打纬机构、六连杆打纬机构和凸轮打纬机构。本节只介绍前两种打纬机构。

一、四连杆打纬机构

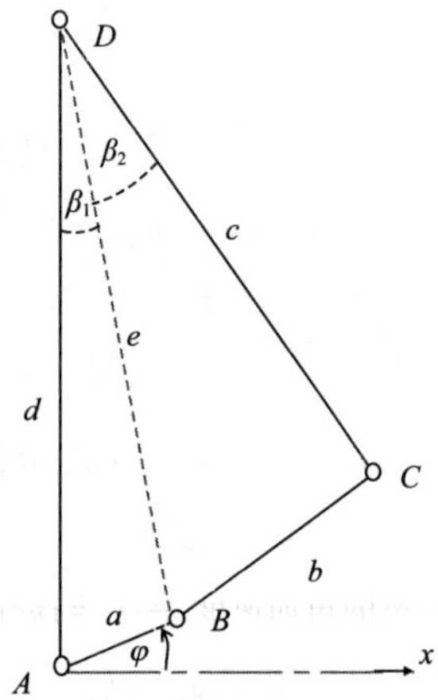

图 1-2-1　ZA200 织机打纬四连杆机构

ZA200 织机四连杆打纬机构如图 1-2-1 所示。曲柄半径 $a = 35\text{mm}$，牵手长度 $b = 75\text{mm}$，摇杆长度 $c = 145\text{mm}$，摇轴中心与曲柄轴中心处于同一垂线上，但摇轴中心高于曲柄轴中心是距离是 d，$d = 160\text{mm}$。筘座与摇轴固装在一起，筘座与摇杆的夹角是 152°。

（一）求当曲柄以角速度 ω 匀速转动时，摇轴摆动的角度、角速度、角加速度

曲柄与 X 轴正方向的夹角是 φ，$\varphi = \omega t$。作辅助线 e 使四连杆构成的四边形变成两个三角形。根据余弦定理：

$$e = \sqrt{a^2 + d^2 - 2ad\cos\angle DAB} = \sqrt{a^2 + d^2 - 2ad\cos(90° - \varphi)}$$

又由正弦定理有：

$$\frac{e}{\sin(90° - \varphi)} = \frac{a}{\sin\beta_1}$$

$$\beta_1 = \arcsin\left[\frac{a}{e}\sin(90° - \varphi)\right] = \arcsin\left[\frac{a}{e}\sin(90° - \omega t)\right] \tag{1}$$

又由余弦定理有：

$$2c \cdot e \cdot \cos\beta_2 = c^2 + e^2 - b^2$$

$$\beta_2 = \arccos\frac{c^2 + e^2 - b^2}{2c \cdot e} \tag{2}$$

$$\beta = \beta_1 + \beta_2 \tag{3}$$

上式中 β 即为摇杆转过的角度。摇轴摆动的角速度是 $\frac{\mathrm{d}\beta}{\mathrm{d}t}$，记为 ω_1，摇轴摆动的角加速度是 $\frac{\mathrm{d}^2\beta}{\mathrm{d}t^2}$，记为 ε。

（二）筘座角与摇轴角、曲柄转角的关系

筘座与摇杆固装在一起，但筘座与摇杆的夹角是 152°（见第一节图 1-1-1），故：

$$\text{筘座角}\ \beta_{\text{筘}} = \text{摇轴角}\ \beta + 152°$$

但把摇杆放到绝对坐标上，观察图 1-2-2，会发现摇杆处于第 4 象限，摇杆在绝对坐标中的角度实际是 $270° + \beta$，则筘座在绝对坐标中的角度是 $270° + \beta + 152° = \beta + 422° = \beta + 62°$，简言之，筘座在绝对坐标中：

$$\text{筘座角}\ \beta_{\text{筘}} = \text{摇杆角}\ \beta + 62° \qquad (4)$$

这时实际假定 β 是第 1 象限的角。因筘座与摇杆固装在一起，故：

$$\text{筘座的角速度}\ \frac{\mathrm{d}\beta_{\text{筘}}}{\mathrm{d}t} = \text{摇杆的角速度}\ \frac{\mathrm{d}\beta}{\mathrm{d}t} \qquad (5)$$

$$\text{筘座的角加速度}\ \frac{\mathrm{d}^2\beta_{\text{筘}}}{\mathrm{d}t^2} = \text{摇杆的角加速度}\ \frac{\mathrm{d}^2\beta}{\mathrm{d}t^2} \qquad (6)$$

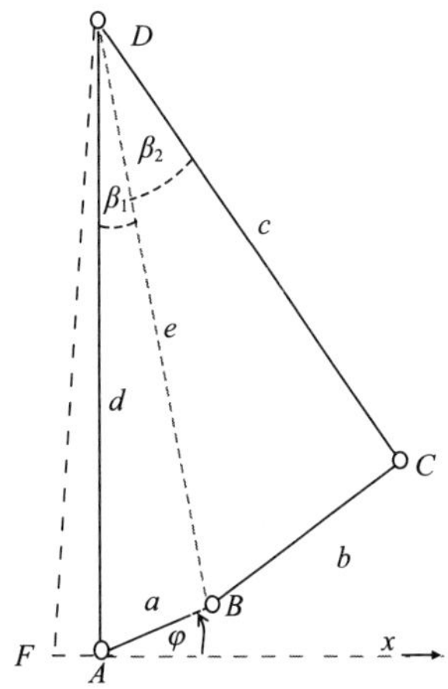

图 1-2-2　ZAX 织机四连杆机构

在曲柄和牵手转到同一条线上时（即图 1-2-1 中的 ABC 成为一条直线），AC 的长度等于 $AB + BC$，四连杆机构的四边形就变成三角形，三个边是 c、d、$a + b$，这时摇轴摆角最大，记为 $\beta_{\max}$。按照余弦定理得，$\beta_{\max} = 41.92044°$，这时也是筘座的最大角度，即钢筘摆至前死心的位置，$\beta_{\text{筘}\max} = 103.92044°$。这时对应的曲柄转角为 28.2761°，把这时的曲柄转角记为 φ_0。从本节开始，文中所说的曲柄转角 φ，都是以自机前到机后作为 X 轴正向且把 X 轴作为 0°、逆时针作为角度正方向来规定和测量的。这也与第一节所说的绝对坐标（以墙板前上角作为原点）的角度规定方法一致，干脆就把它称为绝对坐标角度。在实际使用织机时，规定筘座摆到前死心时是织机的 0°，这从装在织机曲柄轴外侧的角度盘和固定在机架上的指针可以读出来。而织机的工艺却是以曲柄轴外侧的角度盘角度为准的，如开口时间 300°等。这里把角度盘角度记为 γ，也可称为工艺角度。角度盘角度（即工艺角度）和绝对坐标角度都是表示曲柄轴转角的，但两个表示方法规定的起点不同。前者是直接能从织机外部看到的角度，后者装在织机墙板里却看不到。两者关系是：

$$\text{角度盘曲柄轴角度（即工艺角度）}\ \gamma = \text{绝对坐标曲柄轴角度}\ \varphi - \varphi_0$$

即：

$$\varphi = \gamma + \varphi_0 \qquad (7)$$

代入式（1）、式（2）、式（4）有：

$$\text{筘座摆角}\ \beta_{筘}=\arcsin\left[\frac{a}{e}\sin(90°-\varphi)\right]+\arccos\frac{c^2+e^2-b^2}{2c\cdot e}+62°$$

$$=\arcsin\left[\frac{a}{e}\sin(90°-\varphi)\right]+\arccos\frac{c^2+a^2+d^2-2ad\cos(90°-\varphi)-b^2}{2c\cdot\sqrt{a^2+d^2-2ad\cos(90°-\varphi)}}+62°$$

$$=\arcsin\left[\frac{a}{e}\sin(90°-\gamma-\varphi_0)\right]+\arccos\frac{c^2+a^2+d^2-b^2-2ad\cos(90°-\gamma-\varphi_0)}{2c\cdot\sqrt{a^2+d^2-2ad\cos(90°-\gamma-\varphi_0)}}+62° \tag{8}$$

又：

$$\gamma=\omega t \tag{9}$$

$$\frac{d\beta_{筘}}{dt}=\frac{d\beta_{筘}}{d\gamma}\frac{d\gamma}{dt}=\omega\frac{d\beta_{筘}}{d\gamma} \tag{10}$$

$$\varepsilon=\frac{d^2\beta_{筘}}{dt^2}=\frac{d\left(\omega\frac{d\beta_{筘}}{d\gamma}\right)}{dt}=\frac{d\left(\omega\frac{d\beta_{筘}}{d\gamma}\right)}{d\gamma}\frac{d\gamma}{dt}=\omega^2\frac{d^2\beta_{筘}}{d\gamma^2} \tag{11}$$

式中：ω 为织机主轴转速（1/s）；ε 为角加速度（$1/s^2$）；t 为时间（s）。

由式（10）、式（11）可见，筘座角速度与织机主轴角速度成正比；筘座角加速度与织机主轴角速度的平方成正比。

（三）四连杆打纬机构的 MATLAB 程序及打纬曲线的讨论

把 ZA200、ZAX-E 织机四连杆打纬机构的主要参数列入表 1-2-1 中，用 MATLAB 语言并结合数值方法给出求 $\beta_{筘}$、$\omega_{筘}$、ε 的程序，填写到表 1-2-2 中。表 1-2-2 是 Excal 电子表格，使用者必须根据需要在带颜色的长方形格内填写表 1-2-1 的数据及车速、N 等数据。第 55 句的 N 表示将一个圆周分成 3600 等份，分的份数越多，计算结果越准确。表 1-2-2 中，在程序语句的后面都有对该语句的详细解释，这里就不重复了。表 1-2-2 的程序运行是非常简单的，填好色格后，用鼠标将表 2 的第 2 列至最后一列抹黑（即选择），复制，然后粘贴到 MATLAB 的命令窗口，程序就开始自动运行，几秒到十几秒后即可运行完毕，在屏幕上输出结果，并绘制出 $\beta_{筘}$、$\omega_{筘}$、ε 与刻度盘主轴转角的关系曲线。

表 1-2-1　两种四连杆打纬机构

机型	项目	ZA200	ZAX
曲柄中心位置	*X*1	415	420
	*Y*1	-326	335

续表

机型	项目	ZA200	ZAX
筘座摆动中心位置	$X2$	415	410
	$Y2$	-166	-170
四连杆机构	a	35	36
	b	75	60
	c	145	170
	d	160	165. 3027525
筘座角 $\beta_{筘}$ 与摇轴角 β 的关系		$\beta_{筘}=\beta+62°$	$\beta_{筘}=\beta+59.0796°$

对于车速 600r/min 的 ZA200 织机，在执行完第 340 句后，屏幕显示，刻度盘主轴转角、筘座角、筘座角速度、筘座角加速度如下：

dis1 =

gamma	betaKKou	omegaKKouHu	epsilon
0	103. 92	−0. 019979	−1439. 1
0. 1	103. 92	−0. 059953	−1439. 9
0. 2	103. 92	−0. 09995	−1440. 7
	……	……	
61. 9	93. 096	−17. 594	−6. 3714
62	93. 068	−17. 594	−2. 5438
62. 1	93. 04	−17. 594	1. 276
62. 2	93. 012	−17. 594	5. 088
	……	……	
180. 4	75. 983	−0. 017163	525. 58
180. 5	75. 983	−0. 0025632	525. 93
180. 6	75. 983	0. 012046	526. 27
	……	……	
359. 7	103. 92	0. 0998	−1436. 5
359. 8	103. 92	0. 059898	−1437. 4
359. 9	103. 92	0. 019971	−1438. 2

表 1-2-2　ZA200、ZAX 织机四连杆打纬机构通用程序

0	clear		
5	a=	36	%曲柄半径
10	b=	60	%牵手长度
15	c=	170	%摇轴长度
20	x1=	420	%曲柄转动中心的绝对坐标 x1
25	y1=	-335	%曲柄转动中心的绝对坐标 y1
30	x2=	410	%筘座摆动中心的绝对坐标 x2
35	y2=	-170	%筘座摆动中心的绝对坐标 y2
40	d=	sqrt（（x1-x2）^2+（y1-y2）^2）	%曲柄轴心与摇轴轴心间距
45	n=	600	%曲柄转速（转/分）
50	omega=	n/60*2*pi	%曲柄转速（弧度/秒）
55	N=	3600	%将主轴一转分成 N 等份，一般应为 360 的倍数
60	varphi0=	90-acosd（（（a+b）^2+d^2-c^2）/（2*（a+b）*d））	
65	varphi01=	atand（abs（（x2-x1）/（y2-y1）））	
70	gammadh=	2*180/N	%以角度表示的 $\Delta\gamma$
75	gammadhhu=	gammadh/180*pi	%以弧度表示的 $\Delta\gamma$
80	gamma=	[0：gammadh：2*180-2*180/N]	%工艺主轴转角 γ，以角度表示
85	e=	sqrt（a.^2+d.^2-2.*a.*d.*cosd（90-gamma-varphi0））；	
90	beta1=	asind（a./e.*sind（90-gamma-varphi0））；	%即 β_1
95	beta2=	acosd（（e.^2+c.^2-b.^2）./（2.*e.*c））；	%即 β_2
100	beta=	beta1´+beta2´；	%即摇轴 β 角
105	betaKKou=	beta+（101-acosd（（d^2+c^2-（a+b）^2）/（2*d*c）））	
110			%即筘座绝对坐标角度 $\beta_{筘}$
	%下面的程序是四边杆打纬机构和六连杆打纬机构公用程序		
300	betaKKouHu=	betaKKou*pi/180	%即筘座绝对坐标角度 β 筘（以弧度表示）
305	betaKKouHuA=	[betaKKouHu（2：end）；betaKKouHu（1）]	
310	omegaKKouHu=	（betaKKouHuA-betaKKouHu）/gammadhhu.*omega	
315		%即筘座摆动的角速度 $\omega_{筘}$（以弧度/秒表示）	
320	omegaKKouHuA=	[omegaKKouHu（2：end）；omegaKKouHu（1）]；	
325	epsilon=	（omegaKKouHuA-omegaKKouHu）/gammadhhu.*omega；	
330		%即筘座摆动角加速度 ε（以弧度/秒^2 表示）	
335	gamma=	gamma´；	%工艺主轴转角 γ，以角度表示
340	dis1=dataset（gamma，betaKKou，omegaKKouHu，epsilon）		
345	%显示工艺主轴转角 γ，筘座角 $\beta_{筘}$，筘座角速度 $\omega_{筘}$，筘座角加速度 ε		
350	ax（1）=newplot；		
355	set（gcf，´nextplot´，´add´）；		
360	plot（gamma，betaKKou-90，gamma，omegaKKouHu，´--´）；		
365		%画出筘座角-90°、角速度与刻度盘的主轴转角关系图	
370	xlabel（´织机刻度盘主轴转角 \ gamma´）；		
375	ylabel（´\ beta_ 筘 - 90°　　\ omega_ 筘´）；		
380	legend（´\ beta_ 筘´，´\ omega_ 筘´，1）；		
385	hold on		
390	ax（2）=axes（´position´，get（ax（1），´position´））；		
395	plot（gamma，epsilon，´-.´）；		
400	set（ax（2），´YAxisLocation´，´right´，´xgrid´，´on´，´ygrid´，´on´，...		
405		´box´，´off´，´color´，´none´）；	%画出筘座角加速度图
410	ylabel（´\ epsilon´）；		
415	legend（´\ epsilon´，2）；		
420	title（´图 1-2-3　筘座角度、角速度、角加速度与刻度盘主轴转角的关系图´）；		
425	A1=vpa（[max（betaKKou），max（omegaKKouHu），max（epsilon）]，6）		
430			%给出最大的筘座角、角速度角、角加速度角
435	A2=vpa（[min（betaKKou），min（omegaKKouHu），min（epsilon）]，6）		
440			%给出最小的筘座角、角速度角、角加速度角
445	A3=vpa（（A1-A2），6）		%给出最大的差异值

表 1-2-3　六连杆打纬机构运动规律计算程序前半部分

0	clear		
5	a1=	36	%曲柄半径
10	b1=	106	%牵手长度
15	c1=	100	%摇轴长度
16	x1=	420	%曲柄转动中心 A 的坐标 x
17	y1=	-335	%曲柄转动中心 A 的坐标 y
18	x2=	420-138	%摇轴 1 转动中心 D 的坐标 x
19	y2=	-335+23	%摇轴 1 转动中心 D 的坐标 y
20	d1=	sqrt（（x1-x2）^2+（y1-y2）^2）;	%曲柄轴心与摇轴 1 轴心间距
25	n=	600	%曲柄转速（转/分）
30	omega=	n/60 * 2 * pi	%曲柄转速（弧度/秒）
35	N=	3600	%将主轴一转分成 N 等份
40			
41	varphi01=	atand（abs（（y2-y1）/（x2-x1）））	
45	gammadh=	2 * 180/N	%以角度表示的△γ
50	gammadhhu=	gammadh/180 * pi	%以弧度表示的△γ
55	gamma=	[0：gammadh：2 * 180-2 * 180/N]	%工艺主轴转角 γ，以角度表示
60	e1=	sqrt（a1.^2+d1.^2-2.* a1.* d1.* cosd（180-gamma-varphi01））;	
65	beta1=	asind（a1./e1.* sind（180-gamma-varphi01））;	
70	beta2=	acosd（（e1.^2+c1.^2-b1.^2）./（2.* e1.* c1））;	
75	beta=	beta2′-beta1′	
80	beta3=	112.8	%角形摇杆本身的夹角
85	beta4=	beta3-beta-varphi01	%曲柄 2 与水平线的夹角
90	x3=	410	
95	y3=	-170	
100	d2=	sqrt（（x3-x2）^2+（y3-y2）^2）	
105	varphi02=	atand（abs（（y2-y3）/（x2-x3）））	% d2 与水平位置的夹角
110	beta5=	beta4-varphi02	
115	a2=	85.5	
120	b2=	82	
125	c2=	88	
130	e2=	sqrt（a2.^2+d2.^2-2.* a2.* d2.* cosd（beta4-varphi02））;	
135	beta11=	asind（a2./e2.* sind（beta4-varphi02））;	
140	beta21=	acosd（（e2.^2+c2.^2-b2.^2）./（2.* e2.* c2））;	
145	beta31=	beta11+beta21	
150	B1=	-（varphi02-max（beta31））+30.4+57.6	%筘座在前死心时的绝对坐标角度
155	B2=	-（varphi02-min（beta31））+30.4+57.6	%筘座在后心时的绝对坐标角度
160	B3=	max（beta31）-min（beta31）	%筘座摆幅角
165	B4=	B1-（varphi02-min（beta31））	%系数
170	betaKKou=	B4+varphi02-beta31	%筘座角 $\beta_{筘}$
175	if（abs（max（betaKKou）-101）>=1 & 90-min（betaKKou）>=14.5）		
180		B1=101	%对于没有给出摇轴和筘座定位方式
185			%的六连杆机构假定筘座在前死心时的绝对坐标角度
190			%的绝对坐标角度为 101°
195	end		
200	B4=	B1-（varphi02-min（beta31））	
205	betaKKou=	B4+varphi02-beta31	
210	[q1，q11，q111]=find（betaKKou==max（betaKKou））		
215	betaKKou1=	[betaKKou（q1：end）; betaKKou（1：q1-1）]	
220	gamma1=	[0：gammadh：2 * 180-2 * 180/N]	
225	plot（gamma1，betaKKou1）		
230	grid on		
235	title（′六连杆打纬机构筘座角与刻度盘主轴转角的关系′）		
240	xlabel（′刻度盘主轴转角′）		
245	ylabel（′筘座角′）		
250	[max（betaKKou1），min（betaKKou1），max（betaKKou1）-min（betaKKou1）]		
255	betaKKou2=	betaKKou	%令 β2=β
260	betaKKou=	betaKKou1	%令 β=β1，目的是与四连杆机构能公用
265			%第 300-455 句的语句。

注　后半部分与表 1-2-2 的第 300~455 句完全相同，故略去。

当程序执行完毕后，画出了图 1-2-3，并给出了筘座角、筘座角速度、筘座角加速度的最大值、最小值、最大差异值。

$$A1 = [\ 103.92,\ 16.244,\ 747.032]$$

$$A2 = [\ 75.9833,\ -17.594,\ -1480.39]$$

$$A3 = [\ 27.9372,\ 33.8379,\ 2227.43]$$

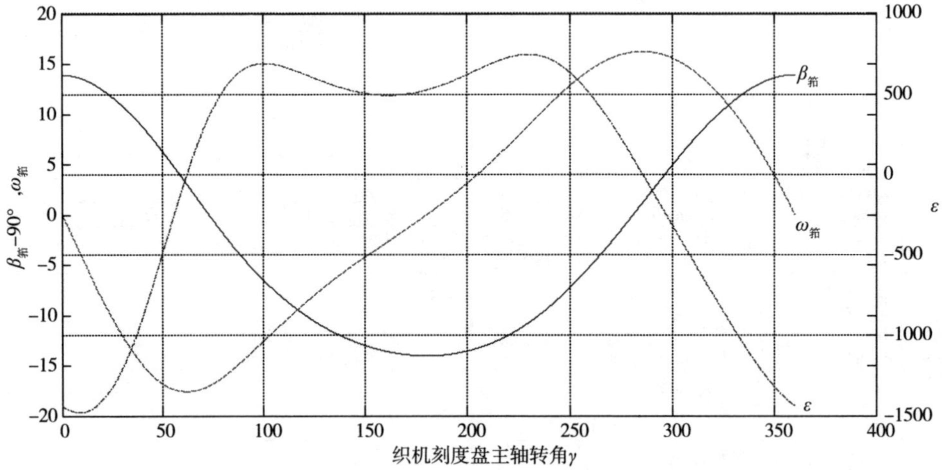

图 1-2-3　筘座角度、角速度、角加速度与刻度盘主轴转角的关系图

从给出的数据并结合图 1-2-3 可知，ZA 系列织机筘座的摆幅角为 27.94°，从筘面的竖直位置起，向后的摆角是 14.02°，向前的摆角是 13.92°，基本上是前后对称。筘打到前死心时，筘和水平位置的夹角约为 76°。若打纬时，织口布面与水平面的夹角为 4°，则打纬时钢筘与布面的夹角为 80°。从织口到第 1 页综框中心的距离约 133.4mm。筘座从最前摆动到最后主轴转角转过了 180.58°，从最后摆动到最前主轴转角转过了 179.42°。筘座向后摆动的最大角速度 17.59rad/s，向前摆动的最大转速 16.24rad/s；筘座在主轴转角 0°时的负加速度是 1439.1rad/s^2，最大的负加速度是 1480.4rad/s^2，发生在 9.4°的地方，也靠近前心，由此看来，这样的角加速度曲线是利于惯性打纬的。

用同样的方法，可以求出 ZAX 织机四连杆打纬机构有关数据和图 1-2-4。ZAX 织机筘座摆幅为 25.186°，从筘面的竖直位置起，向后的摆角是 14.186°，向前的摆角是 11°，从前到后主轴转过的角度是 158.9°，从后摆到前则是 191.1°。筘打到前死心时，筘和水平位置的夹角约为 79°。若打纬时，织口布面与水平面的夹角为 4°，则打纬时钢筘与布面的夹角为 83°。从织口到第 1 页综框中心的距离约 123mm，比 ZA200 织机少了约 10.5mm；另外，从筘面的竖直位置起，向后的摆角是 14.186°，也高于 ZA200 织机值，如果综框动程相同，则 ZAX 织机的梭口利用率要高于 ZA200 织机，而辅喷咀也容易从梭口中钻进钻出。当织机转速为 600r/min 时，筘座向后摆动的最大转速 19.80rad/s，向前摆动的最大转速 13.84rad/s；筘座在主轴转角 0°时的角加速度是 1418.9rad/s^2，最大的负加速度是 1575.1rad/s^2，发生在 17.5°，也靠近前心，由此看来，这样的角加速度曲线是利于惯性打纬的，而且不容易发生二次打纬。但角加速度曲线的变化程度明显比 ZA200 织机剧烈。

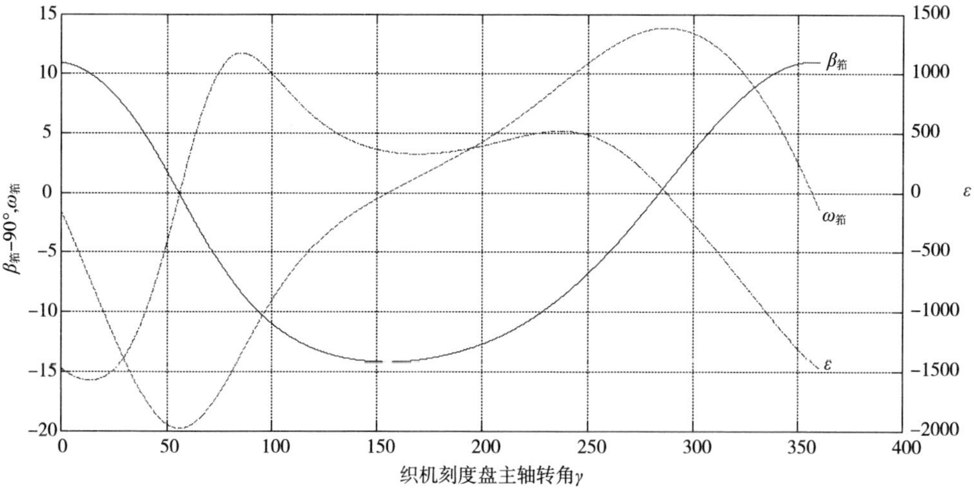

图 1-2-4　ZAX 织机筘座角度、角速度、角加速度与刻度盘主轴转角的关系图

二、六连杆打纬机构

图 1-2-5 是六连杆打纬机构示意图。它是由两个四连杆机构复合而成的。其中角形杆 *CDE* 的 *CD* 杆是第一个四连杆机构 *ABCDA* 的摇杆，同时它的 *DE* 杆又相当于第二个四连杆机构 *DEFGD* 的曲柄。实际上第二个四连杆机构是双摇杆机构，但在求解方面与曲柄四连杆机构并无什么不同。所以只要会求四连杆打纬机构运动规律，也就会求六连杆打纬机构运动规律，只是多了一个步骤。另外津田驹公司在制造织机时是按六连杆打纬机构做织机墙板的，当客户需要四连杆

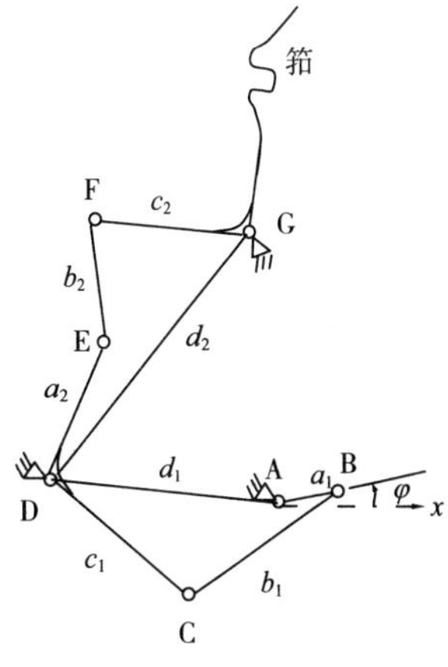

图 1-2-5　六连杆打纬机构

打纬机构时，图 1-2-5 中六连杆打纬机构的曲柄转动中心 *A* 点和筘座摆动中心 *G* 点也就变成四连杆打纬机构的曲柄转动中心 *A* 点和筘座摆动中心 *D*（图 1-2-1、图 1-2-2）了，只是把图 1-2-5 中的 *D* 点空去不用而已。表 1-2-4 给出了四套六连杆打纬机构尺寸和一套 ZAX 织机的四连杆打纬机构的尺寸。其中，作者使用的织机是 p5，p3、p1 是国内厂家设计的，p2、p4 情况不明。

表 1-2-4　打纬机构尺寸

序号		p1	p2	p3	p4	p5
曲柄中心位置 1	X1	420	420	420	420	420
	Y1	-335	-335	-335	-335	-335
曲柄中心位置 2	X2	282	282	282	282	
	Y2	-312	-312	-312	-312	
筘座摆动中心位置	X3	410	410	410	410	410
	Y3	-170	-170	-170	-170	-170
第一个四连杆机构	R1	36	35	35	36	36
	R2	106	90	103	85	60
	R3	100	102	85	107	170
	R4	139. 9035382	139. 9035382	139. 9035	139. 9035	165. 3028
角形杆夹角（°）		112. 8	104. 52	114	102	
第一个四连杆机构	R1	85. 5	84	85	87	
	R2	82	70	80	80	
	R3	88	92	85	85	
	R4	191. 1753122	191. 1753122	191. 1753	191. 1753	

图 1-2-6 给出了四组六连杆打纬机构（p1～p4）和一套四连杆打纬机构（p5）的筘座角度与刻度盘主轴转角的关系图。图 1-2-7、图 1-2-8 则给出了筘座角速度和角加速度图。其中，p1 和 p3 筘座与摇轴的错开角度按定位方法算得筘座的最前角是 101. 18°和 100. 77°，另两组都假定为 101°。这四套六连杆机构，筘座摆幅角最小的是 23. 33°，最大的是 25. 65°。和四连杆打纬机构相比，六连杆打纬机构在钢筘摆到机后有一个相对静止角，曲线的形状像平底锅，而 p3 甚至由平底变成

中凸，使得引纬角度变长。如果把钢筘摆到81.5°角以下作为可引纬角，则四连杆机构的允许引纬角范围是153°，六连杆p1到p4的允许引纬角范围分别是188°、167°、200°、181°，比四连杆引纬机构大了10%～31%。这里四连杆机构的允许引纬角范围是153°，但在织制平纹织物时，真正能使纬纱从入梭口到出梭口的实际可利用角范围一般不会超过120°，就是说，损失了约35°。若六连杆机构也损失同样的角度，则损失后六连杆机构能使纬纱从入梭口到出梭口的角度范围大约是

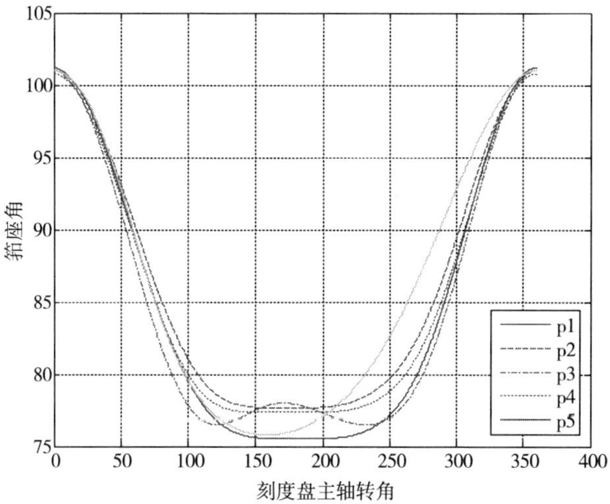

图1-2-6　四组六连杆和一组四连杆打纬机构的筘座角与刻度盘主轴转角的关系

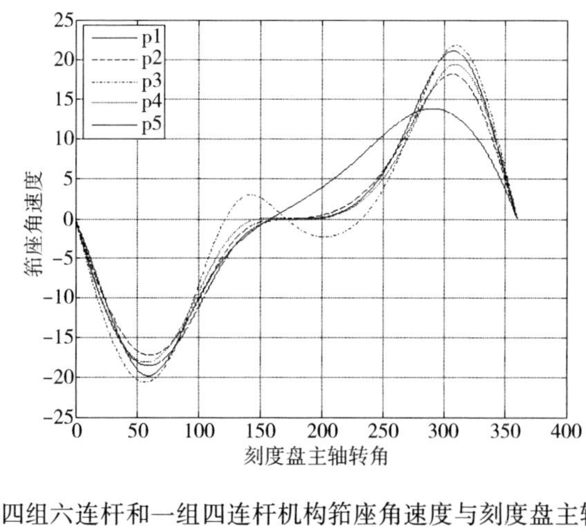

图1-2-7　四组六连杆和一组四连杆机构筘座角速度与刻度盘主轴转角的关系

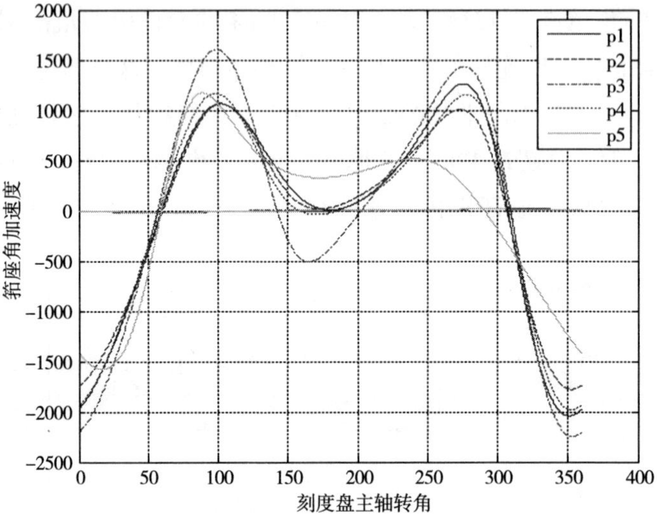

图 1-2-8　四组六连杆和一组四连杆机构筘座角加速度与刻度盘主轴转角的关系

153°、132°、165°、146°，除 p2 外，其它三套六连杆机构可使有效引纬角范围比四连杆机构提高 22%~38%，所以六连杆机构适合宽幅织机，其中 p3 最适合比较宽的宽幅织机，如 360cm 幅宽。当机幅很宽时，必然车速低，刚好弥补了 p3 的缺点。p3 的缺点是，钢筘在走到最后位置后有一个向前折返又退后，再向前的过程，这必然会使加速度增大，增大冲击与振动，加快曲柄、牵手、摇轴等机件的磨损。同样是六连杆机构，尺寸不同，曲线的形状也有一定的差异，其中差异最大的是 p3。不同尺寸的六连杆尺寸，适合不同的机幅或车速。但从允许引纬角度观察，p2 和 p4 的筘座摆幅角几乎相等，但 p2 的允许引纬角范围却比 p4 少了 10%，故 p2 似应弃用。当车速为 600r/min 时，角速度的最大最小值、角加速度的最大最小值、刻度盘主轴转角为 0°时的角加速度列于表 1-2-5。

表 1-2-5　角速度、角加速度等的最大最小值

序号		p1	p2	p3	p4	p5（四连杆）
筘座摆幅角		25.645	23.331	24.492	23.371	25.186
$\beta_{筘}$	最大	101.18	101	101	100.77	101
	最小	75.535	77.669	76.508	77.403	75.814
$\omega_{筘}$	最大	21.104	18.2	21.804	19.435	13.844
	最小	−18.528	−17.226	−20.601	−18.119	−19.798

续表

序号		p1	p2	p3	p4	p5（四连杆）
ε	最大	1262.5	1064.1	1603.9	1167.7	1173.6
	最小	-2041.1	-1777.8	-2244.8	-1978.1	-1575.1
ε（主轴角0°）		-1972.7	-1743.2	-2206.2	-1936.4	-1418.9

从表1-2-5可见，当刻度盘主轴转角为0时，六连杆打纬机构比四连杆打纬机构的负加速度增加了22%~55%，故六连杆打纬机构的打纬惯性力要大于四连杆机构。

关于六连杆机构的语言程序，前半部分写入表1-2-3中，后半部分与表1-2-2第300~455句完全相同，故略去。

三、筘座上任一点在绝对坐标中的位置

这也是一个非常重要的问题，放在第三节“开口、引纬、打纬三部分的配合”中讲述。

四、打纬惯性力

四连杆打纬机构是靠惯性力打纬的。筘座在后心位置（曲柄工艺角度约180°）时，筘座的角速度为0。筘座在曲柄轴工艺角度约270°时，角速度达到最大，此后角速度减小，当筘座摆到前死心时角速度降为0。故从曲柄工艺角度180°到270°期间，筘座是靠曲柄通过牵手推动摇杆使筘座加速的，而从270°到360°期间，筘座是靠曲柄通过牵手拖拽住摇杆使筘座减速的。如果织机不上轴，是空车运转，则在钢筘接近前死心到前死心时间段，筘座减速也是靠曲柄通过牵手拖拽降速的。筘座的转动惯量J很大而筘在前心时，负的角加速度ε又很大，这就需要很大的拖拽力矩才能使筘座角速度降为0。如果在钢筘接近前死心到前死心时间段，筘座减速不是靠曲柄通过牵手拖拽降速的，而是织物直接给钢筘作用一个阻力，使筘座速度降为0。按照作用力和反作用定律，钢筘也给织物一个作用力，这个力也就是筘座靠惯性打纬的最大打纬惯性力，记为$F_{惯性max}$。ZA203-190织机的转动惯量约为0.7kg/m^2，在织机转速为600r/min时，从本节前面的程序算得，筘座在前死心时，角加速度$\varepsilon=-1439.1s^{-2}$。根据物理知识：

$$M=F_{惯性max}l=J\varepsilon$$

式中：M为力矩；l为钢筘打纬点到筘座轴中心的距离，ZA203-190织机约

为 201mm。

$$F_{惯性max} = J\varepsilon/l = 0.7 \times 1439.1/0.201 = 5012(\mathrm{N}) = 511(\mathrm{kgf})$$

这里假定钢筘打纬角为 90°。由此可知，ZA203-190 织机在 600r/min 时，最大打纬惯性力为 511kgf。

因为角加速度 ε 与织机转速的平方成正比，所以最大惯性打纬力也与织机转速的平方成正比。在织机转速 n 不同时：

$$\text{ZA203-190 织机的最大惯性打纬力} = 511 \times (n/600)^2$$

可见提高车速可提高织机打纬力。增大筘座的转动惯量 J 也能增大最大惯性打纬力，如 ZAX 织机在筘座轴上放置配重块，配重块的重心与钢筘在筘座上重心的位置相反，达到既增加了转动惯量 J，又使筘座摆动较平稳振动较小的效果。

如果筘座的最大打纬惯性力是 511kgf，织物所需的打纬力小于 511kgf，那么即使打纬期间，仍是曲柄拉住筘座，曲柄与牵手绞接点之间的间隙、牵手与摇轴绞接点之间的间隙，就会出现在两个绞接点中心连线的内侧直至打纬过程结束；当织物所需的打纬力超过 511kgf，如 550kgf，这时曲柄就必须在极短的时间内从通过牵手拉着筘座，迅速变成通过牵手推着筘座继续前行而打紧纬纱，那么，曲柄与牵手绞接点之间的间隙、牵手与摇轴绞接点之间的间隙，就会由在两个绞接点中心连线的内侧迅速变化成在两个绞接点中心连线的外侧。这就形成了二次打纬，二次打纬的缺点是容易形成撞击，易损坏打纬机件，长期造成的振动也易损坏整个织机，容易出现稀密路，故应尽可能避免。为了顺利打纬，应使筘座的最大打纬惯性力比织物所需的打纬力大一个保险量。例如，前者是后者的两倍。

第三节　消极式凸轮开口机构

本节主要介绍 ZA200 织机消极式凸轮开口机构；计算综框运动的位移、速度、加速度；讨论了开口臂与钢丝绳的点连接、圆弧连接的综框运动规律与凸轮理论轮廓曲线规律的差异，给出了四种凸轮类型的自综平下动程系数；画出任一主轴转角时，筘座上有代表性的点与前部梭口的配合图，即开口、打纬、引纬的配合问题，给出了相应数据。并编制了全套的 MATLAB 计算和画图程序。使部分工艺设计和检验工作在计算机里就能简单、直观地完成。最后，简单地介绍了 ZAX-E 织机消极式凸轮开口机构的有关数据。

一、ZA200 织机消极式凸轮开口机构

ZA202、ZA203 织机开口机构如图 1-3-1 所示，O_2 为开口凸轮，O_3 为转子，O_3O_1A 为角形从动杆。角形从动杆的右边可称为踏杆，左边则称作开口臂。开口臂与钢丝绳的联接点为 A，联接形式如图 1-3-1 中的小图所示。O_4 为钢丝绳双槽导轮，两个槽中心的半径和形状完全相同。为叙述方便起见，把凸轮中心、转子中心、导轮中心也分别用 O_2、O_3、O_4 表示。把坐标原点设在 O_1 点。$ABCDE$ 和 $ABCDFG$ 是两路钢丝绳，在经过双槽导轮 O_4 时各绕在一槽中，但在图 1-3-1 中钢丝绳并没有画全，未画的部分是，两路钢丝绳分别从 E 点、从 G 点出发，各绕过两个单槽导轮，最后分别从综框下方的左边和右边与综框联接在一起，综框上方的左右两边则通过短钢丝绳与弹簧回综装置绞接在一起。当凸轮由小半径向大半径转动时，凸轮就推动转子使角形从动杆顺时针摆动（推程），从而克服回综弹簧的拉力拉动综框向下运动；当凸轮半径不变时，虽凸轮转动，但综框静止；当凸轮从大半径转到小半径时，回综弹簧拉动综框向上运动，进而拉动角形从动杆逆时针摆动，使转子紧贴在凸轮工作曲线轮廓侧面上（回程）。当凸轮连续转动时，综框就作规律性地上下往复运动。图 1-3-1 中的凸轮是平纹凸轮，凸轮与织机主轴的转速比是 1∶4，凸轮一转，综框作两次上下往复运动，织 4 根纬纱。故图中的平纹凸轮每 180° 为一个周期。ZA200 织机凸轮中心到从动杆转动中心的距离 O_1O_2 的长度是 162mm，踏杆 O_1O_3 的长度是 105mm，转子的直径是 62mm，凸轮中心与转子中心的距离记为 R，R 的最小值记作 R_b，称作基圆半径，ZA 织机的 R_b = 100mm，在图 1-3-1 中，凸轮恰处于 R_b 的位置，把这时也仅把这时的 O_2O_3 位置记为 $O_{20}O_{30}$，当凸轮转动时，O_2O_3 的位置是变化的，但 $O_{20}O_{30}$ 线的位置是固定不变的，为方便起见，把 $O_{20}O_{30}$ 设为凸轮转角 θ 的 0°线。凸轮转角为逆时针。

当凸轮处于 0°时，综框在最上方。凸轮设计时，R 与 θ 的关系曲线 $R(\theta)$ 称为凸轮的理论轮廓曲线，即凸轮转动时，角形从动杆上的转子中心画过的曲线轨迹。凸轮的实际轮廓曲线称为凸轮的工作曲线（图 1-3-1 中画出的凸轮），凸轮的工作轮廓曲线和凸轮的理论轮廓曲线是等距线，它们之间的距离=转子的半径。图 1-3-1 中未画出凸轮的理论轮廓曲线。图 1-3-1 中的 ω 表示织机主轴的转速，$\omega/4$ 表示凸轮的转速。$\theta = \omega t/4$ 表示凸轮的转角。ZA200 织机在凸轮设计时，R 与 θ 的关系符合简谐运动规律。即凸轮升程时：

$$R = \frac{C_1}{2}\left[1 - \cos\left(\pi\frac{\theta}{\theta_{10}}\right)\right] + R_b = \frac{C_1}{2}\left[1 - \cos\left(\pi\frac{\omega_t t}{\theta_{10}}\right)\right] + R_b \tag{1}$$

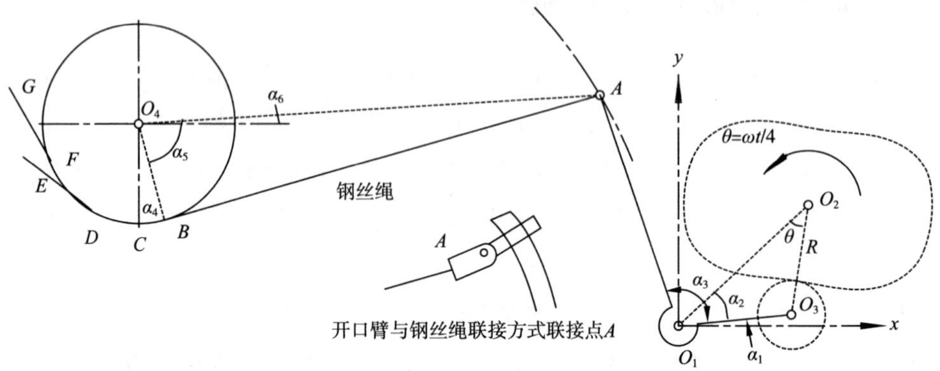

图 1-3-1　凸轮开口机构示意图

凸轮回程时：

$$R=-\frac{C_1}{2}\left[1-\cos\left(\pi\frac{\theta}{\theta_{30}}\right)\right]+R_b+C_1=-\frac{C_1}{2}\left[1-\cos\left(\pi\frac{\omega_t t}{\theta_{30}}\right)\right]+R_b+C_1 \tag{2}$$

式中：C_1 为凸轮最大半径 R_{max} 和最小半径 R_b 之差，$C_1=R_{max}-R_b$；θ_{10}、θ_{30} 分别表示凸轮推程范围角、回程范围角；θ 为凸轮转角，注意这里：$\theta=0\sim\theta_{10}$ 或 $\theta=0\sim\theta_{30}$，而不表示凸轮转动整个一周过程中的累积角；ω_t 为凸轮的转速（1/s）；t 为时间（s）。

具体地，ZA200 织机是按综框在最下位置的静止角 120°、90°、60°、30°、0°把平纹凸轮划分成五种凸轮，分别称为 P、G、Q、V、O 凸轮，这五种凸轮，上静止角都为 0°。另外还有一种凸轮，称为 H 型凸轮，H 型凸轮的上静止角为 30，下静止角为 60°。各凸轮在一个综框上下往复运动周期 180°内的角度分配和凸轮在一周 360°转角内的升程、静止、回程的范围分配见表 1-3-1。开口凸轮转一转综框升降两次，织四根纬纱。ZAX 织机的平纹凸轮也分为这六种，但开口凸轮转一转，综框升降三次，织六根纬纱，故综框的一个升降循环周期相当于凸轮转角 120°。综框静止角越小，推程角和回程角越大，则允许综框下降、上升的时间越长，故各种凸轮从低速到高速的适应性排序为 P、G、Q、V、O。综框下静止角越大，打纬时，上下层经纱的张力差异越大，越有利于打纬，在车速相同时，对于织物厚重程度的适应性的排序为 P、G、Q、V、O。综框静止角越大，相当于梭口开得较大的时间越长，越有利于开清梭口，允许的纬纱飞行角也较大，就这点说，P、G、Q 型凸轮较好。斜纹凸轮、缎纹凸轮和灯芯绒凸轮可分为 Q、V 两种凸轮。

表 1-3-1　升程、静止、回程的范围分配

凸轮代号		P	G	Q
综框最高位静止角（°）		0	0	0
综框最低位静止角（°）		120	90	60
凸轮在 180°内角度分配（°）	推程区间角	71. 25	74. 75	78. 375
	静止角	30	22. 5	15
	回程区间角	78. 5	82. 75	86. 625
凸轮转角 θ（°）	推程	0～71. 25	0～74. 75	0～78. 375
	静止	71. 25～101. 25	74. 75～97. 25	78. 375～93. 375
	回程	101. 25～180	97. 25～180	93. 375～180
	推程	180～251. 25	180～254. 75	180～258. 375
	静止	251. 25～281. 25	254. 75～277. 25	258. 375～273. 375
	回程	281. 25～360	277. 25～360	273. 375～360
凸轮代号		V	O	H
综框最高位静止角（°）		0	0	30
综框最低位静止角（°）		30	0	60
凸轮在 180°内角度分配（°）	推程区间角	81. 75	85. 25	7. 5–82. 25
	静止角	7. 5	0	15
	回程区间角	90. 75	94. 75	82. 75
凸轮转角 θ（°）	推程	0～81. 75	0～85. 25	7. 5–82. 25
	静止	81. 75～89. 25	85. 25～85. 25	82. 25～97. 25
	回程	89. 25～180	85. 25～180	97. 25～180
	推程	180～261. 75	180～255. 25	187. 5～262. 25
	静止	261. 75～269. 25	255. 25～255. 25	262. 25～277. 25
	回程	269. 25～360	255. 25～360	360

二、开口臂 A 点的运动规律和综框的运动规律及 MATLAB 程序

由图 1-3-1 知：

$$\begin{cases} \angle xO_1O_3 + \alpha_3 = \angle xO_1A \\ \angle xO_1O_3 + \alpha_2 = \angle xO_1O_2 \end{cases} \tag{3}$$

记 $\angle xO_1O_2$ 为 α_1，记 $\angle xO_1A$ 为 α_7，解得：

$$\alpha_7 = \alpha_3 - \alpha_2 + \alpha_1 \tag{4}$$

上式中，α_3、α_1 都为已知量。α_2 由余弦定理求得：

$$\alpha_2 = \arccos\left(\frac{O_1O_2^{\ 2} + O_1O_3^{\ 2} - R^2}{2 \cdot O_1O_2 \cdot O_1O_3}\right) \tag{5}$$

求出了 α_7，并已知开口臂半径 O_1A（O_1A 在公式中记为 r_1）时，就求得了 A 的坐标（x_A，y_A）。

$$\begin{cases} x_A = O_1A\cos\alpha_7 = r_1\cos\alpha_7 = r_1\cos(\alpha_1 - \alpha_2 + \alpha_3) \\ y_A = O_1A\sin\alpha_7 = r_1\sin\alpha_7 = r_1\sin(\alpha_1 - \alpha_2 + \alpha_3) \end{cases} \tag{6}$$

需要注意的是，O_1A 虽是已知的工艺调节值，可看作已知量，但 O_1A 并不是直杆，它的上半段作成圆弧形的形状，调节开口臂半径 O_1A（钢丝绳与开口臂的绞接点），是按照一条弯曲的圆弧调节的，图 1-3-1 中用点划线画出了开口臂在最左方时的这条圆弧线，其半径大约是 524.5mm，凸轮在图 1-3-1 位置时，圆弧的圆心点位置是在（-443.1，-281.0）位置，目的是保证综框开口动程与开口臂半径 O_1A 成正比（完全线性相关），这样便于调节｛L｝值。在实际工作中，开口臂半径并不好量，故量｛L｝值。｛L｝值是从开口臂顶端到钢丝绳控制夹顶端的距离（见 ZA 织机说明书图与表的中的 L），调节｛L｝值相当于调节开口臂半径。显然这里说的｛L｝值与表示钢丝绳长度的 L 值是不相同的，为了防止两者混淆，故给前者外面加了“｛｝”。由于开口臂上半段做成圆弧形，所以 α_3 不是常量。α_3 和开口动程 H 与开口臂半径 r_1 的关系见表 1-3-2。

表 1-3-2　α_3 和开口动程 H 与开口臂半径 r_1 的关系

r_1	α_3	H	r_1/H
280	132.455	110.60	2.532
260	131.336	102.70	2.532
240	130.220	94.80	2.532
220	129.114	86.90	2.532
200	128.013	79.00	2.532
180	126.920	71.10	2.532

如果 r_1 不等于表 1-3-2 中的数值，可按下面的 α_3 与 r_1 的模拟式求 α_3：

$$\alpha_3 = 0.0000084821\, r_1^{\ 2} + 0.0514553571\, r_1 + 117.3830000000$$

如果已知综框动程 H，需要反求 r_1，则按下面模拟式求 r_1：

$$r_1 = 0.00001640442890 \times H^2 + 2.52879311188929 \times H + 0.12226060600756$$

需要说明的是，由于是从机外量取数据，量得的导轮位置和 xO_1O_2 角度是有一定误差的，但把织机说明书上给出的 {L}、H 表上的比例值当作目标，来反求出开口臂（与钢丝绳绞接点）弯曲弧的圆弧半径的。这说明两点，要达到同样的目标，不是只有一套数据；通过对此系统消化吸收得到的想法，大概是符合津田驹原设计理念的。开口臂上半段虽做成圆弧状的，但将 A 点附近处的圆弧线与直线 O_1A 相比，可以看出 α_3 变化并不很大。另外，一旦开口臂半径确定，α_3 就是常量，这使计算变得方便。

开口臂的下半段做成不规则的拨杆形状，目的则是增加强度，且不与凸轮碰撞。

$ABCDE$ 和 $ABCDFG$ 是两路钢丝绳，虽然长度不同，但其中 ABC 部分两路的长度始终是相同的。由于钢丝绳伸长率很小，在一般计算时可忽略钢丝绳的伸长量，即认为各根钢丝绳的总长度是不变的，那么 ABC 部分钢丝绳长度的变化量 ΔL 就从数值上完全反映了综框位移的变化量 Δh，ABC 长度的最大变化量 ΔL_{max} 在数值上就是综框的动程 H，只是 ABC 长度变短时，综框的高度变高了，而 ABC 长度变成最长时，综框的高度却变低，所以：

$$\Delta h = -\Delta L$$

即：

$$h - h_{min} = -(L - L_{max}) \tag{7}$$

式中：L、L_{max} 分别表示 ABC 部分钢丝绳的长度和它最大时的长度；h、h_{min} 分别表示综框的高度和最低高度。

为叙述方便，令 $h_{min}=0$，则：

$$h = -(L - L_{max}) \tag{8}$$

所以，只要求出钢丝绳 ABC 长度 L 的变化规律，就求出了综框运动的变化规律。钢丝绳 ABC 的长度，又分为两部分：直线 AB 和圆弧 BC。从图 1-3-1 可知，AB 是圆 O_4 的切线，O_4B 是半径，只要求出直角三角形 O_4AB 的斜边长度 O_4A，就可求出 AB 和 α_5。α_6 也可以求出，再根据图 1-3-1 中的角度关系，就可求出 α_4，进而求出圆弧 BC 的长度。

$$AB = \sqrt{O_4A^2 - r_2{}^2} = \sqrt{(x_{O4} - x_A)^2 + (y_{O4} - y_A)^2 - r_2{}^2} \tag{9}$$

$$\alpha_4 = \frac{\pi}{2} - \alpha_5 + \alpha_6 = \frac{\pi}{2} - \arctan\frac{AB}{r_2} + \arctan\frac{y_{O4} - y_A}{x_{O4} - x_A} \tag{10}$$

$$\text{钢丝绳 } ABC \text{ 长度 } L = AB + r_2\alpha_4 \tag{11}$$

把上式代入式（8），得：

$$h = -(L - L_{max}) = L_{max} - AB - r_2\alpha_4 \tag{12}$$

式（12）就是综框位移 h 的表达式。

式（12）虽然简单，但要计算出 h 却必须从式（1）一直计算到式（12），还要分成综框下降，静止、上升三个阶段，比较复杂，故编成 MATLAB 程序（前五种平纹凸轮），见表 1-3-3。表中除计算综框的位移、速度、加速度以及综平位置外，还给出了 R 、α_7 的运动曲线，任一主轴转角时的前部梭口形状图等。如果需要计算综框位移和综平等，只需要让程序执行到 288 句；如果需要计算综框速度、加速度，需将程序执行到 446 句；如果需要画出任一页综框在 0～720°范围内任一主轴转角时的前部梭口经纱位置图，并知道梭口角的大小，需将程序执行到第 596 句；如果读者需要了解开口运动与打纬运动的配合，如筘座上某点在任一角度与上下层经纱的距离，或直观地看它在梭口中的位置，则让程序执行到最后一句。程序具体内容看程序里面的注解和说明。也有一些应用细节需注意，这在后面说到具体问题时再叙述。表 1-3-3 的程序是写在 Excel 电子表中的，因为在表格中填写和改变参数值比较方便（表中带颜色的长方形格是专门填写参数的，一般要求读者根据自己工作中的实际值填写），对需要了解的内容选择程序段也比较灵活。运行表 3 的程序也很方便，如读者想了解综框速度、加速度，则需把表 3 的第 2 列到最后一列、行数从第一句到第 446 句用鼠标选择，复制，然后粘贴到 MATLAB 命令窗口，程序就自动运行，约 20s 后，需要的数据都会显示出来，同时画出综框位移与主轴转角的关系图（图 1-3-2）。

表 1-3-3　计算综框的位移、速度、加速度以及综平位置等的程序

	% 这段程序（006-032）是把工艺给出综框动程和最低位置、开口时间等化成绝对坐标值，目的是 % 为求在任一指定的主轴角条件下，前部梭口经纱状态（y=k1 * x+b1，y=k2 * x+b2）作准备的				
006	J1=	1	;		%综框页序
008	W=	578	;		%综框宽度
010	Ghd1=	121	;		%综框工艺高度（综框最低位置）
012	GH1=	82	;		%综框动程
014	Zhq1=	500+（J1-1） * 14		;	% Zhq1—绝对坐标上综框中心前后位置
016	Zhd1=	166+Ghd1-W/2		;	% Zhd1—绝对坐标上综框最低位置
018	J2=	2	;		%综框页序
020	Ghd2=	119	;		%综框工艺高度（综框最低位置）
022	GH2=	86	;		%综框动程
024	Zhq2=	500+（J2-1） * 14		;	% Zhq2—绝对坐标上综框中心前后位置
026	Zhd2=	166+Ghd2-W/2		;	% Zhd2—绝对坐标上综框最低位置

续表

028	Gphipt=	300	;	%Gphipt—工艺开口时间
030	xzk=	367	;	%xzk—绝对坐标上织口位置（x）
032	yzk=	27	;	%yzk—绝对坐标上织口位置（y）

%下面这段程序（100-288 句）主要内容：1. 赋值；2. 分别求 R、α7、综框位移 h 与凸轮转

%角 θ（或主轴转角 φ）的关系并画图

100	% clear	;		%若从前面的 002 句开始执行，空过本句
102	% r1=	207. 5936		%开口臂半径
104		%若先给出综框架动程，则修改成（x 表示开口动程）：		
106	r1=	0. 00001640442890 * GH1^2 + 2. 52879311188929 * GH1 + 0. 12226060600756		
108	r2=	90		%钢丝绳导轮半径
110	s1=	162		%开口臂中心到凸轮中心的距离
112	s2=	105		%开口臂中心到转子中心的距离
114	Rb=	100		
116	x01=	0		%开口臂（角形从动杆）支点坐标
118	y01=	0		
120	x02=	120		%凸轮转动中心坐标
122	y02=	108. 83		
124	x04=	-933		%导轮坐标
126	y04=	182		%
128	thetadh=	0. 00625		%△θ，表示 θ 间隔的小区间，应取 1/8，1/16，
130				% 1/32，……，或 0. 01，0. 005，0. 001，…
132	hmin=	0		%hmin—综框最低位置
134	alpha1=	atan（y02/x02）；		%α1
136	alpha3=	（0. 0000084821 * r1^2+0. 0514553571 * r1+117. 3830000000）/180 * pi；		
138				
140				%α3，这里用的是模拟式
142	theta10=	74. 75		%θ10
144	theta20=	22. 5		%θ20
146	theta30=	82. 75		%θ30
148	theta1=	0：thetadh：theta10；		%这三句是在 θ10、θ20、θ30 范围内给 θ 赋值
150	theta2=	（theta10+thetadh）：thetadh：（theta10+theta20）		
152	theta3=	（theta10+theta20+thetadh）：thetadh：180		
154	theta=	［theta1′；theta2′；theta3′］		%在 0~180°内的 θ 值
156		%g 下面 5 句分段写出半径 R，并把它合并在一起		
158	R2=	zeros（length（theta2），1）		
160	R1=	46/2 *（1-cos（pi * theta1/theta10））+100		
162	R2（:）=	146		
164	R3=	146-46/2 *（1-cos（pi *（theta3-theta10-theta20）/theta30））		

续表

166	R=	[R1′; R2; R3′]	
168			
170	alpha2=	acos ((s1^2+s2^2-R.^2)./(2*s1*s2))	%α2
172	alpha7=	alpha1-alpha2+alpha3	%α7
174	xA=	r1.*cos (alpha7)	
176	yA=	r1.*sin (alpha7)	
178	AB=	sqrt ((xA-xO4).^2+(yA-yO4).^2-r2.^2)	
180	alpha5=	atan (AB./r2)	%α5
182	alpha6=	((atan ((yA-yO4)./(xA-xO4))))	%α6
184	alpha4=	pi/2-alpha5+alpha6	%α4
186	L=	AB+r2.*alpha4	%钢丝绳长度
188	L0=	max (L) -min (L)	%钢丝绳最大变化量
190	h=	-L+max (L)	%综框的位移
192			
194	%下面 4 句将 θ, h, R, α7 拓展成 3 个周期, 6 根纬纱		
196	theta=	[theta (1: end-1); theta (1: end-1) +180; theta (1: end-1) +360]	
198	h=	[h (1: end-1); h (1: end-1); h (1: end-1)]	
200	hh1=	h+Zhd1	%第 1 页综框位移
202	R=	[R (1: end-1); R (1: end-1); R (1: end-1)]	
204	alpha7=	[alpha7 (1: end-1); alpha7 (1: end-1); alpha7 (1: end-1)]	
206			
208	N1=	90/thetadh	% 90°内的△θ个数
210			
212		%以下三句写出第 2 页综框 h, R, α7 值, 分别用 hh2, RR, α72 表示	
214	hh2=	[h (N1+1: end); h (1: N1)]./GH1.*GH2+Zhd2	%第 2 页综框位移
216	RR=	[R (N1+1: end); R (1: N1)]	
218	alpha72=	[alpha7 (N1+1: end); alpha7 (1: N1)]	
220			
222	phidh=	4*thetadh	%△φ—表示织机主轴角度间隔小区间
224	phi=	4.*theta;	%织机主轴转角
226		%下面 5 句求出第 1、2 页综框的开口臂的 α7 的交点	
228	alpha7=	alpha7-min (alpha7)	%第 1 页综框的开口臂的 α7
230	alpha72=	alpha72-min (alpha72)	%第 2 页综框的开口臂的 α7
232	th1=find (alpha7-alpha72==min (abs (alpha7-alpha72)))		
234	alpha7(th1)		%交点处, 第 1 页综框的开口臂的 α7
236		alpha7 (th1) /max (alpha7)	%比值
238		plot (phi, alpha7, ′r-.′, phi, alpha72)	%画图
240			

续表

242		%下面6句求出第1、2页凸轮上R的变化量和交点					
244	RR1=	max（R）-R;		%求第1页凸轮R值的变化量			
246	RR2=	max（RR）-RR		%求第2页凸轮R值的变化量			
248	th2=	find（abs（RR1-RR2）<=0.005）			%寻找交点位置		
250	[phi（th2），RR1（th2）]				%交点值		
252		RR1（th2）/max（RR1）			%比值		
254		plot（phi，RR1，'r-.'，phi，RR2）;			%R与主轴转角图		
256							
258		%下面求出综平位置，画出综框位置图					
260	th3=find（（abs（hh1-hh2）<=（min（min（abs（hh1-hh2））））+0.007））						
262	phiping=phi（th3），hping=hh1（th3）;						
264			%（phiping，hping）表示综平时的主轴转角和综平高度				
266	dis0=dataset（phiping，hping）						
268			%phiping—综平时主轴转角，hping—综框高度				
270	hh1（th3）/（max（hh1）-min（hh1））			%下动程比例系数			
272	H1=	max（hh1）-min（hh1）		%第1页综框动程			
274	H2=	max（hh2）-min（hh2）		%第2页综框动程			
276	bh=	r1/H1		%开口臂半径与综框动程的比例系数			
278	A=ones（length（phi），1）;						
280	A=A.*hh1（th3（1））;			%　A—综平位置			
282	plot（phi，hh1，phi，hh2，'--'，phi，A，'r-.'）;				%画出综框高度与主轴转角关系图		
284	xlabel（'织机主轴转角\phi'）;						
286	ylabel（'综框位移h'）;						
288	title（'综框高度与主轴转角关系图'）;						
400	%下面404-446句主要求解综框速度，加速度，画出综框运动曲线与主轴转角关系图						
402	%只求第1页综框的值						
404	n=	550	;	%织机主轴转速（转/分）			
406	omega=	n/60*2*pi	;	%ω—主轴转速（1/秒）			
408	h1=hh1/1000;			%将位移的单位变成米			
410	thetadh1=thetadh./180.*pi;						
412	h2=zeros（length（h1），1）;						
414	h2（1：end-1）=h1（2：end）;						
416	h2（end）=h1（1）;						
418	dh=h2-h1;						
420	v=dh./thetadh1.*omega/4;			% v—速度（米/秒）			
422	v1=zeros（length（v），1）;						
424	v1（1：end-1）=v（2：end）;						
426	v1（end）=v（1）;						

续表

428	a=（v1-v）./thetadh1.*omega/4;		% a—加速度（米/秒）
430	max（abs（v）），max（abs（a））		%求v、a的最大绝对值
432	plot（phi，1000*h1，phi，50*v，'b--'，phi，a，'r-.'）;		%画出h，v，a与主轴转角图
434	xlabel（'织机主轴转角\phi'）;		
436	ylabel（'1000*综框位移（米）　50*速度　加速度'）;		
438	title（'综框高度，速度，加速度与主轴转角关系图'）;		
440	grid on;		
442	gtext（'1000*h'，'fontsize'，12）;		%用鼠标指定位移曲线
444	gtext（'50*v'，'fontsize'，12）;		%用鼠标指定速度曲线
446	gtext（'a'，'fontsize'，12）;		%用鼠标指定加速度曲线
500	%第500-566句这段程序是求出织口到综框中心之间上下层经纱的直线方程的，		
502	%并画出前部梭口状态		
504	m1=	length（hh1）	
506	m2=	length（phi）	
508	phiping（1）		%综平角度
510	hping（1）		%综平高度
512	th3		
514	phi2=	Gphipt-phiping（1）	
516	m3=	phi2/2160*m2	% 2160表示6纬2160°
518	m4=	phi2/2160*m2+m1/3	
520	m3=	fix（m3+0.5）	
522	h3=	zeros（length（hh1），1）	
524	h3=	[hh1（end+1-m3：end）；hh1（1：end-m3）]	%以主轴转角0°作为0°来表
526	h4=	[hh2（end+1-m4：end）；hh2（1：end-m4）]	%示综框位移hh1、hh2
528	plot（phi，h3，phi，h4，phi，A）		% A—综平位置
530	k1=	（yzk-h3）./（xzk-Zhq1）	% k1是直线斜率
532	b1=	-k1.*xzk+yzk	% b1是截距
534	k2=	（yzk-h4）./（xzk-Zhq2）	% k2是直线斜率
536	b2=	-k2.*xzk+yzk	% b2是截距
538			
570	gamma=	135　;	%指定一个主轴角度γ
572	th4=	find（phi==gamma）	
574	fun1=	@（x）k1（th4）*x+b1（th4）	%第1页综经纱方程 y=k1*x+b1
576	fun2=	@（x）k2（th4）*x+b2（th4）	%第1页综经纱方程 y=k2*x+b2
578		ezplot（fun1，[xzk-10，Zhq1，-10，90]）	%画出直线 y=k1*x+b1
580		hold on	
582		ezplot（fun2，[xzk-10，Zhq2，-10，90]）	%画出直线 y=k2*x+b2
584	betaSuo=	atand（（k2（th4）-k1（th4））./（1+k1（th4）.*k2（th4）））	

续表

586		%betaSuo--表示前部梭口角 $\beta_{梭}$，当第 2 综在上时为正值，在下时为负值.					
588		title（'y1=k1 * x+b1，y2=k2 * x+b2'）					
590		xlabel（'x'）					
592		ylabel（'y'）					
594	%	gtext（'第 1 页综经纱'）			%用鼠标指定'第 1 页综经纱'		
596	%	gtext（'第 2 页综经纱'）			%用鼠标指定'第 2 页综经纱'		
600	%第 600-698 句这段程序给出筘座角位移规律，筘座上代表性点						
602	%或指定的点在前部梭口中的位置						
604	aa=	35		%曲柄半径			
606	b=	75		%牵手长度			
608	c=	145		%摇轴长度			
610	d=	160		%曲柄轴心与摇轴轴心间距			
612	varphi0=	90-acosd（((aa+b)^2+d^2-c^2)/（2*（aa+b）*d））					
614	phidhhu=	phidh/180 * pi		%△φ			
616	varphi=	[0：phidh：12 * 180-phidh]			%工艺主轴转角 φ，以弧度表示		
618	e=	sqrt（aa.^2+d.^2-2. * aa. * d. * cosd（90-varphi（th4）-varphi0））；					
620	beta1=	asind（aa./e. * sind（90-varphi（th4）-varphi0））；				%即 β_1	
622	beta2=	acosd（（e.^2+c.^2-b.^2）./（2. * e. * c））；				%即 β_2	
624	beta=	beta1'+beta2'；			%即摇轴 β 角		
626	betakou=	beta+62					
628	%下面一段程序求筘座上任一点（xm6，ym6）在织机绝对坐标上的位置						
630	xo5=	415			%筘座摆动中心坐标		
632	yo5=	-166			%筘座摆动中心坐标		
634	r5=	203		%筘座摆动中心到异型槽上壁距离			
636							
638	%把筘座转到绝对坐标 90°位置，筘座上的点前于异型槽底						
640	%部的尺寸为 ss1，高于上异型槽上壁的尺寸为 ss2						
642	ss1=	5.3		%这里填写的下筘鼻圆弧圆心点的值，读者			
644	ss2=	-6.23		%可以根据实际要求填写。			
646	xo6=	xo5+（r5+ss2）. * cosd（betakou）+ss1. * cosd（betakou+90）					
648	yo6=	yo5+（r5+ss2）. * sind（betakou）+ss1. * sind（betakou+90）					
650		sqrt（（xo6-xo5）.^2+（yo6-yo5）.^2）					
652	fun3=	@（x）sqrt（2^2-（x-xo6）^2）+yo6					
654	fun4=	@（x）-sqrt（2^2-（x-xo6）^2）+yo6					
656	hold on						
658	fplot（fun3，[xo6-2，xo6+2]）						
660	hold on						
662	fplot（fun4，[xo6-2，xo6+2]）						

续表

664	d1 =	(k1 (th4) . * xo6-yo6+b1 (th4)) ./sqrt (1+k1 (th4) .^2);	
666	d2 =	(k2 (th4) . * xo6-yo6+b2 (th4)) ./sqrt (1+k2 (th4) .^2);	
667		% d1、d2 表示筘座上指定的点与经纱的距离，为负时表示指定点高于经纱	
668	betaSuo1 = atand (k1 (th4));		
670	betaSuo2 = atand (k2 (th4));		
672	dis2 = dataset (gamma, betakou, betaSuo, betaSuo1, betaSuo2, ss1, ss2, d1, d2)		
674	%显示在指定的主轴转角下，筘座角，前部梭口角，筘座上的特殊点的位置及		
676	%与上下层经纱的距离点的位置及与上下层经纱的距离		
680	fun1 =	@ (x) k1 (th4) * x+b1 (th4)	%第 1 页综经纱方程 y = k1 * x+b1
682	fun2 =	@ (x) k2 (th4) * x+b2 (th4)	%第 1 页综经纱方程 y = k2 * x+b2
684		ezplot (fun1, [xzk-10, Zhq1, -10, 90])	%画出直线 y = k1 * x+b1
686		hold on	
688		ezplot (fun2, [xzk-10, Zhq2, -10, 90])	%画出直线 y = k2 * x+b2
690		title ('y1 = k1 * x+b1, y2 = k2 * x+b2')	
692		xlabel ('x')	
694		ylabel ('y')	
696		gtext ('第 1 页综经纱')	%用鼠标指定第 1 页综经纱
698		gtext ('第 2 页综经纱')	%用鼠标指定第 2 页综经纱
700		gtext ('下筘鼻圆心点')	%用鼠标指定下筘鼻圆心点

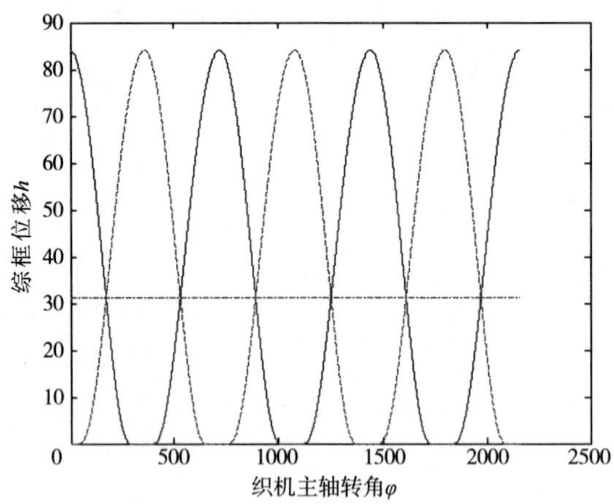

图 1-3-2　综框高度与主轴转角关系图

三、开口动程 H 与开口臂半径 r_1 的关系

将 $\angle xO_1O_2 = 42.2°$，导轮中心坐标 $(x_{O4}, y_{O4}) = (-933, 182)$，导轮半径

90mm 和前面已给出的已知条件以及 r_1 值，填入以 Excel 电子表格形式给出的 MATLAB 程序的相应表格（表 1-3-3），然后把表 3 第 2 至最后一列、行数从第 1 句到 276 句复制到 MATLAB 命令窗口，运行后得出的数据都符合表 2。即：

$$H = 2.532\, r_1 \tag{13}$$

这就是 ZA202、ZA203、ZA205 织机开口动程 H 与开口臂半径 r_1 的关系式，这个式子与织机说明书给出的值是相符的。

程序第 276 句 bh 就是开口臂半径与综框动程的比例系数，可以看出它符合式（13）。

四、综框运动曲线、综平位置和自综平下动程系数

平纹凸轮虽然分成六种类型，但对于同一台织机上的四个凸轮来说，形状却完全相同，只是在安装时第 2 页凸轮比第 1 页凸轮滞后了 90°（相当于织机主轴滞后了 360°），第 4 页凸轮比第 3 页凸轮滞后了 90°。所以第 2 页综框的运动规律曲线和第 1 页综框的运动规律曲线完全相同，只是滞后了 360°的主轴转角。相互错开一定位置或角度的两页综框相向运动到同一个高度时叫综平。这个高度叫综平高度，这时的主轴角度称为综平时间或开口时间。第一节已介绍了自综平位置、自综平下动程系数、自综平上动程系数的概念。自综平高度和自综平开口时间都是唯一的。现在举例介绍如何使用表 1-3-3 的程序求出自综平高度、自综平下动程系数等。

例 1：因为求自综平位置，所以第 1、第 2 页综框开口动程和综框在最低位置时的工艺综框高度完全一样。设综框动程为 84mm，综框在最低位置时的工艺综框高度为 123mm，凸轮形式为平纹 P 型凸轮。具体操作如下：

①分别在表 1-3-3 的第 6、第 18 句“综框页序”颜色格子里填写“1”和“2”；

②分别在表 1-3-3 的第 010、第 020 句“综框工艺综框高度（综框最低位置）”颜色格子里填写“123”和“123”；

③分别在表 1-3-3 的第 012、第 022 句“综框动程”颜色格子里填写“84”和“84”；

④分别在表 1-3-3 的第 142、144、146 句“θ10”、“θ20”、“θ30”颜色格子里填写平纹凸轮的推程角、下静止角、回程角，即 71.25、30、78.75；

⑤对于其它颜色格，若读者和表 1-3-3 中现行值不一样，读者可按自己指定的值填写，这里笔者按原单位的有关数据指定；

⑥将表 1-3-3 的程序第 006 句到第 288 句（每句第 2 列到最后一列）复制，

粘贴到 MATLAB 的命令窗口，程序自动运行至第 288 句结束，除打印出图 1-3-3 外，屏幕上还显示出：

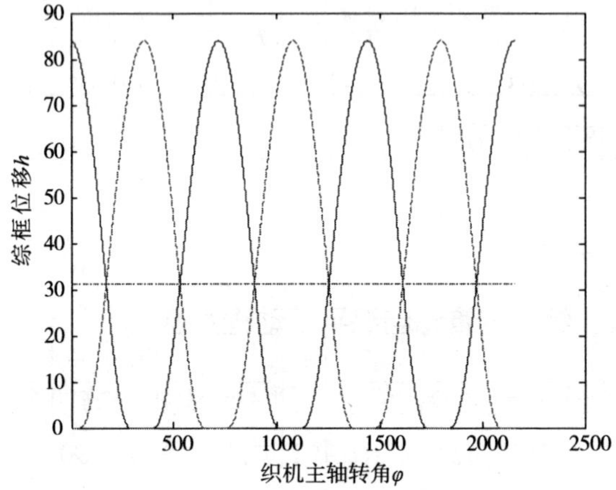

图 1-3-3　综框高度与主轴转角关系图

dis0 =

phiping	hping
171	31.159
531	31.159
891	31.159
1251	31.159
1611	31.159
1971	31.159

E1 =

0.37094
0.37094
0.37094
0.37094
0.37094
0.37094

从表 1-3-3 第 264、270 句可知：（phiping，hping）表示综平时的主轴转角和综眼中心综平高度，E1 表示下动程比例系数。对比图 1-3-2 知，这里共求出 6 个综平点，相应的主轴角度（这里把开口凸轮推程起始角，作为主轴 0°）分别是 171°、531°、891°、1251°、1611°、1971°，相邻两个主轴角度的差异值都是 360°，就是说织机每转过 360°都会在 171°处综平，所以它的自综平开口时间（或称为自综平综平时间）是唯一的。6 个综眼中心综平高度也都是 31. 159mm，故自综平高度也是唯一的。综框动程是 84mm，很显然，综平位置不在二分之一综框动程处。E_1 表示下动程比例系数，$E_1=0.3709$。

在图 1-3-3 中，实线表示第 1 页综框的位移曲线，虚线表示第 2 页综框（第 1 页综框的影子）的位移曲线，P 型凸轮的推程角、静止角、回程角分别是 71. 25°、30°、78. 25°，凸轮转速与主轴转速的比值为 1∶4，对应的综框下降角、最低位置静止角、综框上升角分别为 285°、120°、315°。综框从最高位置降到综平位置主轴转过 171°，综框从综平位置降到最低位置主轴转过 114°，在最低位置静止 120°，从主轴 405°开始上升，综框开始上升，经过 126°上升到综平位置，自综平再经过 189°上升了到最高位置，此时主轴角度为 720°，完成了一次综框降、升循环。虚拟的影子综框则比第 1 页综框滞后了（或超前了）360°。表 1-3-5 给出了开口凸轮开口臂与钢丝绳以绞接点联接、或以圆弧联接时，六种平纹凸轮的综平角和自综平下动程系数 E_1。

若以自综平点为原点，计算综框的开启角（包括向上、向下开启）、和闭合角（包括向下、向上闭合），数值见表 1-3-4。自综平位移的特点是：下动程开启角+下动程闭合角+综框在最低位置的静止角 = 360°，上动程开启角+上动程闭合角+综框在最高位置的静止角 = 360°。所以综框在最低位置时的静止角越大，下动程开启角与下动程闭合角之和越小；综框在最高位置时的静止角越大，上动程开启角与上动程闭合角之和越小。综框在最低位置的静止角越大，下动程越短，下动程系数越小。

表 1-3-4

下静止角（°）	120		90		60	
	开启角	闭合角	开启角	闭合角	开启角	闭合角
上动程（mm）	189	171	189. 1	170. 9	189	171
下动程（mm）	114	126	128. 1	141. 9	142. 5	157. 5

下静止角（°）	30		0		上 30，下 60	
	开启角	闭合角	开启角	闭合角	开启角	闭合角
上动程（mm）	189. 4	170. 6	189. 5	170. 5	173. 4	156. 6
下动程（mm）	156. 4	173. 6	189. 5	170. 5	142. 4	157. 6

前面已叙述过，在图 1-3-2 中，当开口凸轮处于推程起始点时，综框处于最高位置，把此时的织机主轴角度记为 0°。把综框由最高点到综框到达自综平位置织机主轴转过的角度记为 φ_{P2}，则以织机刻度盘主轴角度（即工艺主轴角度）计，则：

$$综框最高位置时的刻度盘主轴转角（即工艺角度）= 工艺综平时间 - \varphi_{P2} \tag{16}$$

从表 1-3-5 可知，前五种凸轮 φ_{P2} 约为 171°，H 凸轮为 156.6°。

表 1-3-5

凸轮类型	下静止角（°）	钢丝绳与开口臂以点联接（图 1-3-1）		钢丝绳与开口臂以圆弧联接	
		综框自最高位置至综平（°）	自综平下动程系数	综框自最高位置至综平（°）	自综平下动程系数
P	120	171.0	0.3710	171	0.3455
G	90	170.9	0.4156	170.9	0.3888
Q	60	171.0	0.4567	171	0.4288
V	30	170.6	0.4943	170.6	0.4659
O	0	170.5	0.5288	170.5	0.5
H	上 30，下 60	156.6	0.4910	156.6	0.4626

当然，在实际中单页综框是不可能实现综平的，有两页综框或两页以上的综框相对才会有可见的综平。而各页综框的动程一般也不相同，但各页综框的自综平下动程系数都是已知的。只要把各页综框的自综平位置放在同一高度（即同一 Y 坐标）上，则各页综框所产生的综平高度和综平时间就都是唯一的。如果不这样作，两页综框就会产生两组综平高度、综平时间。下面举一个例子。

例 2：第 1、第 2 页综框开口动程分别是 80mm、85mm。第 1、第 2 页综框在最低位置时的工艺综框高度分别是 121mm、120mm。凸轮形式为平纹 G 型凸轮。求两页综框综平时综眼中心的综平高度和综平时间。具体操作如下：

①分别在表 1-3-3 的第 6、第 18 句“综框页序”颜色格子里填写“1”和“2”；

②分别在表 1-3-3 的第 010、第 020 句“综框工艺综框高度（综框最低位置）”颜色格子里填写“121”和“120”；

③分别在表 1-3-3 的第 012、第 022 句“综框动程序”颜色格子里填写“80”和“85”；

④分别在表 1-3-3 的第 142、144、146 句 "θ10" "θ20" "θ30" 颜色格子里填写平纹凸轮的推程角、下静止角、回程角，即 74.75、22.5、82.75；

⑤将表 1-3-3 的程序第 006 句到第 288 句（每句第 2 列到最后一列）复制，粘贴到 MATLAB 的命令窗口，程序自动运行至第 288 句结束，除打印出图 1-3-4 外，屏幕上还显示出：

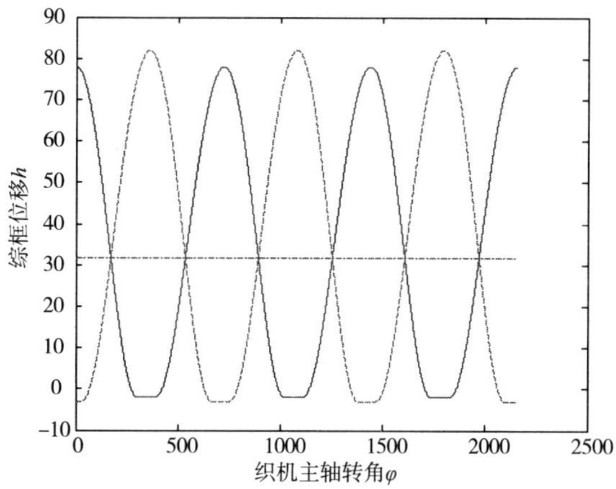

图 1-3-4　综框高度与主轴转角关系图

dis0 =

phiping	hping
169.55	31.789
532.15	31.73
889.55	31.789
1252.15	31.73
1609.55	31.789
1972.15	31.73

（phiping，hping）表示综平时的主轴转角和综眼中心综平高度。对比图 1-3-4 知，这里共求出 6 个综平点，相应的主轴角度（这里把开口凸轮推程起始角，作为主轴 0°）分别是 169.55°、532.15°、889.55°、1252.15°、1609.55°、1972.15°，它们相当在主轴上的角度为 169.55°、172.15°、169.55°、172.15°、169.55°、172.15°，可见有两组综平时间（开口时间），这相当于从第 1 个综平点到第 2 个综平点：织机主轴转过了 362.6°，而从第 2 个综平点到第 3 个综平点：织机主轴转过

了 357.4°，然后按此规律循环下去。另外，综眼中心综平高度也变成两个值：31.73mm 和 31.789mm，虽然差异很小。

若以综平点为原点，计算综框的开启角（包括向上、向下开启）、和闭合角（包括向下、向上闭合），则第 1 页综框位移的特点是：下动程开启角+下动程闭合角+综框在最低位置的静止角=362.6°，上动程开启角+上动程闭合角=357.4°。而第 2 页综框位移的特点是：下动程开启角+下动程闭合角+综框在最低位置的静止角=357.4°，上动程开启角+上动程闭合角=362.6°，与第 1 页综框的位移特点恰相反。在实际引纬过程中只能择其小者 357.4°利用，由此可知，若两页综框的自综平位置不在同一高度时的梭口利用率要低于两页综框的自综平位置在同一高度时的梭口利用率。分析这样的数据，便于在工艺设计时掌握分寸。

G 型凸轮自综平下动程系数是 0.4156，第 1 页综框动程是 80mm，下动程 = 0.4156×80 = 33.248mm；第 2 页综框动程是 85mm，下动程 = 0.4156×85 = 35.326mm。第 1 页综框在最低位置时综框高度是 121mm，如果使第 2 页综框在最低位置时比第 1 页综框低 2.078mm（=35.326−33.248），即在综框最低位置时第 2 页综框综框高度为 118.922mm，则综平角度变成 170.9°，综眼中心的综平高度都变成了 31.24mm，相邻两综平相距的主轴转角是 360°，都成为唯一值。

在实际工艺设计时，对综平的定义稍宽泛些，如有时为了使第 2 页综框在上层时和在下层时的经纱张力稍均匀一些，把第 2 页综框高于第 1 页综框 1mm 定为综平（因为织机后梁高于胸梁），这时对应的主轴转角也称为综平时间。又如，多臂织机使用的综框多，为了下层经纱接近处于一条线上，把后页综框低于相邻的前页综框 1mm 或 0.5mm 也称为综平。一般情况下，工艺设计下达的综框高度精确到毫米。

五、综框运动曲线 $h(\theta)$ 与凸轮理论曲线半径 $R(\theta)$ 、开口臂摆角 $\alpha_7(\theta)$ 的关系

如果开口臂半径不变，$h(\theta)$ 、$R(\theta)$ 、$\alpha_7(\theta)$ 都是凸轮转角 θ 的单变量函数，而 $R(\theta)$ 、$\alpha_7(\theta)$ 又是中间变量。$R(\theta)$ 和 θ 之间的关系是简谐运动。如果 $h(\theta)$ 和 $R(\theta)$ 之间的关系是完全线性（即成比例）关系，则综框运动曲线 $h(\theta)$ 与 θ 也是简谐运动关系。又织机主轴转角 $\varphi = 4\theta$（图 1−3−1），那么脱开整个开口系统，直接把综框运动的 h 与主轴转角 φ 写成简谐运动关系会更省事。

把 α_7 与 R 的关系写成：

$$\alpha_7 - \alpha_{7\max} = -C_2(R - R_b) \tag{17}$$

令 $C_2=\frac{\alpha_{7\max}-\alpha_{7\min}}{R_{\max}-R_b}$，代入上式，再以 $C_2(R-R_b)$ 为横坐标，以 $\alpha_7-\alpha_{7\max}$ 为纵坐标，画出一条曲线，然后对这条曲线进行直线模拟。结果是 $R^2=0.99999$ 以上，这里的 R^2 是检验直线相关性的指标（不是凸轮理论曲线半径 R），若 $R^2=1$，则是完全线性相关，现 R^2 高达 0.99999 以上，说明 α_7 与 R 的关系几乎是完全的直线性相关，α_7 与 θ 也可按简谐运动关系对待。

用同样的方法，可以检验综框的高度 h 与 R、h 与 α_7 的直线相关性，结果是 $R^2=0.999$ 以上，这也算是直线相关性很高的了，而且 h 与 R 的直线相关性还要略高于 h 与 α_7 的直线相关性（这说明越过 α_7 直接求 h 与 R 的关系会更好），在要求不高时，也可以认为：

$$h-h_{\max}=-\frac{h_{\max}-h_{\min}}{R_{\max}-R_{\mathrm{b}}}(R-R_{\mathrm{b}}) \tag{18}$$

即综框的高度 h 与 θ 也可按简谐运动关系对待。因为 $\varphi=4\theta$（图 1-3-1 情况），综框的高度 h 与主轴转角 φ 也可按简谐运动关系对待。图 1-3-5 画出了综框的高度 h 与 φ 的关系曲线，实线是精确值，点划线是按式（18）画出的。从图中可以看出两者还是有差别的，影响较大的是综框上下动程的分配。如果按近似式（18），即把综框位移看作真正的简谐运动，综框的自综平下动程系数如表 1-3-5 第 6 列的数据。至于自综平时间，则与第 4 列的数据完全相同。

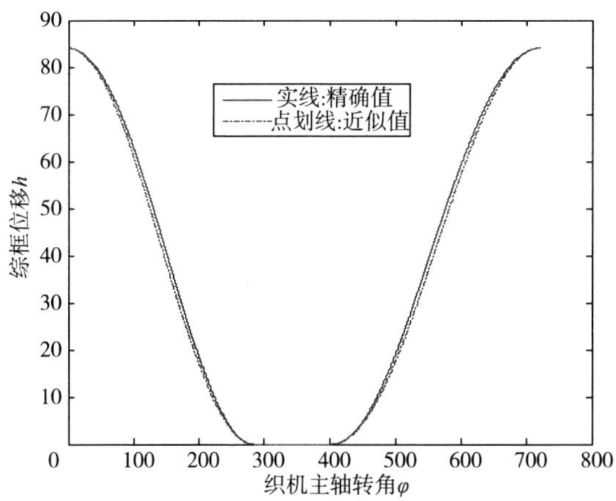

图 1-3-5　综框高度与主轴转角关系图

要说明的是，后来的 ZA 织机，如 ZA209，还有 ZAX-E 织机，都把开口臂和钢丝绳的联接方式变成圆弧联接，如图 1-3-6 所示。在固定夹上也作了一段圆弧，当开口臂向右摆动时，钢丝绳缠绕在固定夹的圆弧上，从而使切点 B 点、A 点变动量变得很小，使综框运动规律更接近凸轮理论曲线规律 R 。最极限的情况是，开口臂摆动时，切点 A 、B 都不动，这样综框运动规律和开口臂的摆动规律就完全相同了。从前面的分析知，开口臂的摆动规律和凸轮理论曲线半径 R 的变化规律几乎完全相同，这样综框运动规律就和凸轮理论曲线半径 R 的变化规律几乎完全相同了，综框的自综平下动程系数就完全符合表 1-3-5 的第 6 列数据了。但钢丝绳固定夹上圆弧半径一般只能作成一种固定值，当调节开口臂半径时，切点 A、B 位置就会些许变化，综框的运动规律就会稍有偏差。无论如何，开口臂和钢丝绳的联接方式由点联接变成圆弧联接后，综框的运动规律就更接近凸轮的理论曲线了，故综框的自综平下动程系数应选用如表 1-3-5 第 6 列的数据。

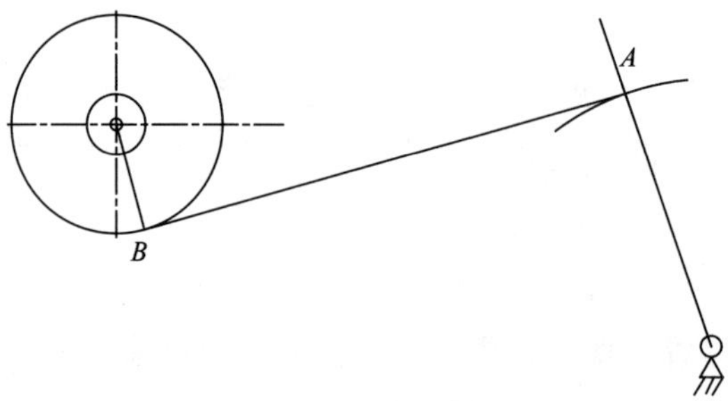

图 1-3-6　钢丝绳夹角与开口臂联接形式 2（如 A 点）

六、综框速度和加速度

要写出近似的综框速度 v 和加速度 a 公式是很容易的，因为 ZA 织机凸轮开口机构综框近似的运动规律恰是凸轮理论轮廓曲线的规律—简谐运动规律，只要把式（1）及下面的说明（指 $C_2 = R_{max} - R_b$ ）代入式（17），再对式（18）求一次导数和二次导数即可。把式（1）代入式（18），求得的速度、加速度是综框下落时的速度和加速度，仍以向上为 h 、v 、a 的正向。

$$h = -\frac{h_{max} - h_{min}}{2}\left[1 - \cos\left(\pi \frac{\omega_t t}{\theta_0}\right)\right] = -\frac{h_{max} - h_{min}}{2}\left[1 - \cos(\pi \frac{\theta}{\theta_0})\right] \tag{19}$$

$$v = \frac{dh}{dt} = -\frac{h_{max} - h_{min}}{2}\frac{\pi}{\theta_0}\omega_t \sin\left(\pi \frac{\omega_t t}{\theta_0}\right) = -\frac{h_{max} - h_{min}}{2}\frac{\pi}{\theta_0}\omega_t \sin\left(\pi \frac{\theta}{\theta_0}\right) \tag{20}$$

$$a = \frac{dv}{dt} = \frac{d^2 h}{dt^2} = -\frac{h_{max} - h_{min}}{2}\left(\frac{\pi}{\theta_0}\right)^2 \omega_t^{\ 2} \sin(\pi \frac{\omega_t t}{\theta_0}) = -\frac{h_{max} - h_{min}}{2}\left(\frac{\pi}{\theta_0}\right)^2 \omega_t^{\ 2} \sin\left(\pi \frac{\theta}{\theta_0}\right) \tag{21}$$

式中：ω_t 为凸轮转速（1/s）。

若把式（2）代入式（18），得出的是综框上升时的 v 、a 公式，此公式和式（20）、式（21）差一个符号，这里略去不写。

式（20）说明，综框速度与综框动程（$h_{max}-h_{min}$）和凸轮转速成正比，因凸轮转速也与主轴转速成正比，故综框速度也与主轴转速成正比。

式（21）说明，综框加速度与综框动程（$h_{max}-h_{min}$）和凸轮转速的平方或主轴转速的平方成正比。

简谐运动规律的特征值 $V_m=\pi/2=1.5708$、$A_m=\pi^2/2=4.9348$，而综框运动的最大速度 v_{max} 为：

$$v_{max}=V_m\cdot\frac{H}{\theta_0}\omega_t=\frac{\pi H}{2\theta_0}\omega_t \tag{22}$$

综框运动的最大加速度 a_{max} 为：

$$a_{max}=A_m\cdot\frac{H}{{\theta_0}^2}{\omega_t}^2=\frac{\pi^2 H}{2{\theta_0}^2}{\omega_t}^2 \tag{23}$$

式中：H 为综框动程（m）。

有了式（22）、式（23），可以轻易计算出不同车速、不同凸轮推程角或回程角时综框的最大速度和加速度。但需注意式中 H 的单位是 m，θ_0 的单位是 rad。表 1-3-6 是图 1-3-1 的开口机构（开口臂与钢丝绳点连接）在织造平纹织物时综框运动（动程为 90mm）的最大速度和最大加速度的精确值与近似值（即凸轮理论曲线）及比较。从表 1-3-6 可见，综框最大速度的精确值比凸轮理论曲线值增加了 0.9%，最大加速度增加了 10.89%，这大概也是把开口臂与钢丝绳由点连接变成圆弧连接的主要原因之一，另一个原因大概是点接触需要活动的销钉，销钉用久了易坏，带活动销钉的整个钢丝固定夹系统的制作成本也高些，而圆弧连接没有活动件，使用可靠的多。综框下静止角若为 90°，车速为 550r/min，凸轮转速 ω_t 为 14.40rad/s，从表 1-3-6 中查得最大加速度精确值是 59.99m/s^2，若综框质量是 6kg，那么，综框在最大加速度处（综框最高点和最低点）就会产生一个约 36kgf 的惯性力。若按近似值计算则是约 32.4kgf 的惯性力。若把表 1-3-6 的数据和与表 1-3-6 相关的表 1-3-1 的数据填入表 1-3-3 的 MATLAB 程序并将程序复制到 MATLAB 命令窗口，程序自动执行。让程序执行到第 446 句，则会画出开口臂与钢丝绳点连接时第 1 页综框的位移、速度、加速度图如图 1-3-7 所示。图 1-3-7 中的位移是 m，故位移值扩大了 1000 倍，速度扩大到 50 倍。

表 1-3-6

综框架下静止角	凸轮 θ_{10}	车速 n	综框动程 H	凸轮转速 ω_t	开口臂与钢丝绳点连接		凸轮理论曲线		点连接曲线与理论曲线的比较	
					速度 v	加速度 a	速度 v	加速度 a	速度比值	加速度比值
120	71. 250	550	90	14. 40	1. 652	66. 03	1. 637	59. 55	1. 0090	1. 1089
120	71. 250	600	90	15. 71	1. 802	78. 58	1. 786	70. 86	1. 0090	1. 1089
120	71. 250	650	90	17. 02	1. 952	92. 23	1. 935	83. 17	1. 0090	1. 1089
90	74. 750	550	90	14. 40	1. 574	59. 99	1. 560	54. 10	1. 0090	1. 1089
90	74. 750	600	90	15. 71	1. 717	71. 40	1. 702	64. 38	1. 0090	1. 1089
90	74. 750	650	90	17. 02	1. 861	83. 79	1. 844	75. 56	1. 0090	1. 1089
60	78. 375	550	90	14. 40	1. 502	54. 57	1. 488	49. 21	1. 0090	1. 1089
60	78. 375	600	90	15. 71	1. 638	64. 94	1. 623	58. 57	1. 0090	1. 1089
60	78. 375	650	90	17. 02	1. 774	76. 22	1. 759	68. 73	1. 0090	1. 1089
30	81. 750	550	90	14. 40	1. 440	50. 16	1. 427	45. 23	1. 0090	1. 1089
30	81. 750	600	90	15. 71	1. 570	59. 69	1. 556	53. 83	1. 0090	1. 1089
30	81. 750	650	90	17. 02	1. 701	70. 06	1. 686	63. 18	1. 0090	1. 1089

从图 1-3-7 可以看出，ZA203 织机机构的最大缺点是在最高最低位置加速度不连续，容易引起惯性冲击和振动，这也是简谐运动规律的缺点，只是钢丝绳与开口臂的点连接更加剧了这种缺点。

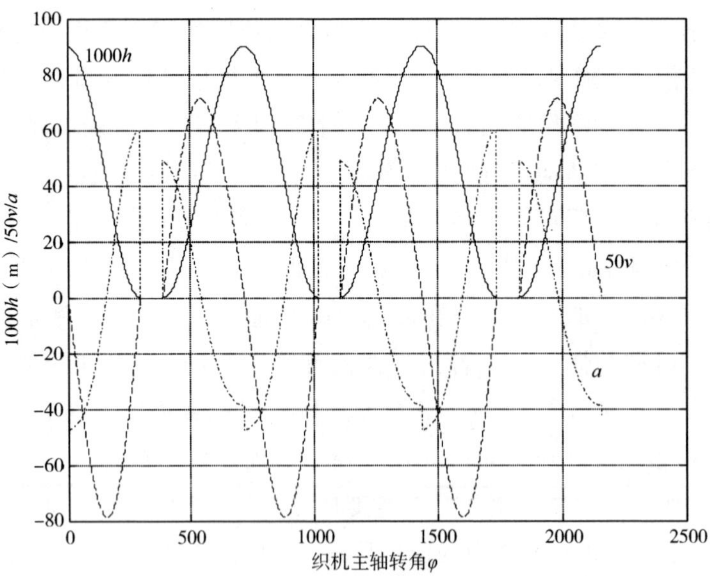

图 1-3-7　综框高度，速度，加速度与主轴转角关系图

通过本部分和上一部分的讨论，可以对钢丝绳与开口臂点连接时的综框运动位移曲线与完全作简谐运动的综框运动位移曲线（即凸轮理论轮廓曲线）作一个小结：

（1）两者有很高线性相关度，检验系数 $R^2=0.999$ 以上。

（2）前者的自综平下动程系数比后者大 0.026～0.028，相当于综框下动程多了 2～2.5mm。

（3）前者最大速度比后者高了 0.9%，最大加速度增加了 10.89%。

（4）钢丝绳与开口臂以圆弧连接时，综框运动曲线更趋向于完全作简谐运动的综框运动曲线。一般可直接看作完全作简谐运动的综框运动曲线。故自综平下动程系数、综框运动的位移、速度、加速度都按简谐运动的综框运动曲线处理。

七、画出任一主轴转角时前部梭口位置线

表 1-3-3 程序的第 006-026 句是把综框序号和工艺综平高度化成织机绝对坐标值的语句，因此程序运行到第 446 后得出的综框综眼中心的 X 坐标值（即 Zhq1、Zhq2，这里称作 $x_{综1}$、$x_{综2}$）和 Y 坐标值（即 hh1、hh2），它们都已是织机绝对坐标中的值。但此时的位移值还是以第 1 页综框在最高位置为基准 0°计量的，而织机上的 0°是以钢筘在前死心为基准 0°计量的，所以先要把位移 hh1、hh2 换算成以钢筘在前死心为基准 0°计量的位移值 $y_{综1}$、$y_{综2}$，程序第 504-526 句就作这样的转换工作。当求出位移点（$x_{综1}$，$y_{综1}$）和（$x_{综2}$，$y_{综2}$）后，如果已知织口位置（$x_{织口}$，$y_{织口}$），连接综眼中心位移点与织口点，就得到前部梭口的两条经纱直线，两条经纱直线的斜率分别记为 k_1 和 k_2，截距分别记为 b_1 和 b_2，则有：

$$\begin{cases} k_1 = \dfrac{y_{织口} - y_{综1}}{x_{织口} - x_{综1}} \\ k_2 = \dfrac{y_{织口} - y_{综2}}{x_{织口} - x_{综2}} \end{cases} \tag{24}$$

$$\begin{cases} b_1 = -k_1 x_{织口} + y_{织口} \\ b_1 = -k_2 x_{织口} + y_{织口} \end{cases} \tag{25}$$

$$\begin{cases} y_1 = k_1 x + b_1 \\ y_2 = k_2 x + b_2 \end{cases} \tag{26}$$

式（26）就是第 1 页、第 2 页综框的前部经纱直线。在 0～720°范围内，可以指定任一主轴转角（第 570 句），画出前部梭口图，如图 1-3-8 所示。

上下层经纱的夹角 $\beta_{梭}$ 由两直线夹角公式求得：

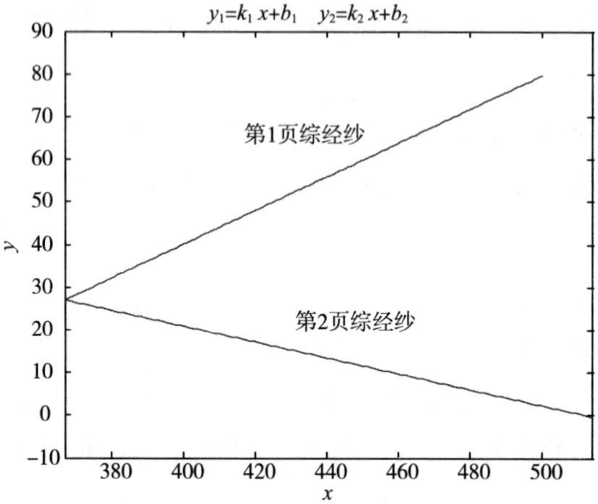

图 1-3-8　前部梭口

$$\beta_{梭} = \arctan\frac{k_2 - k_1}{1 + k_1k_2} \tag{27}$$

$\beta_{梭}$为负值时，表示第 2 页综框位置在下；为正值时，表示第 2 页综框位置在上。

两层经纱与水平位置的夹角（即在绝对坐标上的角度）$\beta_{梭1}$、$\beta_{梭2}$ 由下式计算：

$$\begin{cases}\beta_{梭1} = \arctan k_1 \\ \beta_{梭2} = \arctan k_2\end{cases} \tag{27A}$$

八、关于开口运动、引纬运动和打纬运动的配合

前面已经叙述了四连杆打纬机构和六连杆机构打纬机构的运动规律，并编写了算法程序。其中包括筘座摆角与主轴转角的关系。知道了筘座摆动中心的坐标和筘座摆动的规律，那么，筘座上任一点的位置也就知道了。有几个点的位置是很重要的，如辅喷咀喷孔中心点、下筘鼻圆弧圆心点、上筘鼻圆弧圆心点、异型槽边与边的交点等。辅喷咀喷孔中心点关乎引纬、打纬与引纬配合及筘到机前时是否碰边撑之小托布杆上的螺丝等。下筘鼻圆弧圆心点、上筘鼻圆弧圆心点关乎纬纱进出梭口的时间配合问题，也关乎钢筘打纬点选择是否合理，会不会在织口处打烂布面的问题。ZA 织机说明书说，上层经纱离开上筘鼻 5mm，下层经纱离开下筘鼻 3mm 是纬纱进梭口的最早时间；上层经纱距离上筘鼻 3mm，下层经纱距离下筘鼻 3mm，是纬纱出梭口时间。由于筘鼻是一个圆弧线，半径为 2mm，找出了

它的圆心点才是关键，筘鼻距经纱 5mm，就相当于它的圆心距经纱 7mm，筘鼻距经纱 3mm，就相当于它的圆心距经纱 5mm。而点到直线的距离又比较好求。例如，在主轴 0°附近，若查得下筘鼻圆弧中心与经纱的距离小于 2mm，就说明下筘鼻可能碰到布面。另外异型槽底边与下边的交点也是重要的点，求此点与下层经纱的距离可以判断下层经纱或综平高度设计得是否合理。

在这里只选筘座上的一个点（下筘鼻圆弧的圆心点），求它到下层经纱的距离，并给出程序。其它点的求法完全相同。

设筘座摆动中心为 O_5，下筘鼻圆弧的圆心点为 O_6，O_5 的坐标位置是（415，-166）。为叙述方便，先假定把异型槽底面转动到竖直面上（即筘座在绝对坐标 90°的位置上），设异型槽底面与上壁的交点为 M_5，则异型槽底面是 M_5O_5 的一部分，且与 M_5O_5 重合，异型槽上壁与 M_5O_5 垂直，异型槽上壁与摆动中心 O_5 的距离是 203mm。下筘鼻圆弧的圆心点 O_6 前于与异型槽槽底面 5. 3mm（大约值），记为 $ss_1=5.3$mm。O_6 低于异型槽上壁 6. 63mm（大约值），记为 $ss_2=-6.63$mm。

O_6 点在绝对坐标上任一时刻的位置（x_{O6}，y_{O6}）按下式求：

$$\begin{cases} x_{O6} = x_{O5} + (O_5M_5 + ss_2)\cos\beta_{筘} + ss_1\cos(\beta_{筘} + 90°) \\ y_{O6} = y_{O5} + (O_5M_5 + ss_2)\sin\beta_{筘} + ss_1\sin(\beta_{筘} + 90°) \end{cases} \tag{28}$$

或

$$\begin{cases} x_{O6} = x_{O5} + (O_5M_5 + ss_2)\cos(\beta + 62°) + ss_1\cos(\beta + 152°) \\ y_{O6} = y_{O5} + (O_5M_5 + ss_2)\sin(\beta + 62°) + ss_1\sin(\beta + 152°) \end{cases} \tag{29}$$

式中：β 为连杆打纬的摇轴角度；$\beta_{筘}$ 为筘座在绝对坐标轴上的角度。

求出 O_6 点坐标后，下一步就是求出 O_6 到前部梭口经纱 $y_1=k_1x+b_1$、$y_2=k_2x+b_2$ 的距离。根据点线的距离公式直接写出：

$$\begin{cases} d_1 = \dfrac{|k_1x_{O6} - y_{O6} + b_1|}{\sqrt{k_1^{\,2} + (-1)^2}} = \dfrac{|k_1x_{O6} - y_{O6} + b_1|}{\sqrt{1 + k_1^{\,2}}} \\ d_2 = \dfrac{|k_2x_{O6} - y_{O6} + b_2|}{\sqrt{k_2^{\,2} + (-1)^2}} = \dfrac{|k_2x_{O6} - y_{O6} + b_2|}{\sqrt{1 + k_2^{\,2}}} \end{cases} \tag{30}$$

表 1-3-3 程序的第 600~700 句的任务是求出打纬运动和开口运动的配合参数，画出任一主轴角度条件下筘上有代表性的点或指定的点在前部梭口中的位置图。具体作法也是把原始参数填写进 Excel 的有色单元格，并在 0~720°范围内任意指定一个角度（已在上一段程序第 570 句指定了），然后将第 600~700 句程序第 2 列至最后一列复制，粘贴到 MATLAB 命令窗口，运行第 672 句后，屏幕显示：

dis2 =

gamma	betakou	betaSuo	betaSou1	betaSou2	ss1	ss2	d1	d2
135	78. 303	−32. 158	21. 614	−10. 543	5. 3	−6. 23	29. 759	−15. 878

上面显示依次表示主轴转角 γ，筘座角，前部梭口角，经纱 1 的倾斜角，经纱 2 的倾斜角，下筘鼻圆弧的圆心点 O_6 相对于 M_5 点位置 ss_1、ss_2，O_6 与经纱的距离 d_1、d_2。前部梭口角为负表示后页综框在下，前页综框在上。d_2 为负值表示 O_6 点高于经纱位置。

运行完第 700 句后，程序画出了图 1−3−9。为清晰起见，在图 1−3−9 中把下筘鼻的圆心点画成了一个半径为 2mm 的小圆。

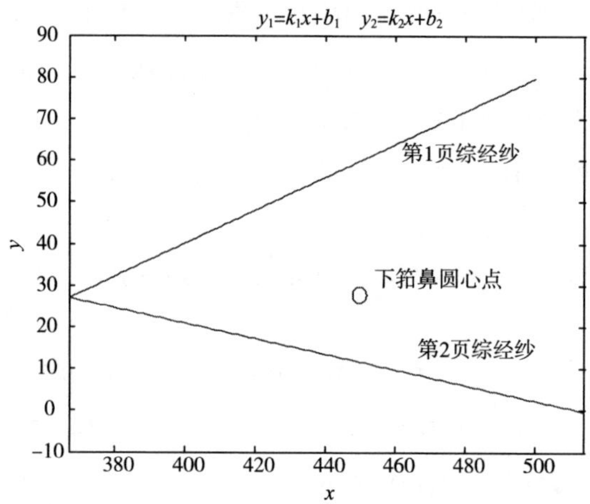

图 1−3−9

这样做的好处是给工艺设计、工艺优化及检查工艺设计合理与否带来很大的方便。平时在机上测量不准确的值如任一主轴角度时的筘座角及与上下层经纱的关系值，在电脑图上就很容易地而且直观地知道。稍进一步也可以把它作成动画片或电影片放出来，这样整个过程就更直观明了。

图 1−3−9 画出来织机主轴在某一角度（135°）时下筘鼻圆弧中心点 O_6 与经纱的位置，但还需要知道在整个一个经纱起落循环内 O_6 与上下层经纱的关系。为此需将程序略作修改。具体修改内容如下：

（1）在表 1−3−3 的第 538 句后插入第 540~554 句，见表 1−3−7；

（2）将第 570 句修改成表 1−3−7 中的样子，色格中的范围值或间隔量读者可自己填写，表 1−3−7 中填写的是综框一个起落循环的主轴转角值，间隔量为 2°；

（3）将第672句、第696~700句前面一律加上解释符号%，使这些句子变成解释语句而不执行，原因只是为了提高运算速度而已；

（4）在表1-3-3的第700句后增加第710~728句，见表1-3-7。

表1-3-7

540	JHbetakou=		[ ]			
542	JHbetaSuo=		[ ]			
544	JHbetaSuo1=		[ ]			
546	JHbetaSuo2=		[ ]			
548	JHss1=		[ ]			
550	JHss2=		[ ]			
552	JHd1=		[ ]			
554	JHd2=		[ ]			
556	gamma1=		[ ]			
570	for gamma=		0：2：718	；	%指定主轴角度 γ	
710	JHbetakou=		[JHbetakou；betakou]			
712	JHbetaSuo=		[JHbetaSuo；betaSuo]			
714	JHbetaSuo1=		[JHbetaSuo1；betaSuo1]			
716	JHbetaSuo2=		[JHbetaSuo2；betaSuo2]			
718	JHss1=		[JHss1；ss1]			
720	JHss2=		[JHss2；ss2]			
722	JHd1=		[JHd1；d1]			
724	JHd2=		[JHd2；d2]			
726	gamma1=	[gamma1；gamma]			%主轴转角	
728	end					
730	dis3=dataset（Hgamma1，JHbetakou，JHbetaSuo，JHbetaSuo1，JHbetaSuo2，JHd1，JHd2）					
732					%显示运算结果	
734	plot（gamma1，JHd1，gamma1，JHd2，'r-.'）				%画主轴转角与d1、d2图	
736	grid on					
738	title（'下箱鼻圆弧圆心O6点到经纱的距离'）					
740	xlabel（'x'）					
742	ylabel（'d1　d2'）					
744	gtext（'第1页综经纱'）			%用鼠标指定第1页综经纱		
746	gtext（'第2页综经纱'）			%用鼠标指定第2页综经纱		

为叙述方便，把按这里方法修改后的表1-3-3记作表1-3-3a。表1-3-3a的运行方法与表1-3-3完全相同。

在MATLAB命令窗口运行表1-3-3a后，屏幕显示：

dis3 =

gamma	JHbetakou	JHbetaSuo	JHbetaSuo1	JHbetaSuo2	JHd1	JHd2
0	103.92	-17.544	11.664	-5.8796	2.3101	3.7259
2	103.91	-18.078	11.95	-6.1285	2.2821	3.7276

4	103.87	−18.604	12.233	−6.3716	2.2499	3.6958
		……		……		
716	103.87	−16.448	11.083	−5.3649	2.348	3.6272
718	103.91	−17.000	11.375	−5.625	2.3324	3.6919

上面显示依次表示主轴转角 γ_1，筘座角，前部梭口角，经纱 1 的倾斜角，经纱 2 的倾斜角，下筘鼻圆弧的圆心点 O_6 与经纱的距离 JHd_1、JHd_2。前部梭口角为负表示后页综框在下，前页综框在上。JHd_1、JHd_2 为负值表示 O_6 点高于经纱位置。这里的 JHd_1、JHd_2 与前面的 d_1、d_2 并没有不同，d_1、d_2 前面加 JH 表示多，数据集合之意，并无特别之处。

程序还画出了图 1-3-10，下筘鼻圆弧的圆心点 O_6 到第 1、第 2 页综框经纱的距离 JHd_1、JHd_2 在 0~720°与织机主轴的关系曲线。图 1-3-10 中的负值表示 O_6 点高于经纱。图 1-3-10 中的曲线在 0°、360°、720°附近一段曲线是不正确的，原因是异形筘下筘鼻圆弧的圆心点 O_6 前于筘槽底面约 5.3mm，当 O_6 点走到织口位置时，上下层经纱已合二为一成为布面，就不存在上下经纱层经纱的距离关系了，图中在 0°、360°、720°附近的曲线实际是到上下层经纱构成的直线的延长线的距离，是虚构的距离。把两条虚构的距离线取一个平均值，约在 2.5~3mm，下筘鼻圆弧的半径是 2mm，所以下筘鼻到达织口附近时不会碰破布面。

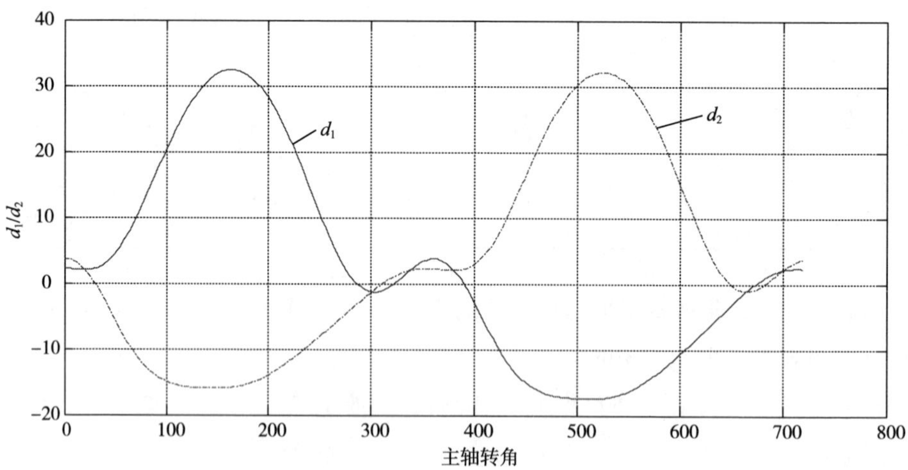

图 1-3-10　下筘鼻圆弧圆心 O_6 点到经纱的距离

下层经纱离开下筘鼻 3mm 是纬纱进梭口的最早时间，相当于下筘鼻圆弧中心点 O_6 到下层经纱 5mm，从 dis3 显示值表上查得（或从图 1-3-10 上查近似值），此时主轴转角是 48°；下层经纱到达距下筘鼻 3mm 时是纬纱出梭口的最晚时间，从 dis3 显示值表上查得，此时主轴转角是 273°。所以第 2 页综框在下动程期间，最大允许引纬角度是 225°。同样可以查得第 1 页综框在下动程期间，允许引纬的最大角度是 230°（=637°−407°）。第 2 页综框的最大允许引纬角度比第 1 页少了 5°。以上讨论了下筘鼻和下层经纱的情况，下面再看上筘鼻和上层经纱的情况。

将第 642、644 句的 ss1、ss2 填写成上筘鼻的相应值，ss1 = 7mm，ss2 = 2mm，将表 1-3-3 重新运行一遍，就得到新 dis3 值和图 1-3-11。

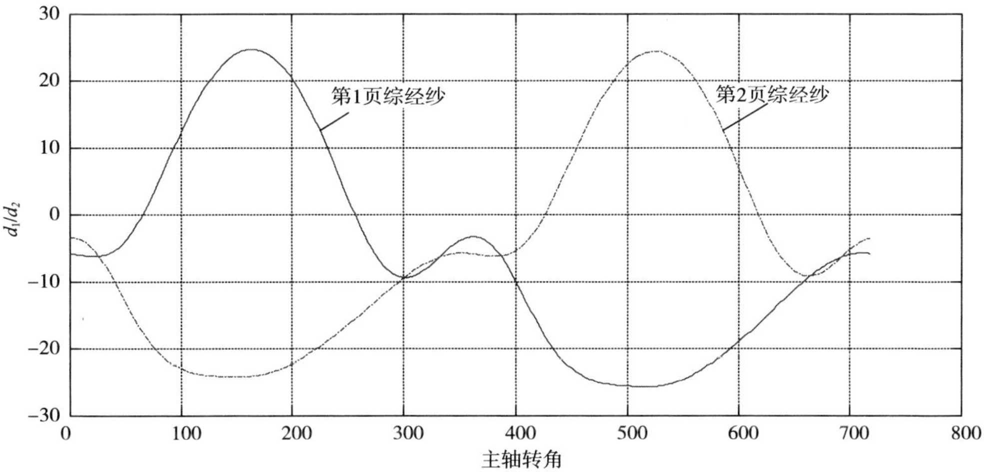

图 1-3-11　上筘鼻圆弧圆心 O_6 点到经纱的距离

上层经纱离开上筘鼻 5mm 是纬纱进梭口的最早时间，相当于上筘鼻圆弧中心点 O_7 到上层经纱 7mm，上层经纱到达距上筘鼻 3mm 的地方是纬纱出梭口的最晚时间，相当于上筘鼻圆弧中心点 O_7 到上层经纱 5mm，按此原则查得，第 1 页综最大允许引纬时间是 158°（86°→244°），第 2 页综最大允许引纬时间 158°（446°→604°）。取上下筘鼻最大允许引纬角的重叠部分，最大允许引纬角只能是 158°。一般地，第 3、第 4 页综框的最大允许角度会变得更小些，越向后，综框的最大允许引纬角度会越小。再一个影响最大允许引纬角的因素是，综框开口时间不一样造成的，如第 1、第 2 页综框开口时间是 300，第 3、第 4 页综框的开口时间是 280°，只此一项每个综框都小了约 20°的引纬角。若第 3、第 4 页综框的开口时间是 270°，则每页综框都小了 30°的引纬角，但为了更好地开清梭口，只好如此。综框动程是指综眼中心位移的最大距离，由于综眼本身有间隙（综眼高度一般是 5. 5mm）以及综丝与穿条之间的间隙，使得综眼处的经纱动程比综框动程小了 6. 5 ~ 7mm。还有一项影响最大引纬角的重要因素：入口侧布边状态良好与否。入口侧布边松，边部经纱松弛，容易挂纱，所以往往推迟引纬。开口时间、综平高度、综框动程、综页数、凸轮种类等都是影响引纬角的因素。使用四连杆打纬机构、G型凸轮的ZA203-190织机，最大允许引纬角往往只剩下120°~130°甚至更少。引纬也存在一个问题，就是纬纱飞行到最右端后再回弹的问题。纬纱头端飞行到最右端，回弹，纬纱变松弛，再在气流的作用下纬纱伸直，同时头端再飞行到最右端，这个过程也需要近20°，各种因素限制下来，纬纱在梭口内飞行的时间只剩下100°~110°。ZAX织机的六连杆打纬机构与ZAX织机的四连杆机构相比，允许纬纱飞行角大约提高了30°。故六连杆打纬机构一般用于宽幅织机。使用何种打纬机构和何种开口凸轮，由织机本身决定。但合理选择开口时间、综框动程、综平高度、平纹织物第3、第4页凸轮与第1、第2页凸轮相位差、绳状绞边粗细及材料使边部经纱张紧，使引纬角达到较大仍有许多工作要作。这些工作往往需要作大量的试验和观察，笔者所编程序的好处是把大量需在机上试验、测量、优化的事，变成在计算机中作，既快又好。笔者编的程序，虽是按ZA200织机编的，稍作修改，也可用于ZAX等织机。

程序算出来的值是理论值，至于机械制造和使用磨损造成的偏差，仍需到实际中测量才能知道，但由于有理论值作底，对于偏差大小和原因，也就容易测量、分辨和查找了。

九、有的开口凸轮只设计综框下静止角而无上静止角的原因

异型筘的喷气织机是有辅喷咀的，在引纬时，辅喷咀必须在梭口里，在打纬时辅喷咀必须落在织口布面以下，所以喷气织机必须采用短牵手的四连杆机构打纬，或用能体现此需求的机构打纬。从提高机械效率的角度讲，辅喷咀在梭口内的位置越接近下层经纱，那它进出梭口越容易。异型筘的筘槽高度为6mm或约6mm，纬纱在筘槽中飞行，而辅喷咀的位置又固定在异型槽稍前稍低的位置，而打纬时打纬点又必须在筘槽底部3~4mm范围内，所以异型槽只能相对偏向下层经纱一方。从异型槽和满足辅喷咀引纬所占的空间来看，喷气织机需要小一点的梭口即可。但喷气织机用的经纱主要是短纤维纱，毛羽多，不容易开清梭口，异型齿又恶化了开口环境，纬纱纱头的重量相对于硕大的梭子而言，毫无惯性可言，遇到未开清晰的个别经纱或还在纠缠的毛羽，只能挂住或绊住或弯曲，所织织物虽没有梭织机织物的三跳疵点（跳花、跳纱、星跳），却引起纬向停台。所以喷气织机梭口也开得比较大。开得比较大，才能开清梭口。

喷气织机梭口必须开得大，异型槽和辅喷咀喷口又只需要靠近下层经纱的一小部分梭口，如何开拓这一小部分梭口，使引纬时间更长呢？应该尽可能提高在最低位置的静止角。在综框一个起落的720°，综框上升角、下降角、上静止角、下静止角总是你消我长的，不可能同时增大。在保证上升角、下降角的前提下，下静止角变成最大时，上静止角就变成了0°。

总之，综框在最下位置有静止角，而在最上位置没有静止角的原因是既能使梭口开得清晰，又能使引纬时间变长。六种平纹凸轮中的四种，即P、G、Q、V都只有下静止角没有上静止角。为了提高车速，需使综框下降、上升时间变长，于是有O型凸轮，综框在最上最下位置都无静止角。H型凸轮上静止角为30，下静止角为60，相当于V型凸轮（上静止角0，下静止角30°），但比V型凸轮易开清梭口，允许纬纱飞行角要大些，织物适应性也要好些，但高速适应性较差。

还有一个问题，从表1-3-1看，凸轮的推程角范围比较小，回程角范围比较大，这是因为：

在织机上，下层经纱的张力是大于上层经纱张力的，这不只是由于织机结构和工艺配置的原因，还因为停经架装置只有下边框，没有上边框。凸轮的推程角范围小，下层经纱开启比较快，有利于克服纱上毛羽影响，而开清梭口。一旦开清了梭口，毛羽就无法影响了，回程角范围角较大，闭合慢一点也就不影响引纬了。当综框运动时，快速的动态运动有滞后性，凸轮的推程角范围比较小相当于有一个提前量。综框在下落时，是凸轮推动转子经过钢丝绳直接拉动综框下落的，而综框上升是靠弹簧恢复力拉动综框上升的，回程角范围比较大，需要的弹簧恢复力就比较小，那么，凸轮推程所需的拉力也就比较小，所以凸轮的推程角范围比较小，回程角范围比较大也有利于节能，也有利于转子能够紧贴在凸轮表面，减少振动。

十、ZAX织机消极式凸轮开口机构有关数据

ZAX织机消极式凸轮开口机构和ZA200织机的消极式开口机构差不多（参见图1-3-1），但具体数据有所不同。

凸轮中心与开口臂摆动中心的距离（即图1-3-1中的O_1O_2）：170mm

O_1O_2与x轴的夹角：42.428°

转子中心与开口臂摆动中心的距离（即图1-3-1中的O_1O_3）：110mm

转子直径：75mm

凸轮最大半径：112mm

凸轮最小半径：78.2mm

凸轮理论轮廓曲线最大半径：149.5mm

凸轮基圆半径：115.7mm

凸轮转速：主轴转速=1∶6

钢丝绳导轮与开口臂摆动中心距离：水平方向495mm，竖直方向165mm。

钢丝绳与开口臂连接方式：圆弧连接。

十一、开口机构钢丝绳

例如，仿ZAX-e织机开口机构的钢丝绳断了，将它拆开，作了测量。测量结果叙述如下。

钢丝部分横截面如图1-3-12所示。为醒目起见，图中用虚线将各股（或小股）分开，在实际上虚线是不存在的。

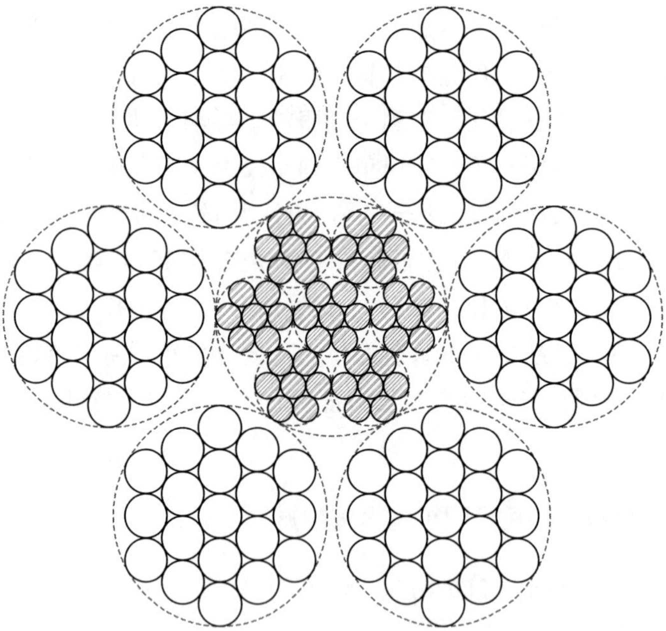

图1-3-12 钢丝部分横截面

钢丝绳由中股和外层6股加捻成绳，绳的捻向为Z捻。钢丝绳的直径为3.74mm，钢丝绳涂油或浸油后，用尼龙密封，尼龙外皮直径为5.7mm（图中未画出尼龙部分）。

每根外股由 19 根单丝加捻而成，捻向为 S 捻。单丝的直径为 0. 25mm，外股的直径为 1. 275mm。

中股直径 1. 38mm，中股又由外层 6 小股和中间 1 小股加捻而成，捻向为 Z 捻，中股的捻度比较大，中股表面几乎呈圆形。外小股的直径 0. 45mm，外观呈 S 捻。每根外小股又由 7 根单丝组成，单丝直径为 0. 15mm。中股中的中小股直径 0. 48mm，外观呈 Z 捻。中股中的中小股也是由 7 根单丝组成，每根单丝的直径也是 0. 15mm。

钢丝为不锈钢丝。钢丝绳共有直径为 0. 25mm 的钢丝 114 根、直径为 0. 15mm 的钢丝 49 根，钢丝的总截面面积为 6. 462mm^2。

此外，还实测了直径为 0. 25mm 的钢丝的拉断强力，拉断强力平均为 7. 1kgf/根。折合成每平方毫米，则拉断强力为 1418N/mm^2。按钢丝绳钢丝的总截面面积 6. 462mm^2，则最大拉断强力为 9166N。

关于钢丝绳，有下面的结论：

（1）钢丝绳由许多细丝捻合而成。用细丝捻合的目的是为了使钢丝绳柔软。

（2）每股由 19 根单丝或 7 根单丝组成，是为了使钢丝绳卷绕紧密，各丝不错位。中股直径稍大于外 6 股，是为外 6 股在捻合倾斜时预留空隙。

（3）从内到外捻向交替变换，和纱与股线捻向一般不同的道理相同，是为了使单丝与钢丝绳中心线的趋向一致，这样钢丝绳能承受更大的拉力。

（4）钢丝之间涂油或浸油是为了消除或减少局部过大的应力。若钢丝之间不能活动，如钢丝绳经过直径为 180mm 的导轮时，处于外侧的钢丝的伸长将比处于内侧的钢丝的伸长多 4 个百分点，这样外侧的钢丝就易断。钢丝之间涂油或浸油后，钢丝与钢丝之间或股与股之间产生微小滑移，有利于消除伸长差，减少外侧过大的应力。用尼龙密封是为了防止油散发，并保持清洁。

（5）在将钢丝捻合成股或小股时，应使各根钢丝的张力一致。同样的，在将各小股捻合成大股时，也应使各小股张力一致。若张力不一致，钢丝绳易断。

第四节　织造过程中经纱张力的计算

比较准确地计算出织造过程中的经纱张力，极具理论价值和实用价值。具体来说，有以下作用：因准确地计算织造过程中的经纱张力，需要用到织机上各经向工艺参数和纱线重要性能指标，如断裂强力、断裂伸长率等，这样就能定量地而不只是定性地表达出经纱张力与各经向工艺参数和纱线性能之间的关系，换言之，影响经纱张力的因素是清楚的，而且能定量表示；计算出打纬时上层经纱张力和下层经纱的张力，能大致估算出钢筘的打纬力，再加上在“织口纬向条带的研究”一章中对纬纱张力给出的估算数据，对研究打纬时织口织物的屈曲波高和打纬状态有好处；因为最大的经纱张力是可计算出来的，同时纱线的断裂强力、断裂伸长率可通过试验室测出来，这样就可预测出由于强力不匀率造成的织机停台率，或判断出所用的纱线是否合格。由于织造过程中的经纱张力是可计算的，这样大多数经向工艺试验可以通过计算机进行，故对纺织厂制定和优化工艺、机械厂设计织机，都能提供应用依据。计算织造过程中的经纱张力的难点在于停经架。

设置停经片的目的是，经纱断头后自动停机，然后人工处理断头，不织疵布。在以往的经位置线分析中，虽然都把停经架位置看作重要的工艺参数，但在计算织造过程的经纱张力时，一般都把停经片的位置看成一个固定点，或干脆把停经片的位置忽略，显然，这会造成很大的误差。实际上停经片在织造过程中是上下跳动的，而不是固定的。停经片的上下跳动是由经纱张力引起的，反过来，由于停经片自身的重量和跳动过程的惯性力又对经纱张力产生了稳定、调节、平衡作用，所以说，停经片也是重要的经纱张力稳定器、调节器和平衡器。喷气织机有六列停经片和前后边框，但没有有梭织机停经架的中圆棒，使得停经片的位置更难确定。把停经片的位置看成一个固定点或省略的好处是计算简单，不需要建立方程。作者把停经片看成运动的，建立并解出了关于停经片运动的非常复杂的微分方程。而解出此微分方程也就求出了在整个织造过程中的经纱张力曲线。

一、经纱与停经片、停经片隔棒、前后边框、综眼、后梁的接触形式

图 1-4-1 中列出其中的 8 种。如图（a）表示停经片挂在经纱上，停经片片前经纱与前边框相切，片后经纱与隔棒相切；图（b）表示停经片压纱点与综眼中心连成一条直线，这条直线高于前边框；片后经纱与隔棒相切；图（c）表示片前片后经纱都与隔棒相切；图（d）表示片前经纱与隔棒相切，片后经纱与后梁相切；图（e）表示片前经纱直接联接到综眼中心，片后经纱与后梁相切；图（f）表示第 3 列停经片片前经纱与前边框相切，片后经纱与后梁相切；图（g）表示第 6 列停经片挂在经纱上，经纱与前面的隔棒相切，后面与后梁相切；图（h）表示在某种情况下经纱张力增加得太快使停经片脱离经纱而跳起来，同时经纱也不与隔棒或前后边框接触。

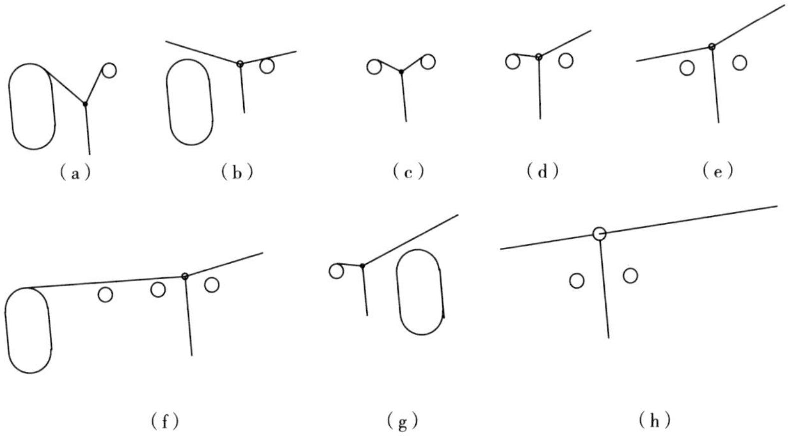

图 1-4-1　经纱与停经片、隔棒、前后边框的部分位置关系图

图 1-4-2 则为第 4 列停经片上经纱与隔棒、前后边框、综眼、后梁接触情况。与前后边框相切的直线叫停经架的上平线，停经片穿条与上平线相交的点记为 M_P，与上平线平行但与上平线距离为 20mm 的直线与停经片穿条相交的点记为 M，是一个用于计算的人为设定的参照点。停经片压纱点 F 到 M 点的距离记为 h。就是说 M 点是 h 计长的基点。

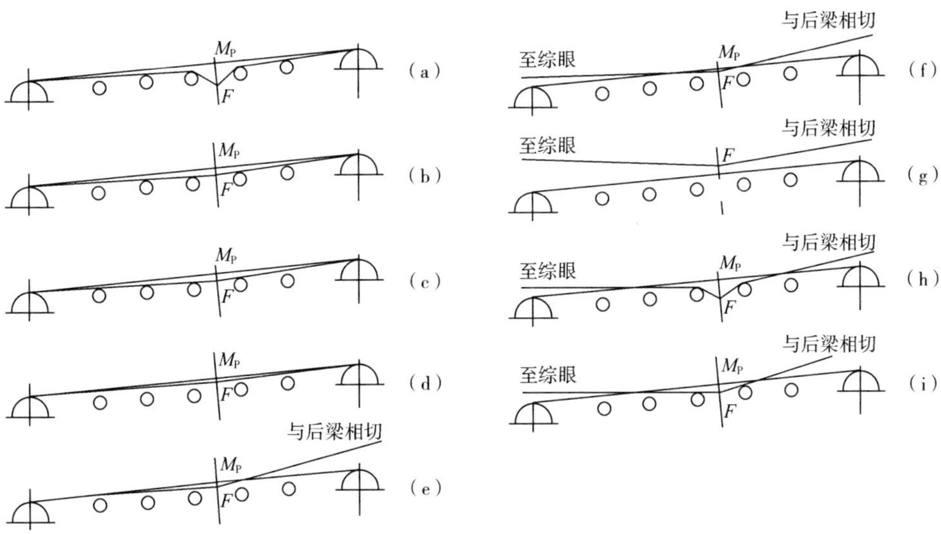

图 1-4-2　第 4 列停经片的经纱与隔棒前后边框的位置关系

对于第 4 列停经片，有以下结论：

从压纱点 F 开始，经纱向前以直线形式直接走的路线有三条：①过 F 点与前隔棒相切，②过 F 点与前边框相切，③ F 点与综眼中心直接连成一条直线。

经纱经过前隔棒后，经纱向前以直线形式直接走的路线有两条：①经纱与前隔棒、前边框都相切，②经纱经过前隔棒上的切点后直接到综眼中心。

从压纱点 F 开始，经纱向后以直线形式直接走的路线也有三条：①过 F 点与后隔棒相切，②过 F 点与后边框相切，③ F 点与后梁相切。

经纱经过后隔棒后，经纱向后以直线形式直接走的路线有两条：①经纱与后隔棒、后边框都相切，②经纱经过后隔棒上的切点后直接与后梁相切。

从综眼到后梁，经纱路线究竟怎么走，要根据综眼、停经架、后梁的相互位置和经纱张力来确定。

对于第 2、第 3、第 5 列停经片，其经纱经过控制元件（指名称数目）的路线与第 4 列相同，第 1、第 6 列停经片的经纱经过控制元件（指名称数目）的最长路线则较短。

另外，喷气织机经纱穿过综丝和停经片的组合形式也比较多。以 ZA203 织机织平纹织物为例，使用四页综框，使用六列停经片，采用顺穿法，则第 1、第 3 页综框上经纱可穿在第 1、第 3、第 5 列停经片上，第 2、第 4 页综框上经纱可穿在第 2、第 4、第 6 列停经片上。这样经纱经过综丝、停经片的不同路线有 12 条。

二、静态条件下求解经纱张力

工艺设置不同，自织口到织轴的经纱经过导纱元件的数量可能不同。同一根经纱在一个周期内的不同时期，接触到的控纱元件数量也不一定相同。经纱经过控纱元件最多时节点最多，共有 14 个节点。这 14 个节点把经纱分成 8 条直线和 5 段圆弧，见图 1-4-3。8 条直线的长度可记为 s_1，s_2，…，s_8，直线的斜率可对应记为 $k_1 \sim k_8$。含圆弧的元件有 5 个，自前向后依次为前边框、片前隔棒、片后隔棒、后边框、后梁，每个元件上一般有两个切点（直线与圆弧的切点），这两个切点是圆弧的界点。圆弧的包角可由与该圆弧相切的两直线的斜率求出，圆弧包角与元件半径相乘的积就是圆弧长度了。5 段圆弧长度自前向后依次记为 s_{01}，s_{02}，s_{03}，s_{04}，s_{05}。当织造工艺给定后，织口位置、综眼中心位置、停经架及其上面的前后边框隔棒穿条与 M 点的位置都是已知的，织轴轴心的位置是固定的，也是已知的，织轴的半径是可指定的，也可以说是已知的。后梁安装在一个角形杠杆的短臂上（见第一节图 1-1-4），而角形杠杆的长臂与松经弹簧和阻尼装置相连，经纱张力作用在后梁上，相当于作用在角形杠杆的短臂上，这样经纱张力与松经弹簧、阻尼装置及后梁摆动惯性力就形成一个动态平衡。实际上后梁由动态平衡引起的摆动量很小，可将它忽略。另外角形杠杆安装在松经四连杆机构的摇杆上，此四连杆机构牵手长度与曲柄长度（偏心量）的比值很大，摇杆的角位移规律可看成余弦运动规律，再由于角形杠杆的长臂摆动中心为水平位置，摇杆的摆幅也很小，故后梁轴心的水平位移规律为余弦运动规律，后梁轴心的高度则视为不变。当给出松经时间和松经量等工艺参数后，后梁的位置也是已知的。现在所有导纱元件的位置都是已知的，只有停经片与经纱的接触点（以下称为压纱点）的位置 F 定不下来。在织机静态、主轴转角为 γ（γ 可以任意设定）条件下，可以先指定一个 h 值，$h=MF$，M 点的位置是已知的，F 点的位置也就已知了。通过几何关系，就可以计算出各段经纱的长度，经纱总长度 S 也就可计算出来了。

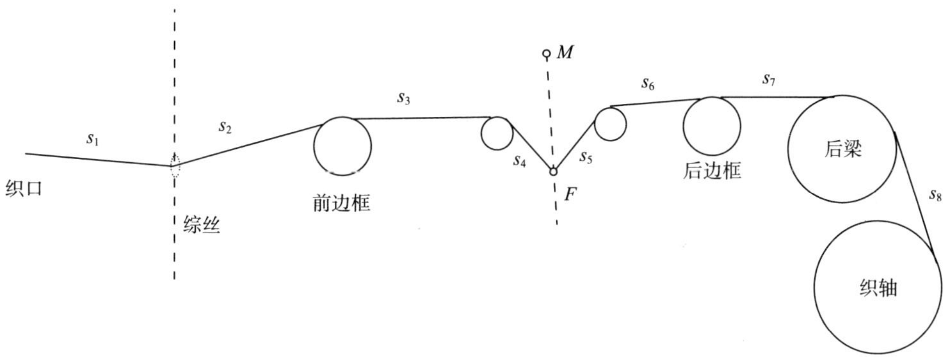

图 1-4-3　从织口到织轴节点最多的经纱路线

$$S=s_1+s_2+s_3+s_4+s_5+s_6+s_7+s_8+s_{01}+s_{02}+s_{03}+s_{04}+s_{05} \tag{1}$$

从另一方面看，这时的经纱张力也是可求的。指定了 h 值后，F 点的位置即已知了，则停经片处直线 s_4、s_5 与水平位置的夹角就可以求出，停经片的重量 mg 是已知的，根据力的平衡关系，直线 s_4、s_5 处的经纱张力 T 便可以求出，在不考虑经纱与综丝、停经片、停经架前后边框、前后隔棒、后梁之间的摩擦力的情况下，在停经片处求出的经纱张力也是经纱在其它位置的经纱张力。

把经纱看作完全的弹性系统，设经纱的弹性系数为 K，经纱在不受力时的经纱长度为 S_0，则有：

$$T=K(S-S_0) \tag{2}$$

式中：T、S 已求出，但 K、S_0 还是未知的，显然，一个方程中有两个未知数是求不出解的。纺织厂试验室一般要作一项试验，就是对应测量浆纱的断裂强力 T_{max} 和断裂伸长率 $\varepsilon_{max}(\%)$，例如，测得 JC14. 5tex 浆纱断裂强力 $T_{max}=276$cN，断裂伸长率 $\varepsilon_{max}=3.52\%$。对于纯棉纱线和涤棉纱线，可以在整个断裂伸长率范围内近似地把伸长率看作与强力成正比，则可以求出经纱断裂伸长率为 1%时的强力，记为 K_1：

$$K_1 = \frac{T_{max}}{\varepsilon_{max}/100} = \frac{100T_{max}}{\varepsilon_{max}} \tag{3}$$

求出 K_1 后，由下面两式求出 S_0 和 K：

$$S_0 = \frac{100K_1S}{T + 100K_1} \tag{4}$$

$$K = \frac{100K_1}{S_0} \tag{5}$$

求出织机上经纱在不受力时的长度 S_0 和弹性系数 K，也是非常重要的，因为它是后面计算的基础。但这里求出的 S_0 和 K 还只是初步值。

对于除纯棉和涤棉以外的经纱，也可通过测量织造张力范围区段伸长率与张力的关系求出其弹性系数。

初步求出 S_0 和 K 后，把织机主轴角由 γ 变为（$\gamma+\Delta\gamma$），则织口位置、综眼中心位置、后梁轴心位置都会发生变化。在新的条件下，可指定一个新的 h 值，根据几何位置，可以求出一个新的 S 值，在停经片处利用力的平衡关系可以求出新的经纱张力 T，另一方面，利用新求出的 S 值和前面已求出的 S_0 和 K 初步值，利用虎克定律，可算出经纱张力 TT：

$$TT = K(S - S_0) \tag{6}$$

由于 h 是任意指定的，用以上两种方法求出来的经纱张力 TT 和 T 一般是不相等的。把 $TT-T=0$ 作为目标，利用牛顿迭代法或类似方法，变换 h 值，当 h 变化时，TT、T 也随着变化，直到 $TT-T=0$ 或 $|TT-T|<\varepsilon$ 为止。ε 为允许的误差。最后得出的 h、T（或 TT）就是织机主轴角为（$\gamma+\Delta\gamma$）时停经片真正的压纱位置和经纱张力。

在一个完全织造循环范围内（平纹织物的一个完全织造循环为两根纬纱，720°），让织机主轴转角以 $\Delta\gamma$ 为步长，织机主轴角由 γ 变化到 $\gamma+720°$。每变化一步，就采用前面的方法，求出对应的 h、T。这样就得出了一个 γ、h、T 数列。

求出 T 数列的平均值记为 $T_{平均}$。再比较 $T_{平均}$ 和机上工艺设计的平均单纱经纱张力 $T_{工艺}$ 是否相等，如果 $|T_{平均}-T_{工艺}|<\varepsilon_1$，则前面初步计算得出的 S_0 和 K 是正确的。ε_1 为要求的允许误差。$|T_{平均}-T_{工艺}|>\varepsilon_1$，调整 S_0，重复上面的步骤，直到

$|T_{平均} - T_{工艺}| < \varepsilon_1$ 为止。最后求出的 S_0 和 K 就是机上经纱在不受力时的经纱原长和经纱弹性系数。而与最后求得的 S_0 和 K 相对应的 γ 、h 、T 数列就是要求的织机在静态条件下，停经片运动高度 h 与主轴转角 γ 、经纱张力 T 与主轴转角 γ 的关系数据。

以上方法就是求解静态条件下经纱张力 T 与织机主轴角 γ 的关系的思路。存在以下两个问题：

（1）为什么不把 T 与 γ 的关系列成方程求解，而要采用先指定 h ，用数值方法求解呢？太复杂，无法列成表达式；分段条件太多，即使某一段能写成表达式，也是复杂的超越方程，仍需用数值方法求解。

（2）为什么要把 $T_{平均}$调到与 $T_{工艺}$相符呢？

机上设计的经纱张力值是织机运转时的平均张力值，机上安装着经纱张力传感器（见第一节图 1-1-4），在织机运转时，每隔 40°，机上计算机采集一次传感器张力数据，然后把一个织造大循环的数据平均起来，与机上设定的张力值相比较，然后根据比较结果调整送经电动机转动速度，使机上经纱张力始终保持与机上设定的张力值一致。可见机上设定经纱张力 $T_{工艺}$是织机运转时动态张力的平均值。$T_{平均}$则是织机在静态条件下（不考虑经纱的塑性变形和缓弹性变形），个织造大循环内经纱张力的平均值。求 $T_{平均}$的一种方法是通过求与停经片重量的平衡力来求经纱张力。停经片质量产生的力在静态下和动态下是不同的，静态下停经片只有重量，而没有惯性力，而在动态条件下，停经片既有重量又有惯性力，但停经片在动态时既有加速又有减速，故惯性力有正有负，停经片的加速减速必须围绕着平衡位置，故惯性力作功之和为 0。所以 $T_{平均} = T_{工艺}$。就是说在计算织机静态经纱张力时，把经纱张力平均值定在与 $T_{工艺}$相等的目标上，是为了计算出的静态张力和动态张力最终与机上实际张力相符。机上设定的经纱张力值是全部经纱的总张力值，计算时要除以总经根数，把它变成单根经纱的张力平均值。

动态条件下求解经纱张力的方法，后面再叙述。

三、已知两圆的圆心位置和半径，求切线的长度、斜率和切点位置

在求经纱张力时，这样的问题会经常用到。

从织口到后梁，按与导纱元件（织口、综丝也看作导纱元件）接触形式分，直线经纱可分为四种直线：从点到点的直线、从点到圆上的上切点的直线、从圆的上切点到点的直线、从一个圆的上切点到另一个圆的上切点的直线。从数学观点看，经纱直线只有一种，即从左圆的上切点到右圆的上切点的直线。因为点可

以看作是半径为 0 的圆。

问题可以描述为，已知两圆的圆心位置和半径，求切线的长度、斜率和切点位置。下面具体求解。

如图 1-4-4 所示，设按 X 轴顺序设左边的圆为 W_1，右边的圆为 W_2，同时 W_1、W_2 也分别表示两圆的圆心，R_1、R_2 分别表示两圆的半径，U_1V_1 是经纱与两圆的上切线。两圆心的连线 W_1W_2 的长度为：

$$W_1W_2 = \sqrt{(x_{W2} - x_{W1})^2 + (y_{W2} - y_{W1})^2} \tag{7}$$

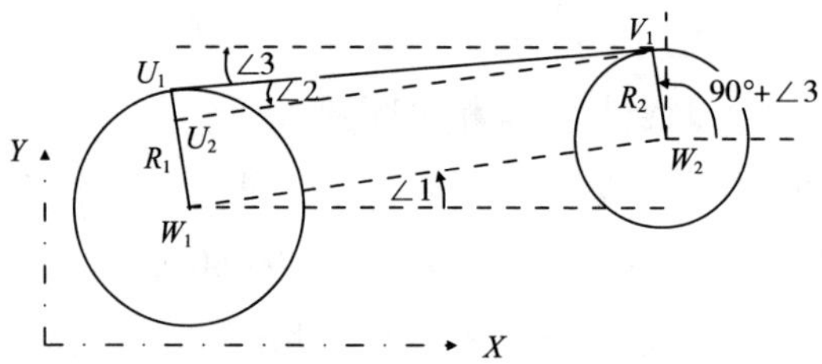

图 1-4-4

切线 U_1V_1 的长度为：

$$U_1V_1 = \sqrt{W_1W_2^2 - (R_2 - R_1)^2} = \sqrt{(x_{W2} - x_{W1})^2 + (y_{W2} - y_{W1})^2 - (R_2 - R_1)^2} \tag{8}$$

作 W_1W_2 的平行线 U_2V_1，并分别过 W_1、V_1 作水平线，从图 1-4-4 中的关系可知：

$$\angle 1 = \arctan\left(\frac{y_{W2} - y_{W1}}{x_{W2} - x_{W1}}\right) \tag{9}$$

$$\angle 2 = \arctan\left(\frac{R_2 - R_1}{U_1V_1}\right) \tag{10}$$

$$\angle 3 = \angle 1 + \angle 2 \tag{11}$$

切线的斜率：

$$k_{U_1V_1} = \tan\angle 3 \tag{12}$$

两圆上的切点分别是：

$$\begin{cases} x_{U_1} = x_{W1} + \cos(90° + \angle 3) \\ y_{U_1} = y_{W1} + \sin(90° + \angle 3) \end{cases} \tag{13}$$

$$\begin{cases} x_{V_1} = x_{W2} + \cos(90° + \angle 3) \\ y_{V_1} = y_{W2} + \sin(90° + \angle 3) \end{cases} \tag{14}$$

下面把求解过程写成 m 文件（注意：点是‘半径=0’的圆，凡遇点，半径取 0）：

```
function [d k xq1 yq1 xq2 yq2] =qiexian_ 1 (xw1, yw1, xw2, yw2, R1, R2)
```

```
%经纱与两圆上面相切，求切线长度 d，切线斜率 k，切点（xq1，yq1），
%（xq2，yq2）
%（xw1，yw1），（xw2，yw2）--左、右圆心坐标
%  R1，R2--左、右圆半径
w1w2=sqrt((xw2-xw1) ^2+(yw2-yw1)^2);
u1v1=sqrt((xw2-xw1)^2+(yw2-yw1)^2-(R2-R1)^2);
jiao1=atan((yw2-yw1)/(xw2-xw1));
jiao2=atan((R2-R1)/u1v1);
jiao3=jiao1+jiao2;
ku1v1=tan (jiao3);
xu1=xw1+R1 * cos (pi/2+jiao3);
yu1=yw1+R1 * sin (pi/2+jiao3);
xv1=xw2+R2 * cos (pi/2+jiao3);
yv1=yw2+R2 * sin (pi/2+jiao3);
d=u1v1; k=ku1v1; xq1=xu1; yq1=yu1; xq2=xv1; yq2=yv1;
[d k xq1 yq1 xq2 yq2]
```

调用格式为：

[d k xq1 yq1 xq2 yq2] =qiexian_ 1（xw1，yw1，xw2，yw2，R1，R2）

输入值（xw1，yw1），（xw2，yw2）表示左右两圆的圆心坐标，R1，R2 表示左右两圆的半径。输出值 d 和 k 分别表示切线的长度和斜率，（xq1，yq1），（xq2，yq2）表示两个切点的坐标。例如，把某列停经片压纱点和它的前隔棒的数据输入，

[d k xq1 yq1 xq2 yq2] =qiexian_ 1（1000，42，1012.5，40，3.5，0）

屏幕显示结果为：

d= 12.1655，k = -0.469301，xq1 = 1001.49，yq1 = 45.1684，xq2 = 1012.5，yq2=40.0

与后梁和织轴相切的直线的长度和斜率的求法与 qiexian_ 1 略有不同，其程序记为 qiexian_ 2。

四、已知两条直线的斜率及每条直线上的一个点，求交点

在求解停经架上元件与经纱的相互关系时，常常需要求出两根直线的交点，

同时求出点到直线的距离，比如，经纱与停经片穿条的交点（即压纱点）、隔棒中心或边框中心到穿条的距离和垂足点。设两根直线的斜率分别为 k_1、k_2，k_1、k_2 是已知的，两条直线上各有一个点（x_1、y_1）、（x_2、y_2）也是已知的，求①两条直线的交点（x、y）；②（x_1、y_1）到直线 2 的距离 d_1；③（x_2、y_2）到直线 1 的距离 d_2；④两直线的夹角。

写成 M 文件如下：

```
function [x, y, d1, d2, JiaJiao] =JiaoDian_ 1 (k1, k2, x1, y1, x2, y2)
% 已知两个点斜式方程（k1, x1, y1）、（k2, x2, y2），求交点坐标（x,
% y）和夹角（JiaJiao），（x1, y1）到直线 2 的距离 d1，（x2, y2）到直线 1 的
% 距离 d2
x= (-y1+y2+k1 * x1-k2 * x2) / (k1-k2);
y=k2 * (x-x2) +y2;
A1=k1; B1=-1; C1=-k1 * x1+y1;
d2=abs (A1 * x2+B1 * y2+C1) /sqrt (A1^2+B1^2);
A2=k2; B2=-1; C2=-k2 * x2+y2;
d1=abs (A2 * x1+B2 * y1+C2) /sqrt (A2^2+B2^2);
JiaJiao=atand ( (k2-k1) / (1+k1 * k2) );
```

调用格式为：

```
[x, y, d1, d2, JiaJiao] =JiaoDian_ 1 (k1, k2, x1, y1, x2, y2)
```

五、已知同一圆上两条切线的斜率 k_1、k_2 和圆的半径 R，求切点间的圆弧长度和包角

设同一圆上两条切线的斜率分别为 k_1、k_2，圆的半径为 R，两个切点之间的圆弧长度记为 so，包角记为 BaoJiao，也写成 M 文件，文件名是 huchang_ 1，具体程序如下：

```
function [so, BaoJiao] =huchang_ 1 (k1, k2, R)
% 已知同一圆上两条切线的斜率 k1、k2 和圆的半径 R，求两个切点之间的
% 圆弧长度 so 和包角 BaoJiao
b=atan ( (k1-k2) / (1+k1 * k2) );
BaoJiao=abs (b * 180/pi);
so=R * abs (b);
```

调用格式为：

［so，BaoJiao］=huchang_ 1（k1，k2，R）

六、停经架在实际使用过程中的限制

在计算经纱张力时，除了要解决一些计算方法的问题外，还必须注意停经架在实际使用过程中的一些限制，其中有一种最重要的限制是作者提出的停经架配置应采用图 1-4-5（d）形式。1988 年，作者为解决经纱经过停经架产生毛羽危害和断一撮纱问题而提出了一种停经架位置分类形式，在梭口满开时，根据上下层经纱与停经架前后边框的位置关系而将停经架位置分成四种形式（图 1-4-5，详见 1990 年《陕西纺织》"喷气织机停经装置的使用实践"及《喷气织机使用疑难问题》）。图中（a）的形式—梭口满开时，上下层经纱都与停经架前后边框紧密接触。（a）形式的缺点是，密集排列的停经片象梳子，经纱在经过停经片梳时经纱上的毛羽会被梳掉一部分，梳掉的毛羽若堆积在停经片后，会形成虚的棉条，随着经纱进一步前行，刮下的毛羽就越来越多，虚的棉条就变成实的棉条（这从最后一排停经片后面即后边框处看得很清楚），阻止经纱前行，造成停经片弯曲，"无故"关车，或使几根经纱被短片段棉条或棉球纠结在一起，当某一根经纱断头时，停经片不能下落关车，也造成操作劳动强度加大，布机效率降低。形式（a）在前边框处也存在问题，当上层经纱的某根在综丝或钢筘处断头时，这根经纱的毛羽很可能还被其它经纱碾压在前边框上，从而造成断经不能及时关车。断经不及时关车是造成断一撮纱的重要原因。形式（b）（c）也存在问题。形式（d）是在织造过程中，上下层经纱都不与后边框接触，在梭口满开时，下层经纱与前边框接触，上层经纱高于前边框一定距离，如纯棉织物为高于 1～3mm，涤棉织物则稍高些，具体调节时应尽可能将高出量调大，以停经片不产生剧烈的横向扭转摆动为原则。形式（d）的优点是，在织机运转过程中，借助于综框开口的力，将经纱分成若干层，使得经纱上脱落的毛羽无法在经纱上贮留，同时也不存在上层经纱在前边框上的碾压问题。反映经纱分成若干层的最直观的表现是所有六列停经片都跳动。形式（d）对于减少经纱经过停经架时的毛羽危害、飞花附着、断经不关车、断一撮纱问题有奇效，因为操作特别简单，只需将停经架转动一个角度即可实现，在减少毛羽危害方面，可与浆纱的湿分绞棒相媲美，只是湿分绞棒使毛羽伏贴或者说减少了毛羽，而停经架的形式（d）则减少了毛羽危害。对于经纱排列很稀的织物，也可以不采用形式（d），但对于大多数织物特别是高密织物，停经架配置应采用形式（d）。由于形式（d）的限制，上下层经纱并不与后边框接触，而是直接与后梁接触，故图 1-4-2（a）（b）（c）（d）中凡是与后边框接触的地方都应空出，而换成直接与后梁接触。但后边框架的位置和上平线还应继续画出，以便于观察。

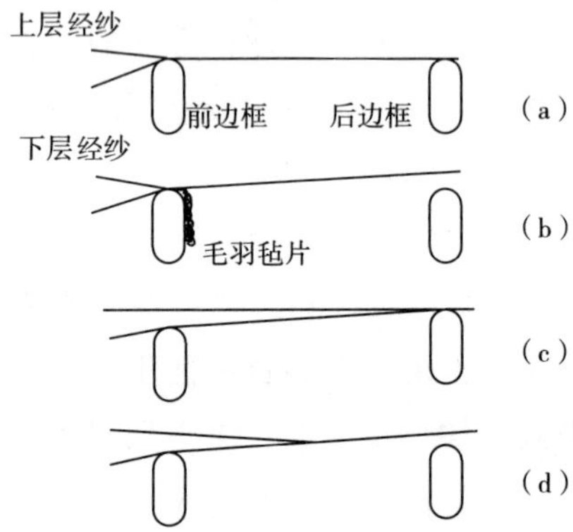

图 1-4-5　上下层经纱与停经架前后边框位置的四种形式

形式（b）存在的问题之一是前边框后面附着一层由毛羽组成的毡片，但当时试验的机台是 ZA202 织机，它的停经架前后边框最高点之间的距离是 160mm，第 1 列停经片与前边框内侧距离仅 2mm，也是形成毛羽毡片的原因之一，后来的织机如 ZA203、ZA205i、ZA209、ZAX-E 织机，这两个尺寸却是 175mm 和 9.5mm，前边框后壁就再没有看见毛羽毡片附着了。

七、停经片受力分析

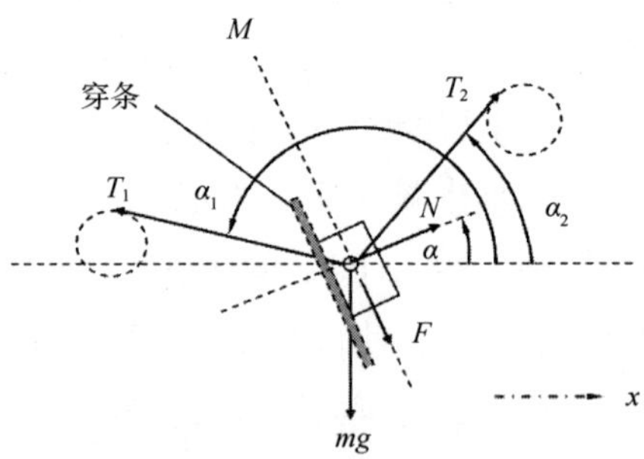

图 1-4-6　停经片受力图

图 1-4-6 是停经片的受力图。图中 α 是停经架的前倾角，停经片被经纱挂在 F 点并斜靠在穿条上，F 点称为经纱的压纱点或挂纱点，M 点是停经片穿条中心线上的点，用作距离 h 的起始点，$h = MF$。mg 表示停经片重量，T_1、T_2 表示停经片前后的经纱张力，忽略经纱与停经片之间的摩擦力，则 $T_1 = T_2 = T$，α_1、α_2 表示 T_1、T_2 与 X 轴正方向的夹角，F 表示摩擦力，$F = fN$，摩擦力的方向和停经片运动的方向相反，N 表示停经片穿条对停经片的正压力，f 为停经片与穿条的摩擦系数。图 1-4-6 中假定停经片运动的方向是向斜上方向运动的，则摩擦力的方向指向斜下方向。将各力

投影到停经架的穿条方向和垂直于穿条的方向，根据牛顿第二定律，可列方程如下：

$$\begin{cases} T\cos(\alpha_1-\alpha)+T\cos(\alpha_2-\alpha)+mg\cos(270°-\alpha)+N=0 \\ T\sin(\alpha_1-\alpha)+T\sin(\alpha_2-\alpha)+mg\sin(270°-\alpha)-f|N|=ma \end{cases}$$

$$\begin{cases} T\cos(\alpha_1-\alpha)+T\cos(\alpha_2-\alpha)+mg\cos(270°-\alpha)+N=0 & (15) \\ \frac{T}{m}\sin(\alpha_1-\alpha)+\frac{T}{m}\sin(\alpha_2-\alpha)+g\sin(270°-\alpha)-\frac{1}{m}f|N|=a & (16A) \end{cases}$$

式中：N 为正压力，因为停经片穿槽套在穿条上，故 N 可为正，也可为负。无论 N 为正为负，停经片与穿条之间的阻力都是阻止停经片运动的，故（16A）中的 N 加了绝对值号。一般地，当停经架倾斜角 α 为正时，$N>0$；α 为负时，$N<0$。a 是停经片的加速度，$a=\frac{\mathrm{d}^2h}{\mathrm{d}t^2}$。$v$ 是停经片的速度，$v=\frac{\mathrm{d}h}{\mathrm{d}t}$。另外，式中 α_1 和 α_2 都可以写成 h 的表达式，α_1 和 h 可以分三段写出表达式，经纱从压纱点出发，与前隔棒相切，可写出一个表达式；与前边框相切时，可写出一个表达式；与综丝直接连接，可写一个表达式。而写出来的表达式也很复杂。对于 α_2 和 h 的关系式也同样复杂。只要明白式（16A）是一个关于 h 的二阶非线性常微分方程即可。在式（16A）中停经片运动的阻力仅有停经片和穿条之间的摩擦力，这不符合实际情况。停经片运动时受到的阻力是比较多的，如前后隔棒、前后边框的柔性限位（经纱下行时碰到隔棒、前后边框，隔棒、前后边框挡住了经纱，则柔性地挡住了停经片），下层经纱把上层经纱的毛羽碾压在隔棒和前后边框上，当上层经纱要上升时，先要克服毛羽造成的阻力。停经片附近的经纱在闭合时，会有些毛羽横梗在其中，再要开启，也先要克服毛羽。经纱与前后隔棒、前后边框的摩擦，也要消耗能量。在上面，已忽略经纱与停经片之间的摩擦力，事实上，经纱与综丝接触也是有摩擦力的，后梁虽然转动比较灵活，但经纱贴在后梁上，转动后梁也会消耗能量。后梁系统安装在角形杠杆上，后梁系统的转动惯量很大，还带有阻尼器，而后梁系统由经纱张力引起的摆动和阻尼器活塞的运动都是要消耗能量的。这些能量的消耗从表面看似乎和停经片没有关系，但停经片的跳动能量也来自经纱，加给停经片的能量就会减少，故给式（16A）右面近似加一个阻尼力。为方便起见，把这些阻力看成是与停经片运动速度 v 成正比的阻力 cv，故把式式（16A）改写成：

$$\frac{T}{m}\sin(\alpha_1-\alpha)+\frac{T}{m}\sin(\alpha_2-\alpha)+g\sin(270°-\alpha)-\frac{1}{m}f|N|=\frac{\mathrm{d}^2h}{\mathrm{d}t^2}+c\frac{\mathrm{d}h}{\mathrm{d}t} \quad (17A)$$

式中：c 为阻尼系数。摩擦力 fN 的方向和速度 v 的方向相反。

式（15）可写成：

$$N = -T\cos(\alpha_1 - \alpha) - T\cos(\alpha_2 - \alpha) - mg\cos(270° - \alpha)$$
$$= -T\cos(\alpha_1 - \alpha) - T\cos(\alpha_2 - \alpha) + mg\sin\alpha \quad (18)$$

当 $N \geqslant 0$ 时，$|N| = N = -T\cos(\alpha_1 - \alpha) - T\cos(\alpha_2 - \alpha) + mg\sin\alpha$

代入式（17A），有：

$$\frac{d^2h}{dt^2} + c\frac{dh}{dt} = \left[\frac{T}{m}\sin(\alpha_1 - \alpha) + \frac{fT}{m}\cos(\alpha_1 - \alpha)\right] + \left[\frac{T}{m}\sin(\alpha_2 - \alpha) + \frac{fT}{m}\cos(\alpha_2 - \alpha)\right]$$
$$- [g\cos\alpha + fg\sin\alpha]$$

摩擦系数 f 也可以表示成摩擦角 α_f，$\alpha_f = \arctan f$，于是：

$$\cos\alpha_f = \frac{1}{\sqrt{1+f^2}}, \qquad \sin\alpha_f = \frac{f}{\sqrt{1+f^2}}$$

$$\frac{d^2h}{dt^2} + c\frac{dh}{dt} = \frac{T\sqrt{1+f^2}}{m}[\sin(\alpha_1 - \alpha + \alpha_f) + \sin(\alpha_2 - \alpha + \alpha_f)] -$$
$$g\sqrt{1+f^2}\cos(\alpha - \alpha_f) \quad (19A)$$

当 $N < 0$ 时，$|N| = -N = T\cos(\alpha_1 - \alpha) + T\cos(\alpha_2 - \alpha) - mg\sin\alpha$

$$\frac{d^2h}{dt^2} + c\frac{dh}{dt} = \left[\frac{T}{m}\sin(\alpha_1 - \alpha) - \frac{fT}{m}\cos(\alpha_1 - \alpha)\right] + \left[\frac{T}{m}\sin(\alpha_2 - \alpha) - \frac{fT}{m}\cos(\alpha_2 - \alpha)\right] - [g\cos\alpha - fg\sin\alpha]$$

$$= \frac{T\sqrt{1+f^2}}{m}[\sin(\alpha_1 - \alpha - \alpha_f) + \sin(\alpha_2 - \alpha - \alpha_f)] - g\sqrt{1+f^2}\cos(\alpha + \alpha_f) \quad (19B)$$

式（19A）、式（19B）分别是在 $N \geqslant 0$、$N < 0$ 时，停经片向斜上方向运动时的关于 h 的微分方程式。同理可写出停经片向斜下方向运动时的关于 h 的微分方程式。

当 $N \geqslant 0$，停经片向斜下方向运动时：

$$\frac{d^2h}{dt^2} + c\frac{dh}{dt} = \frac{T\sqrt{1+f^2}}{m}[\sin(\alpha_1 - \alpha - \alpha_f) + \sin(\alpha_2 - \alpha - \alpha_f)] - g\sqrt{1+f^2}\cos(\alpha + \alpha_f)$$
$$(19B)$$

当 $N < 0$，停经片向斜下方向运动时：

$$\frac{d^2h}{dt^2} + c\frac{dh}{dt} = \frac{T\sqrt{1+f^2}}{m}[\sin(\alpha_1 - \alpha + \alpha_f) + \sin(\alpha_2 - \alpha + \alpha_f)] - g\sqrt{1+f^2}\cos(\alpha - \alpha_f)$$
$$(19A)$$

式（19A）、式（19B）中的 m、f、α、α_f 都是已知的，g 是重力加速度（9.807m/s^2），α_1、α_2、T 是 h 的函数，c 是已知常数。故式（19A）、式（19B）是关于 h 的微分方程。

当 $N \geqslant 0$，停经片向斜上方向运动时，或者当 $N<0$，停经片向斜下方向运动时，关于 h 的微分方程式是式（19A）。

当 $N<0$，停经片向斜上方向运动时，或者当 $N \geqslant 0$，停经片向斜下方向运动时，关于 h 的微分方程式是式（19B）。

八、静态条件下的经纱张力

在停机停车情况下，忽略经纱的塑性变形和缓弹性变形，则式（19）中的加速度项为0，速度项为0，摩擦系数 f 和摩擦角 α_f 也为0，于是式（19）可写为：

$$\frac{T}{m}[\sin(\alpha_1-\alpha)+\sin(\alpha_2-\alpha)]-g\cos\alpha=0 \tag{20}$$

即：

$$T=\frac{mg\cos\alpha}{\sin(\alpha_1-\alpha)+\sin(\alpha_2-\alpha)} \tag{21}$$

这里的 T 为停经片处由受力平衡求得的经纱张力。

另外，自织口到织轴的经纱总长度为 S，经纱不受力时的经纱原长为 S_0，经纱弹性系数为 K，由此也可求出一个经纱张力 TT，

$$TT=K(S-S_0) \tag{22}$$

很显然，用两种方法求得经纱张力应该相等，即 $T=TT$。问题是，T 和 TT 现在都求不出来。这时就需要先指定一个 h。如 $h=27$，而 $\alpha=5°$，$m=0.002$kg，是事先由工艺给出的，根据 h、穿条与前后隔棒的位置关系，可求得 $\alpha_1=14.3°$，$\alpha_2=175.7°$，代入式（21）可求得 $T=0.0605$N。同时求得 $s_4=s_5=12.093$mm（图1-4-7）。同样，根据工艺和此时的织机主轴角所确定的几何位置可求出 s_1、s_2、s_3、s_6、s_7、s_8 和圆弧长度 s_{01}、s_{02}、s_{03}、s_{04}、s_{05}，然后由式（1）可求出 S，其它则按“二、静态条件下求解经纱张力”所述步骤进行。

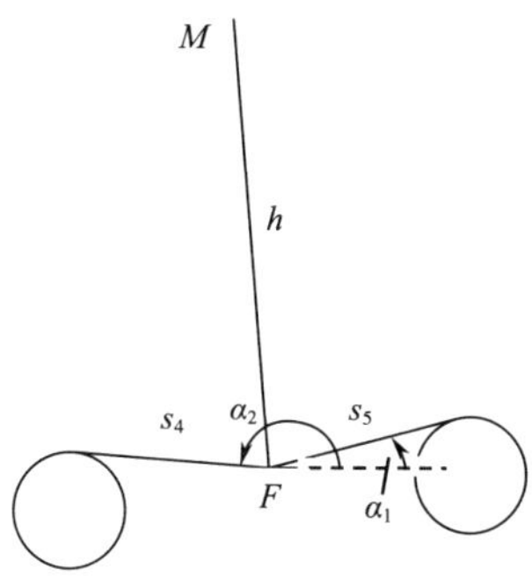

图 1-4-7

九、经纱控制元件要素的绝对坐标与织机经向工艺参数关系的程序

这一点，在第一节已详细叙述。问题是，根据织机经向工艺参数要写出诸多控制元件要素的机上绝对坐标很麻烦，这就需要编写程序。运行程序，几秒钟后，这项工作就可完成。步骤如下：

（1）在 Excel 电子表格中填写经向工艺表，并给工艺项目编写代号，把代号写在前面，把工艺项目名称写在后面说明栏，把工艺参数填写在代号后面的颜色格里。这样修改参数也很方便。下面以 JC14. 5/14. 5 472/433 160 防羽绒布为例填写，见表 1-4-1。

（2）编写程序，见表 1-4-2。把重要常数填写在程序的最前面，作为程序的第（一）部分。随后编写主体程序，程序与工艺项目的对应关系，在说明栏中已叙述清楚了。关于经纱控制元件要素的坐标编号有必要在这里稍作强调，使读者看得更清楚些。笔者把边撑杆之小托杆上端坐标的编号定为 1，即 xx1、yy1。把织口的坐标编号定为 2，即 xx2、yy2，但织口是游动的，有些特殊点也需表示出来，则按使用时具体说明定。综眼中心位置定为 3，因为有多页综框，故有第二个标号，如 xx32、yy32 表示第 2 页综框综眼中心的位置。停经架上元件要素坐标的标号定为 4，前边框上圆心、第 1 至第 5 根隔棒圆心、后边框上圆心的坐标依次记为（xxo40，yyo40）、（xxo41，yyo41）、（xxo42，yyo43）、……、（xxo46，yyo46）。"xx" 后紧跟 "o" 表示圆心。停经架上平线与穿条的交点坐标的表示符号是（xxMP，yyMP），编号则是 41 到 46。停经片穿条上 h 的计算基点 M 的表示符号是（xxM，yyM），编号也是 41 到 46。后梁中心的位置记为（xxo51，yyo51），织轴中心的位置记为（xxo61，yyo61）。

（3）运行程序表 1-4-2，整理结果见表 1-4-3。表 1-4-3 中用黑体填写的数字是后面举例中要用到的数据。

十、几个重要参数的确定

1. 织口位置

由于织口的游动性，织口位置很难确定。如果把综平时经纱与织物的分界线定为织口位置，则此时的织口已比钢筘打到前死心时的织口后退了 3~4mm，如果把钢筘在最前心时经纱与织物的交界定为织口位置，但这时经纱已开口到一定程度了，虽然，各页综框综眼中心的位置可以求出，上下层经纱的在 Y 方向的平均位置也可以求出，但上下层经纱张力却不同，影响织口上下位置。而且不同织物开口时间不同，在钢筘打纬到最前位置的开口量就不同，织口高度也就不同。这样问题就变得复杂了，与人们想简单地确定织口位置的想法背道而驰。确定织口位置的方法如下：

（1）以第 1、第 2 页综框综平时综眼中心的平均位置作为一点，以边撑杆的托布杆最上端为另一点，两点连线作为第一条直线，在钢筘打到最前位置时，以钢筘筘面作为第二条直线，这两条直线的交点记为 B（x_B，y_B）。把 B 点高度坐标 y_B 作为在整个织造过程中织口的 Y 坐标值。至于织口的 X 坐标，则在织口游动量范围内由钢筘摆动角度位置和 y_B 定；在钢筘脱离织口后则为（x_B +游动量）。

（2）对于ZA200织机，在求出 B（x_B，y_B）后，由下面的表达式反求出筘座打纬半径 r，

$$y_B = -166 + r\sin\beta_{筘max} \tag{23}$$

$$x_B = 415 + r\cos\beta_{筘max} \tag{24}$$

式中：（415，-166）是筘座轴心的坐标；$\beta_{筘max}$ 是筘座最大摆角（$\beta_{筘max}$ = 103.92°）。

（3）织口前后游动量是4mm，是指钢筘刚接触织口时或钢筘退后时，织口位置是（x_B +4mm），将此点位置记为 B_1，钢筘在位置 B_1 点，对应的筘座角 $\beta_{筘B1}$ 是：

$$\beta_{筘B1} = \arccos\frac{x_B + 4 - 415}{r} \tag{25}$$

（4）运用第二节的知识，查出织机主轴转角 γ 与 $\beta_{筘B1}$ 的关系。γ 与 $\beta_{筘B1}$ 对应的角有两个，一个是钢筘开始接触到织口时的主轴转角 γ_1，一个是钢筘离开织口时的主轴转角 γ_2。于是，织口水平位置是：在主轴转角为 γ_1 到 γ_2 期间（图1-1-1），织口位置按 $x = 415 + r\cos\beta_{筘}$ 计算。

表1-4-1

1	%	JC14. 5/14. 5 472/433 160 防羽绒布		织物名称
2	%	平纹		织物组织
3	NN=	7574	%	总经根数
4	%	ZA203-190		机型
5	MingZi1=	'G'	%	开口凸轮
6	%	点联接	%	钢丝绳与开口臂联接形式
7	yg1=	4	%	边撑垫片厚度（mm）
8	yg31=	121	%	第1页综框高度（下，mm）
9	yg32=	119	%	第2页综框高度（下，mm）
10	yg33=	117	%	第3页综框高度（下，mm）
11	yg34=	115	%	第4页综框高度（下，mm）
12	Hg31=	82	%	第1页综框动程（mm）
13	Hg32=	86	%	第2页综框动程（mm）
14	Hg33=	90	%	第3页综框动程（mm）
15	Hg34=	94	%	第4页综框动程（mm）
16			%	停经架基座位置：

续表

17	MingZi3 =	´前´	%	前　　后	
18	MingZi4 =	´上´	%	上　　下	
19	xg41 =	10	%	停经架前后位置（cm）	
20	yg41 =	3	%	停经架高度（cm）	
21	Jiaog41 =	5	%	停经架倾斜角（°）	
22	C5 =	110	%	后梁直径（mm）	
23	xg51 =	9	%	后梁前后位置（后）	
24	yg51 =	120	%	T 型架高度（mm）	
25	C6 =	300	%	第 1、2 页综开口时间	
26	C7 =	270	%	第 3、4 页综开口时间	
27	C8 =	290	%	松经时间	
28	C9 =	6	%	松经量（mm）	
29	C10 =	200	%	经纱张力	
30	C11 =	0. 2589649	%	平均单根经纱张力（牛）	
31	m =	2	%	停经片质量（克）	
32		14. 5 * 1. 1 * 0. 02	%	停经片规格	
33	C12 =	0	%	阻尼滑块间隙（mm）	
34	%	30 环细刺	%	边撑种类	

表 1-4-2

100	%（一）若干常数					
102	Cy1 =	53	%	边撑杆托脚高度		
104	Cy2 =	36	%	机架高于胸梁		
106	Cy3 =	166	%	综框导架上平面高于机架上平面		
108	Cy4 =	289	%	综眼中心到综框上平面的距离		
110	Cx1 =	14	%	织口与托布杆顶端的距离		
112	Cx2 =	14	%	综框间距		
114	xx1 =	353	%	托布杆水平位置		
116	yy1 = Cy1 - Cy2 + 47 * tand（8） + yg1		%	托布杆 Y 高度		
118	BB1 =	4	%	织口前后游动量（mm）		
120	COx1 =	415	%	筘座轴心坐标		
122	COy1 =	-166	%	筘座轴心坐标		
124	betaKouMax =	103. 92	%	筘座在最前时的角度		
126	CHJ =	7	%	综眼间隙及综与穿条间隙（mm）		
128	Tg = C10 * 9. 807/NN		%	平均单根经纱张力（牛）		
145	%（二）根据使用凸轮形式确定系数					
150	MingZi2 =	findstr（MingZi1，´PGQV´）				

续表

switch MingZi2					
	case 1				
	C1=0.371				
	case 2				
	C1=0.416				
	case 3				
	C1=0.457				
	case 4				
	C1=0.494				
end					
%（三）求出各页综框综眼中心的自综平高度及水平位置					
yyp31=	166+yg31-289+C1 * Hg31	%	第 1 页综框自综平高度（mm）		
yyp32=	166+yg32-289+C1 * Hg32	%	第 2 页综框自综平高度（mm）		
yyp33=	166+yg33-289+C1 * Hg33	%	第 3 页综框自综平高度（mm）		
yyp34=	166+yg34-289+C1 * Hg34	%	第 4 页综框自综平高度（mm）		
xx31=	500	%	第 1 页综框水平位置（mm）		
xx32=	xx31+Cx2	%	第 2 页综框水平位置（mm）		
xx33=	xx31+2 * Cx2	%	第 3 页综框水平位置（mm）		
xx34=	xx31+3 * Cx2	%	第 4 页综框水平位置（mm）		
%（四）求织口位置。求法：综平时小托布杆与综眼中心的连线与钢筘					
%在前心位置的交点为织口位置，这里取前两页综框的平均值					
k31=	tan（（yyp31-yy1）/（xx31-xx1））				
k32=	tan（（yyp32-yy1）/（xx32-xx1））				
C2=	（k31+k32）/2				
k1=	tand（betaKouMax）				
[xB，yB，d1，d2，JiaJiao] =JiaoDian_ 1（k1，C2，COx1，COy1，xx1，yy1）					
	%（xB，yB）是钢筘在前死心时的织口位置				
rKou=	sqrt（（xB-COx1）^2+（yB-COy1）^2）				
xB1=	xB+BB1				
	%（xB1，yB1）是钢筘离开织口后的织口位置 B1 点的坐标				
betaB1=	acosd（（xB1-COx1）/rKou）				
	%钢筘在 B1 点时的筘座角				
%在第二节的程序中，查出筘座角为 betaB1（β_{B1}）的主轴转角 γ_{B1}					
%和筘座在 [B，B1] 区间的主轴转角 γ，这里省去过程，只将织口位					
%置与主轴转角的对应关系写成一个矩阵 XX2 待用					
gamma=	[0：719]；				
% XX2=			%在第 sheet2		
% xx2=	XX2（gamma+1）；		%织口水平位置		

续表

355	yy2=	yB		%织口高度	
360	%（五）根据停经架基座位置不同取不同的系数				
365	MingZi5=	findstr（MingZi3，´前后´）			
370		switch MingZi5			
375			case 1		
380			C3=860		
385			case 2		
390			C3=920		
395		end			
400	MingZi6=	findstr（MingZi4，´上下´）			
405		switch MingZi6			
410			case 1		
415			C4=52		
420			case 2		
425			C4=22		
430		end			
435	%（六）求停经架上平线中点位置、前后边框和隔棒的圆心、穿条与				
440	%上平线的交点				
445	%下面两句：xx41、yy41--停经架上平线中心坐标				
450	xx41=	C3+10 * xg41-35 * sind（Jiaog41）；%			
455	yy41=	C4+10 * yg41-35 * （1-cosd（Jiaog41））			
460	%下面 14 句：前边框、五根隔棒、后边框的水平位置和高度				
465	xxo40=	C3+10 * xg41-175/2 * cosd（Jiaog41）-25 * sind（Jiaog41）			
470	xxo41=	C3+10 * xg41-50 * cosd（Jiaog41）-28. 5 * sind（Jiaog41）			
475	xxo42=	C3+10 * xg41-25 * cosd（Jiaog41）-28. 5 * sind（Jiaog41）			
480	xxo43=	C3+10 * xg41-0 * cosd（Jiaog41）-28. 5 * sind（Jiaog41）			
485	xxo44=	C3+10 * xg41+25 * cosd（Jiaog41）-28. 5 * sind（Jiaog41）			
490	xxo45=	C3+10 * xg41+50 * cosd（Jiaog41）-28. 5 * sind（Jiaog41）			
495	xxo46=	C3+10 * xg41+175/2 * cosd（Jiaog41）-25 * sind（Jiaog41）			
500	yyo40=	C4-35+10 * yg41-175/2 * sind（Jiaog41）+25 * cosd（Jiaog41）			
505	yyo41=	C4-35+10 * yg41-50 * sind（Jiaog41）+28. 5 * cosd（Jiaog41）			
510	yyo42=	C4-35+10 * yg41-25 * sind（Jiaog41）+28. 5 * cosd（Jiaog41）			
515	yyo43=	C4-35+10 * yg41-0 * sind（Jiaog41）+28. 5 * cosd（Jiaog41）			
520	yyo44=	C4-35+10 * yg41+25 * sind（Jiaog41）+28. 5 * cosd（Jiaog41）			
525	yyo45=	C4-35+10 * yg41+50 * sind（Jiaog41）+28. 5 * cosd（Jiaog41）			
530	yyo46=	C4-35+10 * yg41+175/2 * sind（Jiaog41）+25 * cosd（Jiaog41）			
535	%下面 12 句：停经架上平线与穿条的交点的坐标（前六句为 X 值，后六句为 Y 值				
540	xxMP41=	C3+10 * xg41-62. 5 * cosd（Jiaog41）-35 * sind（Jiaog41）			

续表

545	xxMP42=	C3+10 * xg41-37.5 * cosd（Jiaog41）-35 * sind（Jiaog41）			
550	xxMP43=	C3+10 * xg41-12.5 * cosd（Jiaog41）-35 * sind（Jiaog41）			
555	xxMP44=	C3+10 * xg41+12.5 * cosd（Jiaog41）-35 * sind（Jiaog41）			
560	xxMP45=	C3+10 * xg41+37.5 * cosd（Jiaog41）-35 * sind（Jiaog41）			
565	xxMP46=	C3+10 * xg41+62.5 * cosd（Jiaog41）-35 * sind（Jiaog41）			
570	yyMP41=	C4+10 * yg41-62.5 * sind（Jiaog41）-35 *（1-cosd（Jiaog41））			
575	yyMP42=	C4+10 * yg41-37.5 * sind（Jiaog41）-35 *（1-cosd（Jiaog41））			
580	yyMP43=	C4+10 * yg41-12.5 * sind（Jiaog41）-35 *（1-cosd（Jiaog41））			
585	yyMP44=	C4+10 * yg41+12.5 * sind（Jiaog41）-35 *（1-cosd（Jiaog41））			
590	yyMP45=	C4+10 * yg41+37.5 * sind（Jiaog41）-35 *（1-cosd（Jiaog41））			
595	yyMP46=	C4+10 * yg41+62.5 * sind（Jiaog41）-35 *（1-cosd（Jiaog41））			
600	%下面 12 句：穿条上 M 点（h 的零点）的坐标（前六句为 X 值，后六句为 Y 值				
605	xxM41=	C3+10 * xg41-62.5 * cosd（Jiaog41）-55 * sind（Jiaog41）			
610	xxM42=	C3+10 * xg41-37.5 * cosd（Jiaog41）-55 * sind（Jiaog41）			
615	xxM43=	C3+10 * xg41-12.5 * cosd（Jiaog41）-55 * sind（Jiaog41）			
620	xxM44=	C3+10 * xg41+12.5 * cosd（Jiaog41）-55 * sind（Jiaog41）			
625	xxM45=	C3+10 * xg41+37.5 * cosd（Jiaog41）-55 * sind（Jiaog41）			
630	xxM46=	C3+10 * xg41+62.5 * cosd（Jiaog41）-55 * sind（Jiaog41）			
635	yyM41=	C4+10 * yg41-62.5 * sind（Jiaog41）-35+55 * cosd（Jiaog41）			
640	yyM42=	C4+10 * yg41-37.5 * sind（Jiaog41）-35+55 * cosd（Jiaog41）			
645	yyM43=	C4+10 * yg41-12.5 * sind（Jiaog41）-35+55 * cosd（Jiaog41）			
650	yyM44=	C4+10 * yg41+12.5 * sind（Jiaog41）-35+55 * cosd（Jiaog41）			
655	yyM45=	C4+10 * yg41+37.5 * sind（Jiaog41）-35+55 * cosd（Jiaog41）			
660	yyM46=	C4+10 * yg41+62.5 * sind（Jiaog41）-35+55 * cosd（Jiaog41）			
665	%下面 5 句：求后梁圆心和织轴圆心坐标，后梁圆心位置暂未考虑摆动问题				
670	xxo510=	1260+20 *（10-xg51）		%后梁圆心坐标	
675	yyo51=	yg51-25			
680					
685	xxo61=	1250		%织轴轴心坐标	
690	yyo61=	-460			

表 1-4-3 表 1-4-1、表 1-4-2 程序的计算结果

700	% xx2=		%	织口位置（xx2 位置待定）		
702	yy2=	27.999	%			
704	[xx31	500	%	综框位置：水平		
706	xx32	514	%			
708	xx33	528	%			
710	xx34]	542	%			
712	[yyp31	32.112	%	自综平高度		

续表

714	yyp32	31.776	%			
716	yyp33	31.44	%			
718	yyp34]	31.104	%			
720	[xxo40	870.654	%	前后边框与隔棒		
722	xxo41	907.706	%			
724	xxo42	932.611	%			
726	xxo43	957.516	%			
728	xxo44	982.421	%			
730	xxo45	1007.330	%			
732	xxo46]	1044.990	%			
734	[yyo40	64.279	%			
736	yyo41	71.034	%			
738	yyo42	73.213	%			
740	yyo43	75.392	%			
742	yyo44	77.5704	%			
744	yyo45	79.7493	%			
746	yyo46]	79.531	%			
748	[xxMP41	894.687	%	穿条与上平线交点		
750	xxMP42	919.592	%			
752	xxMP43	944.497	%			
754	xxMP44	969.402	%			
756	xxMP45	994.307	%			
758	xxMP46]	1019.21	%			
760	[yyMP41	76.4196	%			
762	yyMP42	78.5985	%			
764	yyMP43	80.7774	%			
766	yyMP44	82.9563	%			
768	yyMP45	85.1352	%			
770	yyMP46]	87.314	%			
772	[xxM41	892.944				
774	xxM42	917.849				
776	xxM43	942.754				
778	xxM44	967.659				
780	xxM45	992.564				
782	xxM46]	1017.47				
784	[yyM41	96.3435				
786	yyM42	98.5224				
788	yyM43	100.7013				
790	yyM44	102.8802				
792	yyM45	105.059				
794	yyM46]	107.2379				
796	[xxo510	1280	%	后梁圆心		
798	yyo51]	95	%			
800	[xxo61	1250	%	织轴圆心		
802	yyo61]	-460	%			

主轴转角在其他角度，织口位置是 $x = x_B + 4$。织口高度则按假设始终为 y_B。

（5）把求出的结果写成矩阵形式（记为 XX2，这里以主轴转角 1°为步长），待用。XX2 与主轴转角的关系是［gamma，XX2］：

gamma	XX2
0	366.92
1	366.93
2	366.96
……	……
19	370.89
20	370.92
……	……
340	370.92
341	370.61
……	……
360	366.92
361	366.93
……	……
718	366.96
719	366.93

2. 综眼中心位移和综眼处经纱位移

通常所说的综框位移实际上是综眼中心的位移，由于综眼高度一般为 5.5mm，同时综耳与综丝穿条之间也存在间隙，综框处经纱的位移动程要比综眼中心的位移动程小 6.5~7mm。这里按 7mm 取值。以第 2 页综框为例，求出综眼中心位移和综眼处经纱位移。过织口点［这里的织口位置按（x_B +4，y_B）计算］向停经架前边框引一条切线，当综眼中心位移到这一条直线时，自织口到前边框的经纱长度最短，把这时的主轴转角记为 γ_Z，这时综眼中心的 Y 坐标记为 YYZ32。由于经纱有一定的张力和间隙的存在，在综眼中心位置从 YYZ32−3.5 变化到 YYZ32+3.5 的范围内，或由 YYZ32+3.5 变化到 YYZ32−3.5 的范围内，综处经纱都处于 YYZ32 的位置并不变化。只有在综眼中心的位置超出这个范围时，经纱才会位移。

运用表 1-4-4 程序可求出 XXZ32，YYZ32。

表 1-4-4

810	%过织口向前边框作一条切线，求第 2 页综框与这条切线		
	%的交点（XXZ32，YYZ32）		

续表

812	[s140 k140 xq1 yq1 xq40 yq40] =qiexian_ 1 (xB1, yy2, xxo40, yyo40, 0, 10)	
814	XXZ32=xx32,	
816	YYZ32=k140. * (XXZ32-xB1) +yy2	

运行结果：

XXZ32=514，YYZ32=41. 262

综眼中心的坐标与织机主轴的关系，第三节已叙述过而且给出了“表 1-3-3 计算综框的高度、速度、加速度以及综平位置等的程序”。这里以本节表 1-4-1 的第 2 页综框的工艺为例来具体介绍如何求出综眼中心的坐标与织机主轴的关系值。与综眼中心位移有关的工艺参数有综框页序（决定 *X* 坐标）、开口时间、开口动程，另外还有开口凸轮形式（G 形）。将本节表 1-4-1 中这几个工艺项目的参数或要素相应地填写到第三节“表 1-3-3 计算综框的高度、速度、加速度以及综平位置等的程序”的相同项目的颜色格内，如综框页序“2”填写到第 6 句的颜色格内，开口动程“86”填写到第 12 句的颜色格内，见表 1-4-5，然后运行第三节“表 1-3-3”的程序到第 524 句，就得出第 2 页综框综眼中心在主轴转角从 0°转到 2160°的位移数据，这里只取 0~720°的数据。

表 1-4-5

006	J1=	2	;	% 综框页序
010	Ghd1=	119	;	% 综框工艺高度（综框最低位置）
012	GH1=	86	;	% 综框动程
028	Gphipt=	300	;	% Gphipt--工艺开口时间
142	theta10=	74. 75	;	% θ10
144	theta20=	22. 5	;	% θ20
146	theta30=	82. 75	;	% θ30

在 0°转到 720°的数据中查出等于或最接近 YYZ32 的数据和所对应的主轴转角 gammaZ（即 γ_Z）。查得：

主轴转角是 285. 65°时，综眼中心高度是 41. 262mm。

为后面计算方便起见，这里以主轴转角 1°为步长，将 0~719°范围内的第 2 综框综眼位移数据写成一个矩阵，记为 HH，待用。

表 1-4-6 的程序是根据综眼中心位移和综框间隙 CHJ 求出综眼处经纱的位移 HHJ，并画 HH、HHJ 与主轴转角的关系图（图 1-4-8）。

表 1-4-6　角速度、角加速度等的最大最小值

858	gamma=	[0：1：719]′	%织轴主轴转角		
860	HH		%综眼中心的 Y 坐标		
862	HHJ=zeros（length（HH），1）		%在综眼处经纱的 Y 坐标		
864	for I=1：720；				
866	if（abs（HH（I）-YYZ32）<=CHJ/2）；				
868	HHJ（I）=YYZ32；				
870	elseif	HH（I）>YYZ32+CHJ/2；			
872	HHJ（I）=HH（I）-CHJ/2；				
874	else				
876	HHJ（I）=HH（I）+CHJ/2；				
878	end				
880	end				
882	HHJ				
884	plot（gamma，HH，′r-.′，gamma，HHJ）				
886	xlabel（′织机刻度盘主轴转角 \ gamma′）；				
888	ylabel（′HH，HHJ′）；				
890	hold on				
892	legend（′HH′，′HHJ′）				

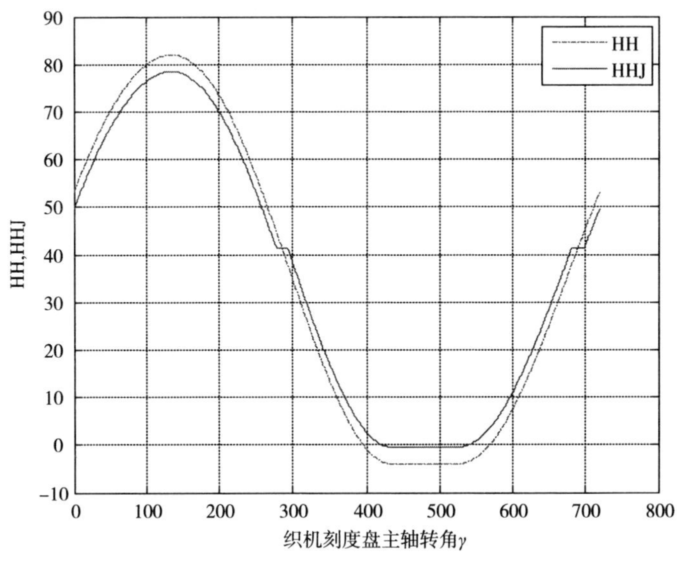

图 1-4-8　HH、HHJ 与主轴转角的关系

3. 后梁轴心位置

后梁轴心位置在本节第二部分和第一节已讨论过，现直接引用第一节给出的后梁轴心位置表达式。

对于ZA202、ZA203织机，后梁轴心的摆动规律可写成：

$$x_{51} = x_{510} - r + r\{1 - \cos[\gamma - (\gamma_S - 180°)]\} = x_{510} - r + r\{1 - \cos[\omega t - (\gamma_S - 180°)]\} \tag{26}$$

式中：$r \approx$ 松经量/4（对于ZA202、203织机）；x_{51} 为后梁水平坐标；x_{510} 为按工艺计算出来的后梁轴心位置；γ、γ_S 分别为刻度盘主轴转角、松经角；ω 为主轴角速度；t 为时间（s）。

表 1-4-7

894	gammaZ =	285.65				
896	%写出两个循环（0°转到720°）内后梁轴心位移数据 XX51 和					
898	%与 gammaZ 对应的后梁轴心位置 XXZ51					
900	C24 =	C9/4		% C9—松经量		
902	xxo51 =	xxo510	% C8—松经时间，XXO51—后梁轴心位置			
904	XXO51 =	xxo510-C24+C24. *（1-cosd（gamma-（C8-180）））				
906	XXOZ51 =	xxo510-C24+C24. *（1-cosd（gammaZ-（C8-180）））				

当然，也可以直接从松经四连杆机构求出后梁中心的 X 坐标，然后把织机主轴在一个织造纬向大循环内的 X 坐标值，写成一个矩阵，命名为XXO51，象处理织口 X 坐标的XX2矩阵、经纱在综眼处 Y 坐标的HHJ矩阵那样，与织机主轴转角 γ 建立数值关系，作为后面运算的基础（表1-4-7）。

十一、初步求机上经纱原长 S_0 和弹性系数 K

求出机上经纱控制元件及要素的坐标位置表1-4-3、织口水平位置坐标XX2、第2页综框综眼处经纱坐标位置、后梁轴心水平位置表达式XXO51后，就可以初步求出经纱原长 S_0 和经纱弹性系数 K 了。

选取主轴转角 γ 为什么角时，求初步机上经纱原长 S_0、K 比较合适呢？应该说，任何角都可以。但从方便及为后面求经纱动态张力计，选择 γ_Z 比较合适，原因是由于综眼综隙原因，在 $\gamma_Z \pm 8°$ 范围内，综眼处经纱位置没动，另外织口也没动，仅有后梁处于微动状态，这为后面判别动态时停经片初始状态提供了方便。本例中 $\gamma_Z = 285.65°$，取整，将求 S_0、K 的主轴转角取286°。初步求 S_0、K 的脚本程序见表1-4-8。表中 h 值是可以指定的。

表 1-4-8 中，计算条件是 $h=25$，织机主轴转角 gamma（即 γ）= 286°，运行结果是：

$$经纱张力\ T=0.060459734\text{N}$$

$$经纱总长\ S=1484.5991\text{mm}$$

$$经纱初算原长\ S_0=1483.4553\text{mm}$$

$$经纱初算弹性系数\ K=0.052855717\text{N/mm}$$

表 1-4-8

910	C13=	276	%单根浆纱断裂强力（厘牛）		
912	C14=	3.52	%单根浆纱断裂伸长率		
914	K1=	C13/C14	%浆纱每伸长 1%所需的力（牛）		
916	f=	0			
918	XX21=［XX2（287：end）；XX2（1：286）］				
920	%织口位置 X 坐标，这里变成主轴转角 γ 从 286°开始				
922	HHJ1=［HHJ（287：end）；HHJ（1：286）］，				
924	%第 2 页综框综丝处经纱 Y 坐标，这里变成主轴转角 γ 从 287°开始				
926	gamma=	286			
928	xxo51=	xxo510-C24+C24 *（1-cosd（gamma-（C8-180）））　%后梁轴心水平位置			
930	yy32=HHJ1（gamma-286+1）	%第二页综框综眼中心高度			
932	xx2=	XX21（gamma-286+1）			
934	h=	25			
936	［T，S，S0，K，HL，HR，GT，alpha1，alpha2］=qiuyuanchang_ 1（gamma，h，xx2，yy2，yy32，xxo51，K1，Jiaog41，f，m）				
	%　T—经纱张力（牛），S—经纱长度。				

并令：

$$T_0=0.060459734\text{N}$$

为后面运算作准备。

十二、求在设定的工艺经纱张力条件下的机上经纱原长 S_0 和弹性系数 K

以上一部分计算出来的初算原长 S_0 = 1483.4553mm、初算弹性系数 K = 0.052855717N/mm 为基础，以 1°为步长，让织机主轴转角 gamma 由 286°转到（720°+285°），算出与 gamma 对应的每一个经纱张力 T 值和 h 值，并求出在一个纬向大循环内的经纱平均张力 Tmean，再与工艺设计的经纱张力标准 Tg 作比较。程序见表 1-4-9。表 1-4-9 的运算结果是：

Tmean=0.15812（牛），Tg 是 0.25896488（=200 * 9.807/7574）（牛），两者

的差值 Tc 为

$$Tc = T\text{mean} - Tg = -0.10084\text{N}$$

显然需要修改 $S0$ 和 K。修改 $S0$ 和 K 的第一步是预测在主轴 286°时，经纱张力 $T1$ 应为多大？预测式是

$$T1 = T0 - Tc$$

然后将 h 设定成一个范围值，再重新执行表 1-4-8 的第 918~932、936 句，求出与 $T1$ 相对应的 h 值。再由表 1-4-8 的第 936 句求出与 h 值对应的 $S0$ 和 K 值。具体程序见表 1-4-10。表 1-4-10 的主轴转角 gamma 仍是 286°

表 1-4-10 程序运行结果是：

h = 19.561764mm

经纱张力 T = 0.15990527N

经纱总长 S = 1483.6472mm

经纱原长 S_0 = 1480.6277mm

经纱弹性系数 K = 0.052956656N/mm

并令：

$$T_0 = 0.15990527\text{N}$$

为后面运算作准备。

表 1-4-9

1000	tic				
1002	f=	0		%停经片与穿条的摩擦系数	
1004	eps=	1.0e-5			
1006	A= [ ];	A1= [ ];			
1008	XX21= [XX2 (287: end); XX2 (1: 286)]			%织口 X 坐标矩阵	
1010	HHJ1= [HHJ (287: end); HHJ (1: 286)],			%第 2 页综框综眼处经纱 Y 坐标矩阵	
1012	for gamma=	286	:	1005	%主轴转角
1014	xxo51=	xxo510-C24+C24 * (1-cosd (gamma- (C8-180)))			%后梁轴心水平位置
1016	xx2=	XX21 (gamma-286+1)		%织口 X 坐标	
1018	yy32=HHJ1 (gamma-286+1)		%第二页综框综眼中心高度		
1020	I0=	1			
1022	I2=	26			
1024	I1=	1			
1026	%下面循环用来初步确定根的范围 [h1, h2], h1 和 h2 之间有一个根				
1028	F= [ ]				
1030	for h=I0: I1: I2				
1032	[TT, T, S, HL, HR, alpha1, alpha2] =jimanzhangli_ 3 (gamma, h, xx2, yy2,				

续表

1034	yy32，xxo51，S0，K，Jiaog41，f，m）;				
1036	F1=TT-T				
1038	F=［F，F1］				
1040	end				
1042	if F（1）<0，				
1044	I3=	find（F>0）			
1046	h2=	I1 * I3（1）+I0-1 * I1			
1048	h1=	I1 * I3（1）+I0-2 * I1			
1050	elseif（F（1）>0），				
1052	I3=	find（F<0）			
1054	h2=	I1 *（I3（end）+1）+I0-1 * I1			
1056	h1=	I1 *（I3（end）+1）+I0-2 * I1			
1058	end				
1060	%下面循环用来进一步确定根的范围［h1，h2］，h1 和 h2 之间有一个根				
1062	while abs（TT-T）>eps				
1064		F=［］			
1066		I0=	h1		
1068		I1=	（h2-h1）/100		
1070		I2=	h2		
1072		for h=I0：I1：I2			
1074	［TT，T，S，HL，HR，alpha1，alpha2］=jimanzhangli_ 3（gamma，h，xx2，				
1076	yy2，yy32，xxo51，S0，K，Jiaog41，f，m）;				
1078		F1=TT-T			
1080		F=［F，F1］			
1082		end			
1084		I3=	find（F>0）		
1086		h2=	I1 * I3（1）+I0-1 * I1		
1088		h1=	I1 * I3（1）+I0-2 * I1		
1090		vpa（［h1 h2，T，TT］，9）			
1092	end				
1094	h=h2				
1096	［TT，T，S，HL，HR，alpha1，alpha2］=jimanzhangli_ 3（gamma，h，xx2，				
1098	yy2，yy32，xxo51，S0，K，Jiaog41，f，m）;				
1100	A1=［gamma，h，T，S，HL，HR，alpha1，alpha2］;				
1102	A=［A；A1］；				
1104	end				
1106	disp（'A 矩阵的各列依次表示：gamma h T S HL HR alpha1 alpha2'）				
1108					

续表

```
T=A (:, 3);                %经纱张力矩阵
Tmean=mean (T)             %平均经纱张力
Tc= Tmean-Tg               %平均经纱张力与工艺要求的经纱张力的差异值
toc
gamma=A (:, 1); h=A (:, 2); T=A (:, 3); S=A (:, 4);
HL=A (:, 5); HR=A (:, 6); alpha1=A (:, 7); alpha2=A (:, 8);
%以下程序画出 h、T、HL、HR、α1、α2 与主轴转角的关系曲线
%    ax (1) =newplot;
%    set (gcf, 'nextplot', 'add');
%    plot (gamma, h, 'r-.');
%    %画出 h 与刻度盘的主轴转角关系图
%    xlabel ('织机刻度盘主轴转角 \ gamma');
%    ylabel ('h');
%    legend ('h', 2) ;
%    hold on
%    ax (2) =axes ('position', get (ax (1), 'position') );
%    plot (gamma, T);
%         set (ax (2), 'YAxisLocation', 'right', 'xgrid', 'on', 'ygrid', 'on', ...
%                  'box', 'off', 'color', 'none');
%    ylabel ('T');
%    legend ('T', 1) ;
%         title ('压纱点位置 h、经纱张力 T 与刻度盘主轴转角的关系图') ;
%    plot (gamma, HL, gamma, HR, 'r-.')
%    grid on
%    xlabel ('织机刻度盘主轴转角 \ gamma');
%    ylabel ('经纱与前边框间隙 HL, 经纱与后边框间隙 HR');
%    hold on
%    legend ('HL', 'HR', 2) ;
%    plot (gamma, alpha1)
%    grid on
%    xlabel ('织机刻度盘主轴转角 \ gamma');
%    ylabel ('片前经纱与 X 轴夹角 \ alpha1');
%    plot (gamma, alpha2)
%    grid on
%    xlabel ('织机刻度盘主轴转角 \ gamma');
%    ylabel ('片后经纱与 X 轴夹角 \ alpha2');
```

表 1-4-10

1200	T1=T0-Tc		% T0—是表 1-4-18 中的 T0		
1202	K1=	C13/C14	%浆纱每伸长 1%所需的力（牛）		
1204	f=	0			
1206	XX21=［XX2（287：end）；XX2（1：286）］				
1208	%织口位置 X 坐标，这里变成主轴转角 γ 从 286°开始				
1210	HHJ1=［HHJ（287：end）；HHJ（1：286）］，				
1212	%第 2 页综框综丝处经纱 Y 坐标，这里变成主轴转角 γ 从 287°开始				
1214	gamma=	286			
1216	xxo51=	xxo510-C24+C24 *（1-cosd（gamma-（C8-180）））　%后梁轴心水平位置			
1218	yy32=HHJ1（gamma-286+1）　%第二页综框综眼中心高度				
1220	xx2=	XX21（gamma-286+1）			
1222	FF=	[ ]			
1224	n1=	-0. 2			
1226	for h=25：-. 2：		15		
1228	［T，S，S0，K］=qiuyuanchang_ 1（gamma，h，xx2，yy2，yy32，xxo51，K1，Jiaog41，f，m）				
1230	FF1=［h，T，S，S0，K］				
1232	FF=［FF；FF1］				
1234	end				
1236	FFF=［FF（：，1），FF（：，2）-T1，FF（：，3：5）］				
1238	G1=max（find（FFF（：，2）<0））				
1240	G2=abs（FFF（G1，2））/（FFF（G1+1，2）-FFF（G1，2））				
1242	h01=	FFF（G1，1）+（1-G2）*n1			
1244	h=h01				
1246	［T，S，S0，K］=qiuyuanchang_ 1（gamma，h，xx2，yy2，yy32，xxo51，K1，Jiaog41，f，m）				
1248	T0=T		%把 T 赋给 T0，为后面运算作准备		

求出新的 S_0 和 K 后，再重新运行表 1-4-9 的程序，运行结果是：在一个纬向大循环内，经纱的平均张力 Tmean=0. 25933289N，它与工艺标准张力 Tg 相比，差值 Tc= 0. 00036800552N，这个差值，已很小了。如果想继续提高精度，则将表 1-4-10 中的 h 范围和步长值缩小，运行后，求出新的 S_0 和 K，再重新运行表 1-4-9 的程序，如此重复，直到达到允许精度为止。

也可以把表 1-4-8~表 1-4-10 揉合成一个程序，此处为了叙述清楚，作成了分步形式的三个表。

当平均张力与工艺标准张力之差小于规定的允许误差 ε_1，即 $|T_{mean}-T_g|<\varepsilon_1$ 时，运行表 1-4-9，就得到静态条件下，在一个纬向大循环内的 h 值、经纱张力 T、经纱长度 S、经纱高于停经架前后边框的距离 HL、HR、停经片片前片后经纱

与 X 轴正方向的夹角 alpha1、alpha2 与主轴转角和其它诸多因素如织口位置、综眼处经纱位置、后梁中心位置之间的关系矩阵如 **A** 矩阵或关系曲线。

A 矩阵的 8 列依次是：gamma　h　T　S　HL　HR　alpha1（α_1）　alpha2（α_2）

A =

286	19.58	0.1596	1483.651	0.0	9.8	185.2	12.3
287	19.57	0.1597	1483.653	0.0	9.8	185.2	12.3
288	19.57	0.1598	1483.654	0.0	9.8	185.2	12.3
289	19.57	0.1598	1483.654	0.0	9.8	185.2	12.3
……							
359	13.31	0.4815	1489.729	0.0	14.6	188.8	11.1
360	13.28.	0.4854	1489.802	0.0	14.7	188.8	11.1
361	13.26	0.4882	1489.856	0.0	14.7	188.8	11.1
……							
719	7.64	0.2586	1485.520	11.0	18.9	185.8	10.1
720	7.52	0.2580	1485.510	11.2	19.0	185.7	10.1
721	7.44	0.2567	1485.484	11.4	19.1	185.7	10.1
……							
1004	19.59	0.1594	1483.648	0.0	9.8	185.2	12.3
1005	19.58.	0.1595	1483.650	0.0	9.8	185.2	12.3

将数据整理可以得到表 1-4-11。其中平均张力与工艺标准值的绝对差异小于 0.001%。

表 1-4-11

项目	h（mm）	T（N）	S（mm）	HL（mm）	HR（mm）	α_1（°）	α_2（°）
最大值	21.024	0.49079	1489.9048	21.3	22.8	188.9	12.6
最小值	2.585	0.12574	1483.0114	0.0	8.8	182.6	9.2
平均	13.262	0.25896	1485.5271	5.2	14.7	185.8	11.2

h、T、HL、HR、a_1、a_2 与主轴转角 γ 的关系曲线如图 1-4-9 所示，S 的图形与张力 T 的图形形状完全相同，故未画出。

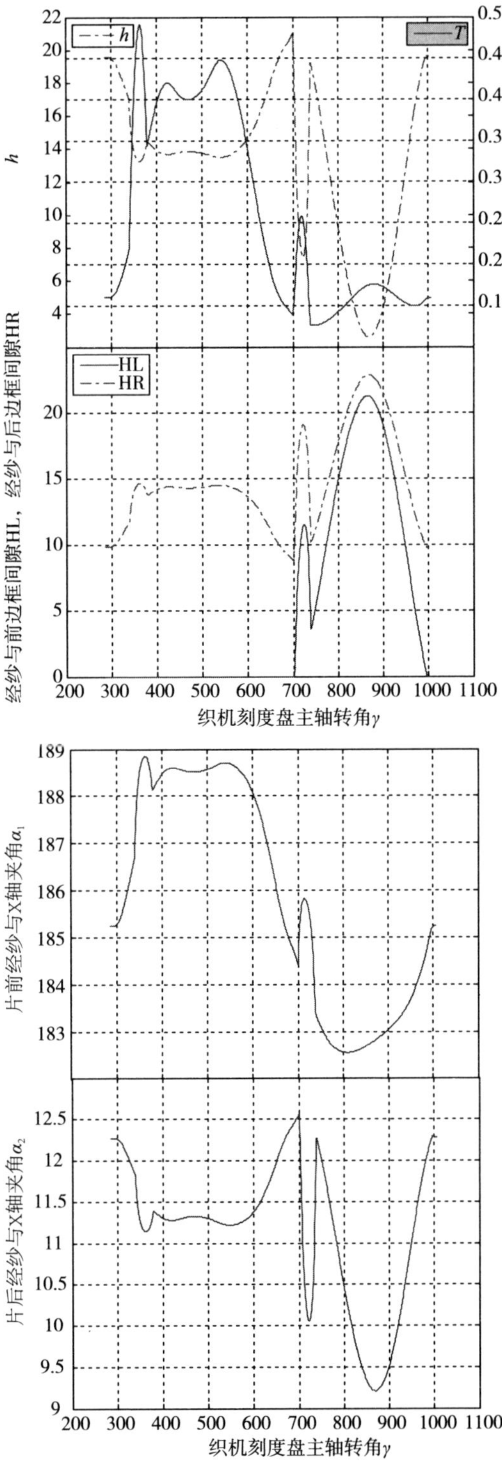

图 1-4-9　压纱点位置 h、经纱张力 T 与刻度盘主轴转角的关系图

十三、关于静态曲线的讨论

α_1、α_2 曲线表示的是在静态条件下随着织机主轴的变化，为平衡斜靠在穿条上的停经片重量片前经纱和片后经纱张力作用方向的变化情况。它实际上也反映是经纱张力的概念，只是不如经纱张力曲线来得直接。在织机上，经纱角度也很难测量。

h 是停经片压纱点的位置，前面已述过，本节的 h 零点设在停经片穿条上，它处于停经架上平线的斜上方，与停经架上平线的距离为 20mm。根据停经片槽、孔和停经架的尺寸，h 值在实际上有位置限制。h 值不能小于 3mm，h 值等于 3mm 时，停经片长槽的下缘便已碰到穿条的下缘了；h 值也不能大于等于 43mm，h 值等于 43mm 时，停经片长槽的上缘便已落到穿条的上缘，接通电源发动停经关车了。h 值小，表示停经片位置高，h 值大则表示停经片位置低。从图 1-4-9 的第 1 个图可以看出，在整个主轴转角内，h 和经纱张力 T 并没有明确的比例趋势关系。但在片前经纱与前边框接触区间，h 和 T 却有明确的负相关趋势关系，在这个区间，T 增大，则 h 减小（即停经片位置升高），否则相反。在片前经纱不与前边框接触区间，h 和 T 呈近似的负相关趋势关系。但不管怎么说，在 h 的使用极限以内，h 和经纱张力 T 有一一对应的关系。这给机上调查带来很大的方便，比如，钢筘在最前位置时，看一下某列停经片上上下层经纱对应的停经片的 h 值或 h 的差异值 Δh，便可知道在打纬时，上、下层经纱的张力大约值，还可进一步了解打纬力大约值，平均到单根经纱，边部经纱的打纬力和中部经纱的打纬力的差异值，再根据作者在“织口纬向条带的研究”一章中对织口处纬纱张力的估算，还可以了解织口处织物的经纬纱屈曲波高，为进一步研究打纬问题提供基础。当 h 较大时，片前经纱和片后经纱都和隔棒接触，这时 h 和经纱张力 T 的关系根据停经片上长槽、穿纱孔、停经架上平线、隔棒中心的位置等尺寸以及停经片的重量很容易求出。比如，喷气织机最边部的经纱容易松弛，在织机停车位置，发现停经片长槽的上方已快接近穿条上端了，就可以马上判断出这根经纱的张力，如停经片重量为 2cN，这时的经纱张力仅约在 1.2cN，即张力已很小了。

HL 和 HR 曲线分别表示静态条件下，上下层经纱脱开前后边框距离与织机主轴转角的关系。它和它本身的极差值反映了织机后部梭口开启的清晰程度，如果开得清晰，则毛羽不能在停经架处和停经架后面的经纱上逗留，经纱的断一撮纱（一次断几根到几十根）问题也会变得很少。但 HL 极差和 HR 极差过大，则停经片跳动过于剧烈，也会伤害经纱。但最终要看 HL 和 HR 的动态曲线和机上织造效果。对于HL和HR曲线，则更多地关注HL极差值和HR极差值以及HR始终大于0，对曲线形状一般性了解便可。

经纱张力 T 与主轴转角 γ 的关系曲线是最重要的曲线。影响经纱张力的动点有三个，即织口的 X 坐标、综眼处经纱的 Y 坐标、后梁中心的 X 坐标，它们与主轴转角 γ 的关系曲线如图1-4-10所示。对比图1-4-10与经纱张力 T 曲线图，可以看出，打纬时织口游动造成了在前心（图1-4-10中360°、720°）附近的张力峰值。经纱弹性系数 $K=0.05296\text{N/mm}$，织口游动量为4mm，最大可使打纬时的经纱张力增加0.212N。而360°、720°附近的两个张力峰值不一样大是因为打纬时下层经纱和上层经纱张力经过的导纱元件不同引起的。打纬时，当经纱在下层时，经纱从综眼处开始要经过停经架前边框才能到达停经片压纱点，经纱路线曲折，则路线长，张力大。而打纬时，经纱在上层时，经纱从综眼处可直达停经片压纱点处，故路线短，张力小。

松经机构造成的后梁轴心 X 坐标的移动，能使经纱张力波动变小，却基本不能使经纱张力的平均值变化。当松经量（偏心量）为6mm时，后梁轴心 X 坐标的振幅量约为1.5mm，经纱弹性系数 $K=0.05296\text{N/mm}$，故松经机构最大可以使经纱最大的张力减少约0.08N。要想知道松经量（偏心量）为0时，经纱张力曲线 T 的形状，只需在表1-4-9的程序前加一句：

$$C24=0$$

即可。C24为后梁轴心在水平位置的振幅。对于ZA202、ZA203、ZA205织机，C24≈松经量/4。当然也可以把C24指定为其它希望值，看看在希望值下的张力曲线形状。把后梁轴心振幅C24=1.5mm的经纱张力曲线记为 T，把后梁轴心振幅C24=0的经纱张力曲线记为 T_0，把后梁在水平方向引起的张力变化曲线记为 T_S，然后把这三条曲线画同一张图上（图1-4-11）。从图1-4-11可以看出，T_0 曲线上面有一段是平的，这是因为在不考虑松经时，经纱张力曲线就仅由织口 X 坐标曲线和综眼处经纱 Y 坐标曲线两部分构成的，T_0 张力最大且平的一段是综框在最低位置时的静止角造成的。经纱在286°~293°、681°~697°、997°~1005°的平线是由综眼间隙造成的。T_0 曲线的特点是，打纬期间有张力峰值，综框在低位置时张力大，在高位置时张力小，有张力的平线段。从图还可以看出，由于松经量的存在，打纬时，上下层经纱张力都增大，这有利于打纬，正是我们所希望的。除此以外，松经量使大的经纱张力减小了4.1cN，最小的经纱张力增大了2.4cN。这说明，使用松经机构确能平衡经纱张力，有利于织造。但一般地：

$$T \neq T_0 + T_S$$

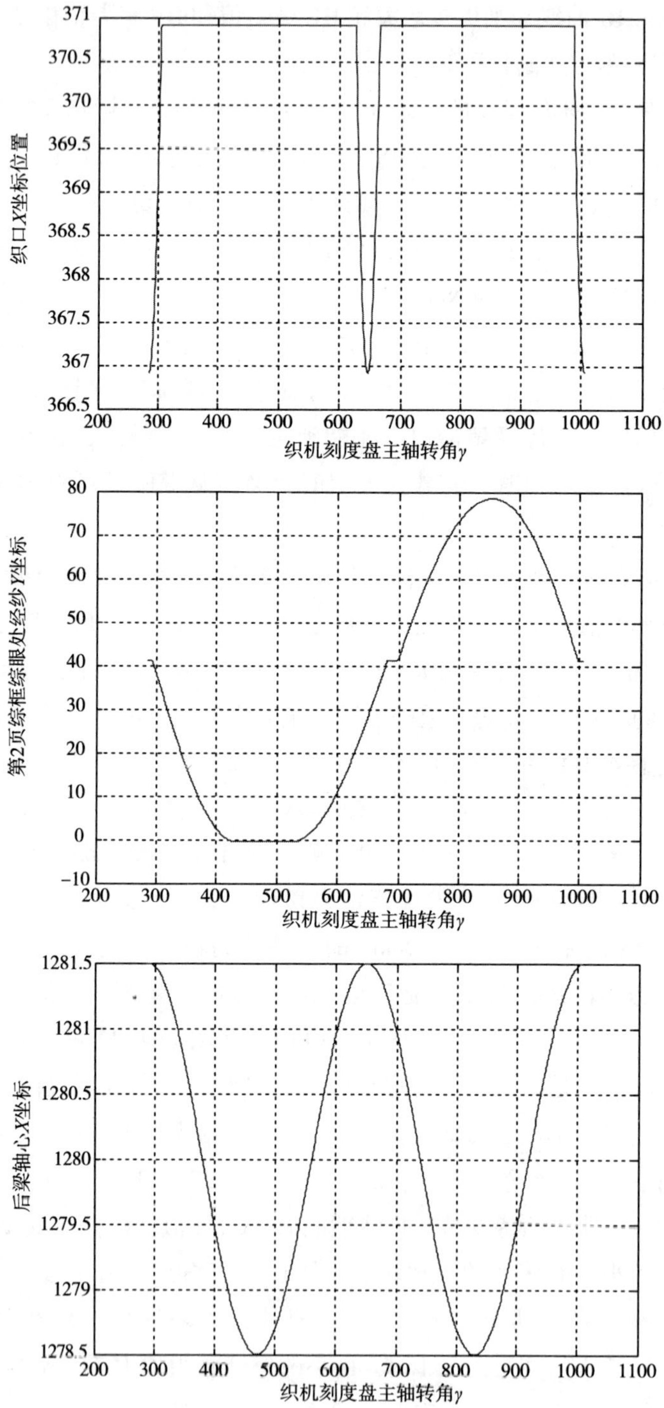

图 1-4-10　织口的 X 坐标、综眼处经纱的 Y 坐标、后梁中心 X 坐标与主轴转角 γ 的关系曲线

这是由于从停经架到后梁的经纱有一定的倾斜角，从后梁到织轴的经纱也有一定的倾斜，以及经纱在小张力时经过的元件节点较多引起的。但作粗略分析时仍可把 T 看作是 T_0 和 T_S 的迭加。

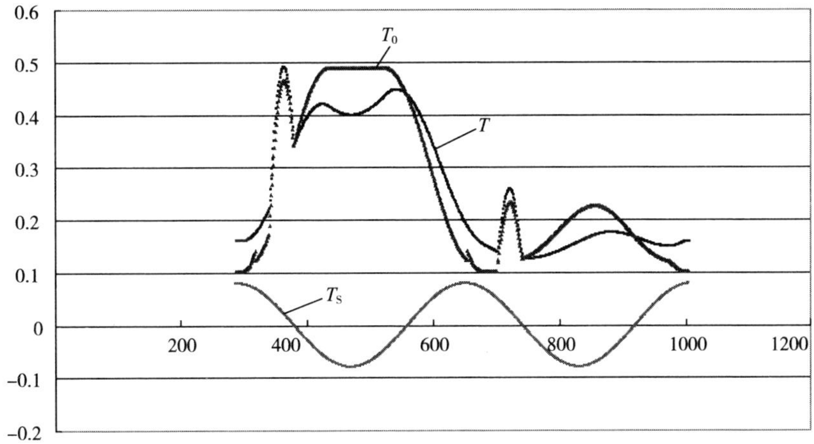

图 1-4-11　经纱张力曲线

除过织口、综眼处经纱、后梁轴心这三个动点以及它的两个重要参数开口时间、松经时间外，经纱张力曲线实际上还隐含着各经纱控制元件的节点和要素对张力的影响，如边撑杆垫片厚度、综框高度与动程、停经架前后位置高度及前倾角、后梁前后位置及高度等，这可通过填写工艺表（表 1-4-1）改变参数值，如边撑垫片增加或减少 1mm，通过前述的各程序来画出不同的张力曲线并比较不同点来寻找经纱张力与各参数的关系，从而设计出更好的工艺或织机。

到现在为止，已画出在织机静态时第 2 页综框第 4 列停经片上的经纱张力曲线、停经片压纱点位置曲线 h 等曲线，对于其它综框和停经片列的经纱曲线，程序和画法类同。

十四、求解动态微分方程

前面求解停经片的静态平衡方程相当于求解一个复杂的一元超越方程。求解停经片的动态平衡方程相当于求解一个复杂的一元二阶微分方程，即求解一个复杂的二阶常微分方程。在第七部分已给出方程的表达式（19A）、式（19B），但在任一瞬时或 h 位置时，是用式（19A）还是用式（19B），则需要根据停经片受到的正压力 N 的方向和停经片向斜上运动还是向斜下运动来判断。为了后面求解方便，这里对 N 的方向进行统一判定，在前面求出静态数据的基础上，应用式

(15)，得出 N 恒大于0，而且 N 的数据比较稳定。而停经片的受力动态平衡仅相当于在静态受力平衡的基础上加了一个停经片运动的惯性力和阻尼力，虽使经纱张力有所变化，但不会变化很多，故在停经片动态条件下，仍有 N 恒大于0，这样在后面的计算中就不必步步都判别 N 的方向了。对于 h 的方向，在前面的应用中事实上已规定，沿停经片穿条向斜下方向为正，停经片运动速度 v 的方向、加速度 a 的方向应与 h 的方向规定得一致。停经片与穿条的阻力的方向与运动速度 v 的方向相反，当停经片向斜上方向运动时，$v<0$，穿条的阻力方向则为正，使用式(19A)，否则相反。也就是：

当 $v=\dfrac{\mathrm{d}h}{\mathrm{d}t}\leqslant 0$ 时，

$$\frac{\mathrm{d}^2h}{\mathrm{d}t^2}+c\frac{\mathrm{d}h}{\mathrm{d}t}=\frac{T\sqrt{1+f^2}}{m}[\sin(\alpha_1-\alpha+\alpha_f)+\sin(\alpha_2-\alpha+\alpha_f)]-g\sqrt{1+f^2}\cos(\alpha-\alpha_f) \tag{27A}$$

当 $v=\dfrac{\mathrm{d}h}{\mathrm{d}t}>0$ 时，

$$\frac{\mathrm{d}^2h}{\mathrm{d}t^2}+c\frac{\mathrm{d}h}{\mathrm{d}t}=\frac{T\sqrt{1+f^2}}{m}[\sin(\alpha_1-\alpha-\alpha_f)+\sin(\alpha_2-\alpha-\alpha_f)]-g\sqrt{1+f^2}\cos(\alpha+\alpha_f) \tag{27B}$$

从织机上可以看出，停经片的运动是有规律的振动，就是说振动是稳定的(振幅不是越来越大，或越来越小)，则强迫振动产生的能量应与克服阻力（这里的阻力专指穿条对停经片的阻力）和阻尼产生的功相等。在前面的举例中，在织物的一个纬向大循环内，为平衡停经片重量，经纱的平均张力是0.2596N，则在动态条件下，同样在织物的一个纬向大循环内，经纱的平均张力也应是0.2596N，振动才是稳定的。由此，可求出式（27）中的阻尼系数 c 。

停经片运动问题是一个物理问题，它符合运动学基本公式：

$$v=v_0+at$$

式中：t 为时间；v_0 为初始速度；a 为加速度，a 是常量；v 为终了速度。

当 a 不是常量，而 t 的时间很短时，如一个很小的时间区间 Δt 内，由于加速度变化不大，则把 Δt 起始端的加速度 a 看作在整个 Δt 区间的加速度。

$$v=v_0+a\Delta t \tag{28}$$

由于式（27）的复杂性和具有多段性的二阶常微分方程，是无法求出解析解的。只能用数值方法求数值解。求数值解的方法是将自变量 t 分成许多小区间 Δt ，这样 t 可以写成：

$$t=\Delta t,\ 2\Delta t,\ 3\Delta t,\ \cdots,\ i\Delta t,\ (i+1)\Delta t,\ \cdots,\ n\Delta t \tag{29}$$

t 每次的增量是 Δt 。假如知道了 t 的第 1 个 Δt 起始点处的速度 v_0 和加速度 a_0，由式（28），就可以求出第 1 个 Δt 终了端的速度 v_1。而第 1 个 Δt 终了端的速度 v_1，恰是 t 的第 2 个 Δt 起始点处的 v_0，如果第 2 个 Δt 起始点处的加速度 a_1 可用其它方法求出，则再次应用式（28），可求得第 2 个 Δt 终了端点处的速度 v_2。这样一直做下去，可求出在整个时间范围内，v 、a 与 t 的对应关系数据。

v 、a 之间的关系是积分与微分的关系。即：

$$\frac{\mathrm{d}v}{\mathrm{d}t} = a$$

采用式（28）求微分方程数值解的方法叫欧拉法。改进的欧拉法（预报校正法）公式则是：

$$\begin{cases} v_1^{(0)} = v_0 + a_0\Delta t & (30) \\ v_1 = v_0 + \dfrac{1}{2}(a_0 + a_1^{(0)})\Delta t & (31) \end{cases}$$

式中：v_0、a_0 分别是 Δt 起始端的速度和加速度；$v_1^{(0)}$ 是在 Δt 终了端处速度的预测（预报）值；$a_1^{(0)}$ 是在 Δt 终了端处和速度为 $v_1^{(0)}$ 的条件下求得的加速度值；v_1 是在 Δt 终了端处最终求得的速度值（校正值）。

h 、v 之间的关系是积分与微分的关系。同理可写出：

欧拉法

$$h = h_0 + v\Delta t \tag{32}$$

预报校正法

$$\begin{cases} h_1^{(0)} = h_0 + v_0\Delta t & (33) \\ h_1 = v_0 + \dfrac{1}{2}(v_0 + v_1^{(0)})\Delta t & (34) \end{cases}$$

另外

$$v = \frac{\mathrm{d}h}{\mathrm{d}t} \tag{34}$$

$$a = \frac{\mathrm{d}^2h}{\mathrm{d}t^2} \tag{35}$$

欧拉法是求解微分方程初解问题的最简单的数值方法，现在就用式（28）、式（32）来求解式（27）。

设织机转速为 n（r/min），织机每秒转过的角度是 $n/60\times360$（$=6n$），那么，主轴每转过 1°所用的时间 $t_0=1/(6n)$。以 $n=600$r/min 为例，故 $t_0=1/3600$s。

由于开始并不知道阻尼系数 c 为多大，所以先指定一个 c 值，不妨先指定 $c=1$。现在开始用数值方法开始求解式（27）。

设停经片在主轴 286°为初始状态，此时 $h=h_0$。在前面按求静态平衡时求得

h_0 = 19.57747mm，经纱原长 S_0 = 1480.6370053276，经纱长度 S_{10} = 1483.651496（S_{10} 即静态时的经纱长度 S，这里将 S 表示为 S_1），经纱张力 T_0 = 0.159636331，并设此时速度 $v_0 = 0$，加速度 $a_0 = 0$。这里的 v_0、a_0 在实际运动中也可能不为 0，值开始并不知道。但只要合理选择 c，使停经片达到稳态振动，对应着 286°的 v_0、a_0 就会自动求出，而与开始取的 v_0、a_0 大小无关。为计算方便，初始值取 $v_0 = 0$，$a_0 = 0$。

将主轴角 gamma = 286、T_0、a_0、v_0、h_0，写成一个记忆矩阵，如 $\boldsymbol{B}$ = [286，0.159636331，0，0，19.57747]，并把这个矩阵放在事先已命名的空矩阵 $\boldsymbol{B}1$ 中，即 $\boldsymbol{B}1$ = [$\boldsymbol{B}1$；$\boldsymbol{B}$]。设置 $\boldsymbol{B}1$ 矩阵的目的是记忆各步计算结果。

接着将主轴转到 287°，将 h = 19.57747，$v_0 = 0$，$a_0 = 0$ 代入式（27A）（因 v_0 = 0，用式（27A）求得 a = 0.005827。同时求得 T = 0.159733。

因为从 286°转到 287°，转过的主轴角度是 1°，所用的时间是 t_0 = 1/3600（s）。将 $h = h_0$，$v_0 = 0$，$a_0 = 0$ 和 t_0 代入式（28）、式（32），有：

$$h = h_0 - v_0 * t_0 \tag{36}$$

$$v = v_0 + a_0 * t_0 \tag{37}$$

求得在 287°时，$v = 0$，h = 19.57747。将在 287°时求得的各值连同 287 对应写成 $\boldsymbol{B}$ 矩阵，$\boldsymbol{B}$ = [286，0.159733，0，0.005827，19.57747]，放入 $\boldsymbol{B}1$ 矩阵，即 $\boldsymbol{B}1$ = [$\boldsymbol{B}1$；$\boldsymbol{B}$]。然后将在 287°时求得的 T、a、v、h 命为 T_0、a_0、v_0、h_0，为下一步（即主轴转角在 288°）应用式（28）、式（32）作准备。

注意：在表达式（32）中，$v_0 * t_0$ 前用了负号，这相当于将 v_0、a_0 的规定方向与 h 的规定方向变为相反。

接着将主轴转到 288°，重复从 286°变成 287°时的过程，求得在 288°时，a = 0.00999，v = 1.62E−06，h = 19.577471，T_0 = 0.159802。

这样一直求下去，直到 6045°。求得的结果整理见表 1-4-12。求得的加速度数据画成图 1-4-12。求解的程序为表 1-4-13（用预报校正法写出），求解出来的前几步数据如下。

gamma	T	a	v	h
286	0.159636	0	0	19.57747
287	0.159733	0.005827	0	19.57747
288	0.159802	0.00999	1.62E−06	19.57747
289	0.159843	−0.13724	4.39E−06	19.57747

290	0.159857	−0.13642	−3.37E−05	19.57747
291	0.159843	0.162247	−7.16E−05	19.57748
292	0.159802	0.159784	−2.66E−05	19.5775

表 1-4-12

项目	T	a	v	h
最大值	0.736346	417.9624	1.931467	31.12443
最小值	0.010284	−69.7194	−1.65321	−50.5866
平均值	0.282241	0.087369	0.023364	0.27852

表 1-4-13　欧拉预报校正法求动态微分方程

1400	tic		
1402	HHJ2=	[HHJ1;HHJ1;HHJ1;HHJ1;HHJ1;HHJ1;HHJ1;HHJ1];	%综眼处经纱 Y 坐标
1404	XX22=	[XX21;XX21;XX21;XX21;XX21;XX21;XX21;XX21];	%织口 X 坐标
1406	c=	13.09	%速度 v 前的阻尼系数
1408	f=	0.1	%停经片与穿条的摩擦系数
1410	n=	600	%车速（转/分）
1412	t0=	1/（360 * n/60）	%主轴转角每度时间间隔
1414	Gamma=	[]	%主轴转角预留矩阵
1416	aa=	[]	%加速度预留矩阵
1418	vv1=	[]	%速度预留矩阵 1
1420	vv2=	[]	%速度预留矩阵 2
1422	hh1=	[]	%位置预留矩阵 1
1424	hh2=	[]	%位置预留矩阵 2
1426	T=	[]	%经纱张力预留矩阵
1428	HL1=	[]	%为经纱与前边框距离预留矩阵
1430	HR1=	[]	%为经纱与前后边框距离预留矩阵
1432	alpha11=	[]	%片前经纱角度预留矩阵
1434	alpha21=	[]	%片后经纱角度预留矩阵
1436	gamma=	286	%主轴转角初始位置
1438	xxo51=	xxo510−C24+C24 *（1−cosd（gamma−（C8−180）））；　%后梁轴心水平位置	
1440	yy32=HHJ2（gamma−286+1）；　%第二页综框综眼中心高度		
1442	xx2=	XX22（gamma−286+1）	%织口初始位置 X 坐标
1444	h1=	5.14994415219411/1000	%停经片压纱点初始位置 1（米）
1446	h2=	h1	%停经片压纱点初始位置 2（米）
1448	TT=	0.096440467	%初始张力（牛）

续表

1450	a=	-8.378799925		%初始加速度（米/秒^2）		
1452	v1=	0.042409573		%初始速度 1（米/秒）		
1454	v2=	v1	;	%初始速度 2（米/秒）		
1456	HL=	0				
1458	HR=	9.833631637				
1460	alpha1=	185.2403849				
1462	alpha2=	12.27488166				
1464	aa=	[aa; a]	;			
1466	vv1=	[vv1; v1]	;			
1468	vv2=	[vv2; v2]	;			
1470	hh1=	[hh1; h1]	;			
1472	hh2=	[hh2; h2]	;			
1474	T=	[T; TT]	;			
1476	HL1=	[HL1; HL]	;			
1478	HR1=	[HR1; HR]	;			
1480	alpha11=	[alpha11; alpha1]	;			
1482	alpha21=	[alpha21; alpha2]	;			
1484	Gamma=	[Gamma; gamma]	;			
1486	B1= [gamma, TT, aa, vv1, vv2, hh1, hh2, HL, HR, alpha1, alpha2]				;	
1488	for gamma=287		:	1005+720 * 7	;	
1490	xxo51=	xxo510-C24+C24 * (1-cosd (gamma- (C8-180))) %后梁轴心水平位置				
1492	yy32=HHJ2 (gamma-286+1); %第二页综框综眼中心高度					
1494	xx2=	XX22 (gamma-286+1)	;			
1496	v1=	vv2 (end) +t0 * aa (end)	;			
1498	h1=	hh2 (end) -t0 * vv2 (end)	;			
1500	h=	h1 * 1000	;			
1502	v=	v1	;			
1504	[TT, D2h, S, HL, HR, alpha1, alpha2] =jimanzhangli_ 5 (gamma, h,					
1506	xx2, yy2, yy32, xxo51, S0, K, Jiaog41, f, m, v, c);					
1508	a=	D2h	;			
1510	v2=	vv2 (end) +0.5 * t0 * (aa (end) +a)	;			
1512	h2=	hh2 (end) -0.5 * t0 * (vv2 (end) +v2)	;			
1514	h=	h2 * 1000	;			
1516	v=	v2	;			
1518	[TT, D2h, S, HL, HR, alpha1, alpha2] =jimanzhangli_ 5 (gamma, h,					
1520	xx2, yy2, yy32, xxo51, S0, K, Jiaog41, f, m, v, c);					
1522	a=	D2h	;			
1524	aa=	[aa; a]	;			

续表

1526	vv1=	[vv1; v1]	;			
1528	vv2=	[vv2; v2]	;			
1530	hh1=	[hh1; h1]	;			
1532	hh2=	[hh2; h2]	;			
1534	T=	[T; TT]	;			
1536	HL1=	[HL1; HL]	;			
1538	HR1=	[HR1; HR]	;			
1540	alpha11=	[alpha11; alpha1]	;			
1542	alpha21=	[alpha21; alpha2]	;			
1544	Gamma=	[Gamma; gamma]		;		
1546	B0= [gamma, TT, a, v2, v2, h1, h2, HL, HR, alpha1, alpha2]				;	
1548	B1= [B1; B0]			;		
1550	end					
1552	B0=	[ ]		;		
1554	B2=	[B1 (:, 1: 3), B1 (:, 5), B1 (:, 7) *1000, B1 (:, 8: 11)]				
1556		%显示 [主轴转角, 张力, 加速度, 速度, 位移] 矩阵				
1558	toc					
1560	plot (Gamma, T)		%画出经纱张力 T 与主轴转角关系图			
1562	plot (Gamma, aa)		%画出加速度 a 与主轴转角关系图			
1564	plot (Gamma, vv2)		%画出速度 v 与主轴转角关系图			
1566	plot (Gamma, hh2)		%画出停经片压纱点位移 h 与主轴转角关系图			

从图 1-4-12 可以明显看出，发生了共振现象，停经片不是稳定的振动过程。结合经纱张力图形，可以看出共振现象出现在原静态张力图形的几个大的张力峰值点上。即综框在最低位置且后梁又在较后位置造成的峰值点上，打纬时特别是下层经纱在打纬时的张力峰值点处。在实际生产过程中，一般不会把工艺配置在能发生共振的范围内，即使发生了共振，因为穿条限位，停经片也不会跳得太高。另外，从加速度的最小值也能看出表 1-4-12 中的数据在实际生产中（稳定振动中）是不可能发生的，因为停经片是斜靠在穿条上的，停经片是穿在一个有间隙的孔内（孔隙为 11mm），即使不考虑穿条的摩擦阻力和经纱的托力，停经片下落的最大负加速度的绝对值一般应该小于或等于 $9.807 m/s^2$，即使大于 $9.807 m/s^2$，也不会大于很多。负加速度绝对值大于 $9.807 m/s^2$ 意味着停经片在一定时间内脱离经纱浮在空中，这种现象是存在的，作者用频闪仪观察也发现过，但脱开的距离并不大，而且短暂。而表 1-4-12 中 $69.7 m/s^2$ 的负加速度意味着经纱必须以很大

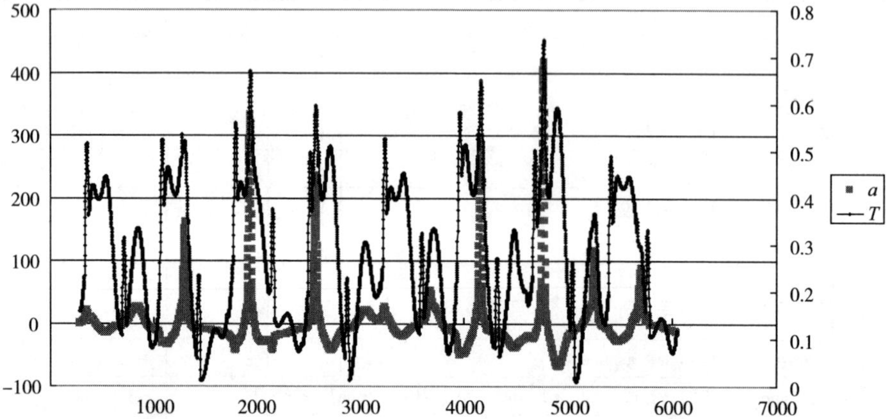

图 1-4-12　当 $c=1$ 时，经纱张力 T、停以片加速度与主轴转角的关系

的力向下拉动停经片，显然是不可能的。出现共振现象是因为开始时选取的阻尼系数 $c=1$ 过小造成的，逐步调大 c 值，使 $c=13.09$，这时运行表 1-4-13 的程序，求得经纱平均张力为 0.258966759N，与静态时的平均张力 0.258973813879N 相比，绝对误差小于万分之 0.3。得到停经片的稳定振动曲线（图 1-4-13）。在稳定振动时，计算机屏幕显示数据如下（v 表示速度）：

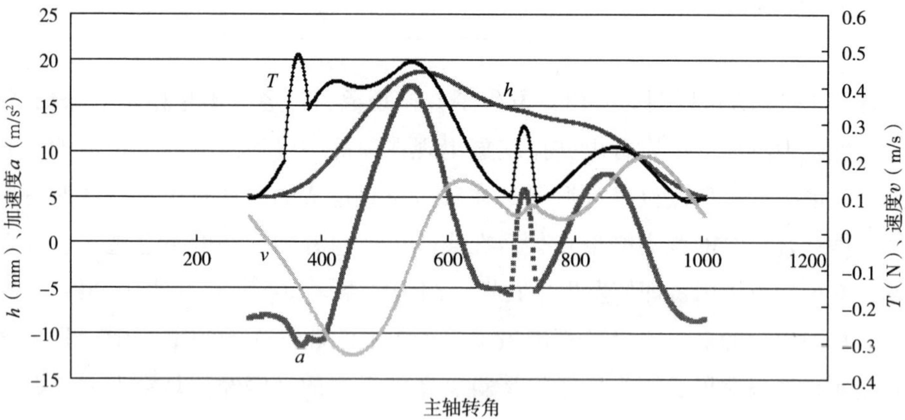

图 1-4-13　经纱张力 T、停经片位移 h、速度 v、加速度 a 与主轴转角的关系图

gamma	T	a	v	h	HL	HR	α_1	α_2
286	0.096	-8.39	0.046	5.02	11.3	20.9	187.1	9.6

287	0.096	-8.36	0.043	5.01	11.3	20.9	187.1	9.6
288	0.096	-8.34	0.041	4.99	11.3	20.9	187.1	9.6
		……						
305	0.109	-8.21	0.002	4.89	10.2	21.0	187.8	9.6
306	0.110	-8.02	0.000	4.89	10.1	21.0	187.8	9.6
307	0.112	-8.02	-0.002	4.89	10.0	21.0	187.9	9.6
		……						
448	0.403	-0.13	-0.335	12.06	0.0	15.7	189.5	11.0
449	0.402	0.11	-0.335	12.15	0.0	15.6	189.5	11.0
		……						
1004	0.096	-8.45	0.050	5.04	11.3	20.9	187.1	9.6
1005	0.096	-8.42	0.048	5.03	11.3	20.9	187.1	9.6

从以上数据可见，在动态稳定振动条件下，当主轴转角为286°时，T、a、v、h分别是0.096、-8.39、0.046、5.02，与开始初步设定的0.1596，0，0，19.577大不相同。在稳定振动时，主要统计值如表1-4-14。与表1-4-11的静态值相比，主要异同点如下。

表1-4-14

项目	T	a	v	h	HL	HR	α_1	α_2
最大值	0.48776	17.1	0.211	18.658	15.0	21.0	191.5	12.2
最小值	0.08659	-11.4	-0.335	4.892	0.0	10.6	181.6	9.6
平均值	0.25897	-0.000107	-2.2E-08	11.893	6.3	15.7	186.0	10.9

(1) 经纱张力：两者的平均值是相同的，这是由工艺设定的。动态张力的最大值基本与静态最大值持平，只是略小一点。动态张力的最小值是8.7cN，而静态张力的最小值是12.6cN。两者的图形比较如图1-4-14所示。从图可以看出，动态张力曲线与静态张力曲线形状总趋势是比较像的，在过程中则互有大小，在下层经纱打纬点处，两者的张力峰值基本相等；当综框在最下位置时，动态张力峰值略大；在上层经纱打纬点处，动态的张力峰值却要小一些；在上层经纱处于最高点附近，动态的张力峰值却比前者大了约6cN，这对开清梭口有利；但在综框在上层或接近上层的较多区域却是动态张力小于前者。

(2) 停经片位移h曲线：两者的位移曲线有明显不同。前者曲线要复杂得多，

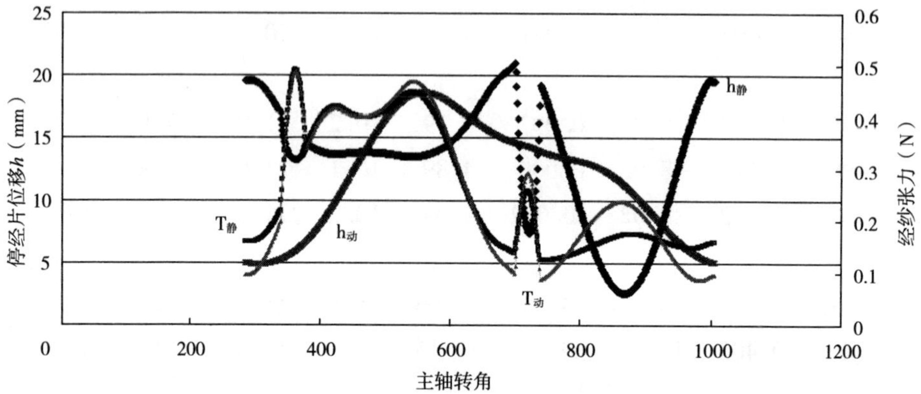

图 1-4-14　动态、静态条件下，经纱张力、停经片位移的比较

后者则变成了近似三角曲线，停经片的运动起到滤波作用。后者的平均值降低了约 1.4mm，停经片跳动量（极差）则由 18.4mm 降低到 13.7mm。

（3）经纱高于停经架前后边框距离的 HL、HR 曲线如图 1-4-15 所示。同样，停经片的运动起到滤波作用。

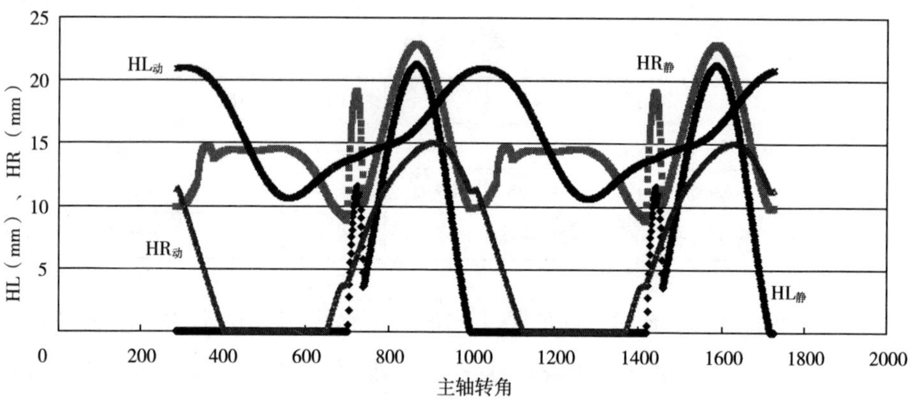

图 1-4-15　经纱与停经架前后边框的距离 HL、HR

（4）速度和加速度曲线：静态速度为 0，加速度为 0，没有速度和加速度曲线。动态的速度和加速度曲线如图 1-4-13 所示。前面已规定，在实际织机上，停经片向斜下方向，h 为正，v、a 为负。在织机速度为 600r/min 时，加速度最大值为 17.1m/s^2，相当于向相反方向（即斜下方向）增加了 1.73 个停经片重量的惯性力作用于经纱上。而最大负加速度为-11.4m/s^2，相当于向斜上方向增加了 1.16

个停经片的惯性力拉着经纱向上运动，因为停经片有自身的重量，稍斜靠于穿条，使得停经片向斜下的力稍低于 1 个停经片的重量，两者相抵，剩下约 0.16 个停经片重量的惯性力并向上，这使停经片拉着经纱向上走，但由于经纱穿在停经片孔眼中，孔隙高 11mm，故停经片没有拉着经纱向上行，而是停经片在一小段时间内浮在空中。那么，短时段内，停经片两侧的经纱就变成直线，经纱总长就会略短些，而经纱张力也会略小，本例中，经纱向上形成折线，会比经纱此时是直线的情况经纱张力最多时多约 1cN。因为影响较小，故编写程序时未将这个因素考虑进去。本例中，速度和加速度的平均值几乎都为 0，但还未完全为 0，这说明表 1-4-13 的程序选取运行时间还不够长，停经片振动还未完全稳定或计算的步长还不够小，或动态平均张力与静态平均张力还不够接近。完全稳定时，速度和加速度的平均值都应为 0。本例中速度最大值和最小值分别为 0.211m/s 和 -0.335m/s。

截至现在，介绍的动态曲线都是 600r/min 条件下的曲线。若将车速调到 500r/min，停经片达到稳定振动后，统计特征值见表 1-4-15。两种车速下，张力曲线和位移的比较则见图 1-4-16。从图中可见，两种车速的张力曲线基本一致，而位移曲线两者却有较大变化。600r/min 时，h 为单峰曲线（一个大循环内），500r/min 时为双峰曲线。

表 1-4-15

项目	T	a	v	h	HL	HR	α_1	α_2
最大值	0.487	9.950	0.214	16.8	14.5	20.3	190.9	11.9
最小值	0.086	-8.480	-0.246	5.8	0.0	12.0	181.4	9.7
平均值	0.259	-0.00011	6.69E-12	12.1	6.0	15.6	186.1	10.9

十五、进一步提高经纱张力计算精度的方法

在前几部分中，计算了第 2 页综框第 4 列停经片上经纱的静态张力和动态张力，但在计算过程中忽略了后梁系统张力弹簧和阻尼器的作用。如果要在动态条件下把弹簧和阻尼器的作用也考虑进去，以使计算出来的张力曲线更准确，则在用 4 页综框、6 列停经片织造平纹织物时，共有 12 条经纱路线（而前两部分作的只是一条曲线），首先应把这 12 条经纱路线的张力曲线都作出来，然后再把所有张力曲线加和起来，再与后梁上的张力弹簧和阻尼器及后梁系统的惯性力矩求平

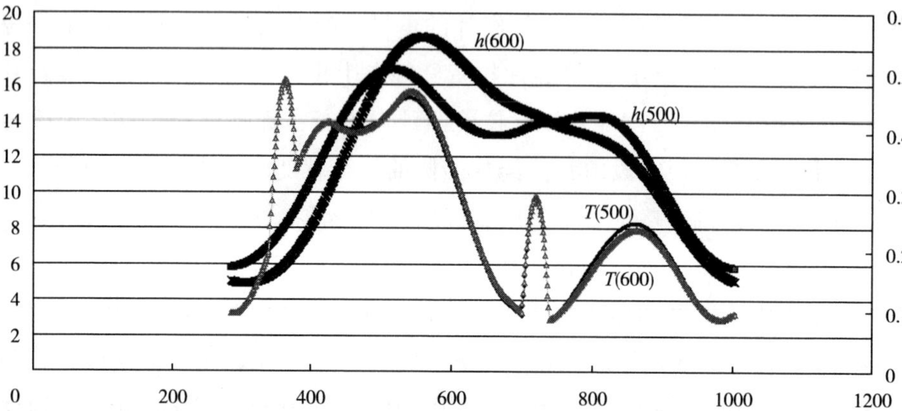

图 1-4-16　两种车速条件下，张力曲线 T 和位移曲线 h 的比较

衡，以求出更精确的经纱张力曲线。但要想把 12 条经纱路线的张力曲线都作出来，只是计算机的运行时间会很长，所以应寻求比较简单的方法。第 2 页综框上的经纱穿在第 2、第 4、第 6 列停经片上，而第 4 列恰在中间，其张力曲线可看作经过第 2 页综框的三条经纱路线张力曲线的平均值。就是说，第 2 页综框第 4 列停经片上的经纱张力曲线可看作第 2 页综框上经纱的张力曲线。第 1 页综框的运动规律和第 2 页综框的运动规律完全相同，但综框位置偏前，动程也不一样，经纱经过第 1、第 3、第 5 列停经片，与第 2 页综框也不相同，但可近似认为两页综框的张力曲线是相同的，只是错开了 360°。那么就把第 2 页综框的张力曲线复制，后移 360°。然后把两条经纱张力曲线相加，相加后的和曲线记为 T_{1+2}（图 1-4-17）。T_{1+2} 曲线可以看作由打纬尖峰曲线（AB 连线以上部分）和一般曲线两部分组成。第 1、第 2 页综的开口时间是 300°，第 3、第 4 页综的开口时间是 270°，但两者的打纬时间都是 360°，故可以近似地把第 3、第 4 页综框的张力曲线和 T_{3+4} 看作是由 T_{1+2} 中的一般曲线前移 30°，再与 360°附近的打纬尖峰曲线叠加而成（图 1-4-18）。然后把 T_{3+4} 和 T_{1+2} 相加，得到的和曲线记为 T_{Σ}。T_{Σ} 相当于 4 根经纱的张力和曲线，再除以 4，得出一条平均张力曲线 $\overline{T}$（图 1-4-19）。另一方面可以把后梁系统的转动惯量、后梁系统的弹簧弹性系数、阻尼器的阻尼系数都折算成单根经纱的值，然后与经纱张力曲线 $\overline{T}$ 求平衡，可列出一个微分方程，进而求出一个随时间或随主轴转角变化的经纱长度变化量曲线 $\Delta\tilde{S}$。有了这个 $\Delta\tilde{S}$，就为更准确地计算经纱张力曲线打下了基础。但需注意，阻尼器滑块向下滑动的阻尼系数和向上滑动的阻尼

系数是不相同的。

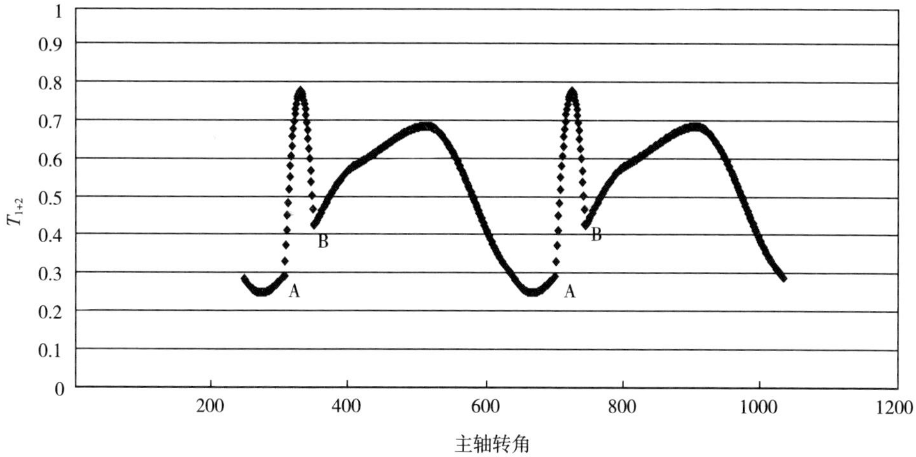

图 1-4-17　第 1、第 2 页综框经纱张力和曲线 T_{1+2}

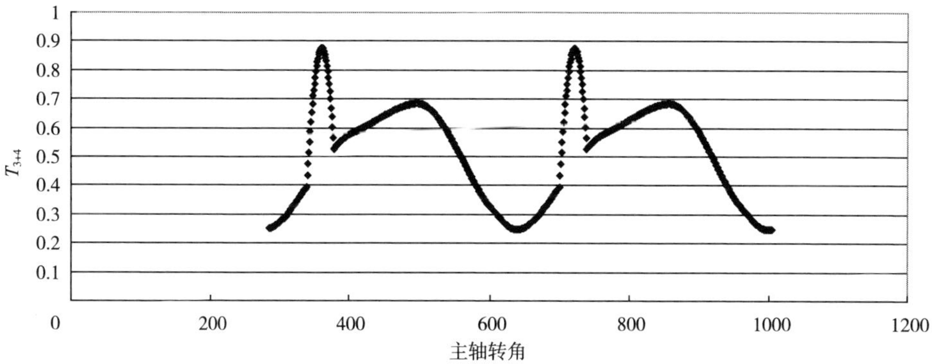

图 1-4-18　第 3、4 页综框经纱张力的和曲线 T_{3+4}

在前几部分求静态或动态张力曲线时，过程是先求出经纱原长 S_0，然后再求出经纱长度 S 和经纱张力 T 。现求出 $\Delta\tilde{S}$ 后，把（ $S_0-\Delta\tilde{S}$ ）当作经纱原长，仍如前面介绍的方法，可求出新的经纱长度 S 和新的经纱张力 T 。这样求出的新的 S 和 T ，就会比原来的 S 和 T 更接近实际。若经过这样几次反复求 $\Delta\tilde{S}$ 的过程，最终求出的 S 和 T 就越接近实际。

十六、经向工艺与经纱张力曲线

织机上的工艺总体可分为经向工艺和纬向工艺，当然，还有经向工艺和纬向

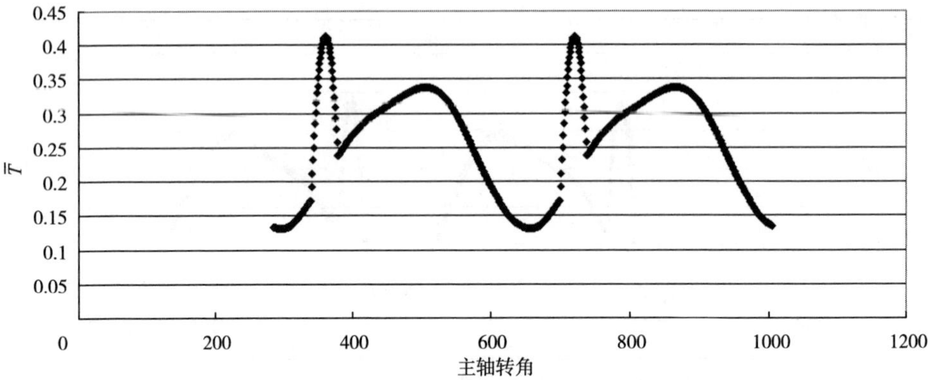

图 1-4-19　四页综平均经纱张力曲线 $\overline{T}$

工艺的配合问题，但经向工艺和纬向工艺又相对比较独立。由于纬向有探测头 H1，纬纱到达右侧 H1 的时间是能从电控箱或 i 板上显示出来的，同时闪光灯的使用，使得目标是清楚的，又是可视的，再加上 ZA203 织机及后来的织机阀门定纬销时间等都能通过键盘输入，调压阀压力调节和测量很容易，所以纬向工艺试验和设置比较容易。试验纬向工艺时，几乎不需要停机，或停机时间很短。而经向工艺的试验和变更就要麻烦得多，有些工艺，如后梁前后位置、松经量，在卸掉织轴或了机时才好做；经向工艺参数是靠人工调节，也容易产生误差；考核经向工艺好坏的标准应是织机效率、织物质量、台时停台次数或断头数等，而织机效率、织物质量又在很大程度取决于浆轴质量及值车工的操作水平、车间温湿度等，不只是织机经向工艺影响的问题。因此，好的经向工艺一般需要多机台、长周期的比较试验，并作大量的观察、调查、分析工作以排除其他影响因素后才能最终作出。

本节实际上表述了织造时经纱张力与各经向工艺参数、打纬机构、开口机构、松经机构、织口游动量、车速、主轴转角、纱线性能之间的定量关系。改变任一个参数，都会使经纱张力等曲线发生变化。计算出经纱张力、HL、HR 随织机主轴的变化曲线后，就可以把经纱张力曲线、HL、HR 曲线作为研究对象来分析经向工艺是否合理。很显然，这样的计算既可以在计算机内进行，计算结果也不受浆轴质量、保全工调机误差、值车工值车水平及车间温湿度等影响。这样就能把大部分工艺试验、工艺优化工作放在计算机内做，省工省时且效率高。当然实际试验并不是说不作，而是实际试验工作可以大大减少，且更合理。

经纱张力曲线上最重要的值是经纱张力的最大值、最小值，打纬时上下层经纱的经纱张力及两者的差值、梭口满开时上下层经纱张力及差值。

经纱最大张力是经纱断头概率的重要影响因素。一般规定，织造时经纱张力的峰值应小于经纱断裂强力的25%。纱线最小张力值及所在的主轴角也很重要，因为经纱张力太小时不容易开清梭口。

打纬时下层经纱的经纱张力大、上层经纱的经纱张力小，两者的张力及其张力差、钢筘打纬角，决定着钢筘打纬是否轻松。

梭口满开时，上下层的经纱张力及差值影响经纱梭口清晰度和断头概率及打纬。

HL、HR曲线是经纱与停经架前、后边框距离随主轴转角的变化曲线，主要用于解决停经架处的毛羽危害问题及经纱断一撮纱的问题。

经向工艺与纬向工艺的配合问题，实际上就是开口、引纬、打纬三大运动的配合问题，在第三节第八部分已叙述过了。

其它经向工艺问题，在“喷气织机使用疑难问题”第一章第七节已叙述，绳状绞边的边松问题及绞边纱的选用问题，则在该书第二章已叙述，在此不赘述。

第五节　织机传动图、送经、卷取、阻尼器和糙面皮

一、织机传动图

图1-5-1为ZAX-E织机传动图，图1-5-2为传动图的送经部分。

织机主电动机通过皮带轮、两条三联式三角皮带、织机主轴皮带轮将动力传递到织机主轴上。离合器A1的结构是在织机主轴皮带轮内侧（靠近织机一侧）周向均匀地固定着四个螺栓，这四个螺栓上共活套着一只大摩擦钢圈（挨着皮带轮），一个大挡圈。在摩擦钢圈和挡圈之间放一只较大的弹性垫圈，这个弹性垫圈和挡圈的外径比摩擦钢圈外径小，但比摩擦环的内径大，这样摩擦钢圈在织机主轴轴向是可以微量活动的，而在周向则随皮带轮一起运动。另外围绕着主轴在机架上也固定了一只环型电磁铁（称为制动器），环型电磁铁的外径与摩擦钢圈相当，内径则大于挡圈和弹性垫圈的外径。在织机上安装制动器时，将环型电磁铁和摩擦钢圈之间的间隙调整到0.4mm。在织机运转时，电磁铁的线圈不通电，电磁铁不起作用，由于弹性垫圈的弹力作用，摩擦钢圈总是靠向主轴皮带轮一侧，且随皮带轮一起运动。当织机停车时，主电动机失电，同时，制动器的线圈通电，产生吸力，将摩擦钢圈和制动器吸合在一起，由于制动器固定在机架上，通过摩擦力强迫织机主轴停下来。织机启动时则是，制动器失电，摩擦环在弹力

作用下靠到皮带轮一侧，主电动机得电运转。这就是 ZAX-e 织机离合器 A1 的机构和作用过程。ZA200 织机的离合器没有弹性垫圈，起弹性垫圈作用的是六只弹簧。

织机主要机构的传动系统简述如下。

（1）开口机构：由织机主轴通过同步带（齿带）传动到开口箱输入轴，然后经伞齿轮和一对普通齿轮传动到凸轮轴。变换这一对普通齿轮的齿数，则可织造不同组织织物。大伞齿轮轴的转速是主轴转速的 1/3。以此再结合变换齿轮的齿数可算出凸轮轴与主轴的转速比。凸轮踏动开口臂通过钢丝绳使综框下降，综框的上升则靠恢复弹簧的拉力。

（2）松经机构：由织机主轴通过齿轮系统传动到松经四连杆机构的输入轴。松经机构的输入轴与主轴的转速比为 1 ∶ 1，调节松经机构输入轴上偏心块的角度，可变更松经时间。过去 ZA200 织机两侧松经机构上输入轴的转动则是由主轴通过齿轮系统再经同步带传递过来的。由于同步带有一定的弹性缓冲作用，故 ZA200 织机松经机构的偏心块不容易坏。而 ZAX 织机改为两边都由齿轮直接向松经输入轴传递动力，对两边偏心块角度调整的同步性、偏心量的一致性要求更高。也就是说，两边偏心块的角度差异较大或偏心量差异较大时，偏心块易损坏。

（3）打纬机构：图 1-5-1 所示是四连杆打纬机构。六连杆机构见第二节。

（4）绞边机构：主轴通过普通齿轮传递动力到系杆齿轮，系杆齿轮上安装了两组行星齿轮，两组行星齿轮的轴都绕着固定在机架上的太阳齿轮转动，当然它们也有自转，绞边纱的筒子架就固装在外侧一组行星齿轮的轴上。绞边纱则从绞边筒子架上的开口臂的孔眼中拉出。关于绞边机构更详尽的情况，以及绞边纱和织物松边等问题，见《喷气织机使用疑难问题》一书。

（5）卷取机构：织机主轴通过同步带、普通齿轮系统、单向啮合式离合器 A2 传递动力到卷取胶辊（有梭织机称刺毛辊），又由卷取胶辊经普通齿轮、摩擦变速器 A3、链轮等传递动力到卷布辊，单向啮合式离合器 A2 由机前的脚踏板控制，在织机正常运转或停车时，使主轴能传递动力到卷取橡胶辊或阻止卷取橡胶辊倒转。当需要从卷取橡胶辊倒退出织物时，踏下脚踏板，单向啮合式离合器 A2 分离，转动手轮可退出织物或卷取织物。摩擦变速器 A3 的作用是，织机的转速是常量，织布和卷布的线速度也是常量，当卷布辊上的织物越卷越多，布辊半径越来越大时，要求卷布辊的角速度越来越小，摩擦变速器就通过摩擦片的滑移来适应这种变化。但当卷布辊半径变大时，若希望织物张力不变，所需的卷布力矩就需

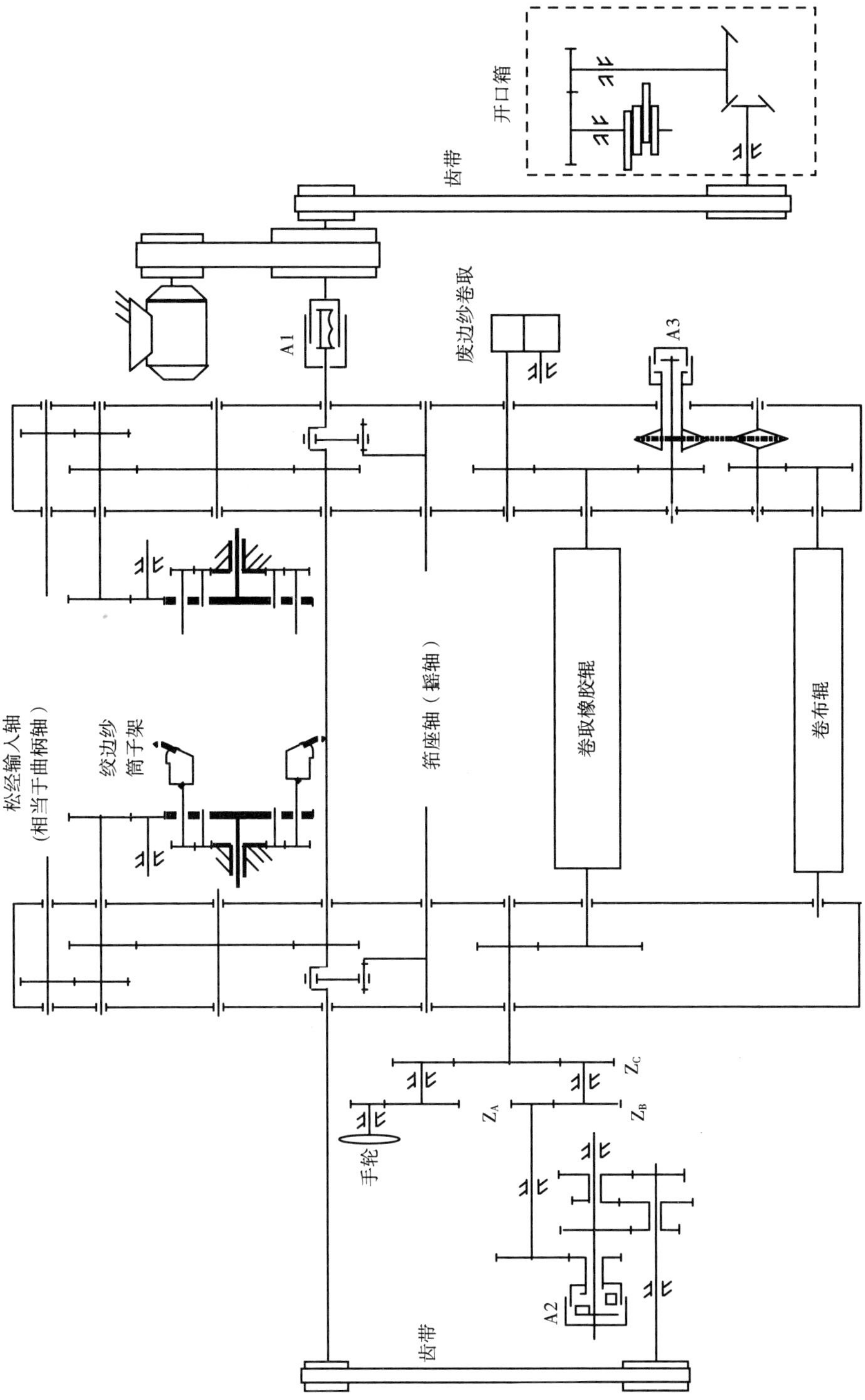

开口箱
齿带
A1
废边纱卷取
A3
松经输入轴
(相当于曲柄轴)
绞边纱
筒子架
筘座轴（摇轴）
卷取橡胶辊
卷布辊
Z_C
Z_A
Z_B
手轮
A2
齿带

图1-5-1　织机传动图

要加大，于是卷布辊上放置一个压布杆。压布杆一方面是为了将布卷平展，另一方面，它起到感知布辊半径的感知杆作用。当它感知到卷布辊直径变大时，并通过一系列杠杆杆件及弹簧给摩擦变速器的摩擦片加力，起到增大卷布力矩的作用。

由卷取辊分出一路齿轮给废边纱卷取齿轮传递动力。

图 1-5-1 中 Z_A 、Z_B 、Z_C 是纬密变换齿轮，变换 Z_A 、Z_B 、Z_C 的齿数，可得到不同的纬密。Z_C 则只能在 25 齿、50 齿两种齿轮中任选其一，而且 25 齿的齿轮和 50 齿的齿轮安装位置也不同。说明书给出的 Z_A 常用齿数为 28 齿、56 齿、21 齿，Z_B 则可在 50~115 齿之间变换。ZA200 织机的变换齿轮仅两个，不妨也称为 Z_A 和 Z_B ，Z_A 常用齿数为 22 齿、25 齿、50 齿，Z_B 则可在 50~115 齿之间变换。织机说明书给出了 Z_A 在常用齿数条件下当 Z_C 、Z_B 选用不同齿数时的纬密表。说明书给出的纬密表中的纬密是机上纬密，没有考虑下机织缩率。下机织缩率一般为 3%~4%。

ZA200 织机卷取胶辊的传动系统和 ZAX 织机大同小异，只是齿轮齿数不同且有蜗轮蜗杆。

在实际使用时，Z_A 齿轮不必仅区限于说明书给出的三个齿数，可根据实际纬密需要，制作不同齿数的 Z_A 齿轮，减少纬密表中的纬密级差，节省纬纱用量。

说明书中橡胶带型卷取辊直径是以 166. 4mm（=163+1. 7×2）计算的，其中 163mm 是卷取辊钢管直径，1. 7mm 是橡胶糙面皮厚度。新的橡胶糙面皮厚度约 2mm，若橡胶皮磨损到 1. 3mm 开始更换，则由橡胶皮厚度引起的纬密变化为 -0. 36%~0. 48%，这是一个不小的值，在设计纬密变换齿轮时应引起重视。必要时在更换糙面皮时或在糙面皮磨薄时可考虑更换纬密齿轮。

说明书中给出的喷砂型卷取辊机上纬密表是以卷取砂辊直径 163mm 为基础计算的。

电子卷取机构直接由变速电机通过蜗杆蜗轮和普通齿轮带动卷取橡胶辊转动，由卷取橡胶辊到卷布辊的传动与前面所述相同。采用电子卷取机构，不需要纬密变换齿轮，直接在织机显示屏键盘上设定机上纬密。

（6）送经机构：织机匀速转动，主轴每转一转织一根纬纱，织好的织物要从织口取走，同时要向织造区域补充适当长度的经纱，才能使织造连续进行。从织口取走织物的机构叫卷取机构，向织造区域补充经纱的机构叫送经机构。这两个机构的运动则分别称为卷取运动和送经运动。要使织物织得均匀，在每织 ·根纬纱所用的时间内，送出的经纱长度应是一定的。用织一纬织物所用的经纱长度除以每织一纬织物所用的时间，得到的商就是织机的送经线速度。织机匀速运动，每织一纬所用的时间是相同的，故可认为近似送经线速度是常量。而经纱是卷绕在织轴上的。开始时，织轴是满轴，随着织造的进行，经纱的退绕，织轴半径越来越小，在要求送经线速度是常量的条件下，织轴的角速度就需要越来越大。如何控制或变化织轴的角速度，使得织造每纬织物时送出的经纱长度都相等，是各种连续运转的织机都必须解决的问题。有梭织机送经变速装置是将送经系统做成一套双摇杆式的四连杆机构，两个摇杆都做上滑槽（相当于摇杆的长度可变），两摇杆中间的连杆两端则分别活套在两摇杆的滑槽中，又从后梁上引出一个杆件（大约在水平位置）与一个竖直杆（称为钓鱼竿）绞接在一起，竖直杆的下端则与四连杆机构的中间连杆绞接在一起。当经纱张力小时，钓鱼竿和四连杆机构的中间连杆下滑，使得四连杆机构输入摇杆的长度减小，输出摇杆的长度上升，则输出摇杆的摆角减小。输出摇杆上面装有棘爪，棘爪与棘轮形成一个组合。棘轮又与蜗杆蜗轮系统及其它齿轮和织轴齿轮联结在一起，当输出摇杆的摆角减小时，棘轮和织轴齿轮的转角就减小，则送经量减小，经纱张力变大。这是一套负反馈机构。当经纱张力增大时，钓鱼竿上升，其它情况与前所述相反，最终使张力下降。由于棘爪与棘轮的配合有单向性，故有梭织机的送经机构是间歇送经的。由此可见，一般棉型织机送经机构的三个系统是必须的，一是经纱张力感知系统，二是变速机构，三是包括蜗杆蜗轮组合在内的传动系统。蜗轮蜗杆组合的作用是自锁，使机上经纱能维持设定的较高张力，防止经纱退绕。如果没有蜗杆蜗轮组合，都采用一般的齿轮传动，只要织轴上的经纱张力稍大，就会使织轴快速退绕，则无法织出合格的织物。ZA202 织机的送经系统也有类似钓鱼竿的系统和包括蜗杆蜗轮组合在内的传动系统，它的变速机构是一个称为 max-min 变速器（由四套七连杆机构构成的无级变速器）装置。这个装置可以实现织轴的连续送经，但变速器输出轴每转内的输出角速度仍有脉动。有梭织机和 ZA202 织机的送经系统都是机械式送经机构，送经的动力都来自织机的主电动机。ZA203 及后来的 ZA 织机、ZAX 织机是由变速电动机通过蜗杆蜗轮组合和其它齿轮直接传动织轴送经的（图 1-5-2）。它的送经也是连续的，而且更加平稳。它的经纱张力感知装置见第一节图 1-1-1、图 1-1-4 的传感器。织机上的计算机收集分析传感器发出的信号，并与机上设定张力作比较，然后控制变速电动机的送经量。这样可以使各纬之间的经纱张力波动变得很小。采用独立的变速电动机直接带动送经机构，还有一

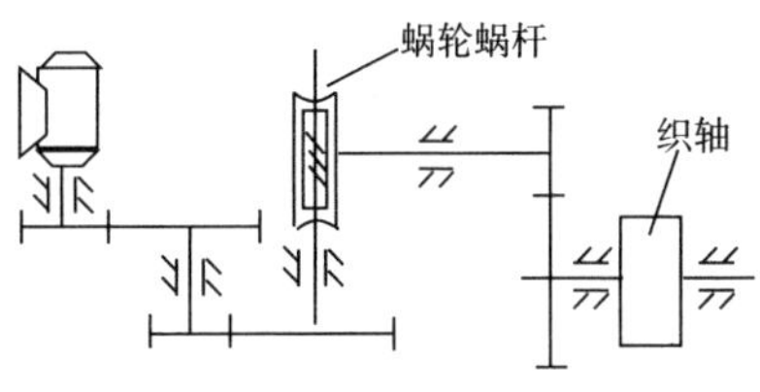

图 1-5-2

个好处，就是在正常开车前，根据织机的停车时间，先使经纱向前向后作微量运动（称为正冲、反冲，具体正冲反冲量可设定），再加上超启动的主电动机，可大大减少开车稀密路。

ZA202 织机的防稀密路装置是在后梁的两边各放置了一个小气缸，在正常开车前，先给小气缸充气，通过杠杆使后梁稍向上抬，张紧经纱，再加上超启动的主电动机，以减少开车稀密路。通过调节充气气压和气缸充气后的排气时间，以达到最佳防稀密路效果。

有梭织机则没有防止稀密路装置。

二、送经机构的受力分析

ZA200（或 ZAX-e）织机上用于安装后梁的角形杠杆 OAB 的 AB 杆处于水平位置时的静态受力图如图 1-5-3 所示。图中，mg 表示角形杠杆（包括后梁、阻尼器拉杆重量在内的整体）的重量，G 则表示质心位置。T 表示经纱总张力，按照力的平行四边形原则，可以把后梁两边的张力 T 在后梁轴心位置合成一个力 T_1。记后梁后边的经纱张力 T 在绝对坐标中的角度为 α_3，后梁前边的经纱张力 T 在绝对坐标中的角度为 α_2，则：

$$T_1 = 2T\sin\frac{\alpha_3 - \alpha_2}{2} \tag{1}$$

F_B 表示送经弹簧的推力，F_C 表示阻尼器的阻尼力，在静态时 $F_C = 0$。角形杠杆在静态时 F_B 比较好求解，只要以 A 点为支点列一个力矩平衡方程即可。

$$F_B l_{AB} + F_C l_{AC} - mg l_{AG} \cos\angle GAC - T_1 l_{AO} \sin\alpha_1 = 0 \tag{2}$$

式中：l_{AB}、l_{AC}、l_{AG}、l_{AO} 分别表示 AB、AC、AG、AO 的长度。

在 ZAX-190 织机上，只在后梁的单侧位置安装张力传感器。张力传感器安装在送经弹簧处（见第一节图 1-1-4），①如果忽略张力传感器以下的螺丝杆、弹簧及弹簧固定螺丝等的重量，②如果经纱穿筘幅宽度也等于织机最大允许穿筘幅宽，则张力传感器感受到的力 $F_{感}$ 约等于 F_B 的一半。设张力传感器以下的螺丝杆、弹簧及弹簧固定螺丝等的总重量为 $m_2 g$，如果不忽略 $m_2 g$，则：

$$F_{感} = 0.5F_B + m_2 g \tag{3}$$

将式（1）式（2）代入

$$F_{感} = \frac{-F_C l_{AC} + mg l_{AG}\cos\angle GAC + 2T l_{AO}\sin\dfrac{\alpha_3 - \alpha_2}{2}\sin\alpha_1}{2l_{AB}} + m_2 g \tag{4}$$

由（4）式可知，经纱张力传感器感受到的力是（4）式等号右边的整块，而不只是经纱张力本身。故在上轴后经纱处于松弛状态时要将经纱张力清零，以消除后梁重量、送经弹簧预张力等的影响。但剩余部分 $2Tl_{AO}\sin\frac{\alpha_3-\alpha_2}{2}\sin\alpha_1$ 仍包含着 α_2、α_3、α_1 等因素，而不只是经纱张力 T 本身。其中 α_3 与织轴上经纱是满轴或接近空轴关系很大，α_2、α_3 还与后梁高低和前后位置及后梁圆辊本身的半径有关，当 α_2、α_3 变化时，α_1 也跟着变化，而后梁高低和前后位置及后梁圆辊本身的直径，织机计算机是无法探知的。故说明书上给出了在不同的后梁位置及直径条件下，自织机满轴到空轴时的张力补偿系数，要求使用者在上轴时将张力补偿系数输入计算机，以便织机计算机能根据织轴半径变化剔除 α_2、α_3、α_1 的影响，计算出真正的经纱张力，然后调节以达到与张力设定值相同的目的。另外，说明书上补偿系数的制定还可能与动态时阻尼器的阻尼力有关。

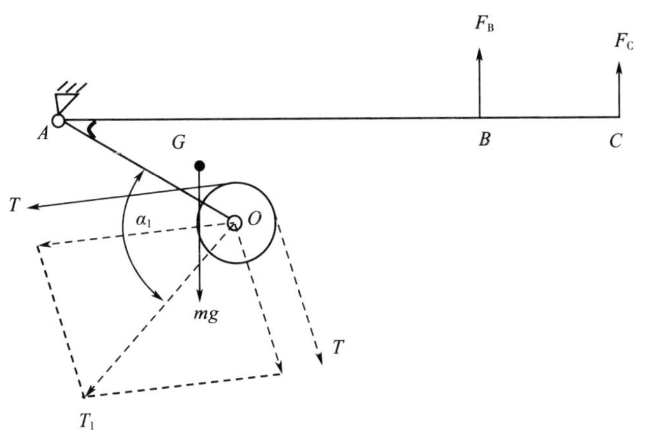

图 1-5-3

另外，经纱穿筘幅宽也影响经纱张力检测的准确性。

要直接测量经纱张力，应制作一个可靠的经纱张力测量仪，放在经纱上面（最好是放在织轴与后梁之间的经纱上），直接测量经纱张力，然后把测量结果输入织机计算机中。

以上分析了静态条件下含后梁在内的角形杠杆系统的受力状况。下面列出动态条件下角形杠杆系统的动力学方程。

仍把角形杠杆、后梁、阻尼器拉杆的重量整体看作一个刚体（简称为角形杠杆系统）。角形杠杆的 A 点绞接在松经四连杆的摇杆上，当摇杆摆动时，A 点也跟着摆动，故 A 点的位移、速度、加速度都是已知量。设摇杆在 A 点对角形杠杆的作用力为 F_{Ax}、F_{Ay}，把角形杠杆分离出来，这样角形杠杆系统就可以看作刚体的平面运动，作用在此刚体上的外力除 F_{Ax}、F_{Ay} 外，还有经纱张力的合力 T_1、弹簧压力 F_B、阻尼力 F_C、重力 mg，如图 1-5-4 所示。根据刚体的平面运动微分方程，“作用于刚体上所有外力的矢量和等于此刚体的质量与质心加速度的乘积”“作用于刚体上所有外力对于刚体质心的力矩的矢量和等于此刚体对质心的转动惯量与刚体角加速度的乘积”，写成对坐标轴的分量形式，即：

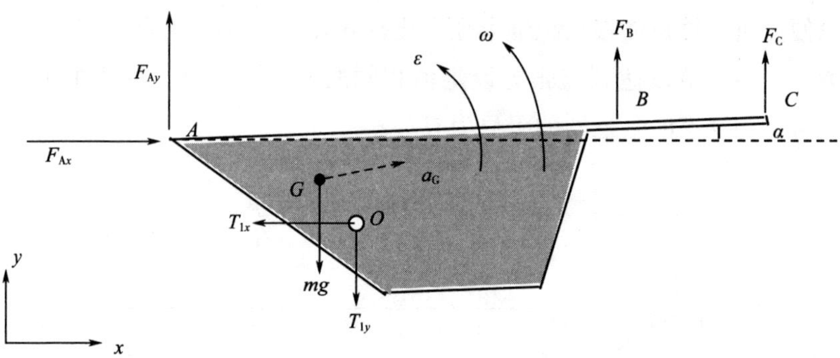

图 1-5-4

$$\begin{cases} F_{Ax} + T_{1x} = ma_{Gx} & (5) \\ F_{Ay} + F_B + F_C + T_{1y} - mg = ma_{Gy} & (6) \\ -F_{Ay}l_{AG}\cos(\alpha_{10}+\alpha) - F_{Ax}l_{AG}\sin(-(\alpha_{10}+\alpha)) + \cdots \\ F_B l_{AB}\cos\alpha + F_C l_{AC}\cos\alpha - T_{1x}l_{OG}\cos(\alpha_{20}+\alpha) - T_{1y}l_{OG}\sin(-(\alpha_{20}+\alpha)) = J_G\varepsilon & (7) \end{cases}$$

式中：a_{Gx}、a_{Gy} 分别表示角形杠杆系统质心 a_G 点的加速度在 x、y 方向的分量；α、ω、ε 分别表示角形杠杆系统的角位移、角速度、角加速度。

$$\omega = \frac{d\alpha}{dt} \tag{8}$$

$$\varepsilon = \frac{d\omega}{dt} = \frac{d^2\alpha}{dt^2} \tag{9}$$

另外，因为角形杠杆系统的振幅角很小，故 $\sin\alpha \approx \alpha$，$\cos\alpha \approx 1$。

T_{1x}、T_{1y} 分别为经纱张力的合力 T_1 在 x、y 方向的分量。在计算时可将 T_1 看作已知量，T_1 是后梁上经纱张力 T 的合力。T 就是本书第四节中“十五、进一步提高计算精度的方法”和该节中图 1-4-19 中所说的 $\overline{T}$，$\overline{T}$ 的大小就按该部分所介绍的方法去求。后梁上前面的 T 的方向也仿求 $\overline{T}$ 大小的方法求得（先加和、后平均）。后梁上后一个经纱张力 T（或 $\overline{T}$）的方向则由后梁位置与织轴位置及半径求得。但第四节所说的经纱张力 T 或 $\overline{T}$ 一般是指单根经纱或平均到单根经纱的经纱张力，而本节所说的经纱张力 T、$\overline{T}$ 或 T_1 是指全部经纱的总张力，故第四节一般所说经纱张力乘以总经根数才是本节所说的经纱张力。这一点计算时要注意。

α_{10}、α_{20} 分别为 AG 与 AB 的夹角、OG 与 AB 的夹角，在坐标上 $\alpha_{10} < 0$，$\alpha_{20} < 0$，又因为 α 很小，故 $\sin[-(\alpha_{10}+\alpha)]>0$，$\sin[-(\alpha_{20}+\alpha)]>0$。

A 点的位移 x_A、y_A，速度 v_{Ax}、v_{Ay}，加速度 a_{Ax}、a_{Ay} 都是已知的，用基点法，可以写出角形杠杆系统质心点 G 的位移、速度、加速度：

$$\begin{cases} x_G = x_A + l_{GA}\cos(\alpha+\alpha_{10}) \\ y_G = y_A + l_{GA}\sin(\alpha+\alpha_{10}) \end{cases} \tag{10}$$

$$\begin{cases} v_{Gx} = v_{Ax} - l_{GA}\omega\sin(\alpha+\alpha_{10}) \\ v_{Gy} = y_{Ay} + l_{GA}\omega\cos(\alpha+\alpha_{10}) \end{cases} \tag{11}$$

$$\begin{cases} a_{Gx} = a_{Ax} - l_{GA}\omega^2\cos(\alpha+\alpha_{10}) \quad l_{GA}\varepsilon\sin(\alpha+\alpha_{10}) \\ a_{Gy} = a_{Ay} - l_{GA}\omega^2\sin(\alpha+\alpha_{10}) + l_{GA}\varepsilon\cos(\alpha+\alpha_{10}) \end{cases} \tag{12}$$

如果把 A 点的位移近似看作是沿水平方向的简谐运动，则 $y_A=$ 常量，$v_{Ay}=0$，$a_{Ay}=0$。

F_B 表示松经弹簧的弹性压力，设弹簧的刚性系数为 k，弹簧不受力时弹簧长度为 L_0，对应的 AB 杆的角度为 α_{BL0}。受压缩后，弹簧的长度为 L，对应的 AB 杆的角度为 α，于是：

$$\begin{aligned} F_B &= kl_{AB}\sin(\alpha_{BL0}-\alpha) = kl_{AB}(\sin\alpha_{BL0}\cos\alpha - \cos\alpha_{BL0}\sin\alpha) \\ &\approx kl_{AB}(\sin\alpha_{BL0}-\alpha) \end{aligned} \tag{13}$$

F_C 表示阻尼器的阻尼力，它的方向与 C 点处速度 v_{Cy} 的方向相反（图 1-5-4），以 η 表示阻尼系数，则：

$$F_C = -\eta\frac{\mathrm{d}y_C}{\mathrm{d}t} = -\eta v_{Cy} = -\eta l_{AC}\omega \tag{14}$$

图 1-5-4 中，为方便起见，将 F_C 和 ω 在某瞬时都画成指向逆时针（相对于质心 a_G）方向，但在式（14）中代入负号后，F_C 与 ω 的转向相反。

另外，向下压阻尼器活塞杆和向上拉活塞杆时的阻尼系数 η 是不一样的，前者的阻尼系数大于后者，这一点有利于打纬和开清梭口。而 ZAX 织机的阻尼器不是线性的。

阻尼器的下端绞接式地固定在织轴两侧的机架上，阻尼器活塞杆的上端以滑槽（上下方向的滑槽）的形式与固装在角形杠杆 C 点处的销钉绞接在一起。销钉与滑槽的间隙可通过滑槽上面的滑块位置来调节。工艺上说的滑块间隙实际上指的就是销钉与滑槽之间的间隙。织造厚重织物时，一般将滑块间隙调节为0，这样在整个织造过程中，角形杠杆都受到阻尼作用。当滑块间隙不为0时，角形杠杆摆幅在间隙范围内活动，不受阻尼作用，超过间隙部分的摆动才受到阻尼作用。很显然这使角形杠杆系统的计算变得更复杂。

阻尼器的原理如图1-5-5所示。让油通过小孔（调节阀）产生摩擦来消耗机械振动产生的能量（通过活塞杆）。喷气织机上用的阻尼器一旦调节好小孔，或制作好小孔，就会封装。

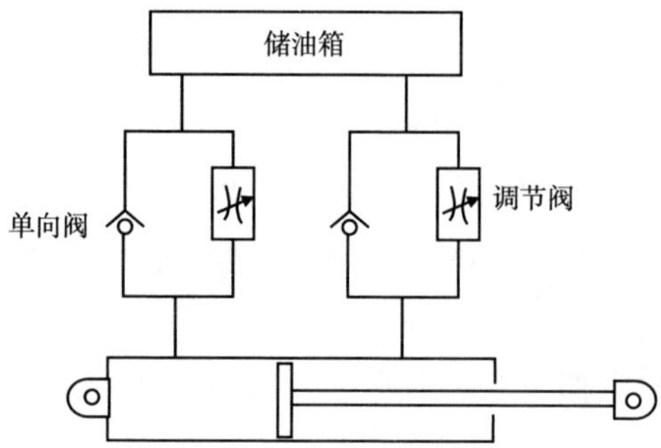

图1-5-5　阻尼器原理示意图

将式（8）～（14）代入式（5）～（7），用数值方法可以解出稳定振动状态时角形杠杆系统的角位移 α 、角速度 ω 、角加速度 ε 及在 A 点所受的力 F_{Ax} 、F_{Ay} 随时间 t 或主轴转角 γ 变化的规律（或数据矩阵）。

当求得角形杠杆系统的角位移 α 后，再由式（15）可以求出后梁轴心 O 点的位置（ x_O , y_O ）随时间 t 或主轴转角 γ 变化的规律（或数据矩阵）。

$$\begin{cases} x_O = x_A + l_{AO}\cos(\alpha + \alpha_{30}) \\ y_O = y_A + l_{AO}\sin(\alpha + \alpha_{30}) \end{cases} \tag{15}$$

式中：α_{30} 表示 AO 与 AB 的夹角，在坐标上 $\alpha_{30} < 0$。

在第四节中求解单根经纱的经纱张力时，假定后梁轴心 O 点是在水平线按简谐运动规律振动的而求出了单纱经纱的经纱张力 T ，并进一步求出各页综框的平均张力 $\overline{T}$ 。在本节中，以第四节计算出的平均张力 $\overline{T}$ 矩阵（随时间 t 或主轴转角 γ

变化的数据矩阵）和本节的方程为基础计算出后梁轴心 O 点新的运动规律数据矩阵（随时间 t 或主轴转角 γ 变化的数据矩阵）。若以后梁轴心 O 点新的运动规律数据矩阵为基础，再重复第四节的计算过程，得出的单根经纱的张力 T'，就会比第四节原来求出的单纱经纱的张力 T 更接近实际，更准确。若在新的基础上再重复一次，最终结果会更准确。

三、阻尼滑块销钉断裂的原因

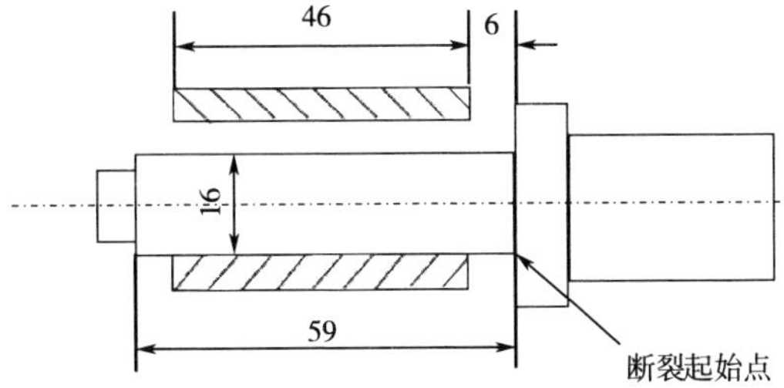

图 1-5-6

某企业刚开始生产的织机的阻尼滑块销钉断裂得很多，20 多台织机有时一天就有一两根销钉断裂。断裂位置在台阶根部（图 1-5-6），断面垂直于销钉轴线。从断面看，从销钉根部的最低点（也可能是最高点）开始断裂，先断成一个弓面形状，这个弓面非常光滑，呈典型的疲劳断裂特点。当弓形面积扩大到一定程度时，整个销钉轴被忽然折断。折断面则是凹凸不平的毛糙面。下面从力学方面进行分析计算。

1. 销钉能承受的最大力

销钉形状如图 1-5-6 所示。图中阴影部分表示阻尼器滑槽的上下块。当角形杠杆系统带动销钉上下运动时，它周期性地与阻尼器滑槽的上方和下方接触，使得销钉弯曲，从而使销钉圆截面的上半部分和下半部分产生周期性拉伸、压缩应力，分析表明，直径为 16mm 的销钉根部截面受到的应力最大。此外，在销钉根部截面还受到剪力，但剪力相对于拉力，其值很小，可忽略不计。销钉的材料是 45 优质钢（拉伸断裂强力为 60kgf/mm^2）。计算结果是在上下方向上，每根销钉最多可承受 8300N（847kgf）的力。两边各有一个阻尼器，共有 2 根销钉，总共可承受 16600N（=1693kgf）的力。

2. 织机后梁的角形杠杆系统给予阻尼器的最大力

当时机上张力为 220kgf，因为织轴半径是不定的，考虑受力上限情况，$T_1 \approx 1.4T$，并把 T_1 的方向看作与 AO 垂直。ZAX-190 织机后梁外径为 113mm，后梁重量为 66kgf，两边的角形杆估计约 13kgf，近似以后梁质心位置作为整个角形杠杆系统的质心位置。AO =90. 14mm，AB =180mm，AC =245mm，在 AB 处于水平位置时，AO 在水平方向的分量为 75mm。在静态时，经纱张力和后梁重量产生的力矩实际上是由送经弹簧的压力 F_B 来平衡的，阻尼器并不受力，严格来讲，就是两边阻尼器活塞杆的重量作用在 C 点位置，没有多少重量，这里可以忽略。故：

$$F_B = [220\times1.4\times90.14+(66+13)\times75]/180=187\ (\text{kgf})$$

而真正对阻尼器产生作用的力一是来自经纱张力的波动，二是来自角形杠杆系统摆动引起的惯性力，三是与销钉在滑槽中的间隙有关。当然一、二两点所产生的力矩并不全由阻尼器平衡，送经弹簧也会平衡一部分。至于角形杠杆系统的前后振动，虽然对经纱张力的变化起作用，但前后振动本身基本不会对阻尼器产生作用力。

现在可以用第四节的方法计算出张力波动值，但当时却计算不出来。采用估计方法来确定。在织机上需要设定张力，还需要设定最大允许的经纱张力，一般地，把后者设定为前者的两倍，由此近似考虑经纱张力波动值也等于经纱设定张力，即 220kgf。假定经纱张力波动产生的力矩全由阻尼力矩 F_{C1} 平衡，则：

$$F_{C1}=220\times1.4\times90.14/245=113\ (\text{kgf})$$

ZAX-190 织机后梁圆辊自重本身对轴线的转动惯量 J_0 约为 0.035kg · m²，对 A 点的转动惯量 J_A 约为 0.677kg · m²。根据当时机上情况，车速 n 为 600r/min，按阻尼器销钉摆动量为 5mm 计算，$AC=245\text{mm}$，故角形杠杆系统的最大摆动角范围是 0.020408（=5/245）rad，近似把角形杠杆系统的摆动看成简谐运动，则角形杠杆系统的角位移 θ_1、角速度 ω_1、角加速度 ε_1 为：

$$\theta_1 = 0.020408/2\times(1-\cos\omega t) = 0.020408/2\times\left(1-\cos\frac{\pi n}{30}t\right)$$

$$= 0.020408/2\times(1-\cos62.8t)$$

$$\omega_1 = 0.020408/2\times62.8\sin62.8t$$

$$\varepsilon_1 = 0.020408/2\times62.8^2\cos62.8t$$

最大的角速度=0.64rad/s，最大的角加速度=40.3rad/s²，C 点处的最大速度为 0.157m/s，最大加速度为 9.87m/s²。

由角形杠杆系统产生的惯性矩 $M_A=J_A\varepsilon_1$

最大惯性矩=0.677×40.3=27.26（N · m）

平衡此最大惯性矩所需的阻尼力 $F_{C2}=27.26/0.245=111\ (\text{N})=11.3\ (\text{kgf})$

在 C 点处，阻尼器承担的阻尼力 $F_C=F_{C1}+F_{C2}$，但这两个力不一定同时达到最大，但可以近似看作两者同时到达最大来进行受力估计，故：

最大的阻尼力≈113+11.3=124.3（kgf）

这里计算出来的最大阻尼力是 124.3kgf，远小于销钉的最大可承受力 1693kgf，那么，销钉为什么会断呢？对阻尼器进行测试，当时织机上用的阻尼器是国内某厂家生产的为汽车用的阻尼器，作为对比，同时测定了日本 ZAX-e 织机用的阻尼器。

3. 阻尼器数据测试与分析

（1）测试方法：分拉程与压程两部分进行测试。

拉程测试方法：将阻尼器倒挂在墙上，下端挂一定重量的重物，测定阻尼器由完全闭合到完全拉开的时间。

压程测试方法：将阻尼器垂直正立，上端压一定重量的重物，测定阻尼器由完全拉开到完全闭合的时间。

日本 ZAX-E 织机阻尼器全行程为 177mm，国内某厂汽车阻尼器的全行程为 183mm。运动速度=行程/时间

（2）测试数据（表 1-5-1）。

表 1-5-1　测试数据

项目		测试时室温（℃）	加压重量（kgf）	所用时间（s）	运动速度（m/s）
国内某厂阻尼器	压程	20	12. 54	13. 033636	0. 014040594
		20	24. 5	5. 1733333	0. 035373711
		20	36. 12	3. 672	0. 049836601
	拉程	18	12. 04	30. 885	0. 005925206
		18	24	14. 42	0. 012690707
		18	35. 62	10. 27	0. 01781889
日本阻尼器	压程	20	12. 54	96. 076	0. 001842292
		20	24. 5	5. 6466667	0. 031345927
		20	36. 12	1. 424	0. 124297753
	拉程	18	12. 04	8. 85	0. 02
		18	24	5. 5083333	0. 032133132
		18	35. 62	3. 8033333	0. 046538124

（3）数据分析：首先分析日本阻尼器的压程数据，当加压重量是 12. 5kgf 时，压程时间是 96s，平均速度为 0. 0018；当加压重量增加约一倍时，压程时间降到了 5. 6s，仅是前者时间的 1/17，平均速度却是前者的 17 倍；当加压重量增加约两倍时，压程时间降到了 1. 42s，仅是前者时间的 1/67，平均速度却是前者的 67 倍。换句话说，即使压程速度再增加，所需的加压重量也不会增加多少。仍以织机

600r/min，阻尼器活塞行程按5mm，活塞位移规律仍按简谐运动，则活塞最大速度为0.157m/s，按模拟曲线可以求得，角形杠杆系统的销钉对阻尼器的最大压力为37.6kgf（图1-5-7）

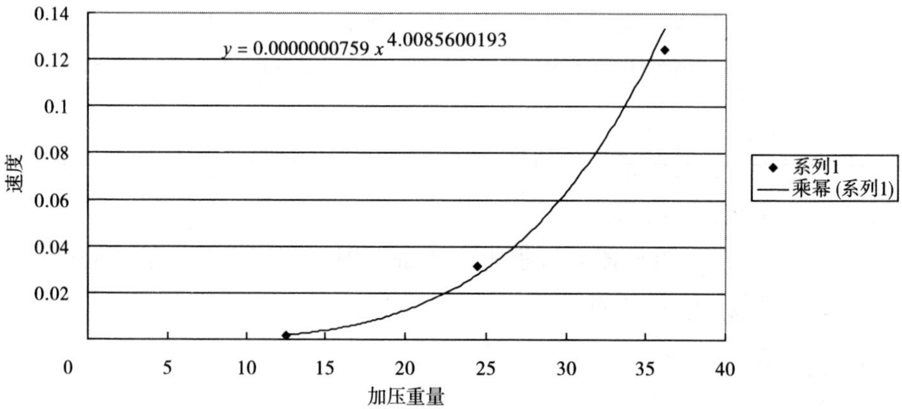

图1-5-7　活塞运动速度与加压重量的关系

同样，采用模拟方法，求得拉程时，角形杠杆系统的销钉对阻尼器的最大拉力为69.2kgf。

显然，对于ZAX-E阻尼器，销钉所受的力远小于销钉所能承受的最大力847kgf。故销钉不会断。

对于国内某厂的阻尼器，在加压重量成倍增加时，运动速度甚至连成倍增加都难以做到。那么在运动速度很大时，必然需要很大的力，在拉程时，模拟求得，在活塞最大速度为0.157m/s时，销钉的拉力为314kgf。对于压程，采用不同模拟方法，计算出的值差异很大，但用对数曲线模拟相关性最好，用对数曲线模拟的计算结果是销钉对阻尼器的压力是893kgf，大于销钉能承受847kgf的极限力。如果这个模拟值是真实可信的，由此就能理解销钉会断裂的原因了。

但无论如何，某汽车厂生产的阻尼器的阻尼力总是ZAX-e织机的好几倍，这是事实。过大的阻尼力还有一个缺点。上面是把销钉与滑块的间隙作为0，活塞的位移按简谐规律计算的。当时织机实际的情况是两者的间隙是2mm。间隙的存在使得销钉同活塞一起运动时，速度不会达到最大的速度0.157m/s，从而阻尼力不会达到上面的计算值。但在销钉与上下槽块接触的瞬间，却产生了冲力。阻尼器的阻尼力过大，在销钉撞击上下槽块的瞬间，活塞动得很少，而销钉是与约80kg的后梁固装在一起的，惯性很大，虽然速度不大，但总动量却很大，在很短时间变化速度，会产生很大的冲力，所以就更容易损坏销钉。用通俗一点的话说，就像铁锤砸东西一样，销钉是被砸坏的。

还有，ZAX-e 织机阻尼器在两头开始推拉时，比较灵活，而某厂的阻尼器则比较死。前者在运动过程中感觉比较平稳，后者有时则能感觉到顿动。

阻尼器厂将阻尼器的参数调节后，则再没有出现过销钉断裂问题。这说明销钉断裂的主要原因是阻尼器阻尼力造成的。

销钉断裂还有一个工艺上的原因，使用厂当时织造的是平纹织物，将松经量调为 13mm，这显然太大，这也造成角形杠杆的振幅增大。将松经量调为 6mm 后，则有了极大改善。

4. 结论和看法

(1) 对阻尼器的要求应是，即能减小角形杠杆系统的振动和振幅，使经纱张力曲线相对平稳光滑，又能“柔和”地作用，不致损坏机件。

(2) 阻尼器阻力与活塞运动速度的关系应是非线性的，在速度较大时，阻尼力应缓慢增加或基本不变。

(3) 为了避免销钉与滑块（槽块）之间的冲击力，最好用尼龙材料制作槽块。

(4) 阻尼器阻力过大时，不光损坏销钉，还可能损坏松经四连杆的偏心轴。

(5) 喷气织机制造厂家一般只制造部分机件和部件，还有相当多的机部件靠外协，对于外协机部件，也要了解性能，制订标准，进行检查。像前述的国内某厂为汽车生产的阻尼器，比较适合汽车，但不加调节地用在喷气织机上，就会出现问题，因为喷气织机对阻尼器的要求和汽车对阻尼器的要求不同。这实际上是一个性能匹配问题。因此，喷气织机制造厂应清楚并提出对各机构、机部件的性能要求，然后才能对外协厂提出要求。

四、织物卷取部分的受力计算

1. 问题的提出

某公司的样机突然出现织物在卷取胶辊上打滑的现象。打滑过程是，当织机启动，约织两三米布后，布面除边撑所对应的边部织物外，中部织物织口的打纬区开始变长，织机打纬声音也开始变化，紧接着，中部织物在卷取胶辊上开始蠕动性滑移，但两边部织物还没有打滑现象，但随着中部织物在卷取胶辊上滑移和往复蠕动越来越厉害，几分钟后，边部织物也开始滑移，织造无法进行下去。当一个布辊织满后，要把织的布从布辊处剪掉，换上新的布辊，在换布辊期间，从上压辊外侧（图 1-5-8）到卷布辊之间的布面张力为 0。最早的打滑现象就是出现在落布期间。但我们知道，津田驹织机即使在落布期间也是不会打滑的。对于打滑现象，调大卷取胶辊的上、下压布辊的压力（通过调节弹簧弹力），一般稍调大能抑止打滑现象，调大到一定程度后则没有作用或作用甚微。图 1-5-1 中 A3 是摩擦变速器（摩擦离合器），摩擦变速器里面装有弹簧，外面装有调节螺母（图 1-5-13 中的 2）。改变调节螺母的位置，可以增大弹簧弹力，使摩擦变速器摩擦片之间的阻力增大，而使卷取胶辊和卷布辊之间的织物张力增大，这样织物就不容易在卷取胶辊上打滑了。为了防止打滑现象，修机工把摩擦变速器调节螺母拧得比较紧甚至过紧，卷布辊上的尼龙齿轮也被主动齿轮（钢齿轮）啃坏，还曾经出现拉断布的现象。一时间，布面打滑成了主要问题。另外，打滑也易产生开车稀密路（局部或中间部分），正常运转时也容易产生局部云织。

2. 基本卷取部件

织物基本卷取部件如图 1-5-8 所示。从织口织物经过边撑到达导纱辊 1、2、卷取胶辊 3、上压辊 4、下压辊 5，最后到达卷布辊。卷取胶辊和卷布辊都是卷取

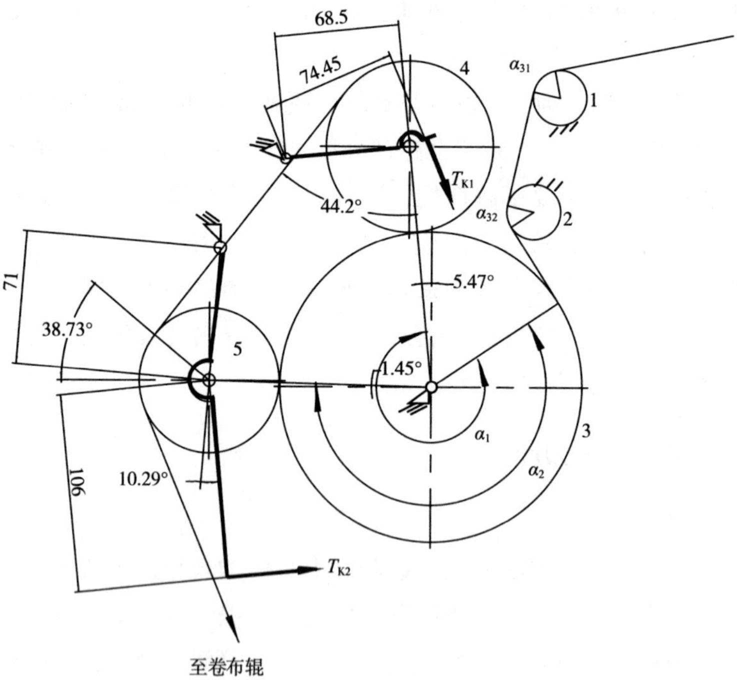

图 1-5-8　基本卷取部件图

1，2—导布辊　3—卷取胶辊　4—上压辊　5—下压辊

的主动部件。图中织物各包角为 $\alpha_1=297.57°=5.194\text{rad}$，$\alpha_2=213.05°=3.718\text{rad}$，$\alpha_{31}=45.97°$，$\alpha_{32}\approx66.07°$，$\alpha_3=\alpha_{31}+\alpha_{32}=112.05°=1.956\text{rad}$

在上、下压辊两边，各安装一根拉力弹簧，这四根弹簧的形状、大小、刚性系数也完全相同，单根弹簧的最大拉力为582N。

3. 上压辊受力分析

落布辊时，上压辊外侧到卷布辊之间织物的经向张力 $T_0=0$。在 $T_0=0$ 且织物在卷取胶辊滑动的条件下，取上压布辊为分离体（图1-5-9），在上压辊正压力方向取坐标作受力分析。受力平衡方程为：

$$\begin{cases} N_x - F_1 - mg\sin\beta_1 = 0 \\ N_y - mg\cos\beta_1 - T_{K1}' = 0 \\ F_1R_1 - M_{f3} = 0 \end{cases} \tag{16}$$

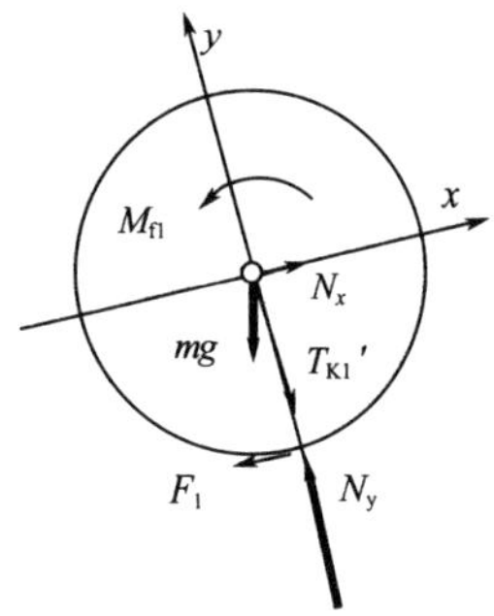

图1-5-9　上压布辊受力分析

式中：mg 为上压辊重量；N_x 为上压辊轴座在 x 方向对压辊支撑力；N_y 为布对上压辊的支撑力；F_1 为布对上压辊的摩擦力；R_1 为上压辊半径；β_1 为上压辊正压力方向和铅垂方向的夹角，$\beta_1=5.47°$；T_{K1}' 为通过杠杆传递过来的弹簧拉力。

$$T_{K1}'=74.45\div68.5\times T_{K1}=1.0867\,T_{K1}$$

M_{f1} 是上压辊轴承的摩擦力矩。作用压辊轴处的力主要是弹簧的拉力。单根弹簧最大拉力是582N，两边弹簧的最大拉力是1164N，上压辊的轴直径为25mm，轴套为尼龙，用油润滑，查手册知，摩擦系数为0.023，所以摩擦力矩 M_{f1} 的最大值为：

$$M_{f1}=0.023\times（1.0867\times2\times582）\times0.025/2=0.36366\ （\text{Nm}）$$

代入式（16）得：

$$F_1 = M_{f1}/R_1 = 0.33465/(0.092/2) = 7.91\,(\text{N})$$

可见克服上压辊本身阻力矩的力并不大，同样，克服下压辊本身阻力矩的力也不大，故可近似认为在非落布的正常运转情况下，自上压辊压布点至卷布辊之间的织物经向张力 T_0 处处相等。下面继续求解 $T_0=0$ 时的式（16）：

$$N_x = F_1 + mg\sin\beta_1 = 7.91 + 254.7\sin5.47° = 32.2\,(\text{N})$$

$$N_y = mg\cos\beta_1 + T_{K1}' = mg\cos\beta_1 + 1.0867T_{K1}$$

$$= 254.7\cos5.47° + 1.0867 \times 2 \times 582 = 1518.5\,(\text{N})$$

在上压辊和卷取胶辊的切点处，布对上压辊有两个作用力，即 F_1 和 N_y。按照作用力和反作用力，布对卷取胶辊也作用着同样大小两个力，记为 F_1' 和 N_y'，只是方向与 F_1 和 N_y 的方向相反。N_y' 作用在卷取胶辊上，当卷取胶辊转动并且和布之间有滑动时，能产生的最大滑动摩擦力 T_1' 为：

$$T_1' = f_1 N_y' = f_1 N_y = f_1(mg\cos\beta_1 + 1.0867T_{K1})$$

式中：f_1 为卷取胶辊与布之间的摩擦力。于是，在上压辊和卷取胶辊的切点处，布面的经向张力 T_1 为：

$$T_1 = T_1' - F' \approx T_1' = f_1(mg\cos\beta_1 + 1.0867T_{K1}) \tag{17}$$

4. 在下压辊和卷取胶辊的切点处，由于滑动而产生的布面经向张力 T_2

由于下压辊基本处于卷取胶辊的侧面，忽略下压辊重量的影响，仿照上部分，可以求出由于下压辊对布的正压力产生的布面经向张力 T_2：

$$T_2 = f_1 N_2 \approx f_1 T_{K2} \frac{\left(71 + \dfrac{106}{\cos 10.29°}\right)\cos 10.29°}{71\sin 86.75°} = 2.481 f_1 T_{K2}$$

5. 要保证织物在卷取胶辊上不打滑时的织口织物最大允许经向张力 T_4

设导布辊 2 与卷取胶辊之间的经向张力为 T_3，织口处织物经向张力为 T_4，若织物在卷取胶辊上打滑时，根据欧拉公式，有：

$$T_3 = (T_1 e^{f_1\alpha_1} + T_2 e^{f_1\alpha_2})$$

$$\begin{aligned} T_4 &= T_3/e^{f_3\alpha_3} = (T_1 e^{f_1\alpha_1} + T_2 e^{f_1\alpha_2})/e^{f_2\alpha_3} \\ &= \frac{f_1(mg\cos 5.47° + 1.0867T_{K1})e^{f_1\alpha_1} + 2.481 f_1 T_{K2} e^{f_1\alpha_2}}{e^{f_2\alpha_3}} \\ &= \frac{f_1(253.5 + 1.0867T_{K1})e^{5.194f_1} + 2.481 f_1 T_{K2} e^{3.718f_1}}{e^{1.956f_2}} \end{aligned} \tag{18}$$

式中：f_2 为织物和金属导辊之间的摩擦系数，按 0.18 取值。

在 $T_0=0$ 条件下，要保证织物在卷取胶辊上不打滑，则织口织物最大允许经向张力应稍小于式（18）计算的 T_4。为方便起见，把 T_4 仍称为织口织物最大允许经向张力或称为织口临界张力。由式（18）可以看出，织口临界张力与摩擦系数 f_1、f_2，摩擦包角、弹簧拉力、上压布重量等有关，其中与上压辊重量、上压辊弹簧拉力、下压辊弹簧拉力都是呈线性正相关。而与摩擦系数 f_1 的关系是正比与指数之积的关系，是一种比指数曲线变化更剧烈的关系。就是说 f_1 的一个小变化都会引起 T_4 的很大变化，所以说 f_1 是最重要的影响因素。T_4 及 T_3 与摩擦系数 f_1 的关系如图 1-5-10 所示，由图 1-5-10 可以直观地看出，f_1 对 T_4 的影响很大，f_1 的大小直接决定了有些厚重织物能不能织制。如要使织口最大允许织物经向张力 T_4 达到 8000N，则摩擦系数应达到 0.42。

表 1-5-2 是测量的当时公司织机的卷取胶辊、上下压辊所用的包覆糙面皮与

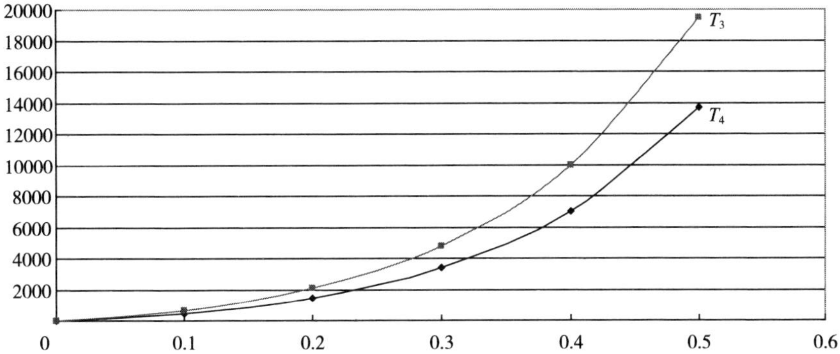

图 1-5-10　T_3（N）、T_4（N）与摩擦系数 f_1 的关系图

布面的摩擦系数和按式（18）计算出的 T_4 值。从表 1-5-2 可以看出，糙面皮变旧后，摩擦系数是会减小的，这就是为什么新糙面皮时卷取正常，而经过一段时间后，出现打滑现象的原因。新的糙面皮表面是真正的糙面，压辊上的糙面和卷取胶辊上的糙面将布夹在中间，也能形成部分表面的凹凸互填效果，这不只是对布有摩擦作用，也对布有“卡”的效应。这种“卡”当然不是“卡死”，而是微观上增加了摩擦角。旧糙面皮则基本磨成了平面，也就只剩下摩擦力了。一般地，织口处织物平均经向张力略小于机上设定的经纱张力值，因为机上设定的经纱张力值是织机在运转时经纱张力的平均值，而经纱张力一般是有梭口的，上下层经纱在织口布面的投影值是小于经纱张力的。织口处织物经向张力应等于上下层经纱在织口布面的投影值的总和。在停车初瞬时，织口处织物经向张力等于设定的经纱张力值。一般地，可近似地把织口处织物平均经向张力看作与设定经纱张力值相等。经纱张力是波动的，织口处织物经向张力也是波动的。除钢筘在最前位置的一小段打纬时期，织口织物经向张力也可近似看作等于机上经纱张力。故布面打滑的原因可描述为布面打滑是卷取胶辊的糙面皮与布面的摩擦力小于机上经纱张力引起的。

在机上设定最大经纱张力值时，一般把最大经纱张力值设定为平均经纱张力（机上设定的经纱张力）的两倍，设计织口处织物允许经向张力时也应该留有一定的余地，故织口处织物最大允许经向张力至少应大于机上设定的经纱张力值的两倍。即：

织口处织物允许经向张力 $T_4 \geqslant 2\times$机上经纱设定张力值

织不同的织物，机上经纱设定张力值差异很大，对于幅宽为 190cm、230cm 的织机，织机上经纱张力设定值一般在 1000~4000N，那么，要求 T_4 必须大于 7000~

8000N。

显然，表 1-5-2 中 2480N 或 2135N 的允许值是不够的。

从表 1-5-2 可见，棉织物和化纤织物（测的是涤纶长丝织物）的静摩擦系数基本相等，但动摩擦系数却相差较大。

表 1-5-2　摩擦系数和 T_4

项目	新糙皮		旧糙皮	
	棉	化纤	棉	化纤
静摩擦系数	0.427	0.427	0.317	0.319
T_4（N）	8431	8431	3849	3907
动摩擦系数	0.308	0.273	0.261	0.243
T_4（N）	3594	2733	2480	2135

6. 卷取胶辊、压布辊的挠度计算

从图 1-5-9 可以看出，上压布辊在与卷取胶辊的切点处对布的压力主要来自两方面，一是上压布辊自身的重量，它沿纬向对织物的压力可以看作一个均匀地分布力；二是拉簧产生的压力，拉簧固定在上压布辊两头，是集中力。当压布辊把布压在卷取胶辊上时，卷取胶辊上的布也对压布辊产生一个反向作用力，假定布对压布辊的作用力是均匀的，于是，正压力对压布辊的受力分布模型如图 1-5-11 所示，由此可以根据材料力学公式计算出正压力对压布辊产生的挠度（图 1-5-12）。在图 1-5-12 中，横坐标和纵坐标的单位都是 mm。挠度表示压布辊受力后压布辊轴线的弯曲程度。从图中可见，最大筘幅为 190cm 织机上压辊的最大挠度（弯曲弓高）为 0.5mm（此处挠度向上），而布的厚度一般为 0.2～0.3mm，如果不考虑卷取糙面皮在受力后的收缩性，则上压辊最中间是压不到布上去的，那么图 1-5-12 假定布对上压辊的压力是均匀的假设就不成立，则图 1-5-12 的准确性就会变得很差，就是说图 1-5-12 计算出来的挠度不会有那么大，或者中部根本没有挠度。尽管如此，图 1-5-12 仍有一定的参考意义，它至少能解释打滑现象为什么是从中部开始的。即使中部没有挠度，但对织物的压力也必然很小（指压布辊对布的线压强小）。布对上压辊的总压力仍可看作 N_y（前面已算出），只是分布力 q 不是均匀的了，中间的线压强小，两边的线压强大。中部织物受到的线压强小，它与卷取胶辊之间的摩擦力就小，所有中部织物就容易打滑。同时，卷取胶辊的中间也容易磨损。在打纬前后，织口会产生游动。边部有边撑，织物经过边撑时，织物的经向游动就会大大减弱，而中部织物，织口的游动就容易以蠕动的形式传递到卷取胶辊的织物输入端，这样卷取胶辊中部的糙面皮就容易磨得更薄，磨薄后与中部织物摩擦力就变小。这也是中部织物先打滑的原因之一。所以减少糙面皮磨损的方法之一是，不要让织口游动引起的织物经向蠕动传递到卷取胶辊上去。

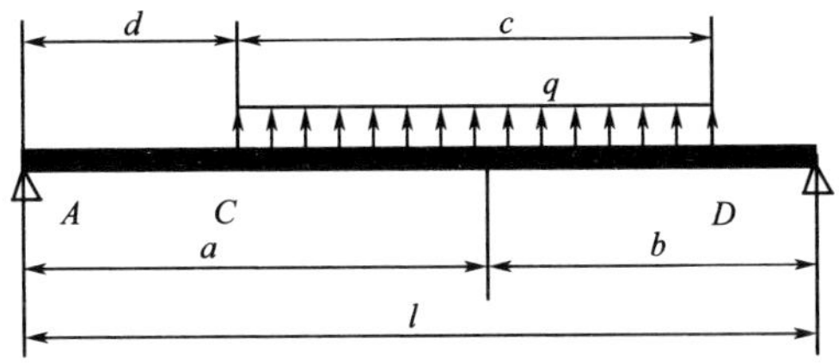

图 1-5-11　压布辊压布力分布模型（简支梁）

l—压布辊长度　c—压布辊处布幅　d—入纬侧布边距压布辊边缘的距离　$a=d+c/2$　$b=l-a$　q—分布力

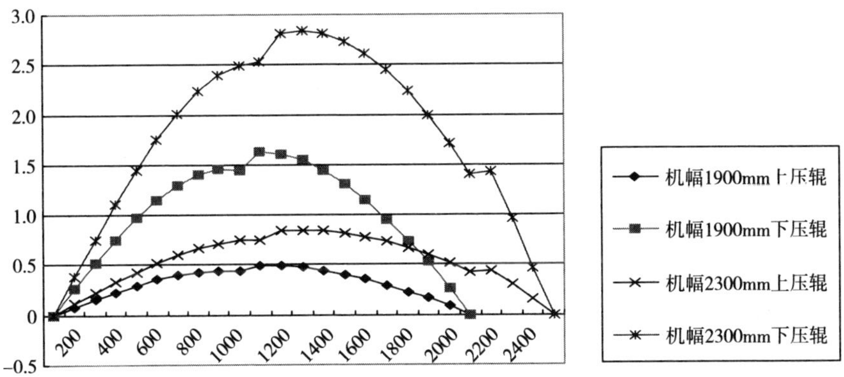

图 1-5-12　压布辊挠度曲线图

机幅越宽，压辊的挠度越大。

卷取胶辊糙面皮一般并没有完全包覆到头，布幅也小于卷取胶辊的长度，而拉力弹簧对上、下压辊的加力点却是在两端，这样上、下压辊就会以糙面皮的边缘、布边为支点，边部向内收而中部挠度变大。若糙面皮比较软则有利于压布。若糙面皮比较硬，即使把拉簧的拉力加得很大，仍无法解决压辊中部的挠度问题，反而会使中部挠度增大，则中部打滑问题就难以解决。最理想的方法是，选用摩擦系数大的糙面皮，且糙面皮要较软，压辊刚度要大，而压辊两边的弹簧拉力要小。但糙面皮太软时，也容易磨损，这是一对矛盾。

解决压辊挠度的方法有，加大压辊半径或加大壁厚，在加大壁厚的同时把压辊做成橄榄状。对于宽幅织机，在胸梁导布辊和上压辊上面放一根很重的钢管或铁棒，此法同时可减少织口游动向卷取胶辊的传递，有利于提高糙面皮的使用寿命。因为上下压辊都是用空心钢管做的，对于上压辊，还有一种方法，就是在上压辊空心钢管中部的一段，塞进实心铁棒，比如说铁棒长 1.4m（可分成若干段，各段之间用小垫片隔开，目的是保证上压辊与卷取胶辊贴实），直径略小于空心直径，可以增加上压辊重量约 50kgf（190cm 织机上压辊自身的重量才 26kg），且对布的加力位置在中部（比两端加力方式要好，因为上压辊本身的重量产生的挠度是向下的，恰可使上压辊与卷取胶辊贴得更紧密），同时增加了上压辊的刚度，可消除上压辊中间的挠度，还可以使 T_4 增加约 400N（按 $f_1=0.261$ 计算）。而且这种制作方法简单可行。

另外，卷取胶辊也是有挠度的，190cm 织机最大挠度约是 0.09mm，230cm 织机最大挠度约是 0.16mm。

7. 卷布辊的卷取张力

在第一部分时，已介绍了卷取机构，为了计算卷布辊的卷取张力，这里将卷取机构的摩擦变速器介绍得较详细（原理图见图 1-5-13）。图中 1 为花键轴（部分长度是花键），摩擦盘 4 内径有键齿，可沿轴向移动，但随花键轴一起转动。摩擦盘 5、22^T 链轮 6、摩擦轮 7（与小图中的 7 是同一个物体）固装在一起，然后活套在花键轴 1 上。在花键轴的右边，活套着压缩弹簧 3。压簧 3 的初始弹力由调节螺母 2 确定。在压缩弹簧 3 的推力作用下，摩擦盘 4 和摩擦盘 5 靠在一起，当轴 1 转动时，依靠摩擦力就带动链轮 6 转动，进而带动 44^T 链轮及卷布辊转动。如果弹簧推力大些，卷布辊获得的转动力矩就大些，则卷布辊与上压辊外侧之间的织物经向张力 T_0 就大。否则相反。当螺母 2 调节好位置后，就固定死，平时不动。则压簧 3 的弹力就是一定的，由卷布辊获得的卷取力矩也是一定的。但卷布辊从空布辊到满布辊半径是变化的。当卷布辊从空布辊变化到满布辊时，半径不断增大，则卷布辊与上压辊外侧之间的织物经向张力 T_0 就会越来越小，这样布辊也可能卷不紧。为了稳定 T_0，就设计了一套张力补偿装置。图 1-5-13 中的滚轮 8 就是张力补偿装置的杆件之一拨叉上的两个滚子。它平时压在摩擦盘 4 上，起张力补偿作用。图 1-5-14 则是这套补偿机构，图中的滚子 8（2 只，就是图 1-5-13 中的滚子 8）安装在拨叉 GM 的前端，GM 又与杆 GE 固装在一起，形成一个角形杠杆 EGM。EGM 处于水平面上，为清晰起见，将它转过 90°画在铅直面上。图 1-5-14 中 A 表示卷布辊，B 表示压布杆，N 表示下压辊，同时 A、B、N 也分别表示卷布辊、压布杆、下压辊的圆心点。当布卷半径增大时，角形杠杆 BCD 逆时针转动，DE 杆上的调节螺母推动压簧压缩，于是角形杠杆 EGM 的 E 处受到较大的压力，那么滚子 8

加在图 1-5-13 的摩擦盘 4 上的压力就会加大，使卷布辊的卷布力矩增大，织物的经向张力就增大，从而起到张力补偿作用。

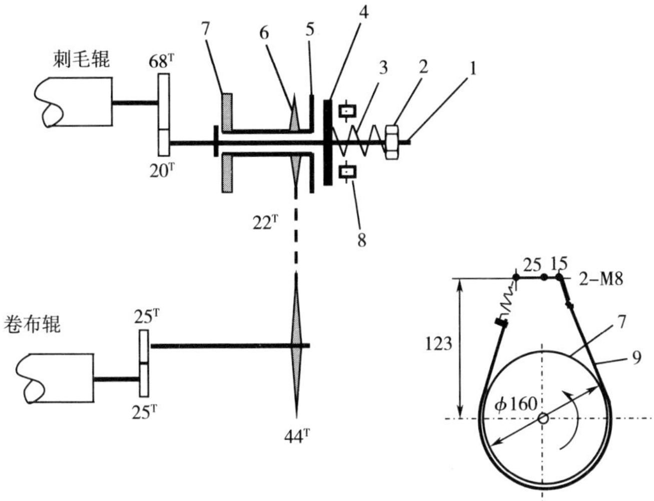

图 1-5-13　摩擦变速器示意图

1—花键轴　2—调节螺母　3—压力弹簧　4—可沿轴向移动的摩擦盘　5—摩擦盘　6—链轮　7—摩擦轮　8—滚轮（2 只）　9—钢带

在图 1-5-13 的摩擦轮 7 的大半个圆周上套了一条装有石棉基摩擦片的摩擦制动钢带 9，钢带的一端装着拉簧，使钢带与摩擦钢盘之间产生摩擦力，如图 1-5-13 中的小图所示。此摩擦带的作用是防止卷布辊系统的转得过快。按照计算，钢带对摩擦钢盘的摩擦包角是 247. 39°，实测有摩擦片的包角却为 229. 3°。摩擦钢盘转动方向如图所示。假定在钢带套入摩擦钢盘上时钢带两边张力相等。当钢盘转动时，产生摩擦力，弹簧伸长，那么钢带和弹簧的总长度略伸长，于是部分钢带脱离使包角变小，摩擦力又变小，平衡状态是：

$$T_{K4} = T_{K3}e^{f_4\alpha}$$

式中：T_{K3} 为无弹簧一边钢带的拉力；T_{K4} 为弹簧一边钢带的拉力；f_4 为摩擦系数；α 为摩擦包角。

此处弹簧钢丝直径是 2mm，弹簧中径是 10. 5mm，有效圈数是 11 圈，弹簧原长是 55mm，经计算，钢带产生的制动力矩是 3. 08N · m。记为 M_{f4} = 3. 08N · m。

图 1-5-13 介绍了摩擦变速器基本原理。实际的变速器要比原理复杂，它是由 4 个钢摩擦片和 3 个石棉基摩擦片及一个压力弹簧（即图 1-5-13 中的 3）组成，

每个石棉摩擦片有两个摩擦面，3 个石棉摩擦片共有 6 个摩擦面，三个为主动传力面，三个为被动传力面。石棉摩擦片的外径为 116mm，内径为 96mm，中径 d_5 为 106mm。压簧 3 的刚度 K_5 为 8. 1N/mm，弹簧原长 l_{50} 为 60mm，钢丝直径为 4. 5mm，弹簧圈数是 6 圈，石棉摩擦片与钢的动摩擦系数 $f_5=0.25$，设弹簧压缩后的长度 l_5 为 33mm，压簧 3 产生的压力 P_5 为：

$$P_5 = K_5(l_5 - l_{50})$$

压簧 3 在 22^T 链轮上产生的力矩 M_5 为：

$$M_5 = 3f_5K_5(l_{50} - l_5) \cdot 0.106/2 = 0.159f_5K_5(l_{50} - l_5)$$
$$= 3 \times 0.25 \times 8.1 \times (60 - 33) \times 0.053 = 8.69(\text{Nm})$$

前面已算出摩擦钢带产生的阻力矩 $M_{f4} = 3.08\text{Nm}$，22^T 链轮的节径是 89. 239mm，22^T 链轮可传递的动力 F_5 为：

$$F_5 = (M_5 - M_{f4})/(0.089239/2)$$

44^T 链轮的节径处受到的力也是 F_5，44^T 链轮的节径是 178. 023mm，故 44^T 链轮获得的力矩 M_5' 为：

$$M_5' = F_5(0.178023/2) \approx 2(M_5 - M_{f4}) = 2 \times (8.69 - 3.08) = 11.22(\text{N} \cdot \text{m}) \qquad (19)$$

卷布辊处的一对齿轮的齿数都是 25^T（图 1-5-13），直径都是 87. 5mm，故在不考虑轴承阻力条件下，卷布辊获得的动力矩也是 M_5'，即 11. 22Nm。

设布卷半径为 R，则由压簧 3 和制动带引起的织物经向张力 T_{01} 为：

$$T_{01} = \frac{M_5'}{R} = 2\,\frac{M_5 - M_{f4}}{R} = \frac{0.318f_5K_5(l_{50} - l_5) - 2M_{f4}}{R/1000} \qquad (20)$$

从式（20）可见，织物经向张力 T_{01} 与弹簧压缩量、制动力矩成线性正相关关系，与布卷半径成反比。在上述条件下，当布卷半径 $R = 50\text{mm}$（初始状态），$T_{01} = 224.4\text{N}$，当布卷半径 $R = 200\text{mm}$ 时，$T_{01} = 56.1\text{N}$。

下面讨论补偿机构产生的布面经向张力 T_{02}。在图 1-5-14 中，$BC = 245\text{mm}$，$CD = 43\text{mm}$，

$$AC = \sqrt{270.3^2 + 55^2} = 275.84(\text{mm})$$
$$\angle FCA = \arctan(55/270.3) = 11.51°$$

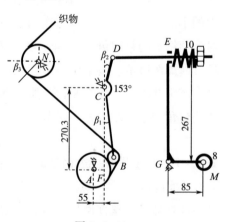

压布杆半径 $r = 15\text{mm}$。

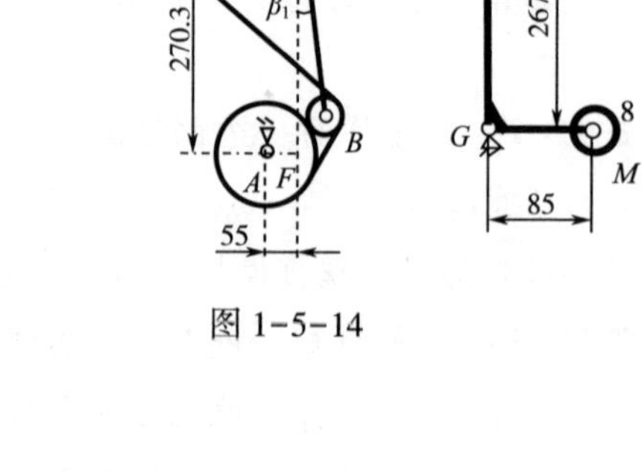

图 1-5-14

$$\beta_1 = \angle BCF = \angle BCA - \angle FCA = \arccos\frac{BC^2 + AC^2 - (R+r)^2}{2 \cdot BC \cdot AC} - 11.51^\circ$$

$$= \arccos\frac{245^2 + 275.84^2 - (R+15)^2}{2 \cdot 245 \cdot 275.84} - 11.51^\circ \tag{21}$$

$$\beta_2 = 180^\circ - 153^\circ - \beta_1 \tag{22}$$

补偿机构压簧 10 的刚度 K_6 是 1.74N/mm，弹簧原长 l_{60} 为 78mm，套在基本处于水平位置的螺杆 DE 上。布卷半径在最小时（即 R =50mm），由式（21）算得 $\beta_1 = 1.131^\circ$，$\beta_2 = 25.869^\circ$。由于 DE 杆比较长，近似把 CD 杆在水平线的投影的变化量看作弹簧 10 的变形量。假定布卷半径在最小时，弹簧长度 l_6 等于弹簧原长 l_{60}，即 $\beta_2 = 25.869^\circ$时，$l_6 = l_{60}$，则当布卷半径变化时有：

$$CD\sin 25.869^\circ - CD\sin\beta_2 = l_{60} - l_6$$

压簧 10 在 E 点给角形杠杆 EGM 的压力 P_6 是：

$$P_6 = K_6(l_{60} - l_6) = K_6 \cdot CD(\sin 25.869^\circ - \sin\beta_2) \tag{23}$$

根据杠杆原理，作用在杠杆 EGM 上 M 点的滚子上的压力 P_6' 为：

$$P_6' = \frac{267}{85} \cdot P_6 = \frac{267}{85} K_6 \cdot CD(\sin 25.869^\circ - \sin\beta_2) \tag{24}$$

P_6' 就是压在图 1-5-13 的摩擦片 4 上的补偿压力。仿照前面从 P_5 求 T_{01} 的过程，可求得 P_6' 所产生织物经向张力 T_{02}：

$$T_{02} = \frac{0.318 f_5 P_6'}{R/1000} \tag{25}$$

将式（24）代入得：

$$T_{02} = 0.318 f_5 \frac{267}{85} K_6 \cdot CD \frac{\sin 25.869^\circ - \sin\beta_2}{R/1000}$$

$$= 0.99889 f_5 K_6 \cdot CD \frac{\sin 25.869^\circ - \sin\beta_2}{R/1000} \tag{26}$$

$$\approx f_5 K_6 \cdot CD \frac{\sin 25.869^\circ - \sin\beta_2}{R/1000}$$

从式（21）、式（22）、式（26）可以看出，织物经向张力 T_{02} 与弹簧 10 的刚度 K_6、布卷半径 R 、杠杆臂长 CD 、摩擦变速器的摩擦系数 f_5 有关。必要时，可把 CD 作成滑槽式而不是现行的固定式，以调节长度，同时初始角度（ 25.869° ）也可由固定值变成可调节值。

自卷取胶辊的上压辊外侧到卷布辊之间的织物经向张力 T_0 为：

$$T_0 = T_{01} + T_{02} \tag{27}$$

图 1-5-15 所示为 T_{01}、T_{02}、T_0 与布卷半径 R 的关系图，从图中可以看出，虽然

有了补偿张力 T_{02}，随着 R 的增大，T_0 仍呈下降趋势。如果把压簧 10 的刚度 K_6 由 1.74N/mm 的压簧换成刚度为 5N/mm 的压簧，则 T_0 可以近似成为一条水平线，始终保持在 220N 左右。

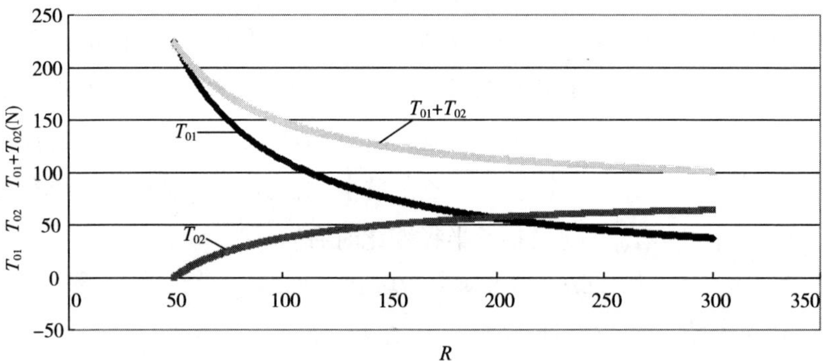

图 1-5-15　织物经向张力 T_{01}、T_{02}、$T_{01}+T_{02}$ 与布卷半径 R 的关系

所以，影响卷布辊织物经向张力 T_0 的因素主要有压簧 3 的刚度 K_5、压簧 10 的刚度 K_6、摩擦系数 f_5、布卷半径 R 以及制动带的阻力矩等。压簧 3、压簧 10 都可以作成多种规格，以适应不同的品种。应尽可以使 T_0 接近常量。

8. 卷布辊处织物经向张力 T_0 对织口最大允许织物经向张力的影响

在前面第 3 至第 6 部分中，把压辊外侧至卷布辊之间的织物经向张力当作 0 来看待进行讨论，这种情况一般仅出现在落布期间。在大多数情况下，压布辊外侧与卷布辊之间的织物经向张力 T_0 不等于 0，现在讨论 T_0 对织口处最大允许织物经向张力的影响。影响分以下三个方面：

(1) T_0 本身的影响，T_0 经过卷取胶辊包角 α_1、胸梁导布杆 α_3，若布面打滑时，张力变为 T_{51}。

$$T_{51} = T_0 e^{f_1\alpha_1}/e^{f_2\alpha_3} = T_0 e^{f_1\alpha_1 - f_2\alpha_3} \tag{28}$$

(2) 在上压布辊与卷取胶辊接触点处的正压力方向，T_0 的分力是 $T_0\cos 44.2°$（图 1-5-8）。当布在卷取胶辊上滑动时，在接触点处产生了一个摩擦力 $f_1 T_0\cos 44.2°$，该摩擦力经过卷取胶辊包角 α_1、胸梁导布杆 α_3 后，在织口产生的附加力 T_{52} 为：

$$T_{52} = f_1 T_0 \cos 44.2° e^{f_1\alpha_1 - f_2\alpha_3} = 0.717 f_1 T_0 e^{f_1\alpha_1 - f_2\alpha_3} \tag{29}$$

(3) 在下压布辊与卷取胶辊接触点处的正压力方向，T_0 的合力是 $T_0\cos(38.73° - 1.45°) + T_0\cos(\beta_3 + 1.45°)$，当布在卷取胶辊上滑动时，在接触点处产

生了一个摩擦力 $f_1T_0[\cos(38.73°-1.45°)+\cos(\beta_3+1.45°)]$，而这个力经过卷取胶辊包角 α_2、胸梁导布杆 α_3 后，在织口产生的附加力 T_{53} 为：

$$T_{53}=f_1T_0[\sin(38.73°-1.45°)+\sin(\beta_3+1.45°)]e^{f_1\alpha_2-f_2\alpha_3} \quad (30)$$

式中 β_3 按下面方法求解：

图 1-5-14 中压布杆杠杆支点 C 在织机上的绝对坐标（x_C，y_C）是（145，-344.7），压布杆圆心 B 点的绝对坐标（x_B，y_B）是（$145+245\sin\beta_1$，$-344.7-245\cos\beta_1$），下压辊圆心 N 的绝对坐标（x_N，y_N）是（-42.1，-196.9）。

$$BN=\sqrt{(x_N-x_B)^2+(y_N-y_B)^2}$$

$$BN\text{与铅垂线之间的夹角 }\beta_4=\arctan\left|\frac{x_N-x_B}{y_N-y_B}\right|$$

下压辊的半径是 39mm，压布杆的半径是 15mm，图 1-5-14 中 β_3 为：

$$\beta_3=90°+\beta_4-\arccos\frac{39+15}{BN} \quad (31)$$

前面式（21）已求出 β_1，代入式（31）可求出 β_3。

然后再将式（31）代入后可求出 T_{53}。

将式（28）~式（30）相加，得 T_5：

$$T_5=T_0e^{-f_2\alpha_3}\{e^{f_1\alpha_1}+0.717f_1e^{f_1\alpha_1}+f_1[\sin(38.73°-1.45°)+\sin(\beta_3+1.45°)]e^{f_1\alpha_2}\} \quad (32)$$

T_5 即是由卷布辊卷取张力 T_0 引起的织口处织物的最大允许经向张力的附加张力。从式（32）可知，T_5 与 T_0 成正比。T_0、T_5 的计算过程比较烦琐，故将它编成 MATLAB 程序，见表 1-5-3。程序中符号和取值都依本文叙述过的符号和数值，故此程序不须作过多解释。当程序执行到第 80 句时，便可画出 T_{01}、T_{02}、T_0 与 R 的关系图（图 1-5-15），当程序执行到第 94 句时，便可画出 T_0、T_5 与 R 的关系图［图 1-5-16（a）］。当摩擦系数 $f_1=0.261$ 时，T_5 约是 T_0 的 4 倍。T_0 最大值为 224N，T_5 最大值为 854N，随着布卷半径 R 的增大，T_0、T_5 呈减少趋势。要使 T_5 基本保持不变，可将补偿弹簧（图 1-5-14 中的 10）的刚度由 1.74N/m 调为 4.8N/m，则 T_5 基本维持在 800~850N 之间［图 1-5-16（b）］。要将 T_5 整体提高，则要增大摩擦变速器的刚度，但刚度调得过大，有可能损坏石棉摩擦片或使摩擦片过热。

表 1-5-3　T_5 与卷布辊半径 R 的程序

2	R=	50：300		%布卷半径		
4	l50=	60				
6	l5=	33				

续表

8	K5=	8.1				
10	f5=	0.25		%摩擦系数		
12	Mf4=	3.08				
14	CD=	43				
16	T01=	(0.318 * f5. * K5. * (150-15) -2. * Mf4) ./R. * 1000				
18	K6=	1.74				
20	XC=	145				
22	YC=	-344.7				
24	XN=	-42.1				
26	YN=	-197.8				
28	f1=	0.261		%摩擦系数		
30	f2=	0.18		%摩擦系数		
32	alpha1=	5.194		%摩擦包角 α_1		
34	alpha2=	3.718		%摩擦包角 α_2		
36	alpha3=	1.956		%摩擦包角 α_3		
38	r=	15		%压布杆半径		
40	BC=	245				
42	AC=	275.84				
44	beta1=	acosd ((BC.^2+AC.^2- (R+r) .^2) ./ (2 * BC. * AC)) -11.51				
46				% beta1--β1		
48	beta2=	180-153-beta1				
50	P61=	267/85 * K6. * CD. * (sind (25.869) -sind (beta2))				
52	T02=	0.318 * f5. * P61./R * 1000				
54	T0=	T01+T02				
56	XB=	XC+245 * sind (beta1)				
58	YB=	YC-245 * cosd (beta1)				
60	BN=	sqrt ((XN-XB) .^2+ (YN-YB) .^2)				
62	beta4=	atand (abs ((XN-XB) ./ (YN-YB)))				
64	beta3=	90+beta4-acosd ((39+r) ./BN)				
66	T53=	f1. * T0. * (sind (38.73-1.45) +sind (beta3+1.45)) . * exp (f1. * alpha2-f2. * alpha3)				
68	T51=	T0. * exp (f1. * alpha1-f2. * alpha3)				
70	T52=	f1. * T0. * cosd (44.2) . * exp (f1. * alpha1-f2. * alpha3)				
72	T5=	T51+T52+T53				
74	plot (R, beta3)					
76	plot (R, T01, R, T02,' --', R, T0,' -.')					
78	legend (' T01',' T02',' T0')					
80	xlabel (' 布卷半径 R')					
82	plot (R, T53, R, T5,' --')					

续表

84	legend（' T53',' T5'）				
86	xlabel（' 布卷半径 R'）				
88	［R', T0', T5'］				
90	plot（R, T0, R, T5,' --'）				
92	legend（' T0',' T5'）				
94	xlabel（' 布卷半径 R'）				

T_0 的好处是：①使布面平展，布卷密实均匀；②可提供约 0.7 倍 T_0 的分布力，把上压辊压向卷取胶辊，增加上压辊与卷取胶辊的密贴程度；③可提供 1.15～1.5 倍 T_0 的分布力，把下压辊压向卷取胶辊，增加下压辊与卷取胶辊密贴程度或减少下压辊中部的挠度；④在正常卷布织造条件下，使织口最大允许织物经向张力提高 T_5。则在正常卷布织造条件下，织口最大允许织物经向张力由落布时（即 $T_0=0$）的 T_4 提高到 T_6：

$$T_6 = T_4 + T_5 \tag{33}$$

如 $f_1=0.261$ 时，落布时织口最大允许织物经向张力 $T_4=2480$N，则在正常卷布织造条件下，织口最大允许织物经向张力 T_6 为 3335～2880N。

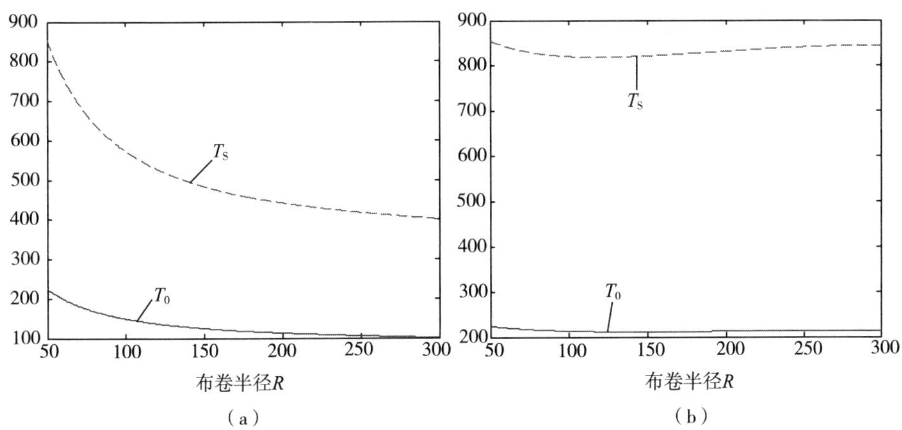

图 1-5-16

对于 190cm、230cm 幅宽的织机，织造一般性厚重织物，织机设定张力也需要达到 2000～2500N，那么机上最大经纱张力也可能达到 4000～5000N，显然，上面约 3000N 的最大允许织物经向张力是不够的。这就是即使在正常卷布织造时布面仍然打滑的原因。如果把摩擦变速器压簧和补偿压簧都用到极限，大约还可使 T_6

增加 200~320N。但还是不能满足厚重织物的织造。如果把压簧压到极限，还要再进一步拧紧调节螺帽，就把压簧圈间隙压得没有了，摩擦变速器里面的摩擦片就无法正常滑动了，有时甚至变成一个整体，就会出现啃坏卷布辊尼龙齿轮的现象。

9. 采取的措施和效果

针对打滑问题，除上面的分析和计算外，还核算了卷布辊上尼龙齿轮齿根弯曲强度和齿面接触强度，得出的结论是，从增加糙面皮摩擦系数、增加压辊刚度并制作橄榄型压布辊、卷布辊卷布的补偿弹簧 10（图 1-5-14）的刚度至少增加一倍、减小卷布辊上尼龙齿轮倒角、合理使用等方面采取措施，可以解决打滑问题。

卷取机构的任务是将织口的织物及时地“卷”而“取”走。布面在胶辊上打滑的本质是卷而不取。卷而不取又分为整个布面的卷而不取和局部的卷而不取，整个布面的卷而不取相当于卷取机构失效，织造无法进行，局部的卷而不取现象容易造成局部开车稀密路或局部云织。解决总体卷而不取的方法主要是增大糙面皮摩擦系数、增加压辊压力等，解决局部打滑措施除增大糙面皮摩擦系数、增加压辊压力外，主要是尽可能使压辊在各处的压力均匀。本部分实际讨论的问题是喷气织机卷取机构要达到对织物“卷”而“取”走目的所需要的一些条件以及延长糙面皮使用寿命的问题。

(1) 增加糙面皮摩擦系数。采用橡胶糙面皮。通过测量橡胶糙面皮与织物的摩擦系数，并按动摩擦系数计算落布时织口处最大允许织物经向张力 T_4，见表 1-5-4。对比表 1-5-2，可以看出，新橡胶糙面皮的摩擦系数是塑胶新糙面皮摩擦系数的 2 倍以上，按动摩擦系数计算，落布时，织口处允许最大织物经向张力可达到 5. 8t 以上，显然能达到织造要求。估计橡胶糙面皮用旧后，摩擦系数也能达到 0. 5 左右，落布时织口处允许最大织物经向张力也能达到约 1. 37t（T_4），而正常卷布织造时，织口处允许最大织物经向张力可高达到 1. 53t（T_6），很显然，橡胶糙面皮更能满足织造要求。而塑胶糙面皮的（摩擦系数）是 0. 261、T_4 为 2480N、T_6 为 2880N。

表 1-5-4　橡胶糙面皮的摩擦系数和 T_4

产品	项目	棉	化纤
天齐 SG6	静摩擦系数	0. 877	0. 925
天齐 SG6B		0. 83	0. 877
天齐 SG6	动摩擦系数	0. 759	0. 877
	T_4（N）	67677	135502

续表

产品	项目	棉	化纤
天齐 SG6B	动摩擦系数	0.755	0.759
	T_4（N）	58654	67677

塑胶糙面皮表面上看不出和橡胶糙面皮的区别，实际性能却差得很远。这在采购时应注意。由此可知，在外购件上确存在着一些“形似神不似”的问题。

（2）制作橄榄型压布辊。在上压辊中塞进实心铁棒（截成若干段）是切实可行的办法（特别是宽幅织机），可以保证上压辊与卷取胶辊紧密贴合，即使卷取胶辊上的糙面皮用得很薄，仍能保持紧密贴合，这样就相当于提高了橡胶糙面皮的寿命。上压辊与卷取胶辊紧密贴合的问题解决了，就可以把卷取胶辊表面用摩擦系数大的橡胶糙面皮包覆，把上、下压辊表面用摩擦系数小的塑胶糙面皮包覆，这样既保证了织口处所需的最大允许经向张力，又能降低成本。如果把上压辊管径再做大一些，再配以管内填充实心铁棒（铅棒更好），效果会更好。也可以采用阶梯轴法，制作一个阶梯轴，轴的中间直径大，长度适当，两边直径小，然后把一个内径与轴大直径相配的钢管固套在轴上，再在钢管外包覆糙面皮，组合成上压辊（类似于压浆辊的制作），显然，这样的上压辊也利于与卷取胶辊密贴。

还有两种方法可以总体增加塑胶糙面皮的使用寿命。卷取胶辊和压辊中部的糙面皮最容易磨损。一般地，一旦布面中部打滑，全机就需要更换新的糙面皮。当卷取胶辊和压辊的新糙面皮使用到中部的糙面皮磨到快打滑时，这时人为地在压辊中部缠上废布条带，使压辊中部直径变大，形成橄榄形，增加对中部布面的压力，克服布面中部的打滑现象。用砂轮人为地磨薄卷取胶辊和压辊两边的糙面皮厚度，也可增加对中部布面的压力，克服中部布面的打滑现象，延迟全机总体更换糙面皮的时间。

（3）提高补偿弹簧的刚度。使用橡胶糙面皮后，打滑问题解决了，但提高补偿弹簧的刚度仍有意义，一是稳定了卷布辊卷布张力，二可以对上下压辊产生压力，有利于上下压辊与卷取胶辊密贴。

（4）减小外购件卷布辊的尼龙齿轮倒角，相当于增加了齿面接触长度。

五、外购件质量问题举例

要重视外购件的品质、性能而不只是外形。即使是公认的质量好的公司产品，外购件有时也会出现问题。

之前有一次，值车工说织机综丝质量有问题，当时那批 ZA203 织机是最新到的一批喷气织机，才投入使用约 6 个月。于是对机上的综丝进行了三天的调查，既调查了这批新织机综丝的磨损情况，也调查了老喷气织机综丝的磨损情况。新织机综丝的磨损主要是综眼磨损，综眼下方的磨损情况如图 1-5-17（a）所示的凹槽，纱线嵌入凹槽中容易磨损刮毛纱线，综眼上方也有磨损。而原来的老喷气织机综丝大多数没有磨损，即使用了三四年的老综丝也只是磨损了综眼边角，磨痕如图 1-5-17（b）所示（图中画出了一个角），仍可使用。另外，新织机综丝的综耳处也容易断。

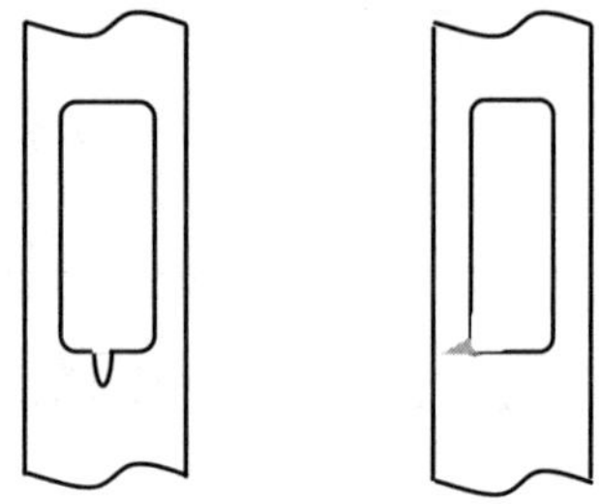

（a）　　（b）

图 1-5-17　综眼磨损情况示意图

第六节　织轴轴芯及边盘受力计算

本节分析并计算织轴、经轴轴芯及边盘受力大小，为设计织轴、经轴轴芯和边盘提供基础，也为分析勒纱轴勒纱原因提供依据。并分析了一种另类勒纱轴产生的原因，给出了解决方法。该分析方法也可用于滑坡、滑沙及颗粒性物质储存仓库的墙壁受力计算。下面以织轴为例计算，对经轴的算法完全相同。

一、织轴上的经纱对轴芯的压力

设织轴上各根经纱的张力都相等且在整个卷绕过程中每根纱前后张力不变。将织轴纱层看作同心圆筒组成的圆柱体。在这个圆柱体纱层上任取一中心半径为 r、厚度为 Δr 、轴向长度为 1mm 的圆环，这个圆环的截面积为 $\Delta r \cdot 1$，纱线束的拉应力为 σ_L（kgf/mm²），则圆环截面积上经纱的拉力 $f_L = \sigma_L \Delta r \cdot 1$，取半个圆环作为分离体，半个圆环的两端作用力为 f_L ，里层经纱对圆环的支撑应力为 σ_P ，方向为径向，如图 1-6-1 所示。支撑力微元为 $r\mathrm{d}\theta \cdot 1 \cdot \sigma_P$ ，其中圆环内圆弧上的微元面积为 $r\mathrm{d}\theta \cdot 1$。列出力的平衡方程：

$$2f_L = \int_0^{\pi} \sigma_P \sin\theta \cdot r \cdot 1 \cdot \mathrm{d}\theta = -\sigma_P(\cos\pi - \cos 0) \cdot r \cdot 1 = 2\sigma_P \cdot r \cdot 1$$

即

$$2\sigma_L \Delta r \cdot 1 = 2\sigma_P \cdot r \cdot 1$$

$$\sigma_P = \frac{\Delta r}{r}\sigma_L \tag{1}$$

这里纱线束的拉应力是已知条件，可由单根经纱张力计算出，而单根经纱张力则可从浆纱机卷绕张力读数上间接读出或测量出。

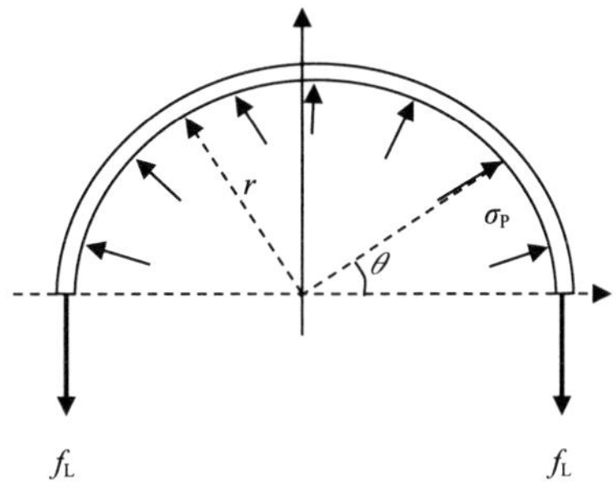

图 1-6-1　纱线受力分析图

内层经纱对圆环经纱的支撑应力 σ_P 和圆环经纱对内层经纱的压应力 σ_P' 大小相等，方向相反。

故在数值上有：

$$\sigma_P' = \sigma_P = \frac{\Delta r}{r}\sigma_L \tag{2}$$

如果圆环的宽度为 L，周长为 $2\pi r$，内圆周面积为 $2\pi r \cdot L$，圆环经纱对里层经纱的压力

$$p = 2\pi r \cdot L \cdot \sigma_P' = 2\pi \cdot L \cdot \Delta r \sigma_L$$

织轴轴芯所受的总压力

$$P_{总} = \int_{R_0}^{R_{max}} 2\pi L \sigma_L \mathrm{d}r = 2\pi L \sigma_L (R_{max} - R_0) \tag{3}$$

式中：L 为织轴宽度（mm）；R_{max}，R_0 分别为织轴绕纱半径和织轴轴芯半径（mm）

织轴轴芯受压面积为 $2\pi R_0 L$，织轴轴芯所受的压强 σ_{P0}' 为：

$$\sigma_{P0}' = \frac{P_{总}}{2\pi R_0 L} = \frac{R_{max} - R_0}{R_0}\sigma_L \tag{4}$$

从式（4）可知，织轴轴芯所受的压强与织轴上的纱层总厚度（$R_{max} - R_0$）和纱线束的拉应力 σ_L 成正比，与织轴轴芯半径 R_0 成反比。而纱线束的拉应力 σ_L 又与浆纱单纱张力有关。

对于任一半径 R 处的纱层，它受到的压强 σ_{PR}' 为：

$$\sigma_{PR}' = \frac{R_{max} - R}{R}\sigma_L \tag{4a}$$

纱线束的拉应力 σ_L 为：

$$\sigma_L(\text{kgf/mm}^2) = \frac{n \cdot f_0}{1000} = \frac{\text{织轴绕纱密度(g/cm}^3)}{\text{纱线线密度(tex)}} \times \text{浆纱单纱张力(gf)} \tag{5}$$

式中：f_0 为浆纱单根张力（gf）；n 为织轴中与周向垂直的截面上 1mm^2 面积中的纱线根数。

注意：这里说的织轴绕纱密度不含浆料质量，可由总经根数、浆纱长度、织轴绕纱体积轻易算得。浆纱单纱张力（gf）可从浆纱机上读出或测出。

例1：经纱为14.5tex，经纱卷绕密度为0.46g/m^3，单纱浆纱卷绕张力f_0为20gf，织轴轴芯半径为90mm，经纱卷绕半径为390mm，两盘片内间距为1800mm，求织轴轴芯轴向每毫米所受的压力P_1，轴芯表面的压强σ_{P0}'以及轴芯所受的总压力$P_{总}$。

解：纱线束的拉应力$\sigma_L = \dfrac{0.46}{14.5} \times 20 = 0.6345(\text{kgf/mm}^2)$

织轴轴芯轴向每毫米所受到的纱线压力：

$$P_1 = 2\pi\sigma_L(R_{max} - R_0) = 2 \times 3.1416 \times 0.6345 \times (390 - 90) = 1196(\text{kgf})$$

织轴轴芯表面所受到的纱线压强：

$$\begin{aligned}\sigma_{P0}' &= \frac{p_1}{2\pi R_0}\\ &= \frac{1196}{2 \times 3.1416 \times 90}\\ &= 2.115(\text{kgf/mm}^2) = 211.5(\text{kgf/cm}^2)\end{aligned}$$

$$\begin{aligned}P_{总} &= 2\pi\sigma_L(R - R_0)L = 2 \times 3.1416 \times 0.6345 \times (390 - 90) \times 1800\\ &= 2152812(\text{kgf}) = 2152.8(\text{t})\end{aligned}$$

此织轴绕纱重量约为370kgf，而由经纱卷绕张力引起的对轴芯的压力却为2150多吨，远大于经纱重量。所以在计算由经纱卷绕张力引起的对轴芯和对边盘的向心压力时，可忽略经纱自身重量。同样对勒纱轴进行分析时，主要考虑的也是向心压力。

二、织轴边盘受力计算

1. 斜面模型

为了说明织轴边盘受力的模型，先分析斜面上滑块的静止条件。将一重量为mg的滑块放在摩擦系数为f的斜面上，mg可分解为正压力N和使滑块下滑的力F_1两个力，摩擦力F_2则是阻碍物体mg沿斜面下滑的力，$F_2 = fN = fmg\cos\alpha$，则物体受力如图1-6-2所示。

$$\begin{cases}N = mg\cos\alpha & (6)\\ F = F_1 - F_2 = mg\sin\alpha - fmg\cos\alpha & (7)\end{cases}$$

当$F = 0$时，mg处于运动与静止的临界状态。从式（7）可知，$F = 0$，也就是$\tan\alpha = f$。此时的α称为摩擦角，记为α_0。

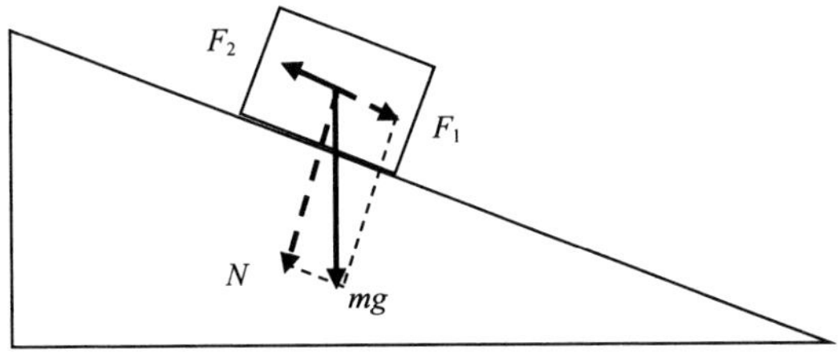

图 1-6-2　斜面上物体摩擦受力图

当 $\tan\alpha < f$，也就是 $\alpha < \alpha_0$ 时，mg 处于静止状态。

若物体开始处于静止状态，从式（7）可知，只有 $F > 0$，也就是 $\tan\alpha > f$，或 $\alpha > \alpha_0$ 时，才有可能使 mg 沿斜面下滑。

在 $\alpha > \alpha_0$ 时，mg 下滑，若在物体上施加一个水平方向的力 F_3 阻止物体下滑（图 1-6-3），将这个水平力 F_3 分解到斜面方向和斜面的垂直方向，得 F_5、F_4：

$$\begin{cases} F_4 = F_3\sin\alpha & (8) \\ F_5 = -F_3\cos\alpha & (9) \end{cases}$$

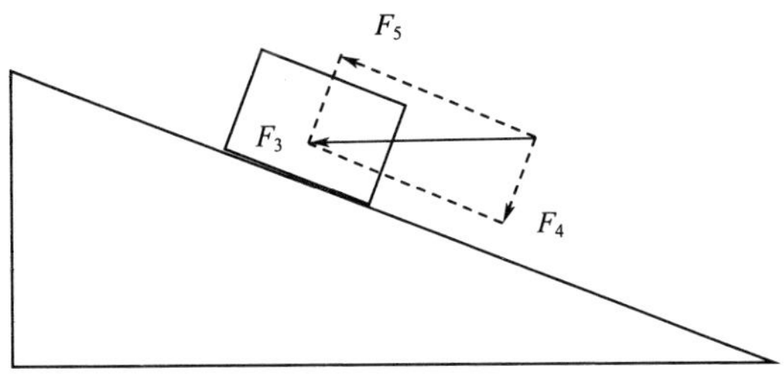

图 1-6-3　物体上添加一个水平方向的力及它在斜面和斜面的垂直方向的分力

将图 1-6-3 上的力 F_5、F_4 叠加到图 1-6-2 上。先看斜面的垂直方向，叠加前，物体对斜面的正压力为 N，叠加后的正压力为 N'：

$$N' = N + F_4 = mg\cos\alpha + F_3\sin\alpha \tag{10}$$

由于正压力变化，摩擦力也随着变化。叠加前摩擦力为 F_2，叠加后摩擦力为 F_2'，在斜面方向，物体上受的合力 F' 变为：

$$\begin{aligned} F' &= F_1 - F_2' + F_5 = F_1 - fN' + F_5 \\ &= mg\sin\alpha - f(mg\cos\alpha + F_3\sin\alpha) - F_3\cos\alpha \end{aligned} \tag{11}$$

要使物体不下滑，应使 $F' \leqslant 0$，即

$$mg\sin\alpha - f(mg\cos\alpha + F_3\sin\alpha) - F_3\cos\alpha \leqslant 0 \tag{12}$$

$$F_3 \geqslant \frac{mg\sin\alpha - fmg\cos\alpha}{f\sin\alpha + \cos\alpha} = mg\frac{\sin\alpha - f\cos\alpha}{f\sin\alpha + \cos\alpha} \tag{13}$$

2. 织轴边盘受力的初步表达式

织轴上经纱的情况见图 1-6-4，可以把织轴上经纱以角 α（$\alpha_0 \leqslant \alpha \leqslant \pi/2$）为虚拟的分界线，把经纱分成两部分。把 α 分成的面看成一个斜面，把织轴上灰影部分的经纱产生的向心压力（向着织轴轴心的方向的压力）看作图 1-6-2 和式（13）中的 mg，不同的是，图 1-6-2 和式（13）中的 mg 是固定值，是常量，而灰影部分的经纱产生的向心压力随着 α 角的变化而变化，是变量。把织轴的边盘对灰影部分经纱的水平压力可以看作图 1-6-3 和式（13）中的 F_3，不同的是，F_3 是单个力，而织轴边盘对经纱的水平压力是分布力。需要说明的是，经纱的重量与经纱的向心压力相比是一个很小的值，可忽略不计。

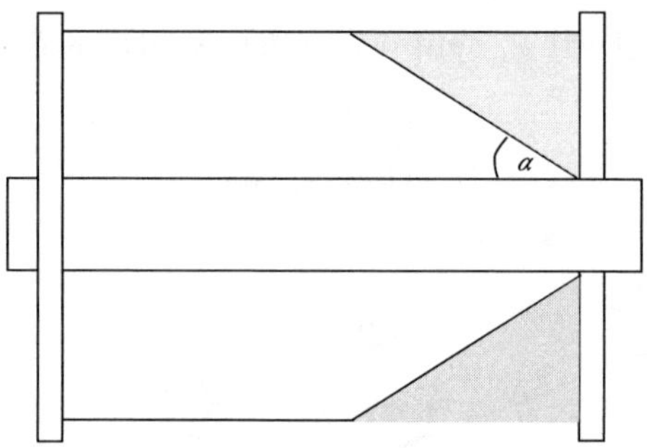

图 1-6-4　织轴上相当于图 1-6-2 中 mg 的经纱压力（由灰影部分经纱引起的向心压力）和图 1-6-3 中的水平推力（由边盘引起，边盘相当于水平推力）

织轴上经纱和经纱之间也有摩擦系数，故当 α 小于摩擦角 α_0 的那部分经纱是静止的，不会向侧面滑动或不会沿斜面滑动。

现在计算灰影部分的向心压力值。

斜面的特点是各处的半径都不一样，对于任一半径 R 处的纱层，它受到的压强 σ_{PR}' 为：

$$\sigma_{PR}' = \frac{R_{max} - R}{R}\sigma_L \tag{4a}$$

R 处的圆周长为 $2\pi R$，$2\pi R$ 与 σ_{PR}' 的乘积是环圆周的压强，它表示在半径 R 处，轴向 1mm 宽的纱带，全圆周受到的总压力。把它记为 $\sigma_{PR周}'$：

$$\sigma_{PR周}' = 2\pi R\sigma_{PR}' = 2\pi(R_{max} - R)\sigma_L$$

把斜面上灰影部分纱线对织轴轴心的总压力记为 P_α，则压力微元 $dP_\alpha = \sigma_{PR周}{}' dL_1$，$dL_1$ 为轴向微元长度，$dL_1 = dR\cot\alpha$（图 1-6-5）。

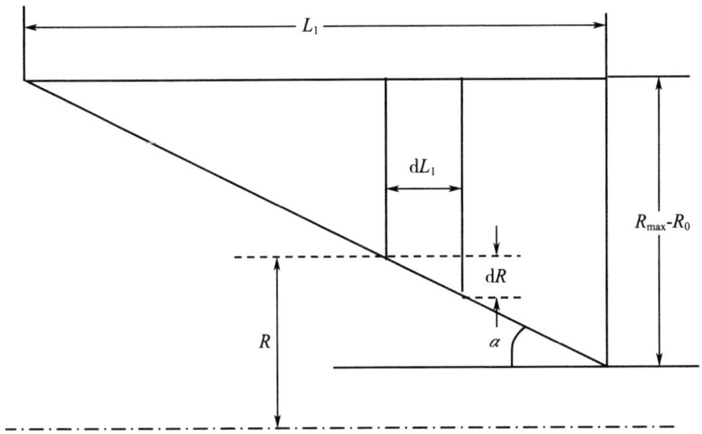

图 1-6-5　斜面上向心压力（径向，向着织轴轴心）计算示意图

$$dP_\alpha = \sigma_{PR周}{}' dL_1 = 2\pi(R_{max} - R)\sigma_L \cot\alpha dR$$

$$P_\alpha = \int_{R_0}^{R_{max}} 2\pi(R_{max} - R)\sigma_L \cot\alpha dR = 2\pi\sigma_L \cot\alpha \int_{R_0}^{R_{max}} (R_{max} - R)\, dR$$

$$= 2\pi\sigma_L \cot\alpha \left(R_{max}R - \frac{1}{2}R^2\right)\Bigg|_{R_0}^{R_{max}} = \pi\sigma_L \cot\alpha (R_{max} - R_0)^2$$

这里的 P_α 相当于图 1-6-2 中的 mg。

至于织轴边盘对灰影部分经纱的水平作用力，虽然是分布力，但可把它当作合力处理，合力值记为 $F_3{}'$，在式（6）~（13）中也当作 F_3 看待，$F_3{}'$ 分解到斜面方向和斜面的垂直方向的力仍记为 F_5、F_4，同时以 P_α 代替 mg，这样求 $F_3{}'$ 的过程就与式（6）~（13）的推导过程完全一致。结论式（13）就可改写为：

$$F_3{}' \geqslant P_\alpha \frac{\sin\alpha - f\cos\alpha}{f\sin\alpha + \cos\alpha}$$

$$= \pi(R_{max} - R_0)^2 \sigma_L \cot\alpha \frac{\sin\alpha - f\cos\alpha}{f\sin\alpha + \cos\alpha} \tag{13a}$$

$$= \pi(R_{max} - R_0)^2 \sigma_L \frac{\sin\alpha\cos\alpha - f\cos^2\alpha}{f\sin^2\alpha + \sin\alpha\cos\alpha}$$

令

$$\beta = \frac{\sin\alpha\cos\alpha - f\cos^2\alpha}{f\sin^2\alpha + \sin\alpha\cos\alpha} \tag{14}$$

$$F_3{}' \geqslant \pi(R_{max} - R_0)^2 \sigma_L \cdot \beta \tag{13b}$$

式（13a）就是织轴边盘所受的力。
式中 α 的取值范围是 $\alpha_0 \leqslant \alpha \leqslant \pi/2$，$\alpha_0 = \arctan f$。

3. 织轴边盘最大受力的表达式

在式（13a）（13b）（14）的表达式中，当 α 变化时，$F_3{}'$ 值也不同，所以必须找出最大的 $F_3{}'$ 值。求最大的 $F_3{}'$ 值的方法是先把式（13a）的“≥”改写成等号，求出 $F_3{}'$ 对 α 的导数，然后再令这个导数为 0，求出 $F_3{}'$ 取得极值时的 α，再判断极值是否最大值。

把式（13a）的“≥”写成等号，变成式（13c）：

$$F_3{}' = \pi(R_{max} - R_0)^2\sigma_L \cdot \beta$$

$$= \pi(R_{max} - R_0)^2\sigma_L \frac{\sin\alpha\cos\alpha - f\cos^2\alpha}{f\sin^2\alpha + \sin\alpha\cos\alpha} \tag{13c}$$

$F_3{}'$ 对 α 的导数是：

$$\frac{dF_3{}'}{d\alpha} = \pi(R_{max} - R_0)^2\sigma_L \cdot \frac{d\beta}{d\alpha} = \frac{\pi(R_{max} - R_0)^2\sigma_L}{(f\sin^2\alpha + \sin\alpha\cos\alpha)^2} \times (\cos^2\alpha - \sin^2\alpha + 2f\sin\alpha\cos\alpha)\left[f(\sin^2\alpha - \cos^2\alpha) + 2\sin\alpha\cos\alpha\right]$$

令 $\frac{dF_3{}'}{d\alpha} = 0$，得：

$$\begin{cases} f(\sin^2\alpha - \cos^2\alpha) + 2\sin\alpha\cos\alpha = 0 & (15) \\ \cos^2\alpha - \sin^2\alpha + 2f\sin\alpha\cos\alpha = 0 & (16) \end{cases}$$

从式（15）解得：

$$-f(\cos^2\alpha - \sin^2\alpha) + 2\sin\alpha\cos\alpha = 0$$

$$f(\cos^2\alpha - \sin^2\alpha) = 2\sin\alpha\cos\alpha$$

运用三角函数倍角公式，得：

$$\tan 2\alpha = f$$

$$\alpha = \frac{\arctan f}{2} = \frac{\alpha_0}{2}$$

α 的取值范围是 $\alpha_0 \leqslant \alpha \leqslant \pi/2$，显然 $\alpha = \alpha_0/2$ 不符合实际问题，故此解舍去。
从式（16）解得：

$$\cos^2\alpha - \sin^2\alpha + 2f\sin\alpha\cos\alpha = 0$$

$$\cos 2\alpha + f\sin 2\alpha = 0$$

$$\cos 2\alpha = -f\sin 2\alpha$$

$$-\frac{1}{f} = \tan 2\alpha$$

这有两种可能性：

$$①\ -\frac{1}{f}=\tan 2\alpha$$

$$②\ -\frac{1}{f}=\tan(2\alpha-\pi)$$

对于第①种可能性：

$$2\alpha=\arctan\left(-\frac{1}{f}\right)$$

因为 $f>0$，所以 $-\frac{1}{f}<0$，推得 $\alpha<0$，但这与本题不符，故此解舍去。

对于第②种可能性：

首先说明第②种可能性是存在的。α 的取值范围是 $\alpha_0\leqslant\alpha\leqslant\pi/2$，则 α 的取值范围是 $2\alpha_0\leqslant 2\alpha\leqslant\pi$，当 $\pi/2<2\alpha<\pi$ 时，$\tan 2\alpha<0$，而 $\tan 2\alpha$ 是以 π 为周期的函数，所以，$\tan 2\alpha=\tan(2\alpha-\pi)$，而 $-\frac{1}{f}<0$，$\tan(2\alpha-\pi)$ 又是可以小于 0 的，故 $-\frac{1}{f}=\tan(2\alpha-\pi)$ 存在。这样就保证了 α 的取值范围是在 $\alpha_0\leqslant\alpha\leqslant\pi/2$ 区间。

$$2\alpha-\pi=\arctan\left(-\frac{1}{f}\right)$$

$$\alpha=\pi/2+\arctan\left(-\frac{1}{f}\right)/2=\pi/2+\operatorname{arccot}(-f)/2 \tag{17}$$

经验证，式（16）符合 F_3' 最大值条件。即当 α 按式（17）取值时，织轴边盘需要的推力值 F_3' 为最大。为明显起见，把式（17）得到的 α 记为 $\alpha_{极}$，把与 $\alpha_{极}$ 对应的 β 记为 $\beta_{极大}$，把与 $\alpha_{极}$ 对应的 F_3' 记为 $F'_{3极大}$。反过来问题可表述为，织轴边盘按 $F'_{3极大}$ 设计后，对于 α 在任何角度的经纱产生的推力值，织轴边盘都能有效承担。

$$\alpha_{极}=\pi/2+[\arctan(-1/f)]/2=\pi/2+[\operatorname{arccot}(-f)]/2 \tag{17a}$$

$$\beta_{极大}=\frac{\sin\alpha_{极}\cos\alpha_{极}-f\cos^2\alpha_{极}}{f\sin^2\alpha_{极}+\sin\alpha_{极}\cos\alpha_{极}} \tag{14a}$$

$$F'_{3极大}=\pi(R_{max}-R_0)^2\sigma_L\cdot\beta_{极大} \tag{13d}$$

在式(13d)中，把 R_{max} 视为变量，求 F_3' 对 R_{max} 的导数，得：

$$\frac{dF'_{3极大}}{dR_{max}}=2\pi(R_{max}-R_0)\sigma_L\cdot\beta_{极大}=\sigma'_{边-PR0周} \tag{18}$$

$\frac{dF'_{3极大}}{dR_{max}}$ 表示织轴边盘 R_0 处，$dR=1mm$，圆周长为 $2\pi R_0$，所围成面积的受到灰

影部分经纱的总压力，所以把它记为$\sigma'_{边-PR0周}$。

若把$\sigma'_{边PR周}$再除以$2\pi R_0$，就得到织轴边盘R_0处的压强$\sigma'_{边-P0}$，并由式(4)得：

$$\sigma'_{边-P0} = \frac{\sigma'_{边-PR0周}}{2\pi R_0} = \frac{(R_{max} - R_0)\sigma_L}{R_0} \cdot \beta_{极大} = \beta_{极大}\sigma'_{P0} \tag{19}$$

边盘任一半径R处的压强为$\sigma'_{边-P}$，并由式(4a)得：

$$\sigma'_{边-PR} = \frac{(R_{max} - R)\sigma_L}{R} \cdot \beta_{极大} = \beta_{极大}\sigma'_{PR} \tag{19a}$$

式（19）和式（19a）可表述为：经纱对织轴边盘的压强等于经纱对同一半径处的下层经纱或织轴轴芯的压强再乘以系数$\beta_{极大}$。

下面讨论系数β。β与系数α的关系前面已讨论过，现在主要讨论β与经纱之间的摩擦系数f的关系。在式（14）中，首先应注意到，当$f=0$时，$\beta=1$，且与α无关。与α无关就是β与方向无关，即在同一点R处，经纱对下层经纱或侧面经纱，或对侧面的织轴边盘的压强都相等。$f=0$就相当于液体的情况。液体中任一点的压强与它的方向无关，就是说液体中同一点处不同方向的压强都相等。

对于不同的摩擦系数，根据式（17a）算出对边盘挤压力最大时的角$\alpha_{极}$，然后由式（14a）计算出$\beta_{极大}$。

部分计算结果列于表1-6-1。从表1-6-1知，摩擦系数$f=0$时，$\beta_{极大}$为1；摩擦系数f增大，$\alpha_{极}$单调增大，但$\beta_{极大}$则单调减小；当$f=2.4$时，$\beta_{极大}=0.04$，当f进一步增大时，$\beta_{极大}$会变得很小，但从理论上看，$\beta_{极大}$只会接近于0，而不会等于0。

表1-6-1　$\alpha_{极}$、$\beta_{极大}$与摩擦系数关系表

f	$\alpha_{极}$	$\beta_{极大}$	f	$\alpha_{极}$	$\beta_{极大}$
0.02	0.795397	0.960792	0.22	0.893673	0.646278
0.04	0.805388	0.923136	0.24	0.903171	0.62157
0.06	0.815362	0.886984	0.26	0.912582	0.597911
0.08	0.825313	0.852289	0.28	0.921903	0.575262
0.10	0.835232	0.819002	0.30	0.931127	0.553582
0.12	0.845113	0.787078	0.32	0.94025	0.53283
0.14	0.854946	0.756469	0.34	0.949267	0.512971
0.16	0.864726	0.72713	0.36	0.958176	0.493965
0.18	0.874445	0.699014	0.38	0.966972	0.475778
0.20	0.884096	0.672078	0.40	0.975651	0.458374

例 2：在例 1 的条件下，计算织轴单个边盘所承受的最大挤压力。设经纱与经纱之间的摩擦系数是 0.5。

解：例 1 中已算得，经纱束拉应力 $\sigma_L = \dfrac{0.46}{14.5} \times 20 = 0.6345(\mathrm{kgf/mm^2})$

织轴轴芯表面所受到的纱线压强 σ'_{P0}：

$\sigma'_{P0} = 2.115(\mathrm{kgf/mm^2}) = 211.5(\mathrm{kgf/cm^2})$

从本题知 $f=0.5$，代入式（17）得：

$$\alpha_{极} = \pi/2 + \arctan(-1/f) = \pi/2 + \arctan(-1/0.5)$$
$$= 1.0172(\mathrm{rad}) = 58.28°$$

将 $\alpha_{极}$ 代入（14a）式，算出 $\beta_{极大}$：

$$\beta_{极大} = \frac{\sin58.28°\cos58.28° - f\cos^2 58.28°}{f\sin^2 58.28° + \sin58.28°\cos58.28°} = 0.382$$

将 $\beta_{极大}$ 代入式（19），求出 R_0 处（即织轴轴芯处）经纱对边盘的挤压压强：

$$\sigma'_{边—P0} = \beta\sigma'_{P0} = 0.382 \times 2.115$$
$$= 0.8079\mathrm{kgf/mm^2} = 80.59\mathrm{kgf/cm^2}$$

织轴边盘所受到的最大挤压力 $F'_{3极大}$

$$F'_{3极大} = \pi(R_{max} - R_0)^2 \sigma_L \cdot \beta_{极大}$$
$$= 3.1416 \times (390 - 90)2 \times 0.6345 \times 0.382$$
$$= 68531(\mathrm{kgf}) = 68.53(\mathrm{t})$$

棉纱上有毛羽，毛羽相互穿插，有使经纱结块效应，实际值估计要小于此计算值。

例 3：经纱为 75dtex 涤纶复丝，并轴经丝卷绕密度为 0.97g/cm^3，单纱浆纱张力 f_0 为 14gf，织轴轴芯半径为 90mm，经纱卷绕直径为 390mm，两盘片内间距为 1800mm，经纱摩擦系数估计约为 0.25（考虑到涤纶复丝是圆形的，表面光洁无毛羽，有一定滚动作用），求轴芯表面的压强 σ'_{P0}，织轴轴芯轴向每毫米所受的压力 P_1，以及轴芯所受的总压力 $P_{总}$，织轴轴芯 R_0 处边盘所受的压强 $\sigma'_{边-P0}$，

解：纱线束的拉应力

$$\sigma_L = \frac{0.97}{7.5} \times 14 = 1.81(\mathrm{kgf/mm^2})$$

$$\alpha_{极} = \pi/2 + \arctan(-1/f) = \pi/2 + \arctan(-1/0.25)$$
$$= 0.9079(\mathrm{rad}) = 52.02°$$

$$\beta_{极大} = \frac{\sin52.02°\cos52.02° - f\cos^2 52.02°}{f\sin^2 52.02° + \sin52.02°\cos52.02°} = 0.6096$$

织轴轴芯 R_0 处的压强 σ'_{P0}（也就是该处经纱受到的压强）：

$$\sigma'_{P0} = \frac{P_{总}}{2\pi R_0 L} = \frac{R_{max} - R_0}{R_0}\sigma_L = \frac{390 - 90}{90} \times 1.81$$

$$= 6.033(kgf/mm^2) = 603.3(kgf/cm^2)$$

$$P_{总} = 2\pi\sigma_L(R - R_0)L = 2 \times 3.1416 \times 1.81 \times (390 - 90) \times 1800$$

$$= 6141200(kgf) = 6141.2(t)$$

从式（19）计算织轴轴芯 R_0 处边盘所受的压强 $\sigma'_{边-P0}$

$$\sigma'_{边-P0} = \sigma'_{P0} \cdot \beta_{极大} = 6.033 \times 0.6096$$

$$= 3.678(kgf/mm^2) = 367.8(kgf/cm^2)$$

织轴单个边盘受到的总压力：

$$F_{3极大}' = \pi(R_{max} - R_0)^2\sigma_L \cdot \beta_{极大}$$

$$= 3.1416 \times (390 - 90)2 \times 1.81 \times 0.6096 = 311973(kgf) = 311.973(t)$$

由例 3 和例 1 计算结果知，织轴轴芯 R_0 处的压强 σ'_{P0}（即该处经纱受到的压强）：

T/C14.5tex 棉纱为 211.5kgf/cm^2，7.5tex 涤纶丝为 603.3kgf/cm^2，首先可以感受到这两值都很大，相当于最里层的经纱承受约 210 个或近 600 个大气压，涤纶丝经纱受到的最大压强约为棉纱的 3 倍。但实际的力要小于计算值。第一个原因，经纱受力后会产生部分塑性变形或缓弹性变形，使张力降低，但浆纱（短纤维）或并轴（长丝）张力仍属于处于弹性范围的小张力，不像大张力时塑性变形或缓弹性变形占的比例大，另外锦纶涤纶长丝由于弹性好，塑性变形或缓弹性变形占的比例会更小些；第二个原因，织轴上的经纱受压缩后绕纱半径会变小些，特别是最内层经纱，如菊花芯现象。由于以上两点，虽棉纱或涤纶丝受到的最大压强都会降低，但降低后的最大压强涤纶丝应是棉纱的 3 倍甚至 4 倍以上。可以看到，锦纶长丝或涤纶长丝疵点轴放得时间长后，内部的经丝甚至被挤压粘在一起，无法拉出处理，只好用斩刀把纤维块斩断拉出。虽然提倡大卷装，对于长丝类经纱，也不应有过大的卷装。若希望更大的卷装，应把轴芯半径加大，以减小最大压强。

由例 2 和例 3 的计算结果可知，14.5tex 棉纱织轴边盘受到的水平挤压力为 68.53t，7.5tex 涤纶丝则为 311.97t，约为棉纱的 4.5 倍。这两个力都比较大，但实际的力要小于计算值，除上面介绍的两个原因外，对于短纤维纱，还有第三个原因：短纤维纱的纱上有毛羽，毛羽相互穿插，会使经纱产生结块效应，比如，对于棉纤维织轴，有时织轴盘片脱离开经纱几毫米的距离后，只要没有振动，原来紧靠着织轴盘片的经纱堆体形成一个崖面（从接近表层的经纱堆体看），从外表面看，大多数经纱都不会塌进这个缝隙中去。但对于长丝经丝织轴，织轴盘片承受的水平挤压力仍会很大，因此，喷水织机的织轴盘片要比喷气织机的织轴盘片做得结实得多。有的企业用喷气织机织轴盘头卷绕长丝，织造长丝作经、棉纱作纬的织物，可以看到喷气织机的织轴盘片会产生被挤压变形或裂缝现象。

三、一种另类的勒纱轴

作者和两同事曾写文章，介绍过勒纱轴产生的原因和解决措施[1]。此处再介绍一种另类的勒纱轴。喷气织机织轴盘片与轴芯的固定是通过盘片内孔的母螺纹与轴芯圆柱面上的螺纹拧在一起的，根据钢筘幅宽的不同，引纬出口侧的盘片转动至轴芯上的要求位置。当把盘片转动至要求的位置后，就必须将盘片固定起来，固定方法是，在出口侧的盘片外侧，还有一个铝合金圈，圈的内孔也有母螺纹，可像盘片一样拧在轴芯上，但铝合金圈和盘片外侧之间空出一段距离，铝合金圈的侧面打有四个透孔，盘片的侧面则打有四个螺丝孔，把四个长螺栓穿过铝合金圈侧面的四个透孔固定在盘片侧面螺孔内，拧紧，就固定住了出口侧盘片。纬纱入口的盘片也是通过母螺纹固定在轴芯上。但入口侧有传动大齿轮，大齿轮侧面有八个透孔，四个在内圈，四个在外圈。固定入口侧盘片的方法是：用四个螺栓穿过大齿轮外圈的四个透孔，拧紧在入口侧盘片外侧的四个螺孔内，再有四个螺钉穿过大齿轮内圈的四个透孔，拧紧在轴芯侧面的四个螺孔内，这样就把盘片、传动齿轮、轴芯固定在一起。盘片内孔螺纹，无论入口侧或出口侧都是右旋螺纹。轴芯表面的螺纹与盘片内孔螺纹咬合在一起，无论入口侧或出口侧，当然都是右旋螺纹。

此处介绍的这种勒纱轴，是由出口侧盘片的固定螺栓未拧紧或松动造成的，导致轴芯上的盘片脱开经纱层堆体 1mm 或几毫米，中间形成一道窄缝，经纱最终掉进或勒进这道窄缝而形成勒纱轴。入口侧也有这种情况，原因是本应穿过大齿轮内圈四个透孔固定在轴芯侧面的螺丝一个也未安装，结果形成了窄缝。

出口侧盘片的固定螺栓未拧紧或松动而使盘片稍微转动形成盘片与经纱层堆体之间形成一条缝的原因：一是由于振动，二是由于经纱层堆体有扭力。前面分析并计算了经纱对盘片的水平压力。实际上经纱对盘片还有扭转力。纱线的卷绕是有张力的，从出口侧看，卷绕张力的方向是顺时针方向，而且整个轴从头到尾都是顺时针方向卷绕。假定轴芯处的纱线不能动，在纱线浆纱结束，进行蠕变的过程中，纱线实际储存了很大的反时针方向的扭矩，而边部的纱线层堆体又紧靠着盘片，故对盘片有很大的反时针方向的扭力，当固定螺栓未拧紧或松动时，这种扭力使盘片按右螺旋螺丝方向旋转。刚好盘片是右旋螺纹，盘片就脱开了，由于外层经纱的巨大压力，靠近最内层的经纱有菊花芯现象，当盘片稍脱开后，菊花芯和菊花芯稍上的经纱因为重压得到部分释放，会外凸继续顶在盘片上，同时它们反时针方向的扭力进一步释放，使盘片与经纱层堆体的缝隙会再扩大。由于经纱伸长很小，能回缩的量很小，故一般缝隙只会有一到几毫米。这就是出口侧盘片脱开的机理。如果出口侧盘片是左螺旋螺纹，即使固定螺栓未拧紧或松动，也不会使盘片脱离，反会使盘片与边部经纱层堆体靠得更紧密，除非振动很厉害，才有可能使盘头脱开。

入口侧盘片在未安装四个内圈螺栓情况下脱开的机理显然与出口侧不同。入口侧盘片也是右旋螺纹，纱线储存的很大的反时针方向的扭矩恰能使盘片与经纱贴得更紧密。入口侧传动大齿轮与盘片形成一个很大的转动惯量，送经过程又是一会儿正转，一会儿反转，再加上振动的巨大冲击力，转动惯量大则冲击力大，这才是入口侧盘片脱开的最重要原因。说明入口侧在四个内圈螺栓未安装时，即使入口侧做成右旋螺纹也很难防止出现此种勒纱轴。所以说入口侧必须安装并拧紧螺栓，轴芯入口侧制作成左旋或右旋螺纹关系不大。

这种另类的勒纱轴，直接原因是工作疏忽所致，产生的概率很小。勒纱轴的危害是，经纱掉进或勒进缝隙内，织造很困难或无法织造，只好割轴后拉出部分经纱再织造，在再织造过程中边拉纱边织造，布机效率很低，产品几乎都是狭幅（窄幅）疵布。

因此，为了防止产生这种另类的勒纱轴，首先要避免工作疏忽，按规定安装好或上紧固定螺丝。出口侧盘片做成左旋螺纹有利于防止这种勒纱轴。为制作和使用方便起见，轴芯表面螺纹（盘片内孔螺纹）应统一制作成左旋螺纹，而不是现在普遍采用的右旋螺纹。

第二章　引纬问题

第一节　辅喷咀几何喷射中心与异型筘位置的关系

分析异型筘中的气流流动，最好是建立一个能固定在异型筘上的坐标系（直角坐标系），这样便于分析辅喷咀气流与筘槽的关系。当钢筘摆动时，坐标系内筘槽、辅喷咀相对位置却不变。这样的坐标系相当于当筘座转到筘面处于竖直面上时，X 为纬向（垂直于纸面，方向指向纸面内，也即方向是从入口侧指向出口侧），Y 轴为竖向，Z 轴在筘座上为从后向前的方向，XYZ 坐标轴服从右手定则，如图 2-1-1 所示。本节的任务是：在这样的筘座坐标系中，求出辅喷咀喷孔几何中心线与辅喷咀管中心线的交点 C（简称喷射中心点，见图 2-1-2）的位置坐标；求出辅喷咀喷孔几何中心线矢量在各坐标轴上的分量，并把它应用到速度矢量上。

一、求辅喷咀喷射中心点 C 在筘座上的坐标

在图 2-1-1 中，辅喷咀座的高度为 14mm，辅喷咀安装在辅喷咀座上。图 2-1-1 中辅喷咀的安装高度为 2 格，但辅喷咀安装高度（格）是工艺参数，是可变量，一般为 1~3 格，每格为 1mm。$FE = (16 + 12\sin 30°)/\sin 60° = 25.403(\text{mm})$，从 F 到喷射中心点 C 的距离 FC 为：

$$FC = FE + 14 + \text{辅喷咀安装高度} + 31.1 = 70.503 + \text{辅喷咀安装高度} \tag{1}$$

$$OF = 2 + 22 + 12\cos 30° + EF\cos 60° = 47.09\text{mm}$$

$$\begin{aligned} Z_C &= OF - FC \times \cos60° = 47.09 - (70.50 + \text{辅喷咀高度格数}) \times \cos60° \\ &= 11.84 - 0.5 \times \text{辅喷咀高度格数} \end{aligned} \tag{2}$$

$$Y_C = FC\sin60° = (70.50 + \text{辅喷咀高度格数}) \times \sqrt{3}/2 \tag{3}$$

（Y_C，Z_C）就是喷射中心点在筘座坐标系中的坐标，它随辅喷咀高度格数的变化见表 2-1-1。从图 2-1-1 可见，筘槽上壁的坐标 $Y_{上壁}$ 为：$Y_{上壁} = 56+13 = 69$，

$$Y_C \text{低于筘槽上壁距离} = Y_{上壁} - Y_C = 69 - Y_C$$

Z_C 就是喷射中心点与筘槽底面的距离。

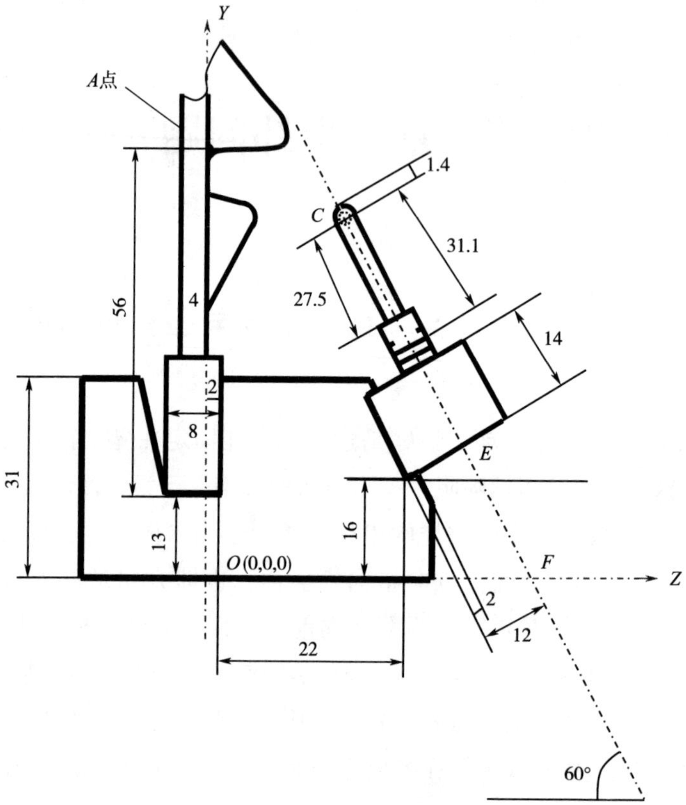

图 2-1-1　筘座坐标系

表 2-1-1　喷射中心点在筘座坐标系中坐标变化

高度格数	Y_C	Z_C	Y_C 低于筘槽上壁距离
0	61. 1	11. 8	7. 9
1	61. 9	11. 3	7. 1
2	62. 8	10. 8	6. 2
3	63. 7	10. 3	5. 3

二、辅喷咀的三个角及与筘面的关系

辅喷咀的三个角是：安装角 α 、仰角 γ 、倾斜角 β 。

从图 2-1-1 可以看出，辅喷咀管中心线 *FC* 和 *Y* 轴之间的夹角为 30°，不妨把这个角称为安装角 α 。

把普通的单孔辅喷咀从机台取下来，让辅喷咀圆管的中心线 *FC* 处于铅直线上，从侧面看辅喷咀上半部分，如图 2-1-2，$\vec{R}$ 表示辅喷咀喷孔几何中心线上的矢量，$\vec{R}$ 与水平线的夹角 γ 称为辅喷咀的仰角。为叙述方便，把矢量 $\vec{R}$ 和辅喷咀管中心线 FC 及 CS 组成的平面称为 L 平面。无论 L 平面在空间中如何翻转，矢量 $\vec{R}$ 、FC、CS 的相对位置不变。现在将辅喷咀安装到织机上，如图 2-1-1所示，图 2-1-2 中辅喷咀管中心线 FC 就变成图 2-1-1 中的 FC，同时让 L 平面垂直于 XOY 平面，则从图 2-1-1 角度观察，L 平面就变成一条直线 FC，由于 CS 既是 L 平面上的直线，又与直线 FC 垂直，故 CS 与 X 轴平行，从图 2-1-1 可以看出，辅喷咀管中心线 FC 和 Y 轴之间的夹角为 30°（即安装角 α）。把此时的 L 平面称为 M 平面，把此时的 S 点称为 S_M，则 CS_M 与 X 轴平行。然后让 L 平面本身绕辅喷咀管中心线 FC 旋转一个角度 β，则 L 平面和 M 平面的夹角为 β。β 在工艺上称为辅喷咀倾斜角，就是平时用辅喷咀定规调节的哪个角度（但有的辅喷咀在组合扁管和铜座时，也有预先将扁管先行扭转一个角 β_0，此 β_0 也属 β 角的一部分）。

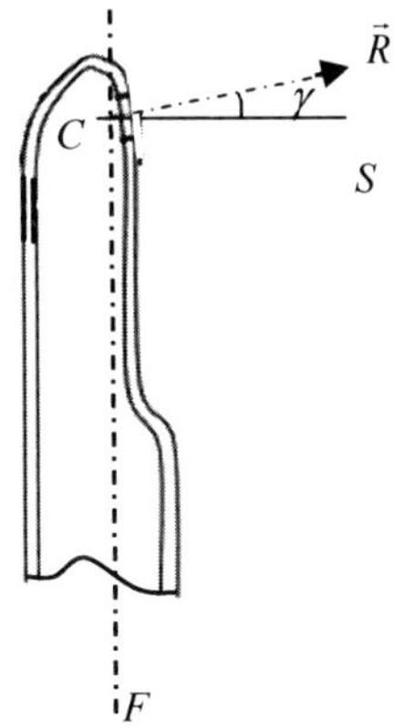

图 2-1-2

三、辅喷咀喷孔几何中心线在三个坐标轴上的分解

下面把辅喷咀喷孔几何中心线上的矢量 $\vec{R}$ 分解到筘座坐标系三个轴上。步骤如下：

（1）在 L 平面上把 $\vec{R}$ 分解到 CS 和 FC 方向上（在 L 平面内），得 $\vec{R}_1$ 和 $\vec{R}_2$。

$$\begin{cases} R_1 = R\cos\gamma \\ R_2 = R\sin\gamma \end{cases} \tag{4}$$

式中：R 、R_1、R_2 分别是 $\vec{R}$ 、$\vec{R}_1$、$\vec{R}_2$ 的模，后面类同。

（2）把 $\vec{R}_1$ 分解到 M 平面的 CS_M 方向上和 M 平面的法线上，得 $\vec{R}_{11}$ 和 $\vec{R}_{12}$。

$$\begin{cases} R_{11} = R_1\cos\beta = R\cos\gamma\cos\beta \\ R_{12} = R_1\sin\beta = R\cos\gamma\sin\beta \end{cases} \tag{5}$$

$\vec{R}_{11}$ 的方向就是 X 轴的方向。所以：

$$R_X = R_{11} = R\cos\gamma\cos\beta \tag{6}$$

若把 $\vec{R}_{12}$ 画在图 2-1-1 上（未画出），则 $\vec{R}_{12}$ 的尾部在 C 点，$\vec{R}_{12}$ 的方向应与辅喷咀管轴心线 FC 的方向垂直，指向从右上方指向左下方。则 $\vec{R}_{12}$ 与 Z 轴正方向的夹角为 210°，与 Y 轴正方向的夹角为 120°。

由于 L 平面与 M 平面的交线是 FC，而 $\vec{R}_2$ 在交线 FC 上，故 $\vec{R}_2$ 从 L 平面上分解到 M 平面上，仍是 $\vec{R}_2$，也就是说，$\vec{R}_2$ 不需要分解。

（3）把 $\vec{R}_{12}$ 分解到 Y 轴、Z 轴上得 $\vec{R}_{12Y}$ 、$\vec{R}_{12Z}$ 。

$$\begin{cases} R_{12Y} = R_{12}\cos120^\circ = R\cos\gamma\sin\beta\cos120^\circ = -\dfrac{1}{2}R\cos\gamma\sin\beta \\ R_{12Z} = R_{12}\cos210^\circ = R\cos\gamma\sin\beta\cos210^\circ = -\dfrac{\sqrt{3}}{2}R\cos\gamma\sin\beta \end{cases} \tag{7}$$

（4）把 $\vec{R}_2$ 分解到 Y、Z 轴上，得 $\vec{R}_{2Y}$ 、$\vec{R}_{2Z}$。

$\vec{R}_2$ 的方向就是 FC 的方向，$\vec{R}_2$ 与 Z 轴正方向的夹角为 120°，与 Y 轴正方向的夹角为 30°。

$$\begin{cases} R_{2Y} = R_2\cos30^\circ = R\sin\gamma\cos30^\circ = \dfrac{\sqrt{3}}{2}R\sin\gamma \\ R_{2Z} = R_2\cos120^\circ = R\sin\gamma\cos120^\circ = -\dfrac{1}{2}R\sin\gamma \end{cases} \tag{8}$$

把式（7）、式（8）相加并与式（6）联立，得：

$$\begin{cases} R_X = R\cos\gamma\cos\beta \\ R_Y = R_{12Y} + R_{2Y} = -\dfrac{1}{2}R\cos\gamma\sin\beta + \dfrac{\sqrt{3}}{2}R\sin\gamma \\ R_Z = R_{12Z} + R_{2Z} = -\dfrac{\sqrt{3}}{2}R\cos\gamma\sin\beta - \dfrac{1}{2}R\sin\gamma \end{cases} \tag{9}$$

式（9）就是矢量 $\vec{R}$ 在 X、Y、Z 轴上的分量。

单孔辅喷咀 γ 一般为 8°，β 一般为 2°~5°，以 3°~4°最常用。若把 β 调到 6°，则引纬效果要差很多。

将式（9）两边同除 R，可计算出相对值 $R'_X(=R_X/R)$ 、$R'_Y(=R_Y/R)$ 、$R'_Z(=R_Y/R)$ 。

$$\begin{cases} R'_X = \cos\gamma\cos\beta \\ R'_Y = -\dfrac{1}{2}\cos\gamma\sin\beta + \dfrac{\sqrt{3}}{2}\sin\gamma \\ R'_Z = -\dfrac{\sqrt{3}}{2}\cos\gamma\sin\beta - \dfrac{1}{2}\sin\gamma \end{cases} \tag{10}$$

将式（10）的可能取值范围列成表格见表 2-1-2。

表 2-1-2　式（10）的可能取值范围

β	γ	R'_X	R'_Y	R'_Z
2	10	0. 984	0. 133	−0. 117
3	10	0. 983	0. 125	−0. 131
4	10	0. 982	0. 116	−0. 146
5	10	0. 981	0. 107	−0. 161
2	9	0. 987	0. 118	−0. 108
3	9	0. 986	0. 110	−0. 123
4	9	0. 985	0. 101	−0. 138
5	9	0. 984	0. 092	−0. 153
2	8	0. 990	0. 103	−0. 100
3	8	0. 989	0. 095	−0. 114
4	8	0. 988	0. 086	−0. 129
5	8	0. 986	0. 077	−0. 144
2	7	0. 992	0. 088	0. 091
3	7	0. 991	0. 080	−0. 106
4	7	0. 990	0. 071	−0. 121
5	7	0. 989	0. 062	−0. 136
2	6	0. 994	0. 073	−0. 082
3	6	0. 993	0. 064	−0. 097
4	6	0. 992	0. 056	−0. 112
5	6	0. 991	0. 047	−0. 127

四、应用

设辅喷咀气流喷射中心的速度为 $\vec{v}$，以矢量 $\vec{v}$ 代替 $\vec{R}$ 应用式（9），可求出 $\vec{v}$ 在筘座坐标系中投影到各坐标轴上的分量 v_X、v_Y、v_Z。由式（2）、式（3）可以求出辅喷咀喷射流中心点 C 的坐标，根据异型筘筘槽形状可以求出异型槽中心点 D 的坐标，然后根据 CD 的长度和 v_X、v_Y、v_Z 就可以判断出，辅喷咀喷出的气流是不是喷向异型槽中心点 D，或需要多长时间可以到达 D 点。根据图 2-1-1 也可以确定筘槽底部和上壁的位置，根据 v_X、v_Y、v_Z 和 C 到筘槽底及上壁的距离还可以大致判断筘槽底部向筘背泄流多少是由于 v_Y 、v_Z 引起的，多少是由于筘槽的射流附壁效应引起的。

筘座坐标系实际就是假定筘座不动，其它在动，那么，由于筘座摆动（像扇子摆动）引起的侧面风速和径向风速则可作为相对速度视情况叠加在 v_Y 、v_Z 上（如果需要精确计算），也可以探讨此风速对筘背泄流的影响。

下面还有两点需要说明：

（1）由于辅喷咀孔口气流的复杂性，实际气流喷射中心的仰角并不一定等于孔口几何中心的仰角，若实际气流喷射中心的仰角能够测量出来，则以实际值作为 γ 代入上面公式计算。

（2）以上讨论的是单孔辅喷咀，对于多孔辅喷咀，公式也适用。

第二节　摩擦系数、压差系数、纬纱退捻和毛羽

本节的任务是：

（1）求出摩擦系数 C_f 、摩擦力 F_1 和压差推力系数 C_d 、压差推力 F_2。这两个系数不仅对主喷管、异型槽内的引纬有意义，也对络整工序的管纱、筒子退绕、喷气织机上的筒子退绕、储纬器上的纬纱退绕等有重要意义。对筒子退绕→储纬器卷绕→储纬器退绕→气流引纬的整个引纬过程的受力分析和总体把握都有重要意义。

（2）就喷气织机在引纬和非引纬过程中的退捻问题作一些讨论。

（3）气流对纱线的摩擦力与毛羽有很大关系，就定量而言，关系是什么，本节重点介绍作者研究出的计算纱线摩擦系数 C_f 的新方法——狼牙棒模型法，该方法的特点是将纱线配棉、纤维刚度、毛羽情况等因素都考虑进去，且能借助于乌斯特公报给出的庞大数据资源。此计算过程编写了程序。

喷气织机是靠气流对纬纱的摩擦牵引纬纱或靠气流对纬纱的压差推动纬纱飞行的。对有捻纱来说，纬纱头端一定长度的纬纱在流场中是波浪式螺旋式地向前飞行的。用频闪仪观察，纬纱头端几个波形，它的波高基本等于筘槽的高度［图 2-2-1（c）］，越向后波高越小，直到近似变成一条直线。当纬纱是直线时，引纬主体气流平行于纬纱纱轴，气流对纬纱表面（相当于圆柱的侧表面）产生了粘性摩擦牵引力。当纬纱头端弯曲时，或在纬纱波上，气流在纬纱的迎风面和背风面产生一个压力差（$P - P'$）［图 2-2-1（b）］，这个压力差称为纱线对气流

的粘性压差阻力，也是由于气流的粘性间接造成的。由于气流的速度一般大于纱线的速度，这个压差阻力，恰恰是对纬纱的推力。从图 2-2-1（c）可以看出，每一个纬纱波有两个迎风面。

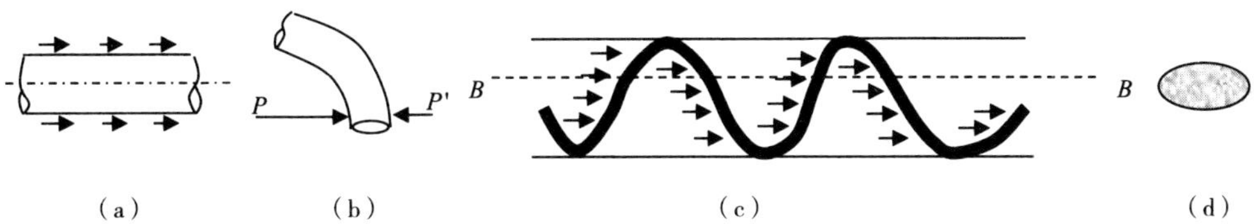

图 2-2-1

一、摩擦系数 C_f

把纬纱看作光滑的、笔直的、不伸缩的圆柱体，设气流主体速度 $V_{气}$ 和纱线速度 $V_{纱}$ 之间的相对速度为常量 V（m/s）且主体气流的方向平行于纱线轴线，则气流对纬纱（圆柱侧表面）的摩擦力 F_1（N）是：

$$F_1 = C_f \cdot \frac{1}{2}\rho V^2 \cdot \pi L d = C_f \cdot \frac{1}{2}\rho (V_{气} - V_{纱})^2 \pi L d \tag{1}$$

式中：C_f 为牵引摩擦系数；ρ 为气流的密度（kg/m^3）；L 为气流对纱线的作用长度（m）；d 为纱线名义直径（m）。

$$d = 0.03568 \frac{\sqrt{Tt/\delta}}{1000} \tag{2}$$

式中：δ 为纱线的质量密度（g/cm^3），对于一般的纱，δ 取 0.85；Tt 为纱线特数。

为叙述方便，把 C_f 称为牵引摩擦系数，把 F_1 称为牵引摩擦力或牵引力。牵引力 F_1 的大小由气流相对于气流的动压头 $0.5\rho V^2$，气流对纱线的绕流面积 πdL（圆柱侧表面面积）和气流对纱线的摩擦系数 C_f 所决定。

工厂由于条件限制，摩擦系数 C_f 很难测量，这里介绍陈光勇“在层流和紊流中轴向气流对纤维的作用力”和汪黎明、裘品闲、唐衍硕、陈明等“引纬气流对纬纱作用的研究”两篇论文给出的关于 C_f 的计算方法。在这里把纱线看作光滑的圆柱体。

C_f 可以表示为纱线直径雷诺数 Re_d 和纱线长度雷诺数 Re_L 的函数。

在层流边界层时，

$$C_f = \frac{1.932}{(Re_d \cdot Re_L)^{0.333}} \tag{3}$$

在紊流边界层时，
$$C_{\mathrm{f}}=\frac{0.0706}{(Re_{\mathrm{d}}\cdot Re_{\mathrm{L}})^{1/9}} \tag{4}$$

其中：
$$Re_{\mathrm{d}}=\frac{V\cdot d}{\nu} \tag{5}$$

$$Re_{\mathrm{L}}=\frac{V\cdot L}{\nu} \tag{6}$$

式中：ν 为空气的运动黏度，$\nu=\frac{\mu}{\rho}$，μ 表示空气的动力黏度。在 25℃ 时，μ 约为 18.4×10^{-6}。

一般地，在纱线表面的气流边界层就处于紊流状态，故式（4）应用得较多。

在式（4）的推导过程中，对所有纱线都应用了紊流边界层速度的七分之一次方规律。

以上介绍的是陈光勇“在层流和紊流中轴向气流对纤维的作用力”给出的公式。

汪黎明等在“引纬气流对纬纱作用的研究”中认为式（4）对所有纱线都应用紊流边界层速度的七分之一次方规律得出的结果存在着较大的误差，他们给出的计算方法和步骤是：

第 1 步：
$$C_0=\left[\frac{0.7119}{8}\cdot\frac{n^2+3n+2}{n}\left(\frac{n+2}{4}\right)^{1/4}\right]^{4/9} \tag{7}$$

式中：n 为系数，根据纱线的毛羽不同取不同的值，一般地，中支棉纱取 1/4~1/7。

第 2 步：
$$C_{\mathrm{f}}'=\left(\frac{n+2}{4C_0}\right)^{1/4}\frac{0.089}{(Re_{r_0}\cdot Re_{\mathrm{L}})^{1/9}} \tag{8}$$

式中：Re_{r_0} 为以纱线半径 r_0 为尺度的雷诺数。

$$Re_{r_0}=\frac{r_0V}{\nu} \tag{9}$$

第 3 步：
$$K=\frac{0.3566}{W\cdot Re_{r_0}}+0.787 \tag{10}$$

式中：K 为修正系数。

第 4 步：
$$C_{\mathrm{f}}=KC_{\mathrm{f}}' \tag{11}$$

说明：计算式（3）、式（4）、式（8）都是根据气流边界层理论通过理论推导出来的。通过式（3）、式（4）或式（11）计算出的摩擦系数是气流对纱线的作用长度 L 上的平均摩擦系数，故气流对纱线的作用长度 L 大小不同，计算出的摩擦系数也会有变化。L 增大时，摩擦系数变小；纱线半径或直径小时摩擦系数大；气流与纱线的相对速度 V 大时摩擦系数小。

例 1：设主喷咀导管对纱线的作用长度为 0.2m，导管内气流的密度 $3\mathrm{kg/m^3}$，设气流的速度为 228m/s，假定纱线静止不动，则气流对纱线的平均相对速度 $V=228\text{m/s}$，纱线为 T/C13tex，求纱线在气流中的摩擦系数、摩擦力。

解：①纱线的直径 $d=\dfrac{0.03568\sqrt{13/0.85}}{1000}=1.395\times10^{-4}(\text{m})$

纱线的半径 $r_0=\dfrac{d}{2}=6.98\times10^{-5}\ (\text{m})$

②近似把车间的温度考虑为 25℃。在 25℃时，空气的动力黏度 $\mu=18.4\times10^{-6}$ [kg/（m·s）]，空气的运动黏度 $\nu=\dfrac{\mu}{\rho}=\dfrac{18.4\times10^{-6}}{3}=6.13\times10^{-6}\ \text{m}^2/\text{s}$

③以纱线直径为尺度的雷诺数 $Re_\text{d}=\dfrac{V\cdot d}{\nu}=\dfrac{228\times1.395\times10^{-4}}{9.2\times10^{-6}}=5187$

以纱线半径为尺度的雷诺数 $Re_{\text{r}_0}=\dfrac{V\cdot r_0}{\nu}=\dfrac{228\times0.697\times10^{-4}}{6.13\times10^{-6}}=2594$

以气流对纱线作用长度 L 为尺度的雷诺数 $Re_\text{L}=\dfrac{V\cdot L}{\nu}=\dfrac{228\times0.2}{6.13\times10^{-6}}=7434783$

因 $Re_\text{L}>4000$，故气流为紊流。需应用式（4）或式（8）、式（11）计算摩擦系数。下面先用式（4）计算

④应用式（4）计算摩擦系数：

$$C_\text{f}=\frac{0.0706}{(Re_d\cdot Re_L)^{1/9}}=\frac{0.0706}{\left(\dfrac{5168\times7434783}{6.13\times10^{-6}}\right)^{1/9}}=0.00471$$

⑤计算气流对纱线的牵引摩擦力 F_1：

$$F_1=C_\text{f}\cdot\frac{1}{2}\rho V^2\cdot\pi Ld$$

$$=0.00471\times\frac{1}{2}\times3\times228^2\times3.1416\times0.2\times1.395\times10^4$$

$$=0.0321(\text{N})$$

⑥下面用式（8）~（11）计算 C_f：

取 $n=1/4$，代入式（7）中求得 $C_0=0.9385$。

$$C_\text{f}'=\left(\frac{n+2}{4C_0}\right)^{1/4}\frac{0.089}{(Re_{\text{r}_0}\cdot Re_\text{L})^{1/9}}$$

$$=\left(\frac{1/4+2}{4\times0.9385}\right)^{1/4}\frac{0.089}{(2594\times7434783)^{1/9}}$$

$$=0.005637$$

$$K = \frac{0.3566}{W \cdot Re_{r_0}} + 0.787 = \frac{0.3566}{228 \times 2594} + 0.787 = 0.787$$

$$C_f = KC_f' = 0.787 \times 0.005637 = 0.004436$$

同理可得：取 $n=1/5$，算得 $C_f=0.004358$；取 $n=1/6$，算得 $C_f=0.004277$；取 $n=1/7$，算得 $C_f=0.004208$。

由此可知，当 $n=1/4\sim1/7$ 时，计算出的牵引摩擦系数相差并不很大。若与按式（4）计算出的结果相比，差异也不算很大。

分别取 $n=1/4$、1/5、1/6、1/7，计算出的牵引摩擦力分别是 0.0291N、0.0285N、0.0280N、0.0275N，比按式（4）计算出的 0.0309N 略小。

例 2：设纱线的速度为 46m/s，其他条件同例 1，则气流与纱线的相对速度 $V=228-46=182$m/s，求纱线在气流中的摩擦系数、摩擦力。

解：取 $n=1/4$、1/5、1/6、1/7，计算出的摩擦系数 C_f 分别为 0.004687、0.004582、0.004496、0.004425，按式（4）计算出的摩擦系数 C_f 则为 0.004973。计算出的牵引摩擦力依次为 0.0195N、0.0191N、0.0187N、0.0184N 和 0.0207N。

例 3：设异型筘槽中气流的平均气流速度为 90m/s 且沿纬向，纱线的飞行速度为 46m/s，且纱线平直，轴线平行于主体气流，纬纱仍为 T/C13tex，纬纱长度 $L=1$m，用式（4）求纱线的摩擦系数和距纬纱头端 0、0.006m、0.1m 处，纬纱所受到的牵引力。

解：大气中，气流的密度取 $\rho=1.2\text{kg/m}^3$。气流与纬纱的相对速度 $V=90-46=44$m/s，$L=1$，运用式（4）～（6），分别求得，$C_f=0.006988\approx0.007$，$F_1=0.003402\text{N}=0.34\text{cN}$，此值也就是距纬纱头端 1m 处纬纱所受的牵引力，也就是该处的纬纱张力。

距纬纱头端 0 处的纬纱张力为 0，即纬纱头端的纬纱张力为 0。

距纬纱头端 0.006m 处的纬纱张力为 0.0042cN。

距纬纱头端 0.1m 处的纬纱张力为 0.07cN。

此例说明，纬纱头端的纬纱张力为 0，由摩擦系数 C_f 引起的纬纱张力是一个累积张力，距纬纱头端越远，纬纱张力越大；由摩擦系数 C_f 引起的纬纱张力是很小的，1m 长的纱线，所产生的摩擦力才 0.34cN。

二、压差摩擦系数 C_d

把纬纱看作光滑、笔直、不弯曲、不伸缩的刚性圆柱体，设主体气流速度和纱线之间的相对速度为常量 V(m/s) 且主体气流的方向垂直于纱线轴线，于是在纱线的迎风面和背风面之间产生压力差。这种压力差是由气流黏性间接作用的结果，称为黏性压差阻力。气流压差阻力 F_2(N) 的表达式是：

$$F_2 = C_d \cdot \frac{1}{2}\rho V^2 \cdot S = C_d \cdot \frac{1}{2}\rho V^2 \cdot Ld \tag{12}$$

式中：C_d 为压差阻力系数，其它符号同前；S 为迎风面积，这里 $S = Ld$ 。

压差阻力 F_2 的大小由气流相对于纱线的动压头 $0.5\rho V^2$，纱线迎风面积 Ld 和气流对纱线的压差阻力系数 C_d 所决定。

C_d 的大小可从以纱线直径为尺度的雷诺数 Re_d 为横坐标的圆柱绕流莫迪图上查出，见图 2-2-2。对于纱线来说 C_d 一般在 1.2 左右。Re_d 的计算方法见式（5）。为了在程序中使用方便，根据图 2-2-2 将雷诺数 Re_d 从 5～15000 范围的 C_d 写成模拟式。

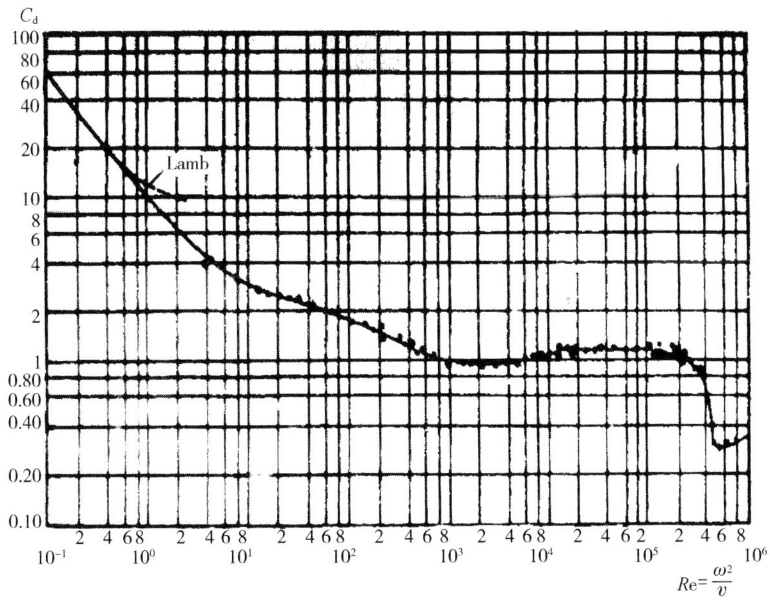

图 2-2-2　圆柱体的阻力系数

$$C'_d = 0.028089Re^6 - 0.48602Re^5 + 3.36901Re^4 - 11.85942Re^3 + 22.44771Re^2 - 22.7938Re + 12.29$$

式中：$Re = \log(Re_d)$

对于波动的或旋转退捻的纱线，若用平行于主体气流方向的平面切出纱线在各处的最小瞬时截面，则纱线截面一般是椭圆形的，见图 2-2-1（d）。椭圆相对圆来说，压差阻力系数 C_d 要小。如在一定条件下，椭圆柱长短轴比值不同，C_d 如下：

1∶1 圆，C_d =1.2

2∶1 椭圆，C_d =0.6

4∶1 椭圆，C_d =0.25

8∶1 椭圆，C_d =0.25

有人曾经在雷诺数为 200 时，计算出在圆柱时 C_d =1.32，在椭圆长短轴为不同值时 C_d 值如图 2-2-3 所示。[郑海成，施卫平，张合金，丁丽霞“用格子 Boltzmann 方法计算椭圆柱绕流问题”，吉林大学学报（理学版），2009 年 5 期]

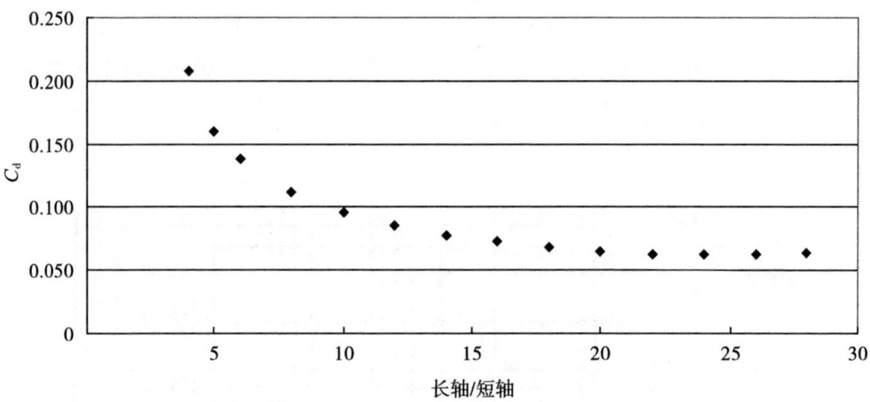

图 2-2-3 椭圆的压差阻力系数

例 4：设异型筘槽中气流的平均气流速度为 90m/s 且沿纬向，纱线的飞行速度为 46m/s，在某一瞬时，有一小段纱线平直，但它的轴线垂直于主体气流，纬纱仍为 T/C13tex，若纱线的长度为 0.006m，求压差阻力系数 C_d 和压差阻力。

解：纬纱直径 d 前例已算出，d =0.1334/1000=1.395×10^{-4}m，气流密度 ρ = 1.2kg/m^3，μ 仍取 18.4×10^{-6}m。

$$Re_d = \frac{V \cdot d}{\nu} = \frac{V \cdot d}{\mu/\rho} = \frac{44 \times 1.395 \times 10^{-4}}{18.4 \times 10^{-6}/1.2} = 403$$

查图 2-2-2 得：

$$C_d = 1.2$$

$$F_2 = C_d \cdot \frac{1}{2}\rho V^2 \cdot Ld$$

$$= 1.2 \times \frac{1}{2} \times 1.2 \times 44^2 \times 0.006 \times 1.395 \times 10^{-4}$$

$$= 0.00117\text{N} \approx 0.12\text{cN}$$

在例 3 中，当纱线长度为 0.006m 时，计算出来的摩擦牵引力为 0.0042cN，而本例中，纱线长度同样是0.006m，压差阻力是0.12cN，后者是前者的27倍。可见压差阻力远大于摩擦阻力。

例5：在例4的基础上，如果纬纱头端的四个波型的波高 h 都和筘槽的高度相同，筘槽的高度为0.006m，假设纬纱和主体气流的平均夹角为30°，问在第4个波型处，由压差阻力引起的纬纱张力为多大？

解：设气流的主流方向是平行于筘槽的，纬纱以波型置于流道中。纬纱和主体气流的平均夹角为30°，则在主体气流方向，纬纱成为椭圆形，椭圆长轴与短轴之比为 $\sqrt{3}$ ，近似取 $C_d = 0.62$。每一个纬纱波型有两个迎风面［图2-2-1（c）］。迎风面积定义是物体在主体气流方向的垂直面上的投影面积。纬纱的直径为 d ，波高为 h ，故每个迎风面的面积是 $h \times d$ ，4个波型共有8个迎风面。

$$\text{则总迎风面积} = 8 \times h \times d$$

代入式（12）

$$F_2 = C_d \cdot \frac{1}{2}\rho V^2 \cdot Ld = C_d \cdot \frac{1}{2}\rho V^2 \cdot 8hd$$

$$= 0.62 \times \frac{1}{2} \times 1.2 \times 44^2 \times 8 \times 0.006 \times 1.395 \times 10^{-4}$$

$$= 0.0048\text{N} = 0.48\text{cN}$$

故在第4个波型处，由压差阻力纬的纬纱张力为0.48cN。由此与例3相比，可以看出，纱端4个纬纱波形的造成的压差推力，比1m长的纬纱所受到牵引摩擦力（0.34cN）还要大很多。

从以上几例的计算过程中可以看出，引纬过程中，纬纱的摩擦距离虽长，但由摩擦引起的牵引力却不大，压差距离短，但由压差引起的对纬纱的推动力却比较大。由此可知，在引纬过程中，纬纱头端部分纬纱的近似螺旋式波浪式运动是有利于引纬的。

总引纬力 F 为：

$$F = F_1 + F_2 \tag{13}$$

三、纬纱退捻

用手把一根一定长度的纱线的一端提起来，让另一端自由下垂，且退捻到不退捻为止。忽略纱线自身的重量，则这时的纱线就处于0张力状态。但纱线是通过数十根短纤维加捻抱合而成的。在纱线处于0张力、0退捻状态时，纱线表面的纤维的张力和捻角恰处于平衡状态（包括内部的纤维的张力和捻角也同样处于平衡状态），这时如果给纱线周围加一个从上到下的气流，由于气流对纱线的摩擦作用，纬纱受力，张力变大，纱上纤维所受的张力也变大。由于纤维是倾斜的，纤维上增加的张力可分解到纱线的轴向和纱线轴向的法平面上。在纱线轴向的法平面截面上，截面处所有纤维上增加的张力分解到纱线轴向的分力的总和就是纱线张力 ΔT，而截面处所有纤维上增加的张力分解到纱线轴向的法面上的分力相对于纱线轴线则构成了一个退捻力矩，忽略纱线伸长引起的纱线捻度和直径的变化，则退捻力矩 ΔM 为：

$$\Delta M = c\Delta T \cdot \gamma \cdot \tan\gamma$$

式中：γ 为纱线捻角；r 为纱线半径（mm）；ΔT 为纬纱增加的张力（N）；c 为常数，$c<1$，因大多数纤维投影到纱的横截面上，投影半径都小于 r。c 可通过测扭力方法测得。

再根据纱线捻角和公制捻度 T_{tex}（捻/10cm）的关系：

$$\tan\gamma = \pi d \cdot T_{tex}/100$$

及 T_{tex} 与特数制捻系数 α_{tex}、纱线线密度 Tt（tex）的关系：

$$T_{tex} = \alpha_{tex}/\sqrt{\mathrm{Tt}}$$

得：

$$\Delta M = \frac{c\Delta T \cdot \pi \cdot r^2 \cdot \alpha_{tex}}{50\sqrt{\mathrm{Tt}}} = 0.062832\frac{c\Delta T r^2 \alpha_{tex}}{\sqrt{\mathrm{Tt}}} \tag{14}$$

式中：ΔM 为退捻力矩（单位由 $\Delta T \cdot r$ 的单位决定，N · mm）

对于强捻线和一般性的纱线，用手把一根一定长度的纱线的一端提起来，让另一端自由下垂，自由端一般都会或多或少出现退捻现象，这说明纱线存在原始退捻力矩 M_0。

故纱线在受力后的退捻力矩 M 为：

$$M = M_0 + \Delta M = M_0 + 0.062832\frac{c\Delta T r^2 \alpha_{tex}}{\sqrt{\mathrm{Tt}}} \tag{15}$$

1. 纬纱退捻第一阶段

在织机主轴一转中，纬纱在主轴 10°~20°时被剪断，纬纱头端成为自由端，到主喷阀门打开之前，是纬纱退捻的第一阶段，这一阶段的特点是纬纱头端基本处于主喷管内，纬纱受到小气流的牵伸作用，纬纱张力很小。停车时在主喷咀入口前测量纬纱张力，一般纱约为 1cN 或稍多。在这一阶段，如果 M_0 比较大，则纬纱是比较容易退捻的。如果纬纱是一条直线，则纱线退绕阻力距（是距离的距）就是纱线的半径，则退捻阻力矩很小。纬纱自由端的头端张力是 0，气流对纬纱的作用力累计到主喷咀入口前才仅约 1cN，而纬纱本身有重力，纬纱就有下落至主喷管内壁下缘的趋势，若使用单个储纬鼓或两个储纬鼓引纬，定纬销一般安装在鼓的最高点处，在非引纬时间，纬纱就和主喷咀的咀芯进纱孔口的最上方接触。于是在气流和纬纱自身重力的作用下，从进口到出口处，纬纱呈现出一条从高到低的弯曲曲线（图 2-2-3）。在纬纱自由端 A 或 A 附近处，纬纱张力小，但该处纬纱退捻力矩却可以使纬纱以纬纱自身半径 r 退捻，但在距自由端较远的地方如 B 点，B 点处纬纱张力较大，但 B 点退捻力矩可以通过两种途径传递，一是把退捻力矩沿纬纱轴继续向自由端传递；二是迫使自由端以半径 r_B 绕 B 点的瞬时轴心退绕（图 2-2-4），而 r_B 要远大于纬纱自身半径 r，在自由端纬纱的外圆周上选一点 C，C 点需绕自身的圆心转动（即纬纱自由端处的圆心），而 C 点的圆心又要绕 B 点的瞬时轴心转动，这样 B 点到纬纱自由端之间的整个纬纱都抖动起来了。在低速气流和弱捻时，这种现象也许不会发生，但在高速气流和较强捻纱或强捻纱的情况下一定会发生。至于 B 点处的退捻力矩以两种途径传递的大小和比例，则与纬纱的抗弯刚度、抗扭刚度、气流速度及阻力、纬纱张力及 M_0 等有关，由于 B 点只是纬纱上任选一点，而整个纬纱可有无数个 B 点，所以纱线的退捻运动远比我们想象的要复杂。除过退捻，还有一个纬纱在受力的条件下的波动问题。但总的趋势是，纬纱退捻使纬纱在主喷管内呈近似螺旋状并绕主喷管的轴线转动，当纬纱转动时，也会受到气流的环形阻力。纬纱在主喷管内呈螺旋状也受主喷管半径大小的限制与摩擦。这些都是退捻的阻力。由于这段时间短，约为 50°~70°，纬纱张力小，M_0 未必能退尽。主喷管内气流的主体方向是沿喷管轴向的，当纬纱在主喷管内呈近似螺旋状时，每圈螺旋对主体气流形成一个迎风面，设螺旋的平均半径为 r'，纬纱直径为 d，则每个迎风面的面积为 $2\pi r' \cdot d$，若纬纱螺旋有 m 圈，则总迎风面积为 $m \cdot 2\pi r' \cdot d$，将迎风面积代入式（12），可以求出压差阻力 F_2。由此可见，主喷管内径也不宜太小。内径太小时，总迎风面积会减小，不利于引纬的快速起动。

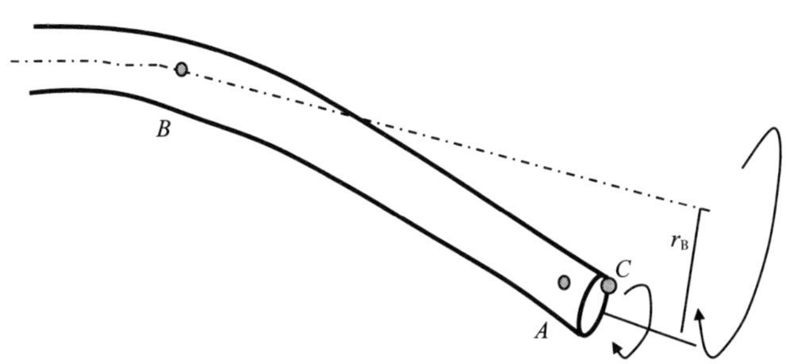

图 2-2-4

喷管内的纬纱在小气流下若经过较长时间，则原始退捻力矩 M_0 会退尽，则主喷管内的纬纱的螺旋形状会变直，尽管纬纱仍会有些飘动，但压差阻力会变小，则纬纱张力会变小。故停车时在主喷咀入口前测得的纬纱张力和织机运转时纬纱退捻的第一阶段时主喷咀入口前实际的纬纱张力会不同，显然，前者要小。

2. 纬纱退捻第二阶段

主喷阀门开始打开，到纬纱接近达到正常速度时间段称为纬纱退捻的第二阶段。这里以主喷阀先开气，储纬鼓后释纱的工艺过程叙述。这一阶段的主要特点是主喷咀阀门开启，主喷管内气流速度及密度迅速增大，纬纱张力迅速变大，按照式（15），纬纱的退捻力矩迅速增加，于是纬纱迅速变成近似螺旋状，则纬纱迎风面积大大增加，这反过来又使引纬力大大增加，这时定纬销释纱，但释纱后，纬纱从速度为 0 到正常速度的启动过程需一段时间，另外，释纱前从储纬鼓到主喷咀入口处的纬纱长度短，纬纱气圈建立后，由于气圈是弯曲的，从储纬鼓到主喷咀入口的纬纱长度变长，使得主喷管内的纬纱启动速度也较慢。故在释纱后的早期，主喷管内的纬纱速度还很慢，纬纱头端还在主喷管内，或刚出主喷管口，纬纱退捻的阻力比较小（因主喷管直径只有 3.5mm 或 4mm），阻力距小，故退捻快。但主喷管内纬纱螺旋圈数是变化的，即纬纱迎风面积是变化的，故从主喷咀入口处测得的纬纱张力变化也很剧烈。要说明的是，采用先喷气、后释纱的工艺，在主喷管内纬纱也可能形成前拥后挤的波浪状的，这种波浪状，又反过来增加了对纬纱的压差推力。当纬纱头端一定长度进入筘槽并逐渐形成多个纬纱波，使得主喷咀出口处的纬纱张力变大，于是主喷管内的纬纱变直，其迎风面积也一下子变小，故主喷管所产生的引纬力很快变小了。随着纬纱速度的增大，气流与纬纱的相对速度变小了，也使引纬力降低了。当纬纱头端一定长度的纬纱进入筘槽并逐渐形成多个纬纱波，阻碍纬纱退捻的阻力矩却大大增加了，原因有三：筘槽高度比较大，一般可看作 6mm，与主喷管内孔直径相比，要退捻必须克服的环形迎风面积和环形风速也增加了；筘槽内的纬纱波多，也相当于必须克服的环形迎风面积增加了；筘槽远不如主喷管内壁光滑，与纬纱的摩擦力（指固体之间摩擦）也大。

如果采用先释纱、后喷气的工艺，纬纱加速的过程要慢，纬纱加速过程中纬纱张力的增加要缓和且张力峰值要小。

T/C13tex 纬纱，ZA203-190 织机，车速 500r/min，采用先喷气、后释纱的工艺，从主喷咀入口前测量得，纬纱启动阶段纬纱最大张力约大于 20cN，且波动很大，正常纬纱飞行时，纬纱张力约 7cN。定纬销下落，纬纱忽然由高速降为 0 时，纬纱会产生一个很大的惯性力，如 40cN 多甚至更多，有时可达到 100cN 以上。涤棉纱因断裂伸长率大，惯性力相对要小，而纯棉纬纱断裂伸长率小，惯性力要大得多，故纯棉织物纬纱断头率要高。

纬纱从 0 到正常速度所需的时间 10°～20°。从主喷阀门开始打开，到纬纱接近正常速度，全过程约需 40°。

3. 纬纱退捻第三阶段

从纬纱接近正常速度到梭口闭合。这一阶段又可分为三个小阶段：纬纱正常飞行阶段、纬纱制动阶段、纬纱弱张力阶段。

（1）纬纱正常飞行阶段。这一阶段的特点是，但由于筘槽抗退捻作用比较强，故一般纬纱只能在前几个纬纱波内引起旋转。纬纱前端的波形数相对比较稳定，纬纱受到的压差推力比较稳定，但筘槽中的气流主要是辅喷接力气流，气流平均速度相比主喷管内的气流速度要小得多，故纬纱受到的压差推力虽稳定但不大。至于筘槽内纬纱的后面部分的纬纱也已变成直线，其摩擦力变得更小了。气流相对速度低，当纱头移动到一定位置后，左面的辅喷阀门又相继关闭，而摩擦系数 C_f 又很小，故筘槽内纬纱直线的长度的大小对引纬力的影响很小。由于主喷管内气流速度虽高，但纬纱已变成直线，而气流对直线纬纱摩擦牵引力是较小的。故在纬纱平稳飞行阶段，从主喷咀入口处量得的纬纱张力是小而稳定的。

在纬纱正常飞行时，纬纱头端仍是自由端，仍有退捻可能。再有，纬纱头端飞舞，碰到筘槽，也能碰散头端，但可能性极小。

（2）纬纱制动阶段。在纬纱快飞到头时，高速飞行的纬纱被定纬销忽然定住，会产生很大的惯性力，特别是在储纬鼓与主喷咀之间产生很大的纬纱张力，而这个纬纱张力，是在纬纱弱环处导致纬纱断头的主要原因。当纬纱产生很大的惯性力时，也是整根纬纱张力最大，纬纱伸得最直的时候。纬纱伸得很直，且纬纱张力很大，纬纱就很容易退捻，好在张力很大的时间很短，且纬纱已到头，纬纱的退捻对纬纱后续飞行过程影响很小。在 ZAX-N 及后面的织机上安装了纬纱速度制动装置 WPS，能减小定纬销制动的惯性力。

（3）纬纱弱张力阶段。当很大的惯性力产生后，纬纱随即产生回弹，回弹使入口的纬纱形成波浪形，然后纬纱再在气流的作用下基本伸直。再伸直后，纬纱受到的力已很小，头端退捻很少。到上下层经纱闭合时，梭口内的纬纱被经纱压住，退捻停止。

从以上退捻过程叙述可见，纬纱退捻第二阶段是纬纱最容易退捻的阶段，特点是：纬纱张力相对大，而主喷管直径又小而光滑，对纬纱退捻的阻力矩小。对于易退捻的弹性纱，织造时主喷压力不能大，但辅喷压力可以大（因为筘槽对退捻有较大的阻力矩）。为了防止弹性纱在纬纱制动时纬纱张力大时退捻，可使用延伸喷咀，使纬纱头头端拐进气道，既防止了回弹太多，同时阻止了纬纱头端退捻，也是一种方法。但若使用了延伸喷咀，就不能使用纬纱探头 H2 了。

织机上剪切吹气气流的作用是防止纬纱剪断后回弹形成扭结或辫子纱。常喷气流，一是防止纬纱扭结，二是防止纬纱脱出主喷咀，三是纬纱断头后利于工人将纬纱穿入主喷咀。为了防止纬纱退捻，在保证完成此基本功能外，剪切吹气压力和常喷压力越小越好。氨纶包芯弹性纱织造的特点是：常喷不能太小，主喷不能太大。

摩擦引起的引纬力比较小，纬纱的退捻能引起纬纱头端的螺旋式运动，纬纱头端的螺旋式、波浪式运动或飘动有利于提高气流对纬纱的压差推力，从而大大提高引纬速度。所以要好好利用这一点。主喷阀先喷气，定纬销后释纱的工艺能缩短纬纱加速时间并使纬纱早到达出口侧，但主喷阀先喷气，定纬销后释纱的配合时间很重要。

主喷管内径大小、筘槽高度对压差推力有很大影响，它们也是设计主喷管内径和筘槽时应考虑的重要因素。

四、毛羽

短纤维纱上有毛羽，使得气流对强捻复丝和短纤维纱的摩擦系数大不相同。强捻复丝可以看作一个圆柱体，可以采用光滑圆柱的方法计算摩擦系数。为了更好地计算短纤维纱的摩擦系数，作者试着将短纤维纱看作狼牙棒模型来计算气流对纱线的作用力和摩擦系数。狼牙棒模型是：纱主杆是棒的主体（视为光滑、平直、不可伸缩的刚性圆柱体），毛羽视为长短不一的“牙”（视为光滑的、有一定刚度的柔性小细圆柱体），在牙的根部，牙与棒相互垂直（图 2-2-5）。最典型的两种气流情况是：①棒的轴线与主体气流平行，牙的根部与主体气流的方向垂直。这时棒的摩擦系数按 C_f 计算，牙的阻力则主要按压差阻力系数 C_d 计算，也根据具体情况计算毛羽的摩擦系数 C_f 。②棒的轴线与主体气流垂直，牙的根部与主体气流呈现不同情况（因毛羽分布在圆周的不

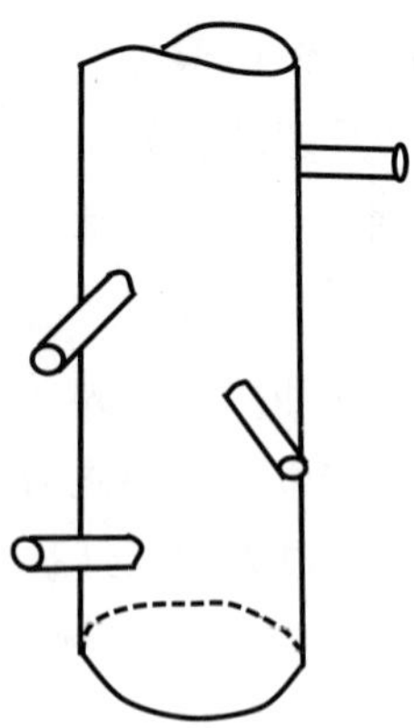

图 2-2-5

同地方），仅有少部分根部与主体气流垂直。这时应计算棒的压差阻力系数 C_d，并适当修正。

1. 毛羽的长度和个数

纱线上的毛羽分为三种：纤维头端伸出基纱外；纤维中部的某一部分露出基纱外，形成纤维圈；加工过程中断了的纤维挂在纱上，形成浮游毛羽。这三种毛羽主要是第一种较多，其它两种很少，故本节把毛羽都看作第一种毛羽。

检验毛羽的指标主要有毛羽长度与个数，H 值。H 值是指纱上毛羽的总长度与纱的长度的比值。如 $H=4$，就表示 10m 长的纱线，其上的毛羽长度总共有 40m 长。

纱线上毛羽个数 n 与毛羽长度 x 的关系服从负指数规律，即：

$$n = A\mathrm{e}^{-bx} \tag{16}$$

式中：A、b 都是常数，可根据试验室给出的 10m 长纱线毛羽个数 n 与毛羽长度 x、H 值统计表运用模拟方法（如 Excel 工作表画图菜单下的散点图）求出。假定式（16）是使用 YG171B 毛羽仪测出的结果。但 YG171B 毛羽仪是采用投影法检测纱线半边毛羽的，故有的毛羽可以检测出来，有的则不行，很短的毛羽则不统计。这里给原常数 A 再乘一个常数 C_1，以表示 10m 长纱线上全部毛羽的情况。于是式（16）变为：

$$n_1 = C_1 A\mathrm{e}^{-bx} \tag{17}$$

对式（17）积分，求出毛羽从 0~x 长度范围内的累计毛羽个数：

$$N_x = \int_0^x C_1 A\mathrm{e}^{-bx}\mathrm{d}x = \frac{C_1 A}{b}(1 - \mathrm{e}^{-bx}) \tag{18}$$

在式（18）中将积分范围改为（x，∞），就得到 x 长度以上毛羽的个数 $N_{x\to\infty}$ 为：

$$N_{x\to\infty} = \frac{C_1 A}{b}\mathrm{e}^{-bx} \tag{18a}$$

式中：$\frac{A}{b}$ 是指 10m 长度纱线的可检测到的毛羽总个数，$\frac{C_1 A}{b}$ 是指 10m 长度纱线的毛羽总个数（包括可检测到的毛羽和不可检测到的毛羽）。e^{-bx} 是毛羽长度为 x 以上的毛羽个数占毛羽总个数的比值，所说的毛羽总个数 $\frac{C_1 A}{b}$ 是指 10m 长度纱线的毛羽总个数。在（x_1，x_2）范围内的毛羽个数则为：

$$N = \int_{x_1}^{x_2} C_1 A\mathrm{e}^{-bx}\mathrm{d}x = \frac{C_1 A}{b}(\mathrm{e}^{-bx_1} - \mathrm{e}^{-bx_2}) \tag{19}$$

毛羽从 0~ x 长度范围内的毛羽累计长度 $L_{羽x}$ 由下面积分式求得：

$$L_{羽x} = \int_0^x C_1 A x e^{-bx} dx = C_1 A\left(\frac{1}{b^2} - \frac{bx+1}{b^2 e^{bx}}\right) \tag{20}$$

在上式中令 $x = \infty$，则毛羽总长 $L_{羽总}$ 为 $\frac{C_1 A}{b^2}$

同样的纱线若用 UT 毛羽测仪得 H 值，则 10m 长纱线毛羽的总长度 = 10×1000H=10000H（mm）。所以

$$\frac{C_1 A}{b^2} = 10000H$$

$$C_1 = \frac{10000H \cdot b^2}{A} \tag{21}$$

至此，C_1 已求出。将 C_1 代入式（17）～（20），则各具体值都可求出。式（26）也可写成：

$$C_1 A = 10000H \cdot b^2 \tag{21a}$$

毛羽总长除以毛羽总个数则为毛羽平均长度。毛羽平均长度=1/ b 。

例：徐霞、陈雪云、郑秀岐、张国盛在“纱线毛羽数与毛羽值（H）的相关性分析”一文（维普资讯）中给出了他们测量的一组数据（见表 2-2-1 品种 JT/C13W，纱长 10m，10 次平均，并折合成每米毛羽个数，仪器：YG171B。注：YG171B 和 Zweigle565 型是同一种仪器），他们将同一种纱在 UT Ⅱ 毛羽仪上测得毛羽值 H=3.38。

表 2-2-1

毛羽长度（mm）	1	2	3	4	5	7	10	12
毛羽个数	610.6	128.7	36.9	10.8	5.6	1.4	0.2	0

根据式（16）将表 2-2-1 的前四组数字模拟成一个数学式：

$$n = Ae^{-bx} = 2107.8e^{-1.3354x}$$

写成式（17）则为：

$$n_1 = Ae^{-bx} = 2107.8C_1 e^{-1.3354x}$$

由式（21）得：

$$C_1 = \frac{10000H \cdot b^2}{A} = \frac{10000 \times 3.38 \times 1.3354^2}{2107.8} = 28.596$$

代回式（17）：

$$n_1 = C_1 Ae^{-bx} = 60275.3e^{-1.3354x}$$

$$毛羽总个数 = N_{\infty} = \int_0^{\infty} C_1 A e^{-bx} dx = \frac{C_1 A}{b} = 28.596 \times 2107.8/1.3354 = 45137(根)$$

相当于每毫米纱上有 4.51 根，毛羽平均长度=1/1.3354=0.7488 (mm)。

当毛羽总个数计算出来后，还要验证计算出的总个数是否基本符合实际。此纱是 JT/C13W，H=3.38，89 乌斯特公报 5%水平，应是质量很好的纱，所以配棉应比较好，假定棉纤维平均长度为 29mm，涤纤维一般为 38mm，则纱中纤维的平均长度=38×65%+29×35%=34.85mm。棉纤维和涤纤维统一按 1.6667dtex 计，则纱线所含纤维的平均根数=13/0.16667=78 根，每根纤维有两个头端，那么，34.85mm 应有 156 (=78×2) 个头端，每毫米纱上平均有 4.476 (=156/34.85) 个头端，若纱线头端都露出，每个纤维头端产生一个毛羽，则每毫米纱上产生 4.476 根毛羽，这与上面计算的 4.51 根接近，说明模型设置和计算基本正确。

表 2-2-2 给出了不同长度范围的毛羽个数及平均长度，备用。

表 2-2-2 不同长度范围的毛羽个数及平均长度

毛羽范围 (mm)		AC_1	b	毛羽总个数	分段毛羽个数	累计个数	分段长度	累计长度	平均长度
x_1	x_2								
0	0.1	60275	1.3354	45137	5642.4	5642	275.8	276	0.049
0.1	0.2	60275	1.3354		4937.1	10579	735.1	1011	0.149
0.2	0.3	60275	1.3354		4319.9	14899	1075.2	2086	0.249
0.3	0.4	60275	1.3354		3779.87	18679	1318.8	3405	0.349
0.4	0.5	60275	1.3354		3307.36	21987	1484.6	4889	0.449
0.5	0.6	60275	1.3354		2893.92	24881	1588.4	6478	0.549
0.6	0.7	60275	1.3354		2532.15	27413	1643.1	8121	0.649
0.7	0.8	60275	1.3354		2215.62	29628	1659.2	9780	0.749
0.8	0.9	60275	1.3354		1938.65	31567	1645.7	11426	0.849
0.9	1	60275	1.3354		1696.30	33263	1609.6	13036	0.949
1	2	60275	1.3354		8749.99	42013	12179.0	25215	1.392
2	3	60275	1.3354		2301.71	44315	5505.4	30720	2.392
3	4	60275	1.3354		605.47	44920	2053.7	32774	3.392
4	5	60275	1.3354		159.27	45080	699.5	33473	4.392
5	30	60275	1.3354		56.85	45137	326.8	33800	5.749

以上介绍了求解毛羽个数、b 等的基本方法。下面再介绍比较简单的方法。

《现代喷气织机及应用》（秦贞观、陈国忠等编著）21 页有一段话说：“应用德国 Zweigle565 型毛羽测试仪对各种类型纱线的毛羽进行大量测试，发现大约有 75%以上的毛羽长度低于 1mm，而有害的 3mm 以上的毛羽仅占 1%”。

22 页又说：“德国 Zweigle565 型毛羽测试仪对棉、粘胶短纤维的普梳及精梳纱进行了测试，认为细纱毛羽长度的分布呈指数规律分布，棉纱约有 75%的毛羽长度及毛圈长度低于 1mm，而仅有 1%的毛羽长度超过 3mm。”

乌斯特公报 2013 有一项检测值是 $S3$。$S3$ 表示 100m 纱中长于 3mm 以上的毛羽的个数，按以上两段话的说法，假定超过 3mm 长度毛羽的个数恰是 1%。这样就能借助于公报给出庞大的数据资源来计算纱线的摩擦系数了，也能根据工厂平时测试报告 H、$S3$ 值计算摩擦阻力了。

根据式（18a）及说明可知，e^{-bx} 是毛羽长度为 x 以上的毛羽个数占毛羽总个数的比值，那么 e^{-3b} 是长度为 3mm 以上的毛羽个数占毛羽总个数的比值。若长度为 3mm 以上的毛羽个数占毛羽总个数的比值为 1%，则 $e^{-bx} = e^{-3b} = 0.01$，由此得 $b = 1.53506$，毛羽平均长度 $= 1/b = 0.65144$mm，由式（21a）算得：

$$C_1A = 10000H \cdot b^2 = 10000H \cdot 1.53506^2 = 23564.09H \tag{22}$$

b 和 C_1A 都是重要的数据，后面在计算毛羽的压差阻力时都要用到。从式（22）可以看出 C_1A 与毛羽指数 H 成正比，这样就可建立压差阻力与 H 之间的定量关系。

$e^{-b\cdot 1}$ 表示长度为 1mm 以上的毛羽个数占毛羽总个数的比值，当 $b = 1.53506$ 时，$e^{-b\cdot 1} = 21.54\%$，则长度为 1mm 及以下的毛羽个数占毛羽总个数的比值为 78.46%，这与《现代喷气织机及应用》75%的说法基本相符。

如果能对纱线进行具体测试，测试出 b 和 C_1A 值，当然很好。若没有，直接用 $b = 1.53506$ 和式（22）也是重要的方法。

式（18a）中 $\dfrac{A}{b}$ 是指 10m 长度纱线的可检测到的毛羽总个数，$\dfrac{C_1A}{b}$ 是指 10m 长度纱线的毛羽总个数（包括可检测到的毛羽和不可检测到的毛羽）。$S3$ 则表示 100m 纱中长于 3mm 的可检测到的毛羽总个数，所以乌斯特公报所说 $S3$（公式中写成 S_3）

$$S_3 = 10 \cdot \frac{A}{b} e^{-3b} \tag{23}$$

$$A = \frac{S_3 \cdot b}{10e^{-3b}} \tag{24}$$

由式（21）得：

$$C_1 = \frac{100000H \cdot b\mathrm{e}^{-3b}}{S_3} \tag{25}$$

若

$$\mathrm{e}^{-3b} = 0.01, A = \frac{S_3 \cdot b}{10\mathrm{e}^{-3b}} = 10S_3 \cdot b \tag{26}$$

2. 毛羽的大挠度变形悬臂梁模型

毛羽一端固定在纱线基体上，另一端处于自由状态，可以把毛羽看作悬臂梁。毛羽的抗弯刚度很小，遇到气流后，绝大部分会发生大挠度变形，故把毛羽变形看作大挠度变形悬臂梁模型来处理。长度短到还没有超过纱基体的气流边界层的毛羽，则略去不考虑，或根据具体情况处理。

把毛羽变形看作大挠度变形悬臂梁模型的目的主要是计算毛羽的迎风面积，根据迎风面积和压差阻力系数、风速等就可以计算出毛羽对气流的阻力。在毛羽上的作用力是一个分布力，但悬臂梁分布力大挠度变形的计算比较难，故先把分布力简化成作用于悬臂梁自由端的集中力。

当悬臂梁变形为小挠度时，集中力 P 作用于悬臂梁自由端时，在自由端产生的转角 θ_1 和挠度 y_1 分别为：

$$\theta_1 = \frac{PL^2}{2EI} \qquad y_1 = \frac{PL^3}{3EI}$$

在同样长度下，若均布力 q 作用于悬臂梁上，在自由端产生的转角 θ_2 和挠度 y_2 分别为：

$$\theta_2 = \frac{qL^3}{6EI} \qquad y_2 = \frac{qL^4}{8EI}$$

式中：EI 为抗弯刚度；L 为悬臂梁长度。

令 $P = Lq$ ，则 $\theta_1 = 3\theta_2$，$y_1 = 2.6667y_2$，这就是说，在悬臂梁自由端加一个 $Lq/3$ 的集中力，与在悬臂梁上加一个均布力 Lq ，在自由端产生的转角是相同的；或在悬臂梁自由端加一个 $Lq/2.6667$ 的集中力，与在悬臂梁上加一个均布力 Lq ，在自由端产生的挠度是相同的。即（$1/3 \sim 1/2.6667$）Lq 的集中力与 Lq 的均布力产生的效果相同。若把毛羽看作悬臂梁，则悬臂梁内侧一段长度还处于纱线基体的边界层，而边界层的气流速度是小于主体气流速度的，而计算悬臂迎风面积作用的气流速度是却是按主体气流速度计算的。考虑到这一点，故取相当集中力 $\tilde{F}$ 为 $Lq/3$，代替均布力，即：

$$\tilde{F} = \frac{Lq}{3} \tag{27}$$

纤维的直径由下式计算：

$$d = 2 \times 10^{-5} \times \sqrt{\frac{\mathrm{Tt}}{\pi\gamma}} \tag{28}$$

式中：γ 为纤维的体积密度（kg/m^3），棉为 1.54，涤为 1.38；Tt 为纤维的线密度（dtex）。

设棉和涤的纤维线密度都是 1.6667dtex，则棉纤维的直径为 1.174×10^{-5}m，涤纤维的直径为 1.240×10^{-5}m。

棉纤维截面是扁平的，甚至是中空的，但一般地仍当圆形看。在计算棉纤维截面惯性矩时，也把棉纤维当圆形看，最后再在计算结果上乘以修正系数 η_t。η_t 与纤维的截面形状有关。

纤维的截面惯性矩 I 为：

$$I = \eta_t I_0 = \eta_t \frac{\pi d^4}{64} \tag{29}$$

式中：I_0 为按正常圆截面计算出来的截面惯性矩。

短绒棉 η_t 一般取 0.7，长绒棉取 0.79，涤纤维取 0.91。若棉纤维的直径为 1.174×10^{-5}m，涤纤维的直径为 1.240×10^{-5}m，代入上式，算得短绒棉的 $I=6.525\times10^{-22}m^4$，涤纤维的 $I=1.056\times10^{-21}m^4$。

纤维的初始模量 E_0 是指将折算成 1dtex 的纤维拉伸 1%时所需拉力的 100 倍，单位为 cN/dtex。但在使用时需要将它换成弹性模量 E。具体方法是，设纤维线密度等于 1dtex 时纱线的直径为 d_0（m），令式（28）中的 Tt＝1dtex，求出 d(m)，这时的 d 就等于 d_0，纤维的面积 $s_0=\pi d_0/4$，初始模量 E_0 的定义可理解为，把面积为 s_0（m^2）的纤维从 0 伸长拉伸到 1%伸长时所需的力为 F_0（N），F_0 和 E_0 在数据上是相等的。在初始状态则弹性模量 E（Pa）为：

$$E = \frac{F_0/100/100}{1\% \times s_0} = \frac{F_0/100/100}{1\% \times \pi {d_0}^2/4} = 1 \times 10^8 \times E_0\gamma \tag{30}$$

上式在推导时应用了式（28）。

棉纤维的初始模量为 60～82cN/dtex，涤短纤的初始模量为 22～44cN/dtex。取棉纤维的初始模量为 70cN/dtex，取涤短纤的初始模量为 33cN/dtex，则算得，棉纤维的弹性模量为 $1.078\times10^{10}N/m^2$，涤短纤则为 $4.554\times10^{9}N/m^2$。

3. 大挠度悬臂梁和毛羽摩擦系数的计算

集中力大挠度变形的悬臂梁示意图如图 2-2-6 所示。AB 为毛羽，长度为 L，视为悬臂梁，主体气流的方向与 y 轴相同，方向向下。气流的密度、速度和毛羽直径都是已知量，根据前面介绍的知识，则气流对毛羽的压差阻力 C_d 可求出，进而可以求出单位长度的压差阻力 q（这是一个均布力）。在悬臂梁还没有变形的时候，迎风面的长度为 L，利用式（27），把均布力 qL 化成集中力 P 为：

$$P = \tilde{F} = \frac{qL}{3} \tag{31}$$

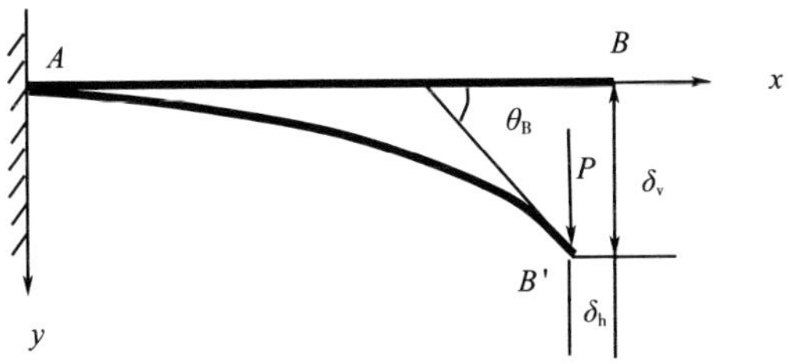

图 2-2-6 集中力大挠度变形的悬臂梁示意图

然后就可以求在集中力 P 作用下，悬臂梁自由端由 B 点变形到 B' 点的变形挠度 δ_v、B 点的变形角 θ_B 以及 B 点的水平位移量 δ_h 了。值得注意的是，随着悬臂梁自由端的移动，水平移动量 δ_h 就会变大，（$L-\delta_h$）才是在不同位置时真实迎风面长度。统一把 L 作为迎风面长度计算出来的 δ_v、θ_B 包括 δ_h 肯定是偏大了。解决办法是：把第一次计算出来的结果作为初值 $\delta_h^{(1)}$，把 $L-\delta_h^{(1)}$ 作为新的迎风面长度，重复前面的计算过程，就会得到 $\delta_h^{(2)}$，再把 $L-\delta_h^{(2)}$ 作为新的迎风面长度，又再次重复计算，直到 $|\delta_h^{(n+1)}-\delta_h^{(n)}|<\varepsilon$ 为止。ε 是要求的允许误差。这实际就是在应用牛顿迭代法，逐步找出精确值的过程。

要说明的是：①上面的叙述把悬臂与基础壁的夹角看作是 90°。但毛羽特别是短毛羽与基础纱体的夹角一般并不是 90°。在成纱加捻过程中纤维头端因张力小是被其它纤维挤出来的，所以它与纱体的夹角应与纱线表面的捻角基本相同，故在计算时，把毛羽短于 0.6mm 的毛羽与纱体的夹角视为捻角 β。纬纱的捻系数在 300~360 之间，对应的捻角为 19°~23°，捻角的正切值 $\tan\beta$ 在 0.35~0.42 之间，后面程序中取为 0.4。对于长毛羽，则视为 0~90°的随机角度。随机角度的平均值为 45°，故在计算毛羽所受的压差阻力时，将压差阻力系数修正为按正常计算值的 $\sqrt{2}/2$ 倍（约 0.7）。②若短毛羽的长度（如 0.6mm 以下的毛羽长度）与 $\tan\beta$ 的乘积小于气流对纱线基体的附面层厚度，则不计算此毛羽对气流的压差阻力。③若纱线的毛羽长度小于气流对纱线基体的附面层厚度，也不计算此毛羽对气流的压差阻力。④若气流对纱线作用长度为 l，把 l 分成 m 段，求出每段纱体的平均附面层厚度和各种长度的毛羽个数，按第②③要求把不需要计算的毛羽舍去，然后把各小段剩下的毛羽按长度不同分别按大挠度悬臂梁计算压差阻力，再求出各段阻力和，并最后求出整个 l 纱线的毛羽压差阻力和 R_{f1} 。⑤在计算毛羽压差阻力之前，纱线基体的摩擦力 R_f 及摩擦系数 C_f 应先算出。⑥设 R_{f2} 为：

$$R_{f2} = R_f + R_{f1} \tag{32}$$

则 R_{f2} 就是整个纱线 l 上所受的气流作用力。再反向求出考虑毛羽后的摩擦系数 C_{ff} ，则有：

$$C_{ff} = \frac{2R_{f2}}{\rho\,(V_{气} - V_{纱})^2 \cdot \pi Ld} \tag{33}$$

令

$$\gamma_C = C_{ff}/C_f \tag{34}$$

则 γ_C 为毛羽纱摩擦系数 C_{ff} 与无毛羽纱摩擦系数 C_f 的比例倍数，$\gamma_C - 1$ 则为净增倍数。

现在回过头来具体求解集中力大挠度悬臂梁的变形问题。

已知集中力 L 、E 、I 、P［由式（31）算得］，求 θ_B 、δ_v 、δ_h 。

此处采用 http：//www. cnki. net 胡辉在“伽辽金法在悬臂梁大挠度问题中的应用”中的近似方法求解，因其方法与精确值误差很小。这里不作推导，直接写出其公式。

令

$$C_b = \frac{PL^2}{EI} \tag{35}$$

$$\theta_B = \sqrt{\left(\frac{35}{12C_b}\right)^2 + \frac{35}{12}} - \frac{35}{12C_b} \tag{36}$$

式中的 θ_B 最大值为 $\pi/2$，如果算得 $\theta_B > \pi/2$，则令 $\theta_B = \pi/2$。上式中的 θ_B 之所以会大于 $\pi/2$，是因为上式是近似公式，在精确解中 θ_B 最大值为 $\pi/2$。

$$\delta_v = L\sin\theta_b - \frac{2\theta_b^2 L}{3C_b^{\alpha}} \tag{37}$$

式中：$\alpha = \begin{cases} 1，当 C_b \leq 1 \\ 0.92，当 C_b > 1 \end{cases}$

$$\delta_h = L\left(1 - \sqrt{\frac{2\sin\theta_b}{C_b}}\right) \tag{38}$$

例：设气流对毛羽（即悬臂梁）迎风面上单位长度的作用力为 $q = 0.13382\text{N/m}$，棉纤维的弹性模量为 $E = 1.078\times10^{10}\text{N/m}^2$，涤短纤的弹性模量为 $E = 4.554\times10^9\text{N/m}^2$，短绒棉的 $I = 6.525\times10^{-22}\text{m}^4$，涤纤维的 $I = 1.056\times10^{-21}\text{m}^4$，把均布力化成集中力 P ，在集中力 P 的作用下，悬臂梁自由端变形到 B' 点，求 $L = 0.001\text{m}$（纤维的毛

羽长度是 1mm）时，B' 点的转角 θ_B、挠度 δ_v、水平移动量 δ_h。并求气流对毛羽的作用力。让 L 以 0.0001m（0.1mm）为步进量，求 L 从 0.0001m 变化到 0.005m 时（即毛羽长度从 0.1mm 变化到 5mm）时，悬臂梁 B' 点的转角 θ_B、挠度 δ_v、水平移动量 δ_h。

解：先计算棉纤维，分三步进行计算。

第一步：迎风面长度按 L 计算（以 $L=0.001$m 说明）。

由式（31），集中力 $P=\tilde{F}=qL/3=0.13382\times0.001/3=4.461\times10^{-5}(\mathrm{N})$

$$C_b=\frac{PL^2}{EI}=\frac{4.461\times10^{-5}\times0.001^2}{1.078\times10^{10}\times6.525\times10^{-22}}=6.342$$

$$\theta_B=\sqrt{\left(\frac{35}{12C_b}\right)^2+\frac{35}{12}}-\frac{35}{12C_b}=\sqrt{\left(\frac{35}{12\times6.342}\right)^2+\frac{35}{12}}-\frac{35}{12\times2.378}$$
$$=1.309\mathrm{rad}=74.99°$$

因 $C_b>1$，故系数 $\alpha=0.92$。

$$\delta_v=L\sin\theta_B-\frac{2\theta_B{}^2L}{3C_b^{\alpha}}=0.001\times\sin74.99°-\frac{2\times1.309^2\times0.001}{3\times6.342^{0.92}}=0.000757(\mathrm{m})$$

$$\delta_v/L=0.000757/0.001=0.757=75.7\%$$

这说明，挠度约为毛羽原长的 76%。

$$\delta_h=L\left(1-\sqrt{\frac{2\sin\theta_B}{C_b}}\right)=0.001\times\left(1-\sqrt{\frac{2\sin74.99°}{6.342}}\right)=0.000448(\mathrm{m})$$

$$\delta_h/L=0.000448/0.001=0.448=44.8\%$$

这说明，B' 点的水平移动量 δ_h 约为毛羽原长的 45%。迎风面长度变为 $L-\delta_h$，集中力 P 也变小了。

第二步：应用牛顿迭代法原理，求出比较准确的 δ_h。把第一步计算出来的 δ_h、P 记为 $\delta_h^{(1)}$、$P^{(1)}$，令 $P^{(2)}=q(L-\delta_h^{(1)})/3$ 代替 P，重复第一步后面的运算，可得出 $\delta_h^{(2)}$；再令 $P^{(3)}=q(L-\delta_h^{(2)})/3$ 代替 P，求出 $\delta_h^{(3)}$、$P^{(4)}$，直至 $|\delta_h^{(n+1)}-\delta_h^{(n)}|<10^{-2}\cdot\delta_h^{(n)}$，$10^{-2}\cdot\delta_h^{(n)}$ 为指定的精度 ε。δ_h 最终计算结果是 0.00034，迎风面长度 $L_1=(L-\delta_h)=0.00066$m，气流对由 1mm 长的毛羽构成的悬臂梁的作用力 F 为：

$$F=q(L-\delta_h)/3=0.13382\times(0.001-0.00034)=0.0000883N$$

第三步：求出 L 从 0.0001 变化到 0.005m 时，悬臂梁 B' 点的转角 θ_B、挠度 δ_v、水平移动量 δ_h 及 F。

下面把整个过程写成 MATLAB 程序（程序附到后面，这里先介绍程序运行的结果）。本部分在程序中以 YB、Yv、Yh 分别代替转角 θ_B、挠度 δ_v、水平移动量 δ_h。

这里先介绍程序运行的结果。

（1）不同的毛羽长度在遇到不同的风速后，毛羽的迎风面长度 L_1 会不同。风速越大，迎风面长度会越小。毛羽长，迎风面长度也越长，但毛羽长到一定长度后，即使毛羽再长，迎风面长度也不会增加了。见图 2-2-7。

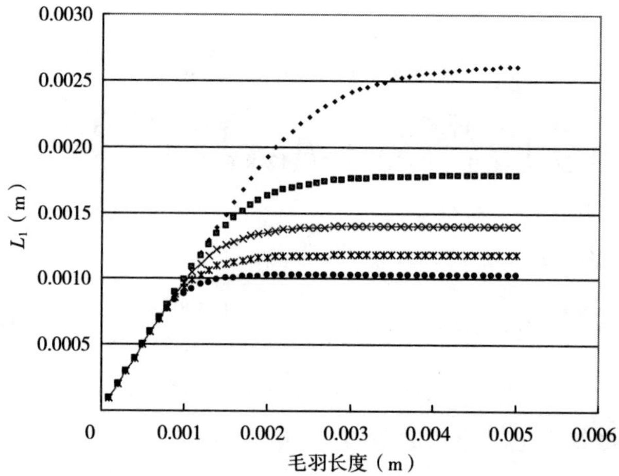

图 2-2-7　毛羽迎风面长度 L_1 与毛羽长度的关系（1）

曲线从上到下的风速条件依次为 10m/s，20m/s，30m/s，40m/s，50m/s

（2）风速大时，气流对毛羽的压差阻力系数会就小，迎风面长度也会变小，但气流对毛羽的压差阻力却会变大。

（3）纱线上有无毛羽，气流对纱线的摩擦系数相差很大。表 2-2-3 是把上例中品种 J T/C13tex W 纱上的毛羽完全看作棉纤维计算出来的摩擦系数。表中 V 表示气流速度与纱线速度差，纱线上无毛羽时纱线的摩擦系数是 C_f，有毛羽纱线的摩擦系数是 C_{ff}，气流对纱线的作用长度 $L=0.2$m，从表中可以看出，后者是前者的 4.3~11 倍。而 $C_{ff}-C_f$ 则是由纱线上的毛羽压差阻力产生的，与 C_f 相比，（$C_{ff}-C_f$）在引纬中起主导作用。故强捻的化纤复丝在引纬时是比较困难的。由此可知，纱线表面的毛羽越多，纱线的摩擦系数 C_{ff} 越大。纤维的抗弯刚度越大，纱线的摩擦系数 C_{ff} 越大。棉纤维的抗弯刚度比涤短纤维大，从表 2-2-4 可知，棉纱线的 C_{ff} 大。对于有毛羽的纱线，C_{ff} 的大小还取决于毛羽的雷诺数，而雷诺数又取决于气流相对于毛羽的速度、气流密度和毛羽直径。

表 2-2-3

气流密度	V	棉毛羽 C_d	R_f	R_{f1}	R_{f2}	C_f	C_{ff}	C_{ff}/C_f
1.2	10	2.31	5.21E-05	0.001	0.001	0.0104	0.1135	11.0
1.2	20	1.86	0.000178	0.002	0.002	0.0089	0.0881	9.9
1.2	30	1.69	0.000367	0.003	0.003	0.0081	0.0748	9.2
1.2	40	1.60	0.000612	0.005	0.005	0.0076	0.0659	8.7
1.2	50	1.53	0.000909	0.006	0.007	0.0072	0.0589	8.1
1.2	60	1.47	0.001257	0.009	0.010	0.0069	0.0542	7.8
1.2	70	1.43	0.001654	0.011	0.012	0.0067	0.0497	7.4
1.2	80	1.39	0.002097	0.013	0.015	0.0065	0.0461	7.1
1.2	90	1.35	0.002585	0.015	0.018	0.0063	0.0434	6.8
1.2	100	1.32	0.003118	0.017	0.020	0.0062	0.0407	6.6
1.2	110	1.29	0.003694	0.020	0.023	0.0061	0.0384	6.3
1.2	120	1.26	0.004311	0.022	0.026	0.0060	0.0363	6.1
1.2	130	1.24	0.004971	0.024	0.029	0.0058	0.0345	5.9
1.2	140	1.22	0.005671	0.027	0.033	0.0058	0.0331	5.8
1.2	150	1.20	0.006411	0.030	0.036	0.0057	0.0319	5.6
1.2	160	1.18	0.00719	0.032	0.040	0.0056	0.0307	5.5
1.2	170	1.16	0.008008	0.035	0.043	0.0055	0.0294	5.3
1.2	180	1.14	0.008865	0.037	0.046	0.0054	0.0283	5.2
1.2	190	1.12	0.009759	0.040	0.050	0.0054	0.0275	5.1
1.2	200	1.11	0.010691	0.043	0.053	0.0053	0.0265	5.0
1.2	210	1.10	0.01166	0.045	0.057	0.0053	0.0256	4.9
1.2	220	1.08	0.012665	0.048	0.060	0.0052	0.0248	4.8
1.2	230	1.07	0.013707	0.051	0.065	0.0052	0.0244	4.7
1.2	240	1.06	0.014784	0.054	0.069	0.0051	0.0237	4.6
1.2	250	1.04	0.015897	0.057	0.073	0.0051	0.0231	4.6
1.2	260	1.03	0.017045	0.060	0.077	0.0050	0.0227	4.5
1.2	270	1.02	0.018227	0.063	0.082	0.0050	0.0223	4.5
1.2	280	1.01	0.019445	0.066	0.086	0.0049	0.0218	4.4
1.2	290	1.00	0.020696	0.070	0.090	0.0049	0.0214	4.4
1.2	300	0.99	0.021982	0.072	0.094	0.0049	0.0209	4.3

表 2-2-4

气流密度（kg/m³）	气流速度（m/s）	L=0.2m JC13tex C_{ff1}	L=0.27m JC13tex C_{ff2}	L=0.2m 涤 13tex C_{ff3}	L=0.27m 涤 13tex C_{ff4}	C_{ff}	$C_{ff祝}$	$C_{ff皮}$
1.2	10	0.1135	0.1001	0.1131	0.0993	0.1064	0.1033	0.0721
1.2	20	0.0881	0.0775	0.0858	0.0751	0.0812	0.0655	0.0498
1.2	30	0.0748	0.0658	0.0716	0.0628	0.0683	0.0513	0.0409
1.2	40	0.0659	0.0580	0.0624	0.0548	0.0598	0.0438	0.0362
1.2	50	0.0589	0.0518	0.0553	0.0486	0.0531	0.0392	0.0333
1.2	60	0.0542	0.0478	0.0507	0.0446	0.0488	0.0361	0.0313
1.2	70	0.0497	0.0439	0.0463	0.0408	0.0447	0.0339	
1.2	80	0.0461	0.0407	0.0428	0.0378	0.0414	0.0322	
1.2	90	0.0434	0.0384	0.0403	0.0356	0.0390	0.0309	
1.2	100	0.0407	0.0359	0.0377	0.0333	0.0365	0.0298	
1.2	110	0.0384	0.0341	0.0355	0.0315	0.0345	0.0289	
1.2	120	0.0363	0.0323	0.0335	0.0298	0.0326	0.0282	
1.2	130	0.0345	0.0307	0.0319	0.0284	0.0310	0.0276	
1.2	140	0.0331	0.0294	0.0305	0.0272	0.0297	0.0270	
1.2	150	0.0319	0.0284	0.0295	0.0262	0.0287	0.0266	
1.2	160	0.0307	0.0273	0.0283	0.0252	0.0275	0.0262	
1.2	170	0.0294	0.0263	0.0271	0.0243	0.0265	0.0258	
1.2	180	0.0283	0.0253	0.0261	0.0234	0.0255	0.0255	
1.2	190	0.0275	0.0245	0.0254	0.0227	0.0247	0.0252	
1.2	200	0.0265	0.0238	0.0245	0.0220	0.0239	0.0250	
1.2	210	0.0256	0.0230	0.0236	0.0213	0.0231	0.0247	
1.2	220	0.0248	0.0222	0.0229	0.0206	0.0224	0.0245	
1.2	230	0.0244	0.0219	0.0225	0.0202	0.0220	0.0243	
1.2	240	0.0237	0.0213	0.0219	0.0197	0.0214	0.0241	
1.2	250	0.0231	0.0208	0.0213	0.0192	0.0208	0.0240	
1.2	260	0.0227	0.0204	0.0210	0.0189	0.0205	0.0238	
1.2	270	0.0223	0.0200	0.0206	0.0185	0.0201	0.0237	
1.2	280	0.0218	0.0196	0.0201	0.0181	0.0197	0.0235	
1.2	290	0.0214	0.0192	0.0198	0.0178	0.0193	0.0234	
1.2	300	0.0209	0.0188	0.0193	0.0174	0.0189	0.0233	

表 2-2-4 是将上例中品种 J T/C13texW 纱分别看作纯棉纱和纯涤纱，并让气流对纱线的作用长度 L 分别为 0.2m 和 0.27m 时计算出来的摩擦系数，分别记为 C_{ff1}、C_{ff2}、C_{ff3}、C_{ff4}，J T/C13texW 纱的配棉成分是棉：涤=35：65，再按平均法分别求出纯棉纱、纯涤纱的摩擦系数，最后用加权平均法求出 J T/C13texW 纱的摩擦系数 C_{ff}，即：

$$C_{ff} = 0.5 \times (C_{ff1} + C_{ff2}) \times 0.35 + 0.5 \times (C_{ff3} + C_{ff4}) \times 0.65 \tag{39}$$

祝章琛先生在“主喷射气流的引纬特性”（见《棉纺织技术》杂志 1994.7）一文中给出了一个计算纱线摩擦系数 μ_x 的近似经验公式：

$$\mu_x = 0.02 + \frac{1}{(u - v) + 2} = 0.02 + \frac{1}{V + 2} \tag{40}$$

式中：u 表示气流速度，v 表示纱线速度，$(u - v)$ 就是本节中的 V。表 2-2-4 中也给出按式（40）的计算结果。

皮利平科在《气流引纬》（12 页）讲道，各种棉纱在低速（空气速度 3~50m/s，纱线静止）时的摩擦系数 C_x 可写为：

$$C_x = \left(\frac{2.1}{V + 3} + 0.065\right) / \pi = \frac{0.668}{V + 3} + 0.0207 \tag{41}$$

需要说明的是，上式第 1 个等号右边原书只有括号内的内容，但纱线的气流绕纱面积是 πld，而原书是以 ld 作为纱线气流绕纱面积而作公式的，故将原书中公式除以 π，得上式。

表 2-2-4、图 2-2-8 也给出按式（40）、式（41）的计算结果，以便比较。

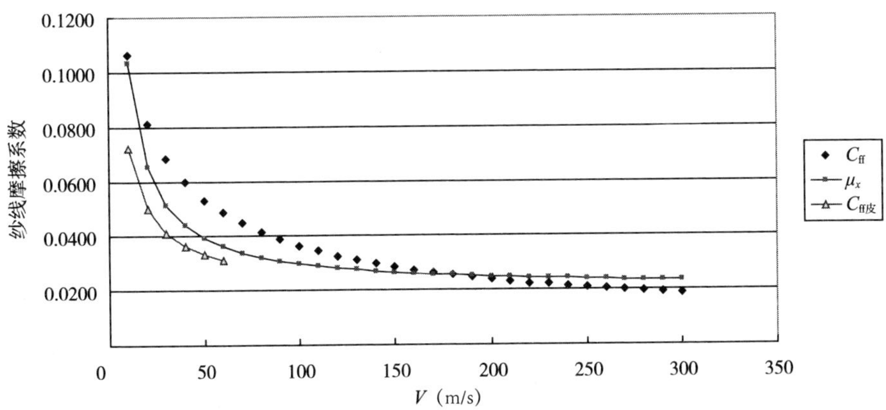

图 2-2-8

从表 2-2-4 可以看出，三种计算方法计算出来的结果存在差异。但曲线的形状还是比较相近的。式（40）和式（41）都是经验公式，两者不同的原因可能是建立此经验公式时所用的纱线品种簇、纱线质量不同或测量方法不同，如气流作用纱线长度的不同，或与测量时纱线是否处于稳定状态有关。

（4）纱线的摩擦系数 C_{ff} 是气流在其作用长度 l 内对纱线作用的平均摩擦系数，故 l 不同，C_{ff} 也不同。一般地，当 l 增大时，纱线的摩擦系数 C_{ff} 减小，当 $l \to \infty$，$C_{ff} \to C_f$。在喷气织机实际引纬过程中，$l \to \infty$ 这种情况是不可能发生的。一般情况是，当 l 增大时，C_{ff} 虽减小，但气流对纱线的牵引力却增加。以棉纱为例，气流密度 $\rho = 1.2\text{kg/m}^3$，气流速度与纱线速度之差 $V = 250\text{m/s}$，当 $l = 0.2\text{m}$ 时，$C_{ff} = 0.0231$（即 C_{ff1}），气流对纬纱的牵引力为 7.3cN；当 $l = 0.27\text{m}$ 时，$C_{ff} = 0.0208$（即 C_{ff2}），气流对纬纱的牵引力为 8.8cN。由此可知，主喷管长时对引纬有利。这里所说的 l 增大，都是指纱线主体是直线时气流对纱线作用长度的增大。当 l 增大时，C_{ff} 减小的原因是，当 l 增大时，气流的附面层厚度 δ 会变厚，即 δ 变大，而纱线表面的凹凸不平和毛羽长度却是一定的（即自纱圆柱表面向垂直方向的距离 y），按照附面层内速度的七分之一规律—— $V_x = V(y/\delta)^{1/7}$，沿纱线轴线的速度 V_x 会减小，于是气流与纱线的动量交换减小，摩擦剪切力减小，引纬力也就变小。要想增加引纬力，破坏纱线表面的附面层厚度，使之不至于很厚非常重要。因此，把主喷管做成一根很长的管子，不如把主喷管做成前后串联的两个主喷咀。纱线在气道中适当地波动、抖动、退捻旋转，有利于减小附面层厚度并增加压差推力。

4. 纱线摩擦阻力的计算程序

下面给出纱线摩擦阻力的计算程序，表 2-2-5 中各参数代表的意义程序说明中已讲清楚。

表 2-2-5　计算纱线摩擦系数的程序

	%气流对纱线牵引摩擦力及边界层的计算，压差阻力系数的计算						
2	E7=[ ]						
4	T=	300	%车间绝对温度(K)或气体绝对温度				
6	mu=	(1.711 * 10^(-5)) * (T/273)^1.5 * (273+122)/(T+122)					
8				% mu—空气动力粘度 μ			
10	rho=	1.2		% rho—空气密度 ρ			
12	nu=	mu/rho		% nu—空气运动粘度			
14	tex=	14.5		%纱线特数			
16	d=	0.037 * sqrt(tex)/1000			%纱线直径(米)		
18	s=	0.27		% s—气流对纱线的作用长度			
20	k=	27					
22		%把气流作用纱线的长度(米)分成 k 等份，一般按 1 厘米为一份。					

续表

	%若不按 1 厘米,则应使 k 值为整数	
for V=	10:10:300	% V—气流速度(米)
Red=	V * d/nu	% Red—以纱线直径为尺度的雷诺数
deltac11=	[ ]	%陈勇武层流边界层厚度
deltac12=	[ ]	%陈勇武紊流边界层厚度
delta1=	[ ]	%汪紊流边界层厚度
l1=	[ ]	
for l=0:0.01:s		% l—气流作用纱线的长度(米)
Rel=	V. * l. /nu	% Red—以气流作用时间为尺度的雷诺数
Cfc1=	1.932/(Red. * Rel).^0.333	% Cfc1—陈勇武层流摩擦系数
Cfc2=	0.0706/(Red. * Rel).^(1/9)	% Cfc2—陈勇武紊流摩擦系数
n1=	7	
n=	1./n1	%气流边界层 n 方规律(比如:n=1/7)
C0=	(0.7119/8 * (n.^2+3 * n+2)./n. * ((n+2)./4).^0.25).^(4/9)	
		% C0—过渡常数
r0=	d/2	% r0—纱线半径
Rer0=	V. * r0. /nu	% Rer0—以纱线半径为尺度的雷诺数
Cf1=	((n+2)./4/C0).^0.25 * 0.089/(Rer0. * Rel).^(1/9)	
K=	0.3566/(V. * Rer0)+0.787	% K—修正系数
Cf=	K. * Cf1	%Cf—汪黎明等人给出的摩擦系数
Rfc1=	Cfc1. * 0.5 * rho. * V.^2. * pi. * l. * d	
	% Rfc1—陈勇武层流边界层摩擦力	
Rfc2=	Cfc2. * 0.5 * rho. * V.^2. * pi. * l. * d	
	% Rfc2—陈勇武紊流边界层摩擦力	
Rf=	Cf. * 0.5 * rho. * V.^2. * pi. * l. * d	
	% Rfc3—汪黎明紊流边界层摩擦力	
deltac1=	3.107 * (l. * nu. * d./V).^(1/3)	
	% deltac1—δc1,陈勇武层流边界层厚度	
deltac2=	0.77807 * ((nu./V).^(1/9)). * (d. * l).^(4/9)	
	% deltac2—δc2,陈勇武紊流边界层厚度	
delta=	C0. * ((nu./V).^(1/9)). * (r0. * l).^(4/9)	
	% delta—δ,汪黎明紊流边界层厚度	
deltac11=	[deltac11,deltac1]	
deltac12=	[deltac12,deltac2]	
delta1=	[delta1,delta]	
l1=[l1,l]		
end		

续表

98	'\rho Vtex 摩擦系数 Cfc1 Cfc2 Cf 纱线长度 l1 摩擦力 Rfc1 Rfc2 Rf'						
100		G=[rho V tex Cfc1 Cfc2 Cf l Rfc1 Rfc2 Rf]					
102		G'					
104		'纱线长度 层流边界层厚度 陈紊流厚度 汪紊流厚度'					
106		D1=[l1',deltac11',deltac12',delta1']					
108							
110	%纱线压差阻力系数						
112	h0=	log10(Red)					
114	Cd=	0.028089 * h0^6-0.48602 * h0^5+3.36901 * h0^4-11.85942 * h0^3					
116	Cd=	Cd+22.44771 * h0^2-22.7938 * h0+12.29					
118					% Cd—气流对纱线的压差阻力系数		
120	Rd=	Cd. * 0.5 * rho. * V^2. * d. * l			% Rd—压差阻力		
122	etacd=	Rd./Rf	%etacd—ηcd,压差阻力是摩擦阻力的 ηcd 倍数				
124	%纤维直径、雷诺数、压差阻力系数、每米长压差阻力的算法：						
126	dtex=	1.6667			%纤维分特数		
128	rhoMian=	1.54			%棉纤维密度		
130	rhoDi=	1.38			%涤纤维密度		
132	dMian=	2 * 10^(-5) * sqrt(dtex/pi/rhoMian)			%棉纤维直径		
134	dDi=	2 * 10^(-5) * sqrt(dtex/pi/rhoDi)			%涤纤维直径		
136	RedMian=	V * dMian/nu			%棉纤维雷诺数		
138	RedDi=	V * dDi/nu			%涤纤维雷诺数		
140	h1=	log10(RedMian)					
142	h2=	log10(RedDi)					
144	CdMian=	0.028089 * h1^6-0.48602 * h1^5+3.36901 * h1^4-11.85942 * h1^3					
146	CdMian=	CdMian+22.44771 * h1^2-22.7938 * h1+12.29					
148				%CdMian—棉纤维压差阻力系数			
150	CdDi=	0.028089 * h2^6-0.48602 * h2^5+3.36901 * h2^4-11.85942 * h2^3					
152	CdDi=	CdDi+22.44771 * h2^2-22.7938 * h2+12.29					
154					%CdDi—涤纤维压差阻力系数		
156	C11=	0.7			% C11—用于修正棉纤维压差阻力系数		
158	C12=	0.7			% C12—用于修正涤纤维压差阻力系数		
160	CdMian=	C11 * CdMian					
162	CdDi=	C12 * CdDi					
164	qMian=	CdMian. * 0.5 * rho. * V^2. * dMian			%每米长棉纤维压差阻力		
166	qDi=	CdDi. * 0.5 * rho. * V^2. * dDi			%每米长棉纤维压差阻力		

续表

%计算毛羽气流作用力的程序								
202	%先计算悬臂梁自由端移动量，从而算出迎风面长度 L1，							
204	%毛羽上受到的气流作用力=迎风面长度 L1×单位长度的气流作用下 q							
206	syms P q L I,							
208	q=	qMian		%作用在悬臂梁单位迎风面长度上的力				
210	L=	0.001		%毛羽长度，即悬臂梁长度				
212	etaT=	0.7		%etaT—ηt，棉纤维截面修正系数				
214	I=	etaT * pi * dMian^4/64			%截面惯性矩			
216	E0=	70		%初始模量（厘牛/dtex）				
218	E=	10^8 * rhoMian * E0		%弹性模量				
220	B1=[ ]；							
222	B2=[ ]；							
224	J1=	0.0001						
226	J2=	0.0001						
228	J3=	0.007						
230								
232	for L=J1:J2:J3							
234	Yh=0							
236	Yh1=L							
238	while (abs(Yh1-Yh)>abs(0.00001 * Yh1))							
240		Y=Yh1-Yh;		%Yh—表示悬臂梁自由端水平位移量				
242		L1=L-Yh;		% L1—迎风面长度				
244		P=q * L1/3;		% P—相当集中力				
246		Yh1=Yh;						
248		Cb=P * L^2/E/I;						
250		YB=sqrt((35/12/Cb)^2+35/12)-(35/12/Cb);					% YB—即 θB	
252		if　YB>pi/2						
254		YB=pi/2;						
256		else						
258		YB=YB;						
260		end						
262		If　Cb<=1						
264		alpha=1				% alpha 即 α		
266		else						
268		alpha=0.92						
270		end						
272		Yv=L * (sin(YB)-2/3 * YB^2/Cb^alpha)				%Yv—悬臂梁自由端挠度 δv		

续表

274		Yh=L*(1-sqrt(2*sin(YB)/Cb))						
276	end							
278	L1=L-Yh		% L1—最终求得的迎风面长度					
280	F=q*L1		% F—气流对毛羽和作用力					
282	B1=[L YB*180/piYv Yv/L L1 q F]							
284		%此矩阵列向量分别对应[毛羽长度,自由端角度,挠度,挠度比,						
286		%毛羽迎风面长度,迎风面单位长度(米)气流压差阻力,压差阻力]。						
288		% B1 都是对单根毛羽而言的。						
290	B2=[B2;B1];		% B2 是 B1 的行矩阵					
292	end							
294	'[毛羽长度 自由端角度 挠度 挠度比 毛羽迎风面长度 单位长度压差阻力 压差阻力]'							
296	B2							
298								
300	%下面的程序是计算纱线上不同长度的毛羽个数的							
302	l=	s	;	% l—气流作用纱线的长度(米)				
304	deltal=	D1(:,4)'	;	%deltal—气流作用纱线的边界层厚度(米)				
306	k=	k	;					
308		%把气流作用纱线的长度(米)分成 k 等份,一般按 1 厘米为一份。						
310		%若不按 1 厘米,则应与前面作气流对纱线作用长度的值呼应。						
312	g=	l/k	;	% g 表示每等份的长度				
314	delta=	D1(:,4)'	;	%deltal—气流作用纱线的边界层厚度(米)				
316	A=	117820.5						
318		% A—系数,当纱线为 10 米长时 . 相当于文中的 C1*A(=10000H*b^2)						
320	A1=A/10*g,		% A1—系数,当为 g 米时					
322	b=	1.53506	% b—e 的方次系数					
324	x1=	1000*J1	% x1—表示以毫米为单位的毛羽长度					
326	x2=	1000*J2	% x2—表示以毫米为单位的毛羽长度					
328	x3=	1000*J3	% x3—表示以毫米为单位的毛羽长度					
330								
332	%下面这段程序是分段统计越出气流边界层外的毛羽个数的并计算出毛羽对气流的阻力的。							
334	k1=1							
336	E4=[]							
338	N=[]							
340	N2=[]							
342	for l1=g:g:l		% l—气流作用纱线的长度					
344	k1=k1+1							
346	N1=[]							

续表

```
348  for  x=x1-x2:x2:x3-x2
350  if  x/1000<delta(k1) | (x/1000<0.0006 & 0.4*x/1000<0.5*(delta(k1-1)+delta(k1)))
352    N1=0   ;   % delta(k1)—即δ(k1)—第k1段纱线气流边界层的厚度。
354  else
356  N1=[(A1.*(exp(-b.*x) - exp(-b.*(x+x2)))./b]
358                %毛羽区段个数的计算式
360  end
362
364  N=[N;N1]                 % N—分段毛羽个数矩阵
366  end
368  E1=B2                    %见第74、76句的注。
370  E2=[E1,N,N.*E1(:,7)]     % E1(:,7)—单根毛羽所受的压差作用力。
372  E3=[l1,sum(E2(:,end-1)),sum(E2(:,end))] %[纱线长度段,毛羽个数,单根毛羽受力]
374  E4=[E4;E3]               % E4是E3的行矩阵
376  N2=[N2,N]                %毛羽个数矩阵
378  E2=[]                              %
380  E3=[]                              %
382  N=[]
384  end
386  E4
388  E5=sum(E4)
390  Rf1=sum(E4(:,3)),Rf2=Rf1+Rf
392  Cff=Rf2/(0.5*rho*V^2*pi*d*l)
394                                     %考虑毛羽后最后计算出来的摩擦系数
396  '[气流密度 气流速度 q 棉毛羽 Cd   Rf Rf1 Rf2 Rd etacd Cf Cff   Cff/Cf]'
398  E6=[rho V qCdMian Rf Rf1 Rf2 Rd etacd Cf Cff Cff/Cf]
400            %注意第4列是棉还是涤
402  E7=[E7;E6]
404  end
```

5. 纱支相同毛羽指数 H 不同时摩擦系数的变化

以环锭纺纱JC14.8tex（JC40英支）机织筒纱为例。2013乌斯特公报的毛羽指数 H 见表2-2-6。仍认为3mm以上的毛羽个数占毛羽总个数的比值为1%，则 $b=1.53506$，毛羽平均长度 $=1/b=0.65144$mm，由式（22）求得 C_1A，再填入程序表2-2-5，得图2-2-9（L_1 取0.2m）。从图2-2-9可见，毛羽指数 H 不同，摩擦系数相差较大。

表 2-2-6　2013 乌斯特公报纯棉机织筒纱的毛羽指数 *H* 和 *S*3

项目		5%	25%	50%	75%	95%
H	C14. 8tex	4. 5	5	5. 5	6. 2	7
	JC14. 8tex	4. 1	4. 5	5	5. 5	6
*S*3	C14. 8tex	1284		2168		3317
	JC14. 8tex	711		1404		2873

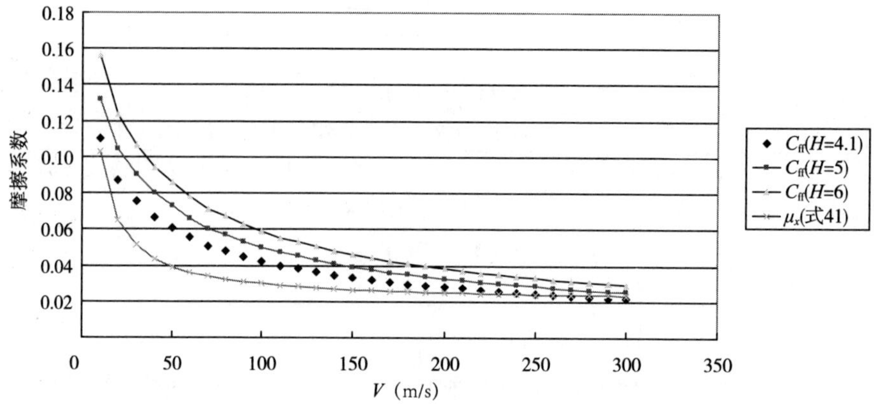

图 2-2-9　JC14. 8tex 在不同 *H* 时摩擦系数（*L*=0. 2m）

6. 不同纱支对摩擦系数的影响

以纯棉环锭纺纱精梳纱（因公报无精梳 10 英支值，故取普梳纱）为例，2013 乌斯特公报纯棉机织筒纱 50%水平的毛羽指数 *H* 值如表 2-2-7。

表 2-2-7　乌斯特公报纯棉机织筒纱 50%水平的毛羽指数 *H*

英支	Tt（tex）	*H*	英支	Tt（tex）	*H*
C10	C59. 1	8. 6	JC60	JC9. 84	3. 9
JC20	JC29. 5	7	JC80	JC7. 4	3. 6
JC40	JC14. 8	5			

方法同标题 5。求出摩擦系数，结果如图 2-2-10 所示（L_1 取 0. 2m）。从图 2-2-10可知，纱线越粗，摩擦系数越小，越接近按式（41）计算出的近似值。

皮利平科《气流引纬》（16 页）有一段话说，若纱线在气流中的阻力测定结

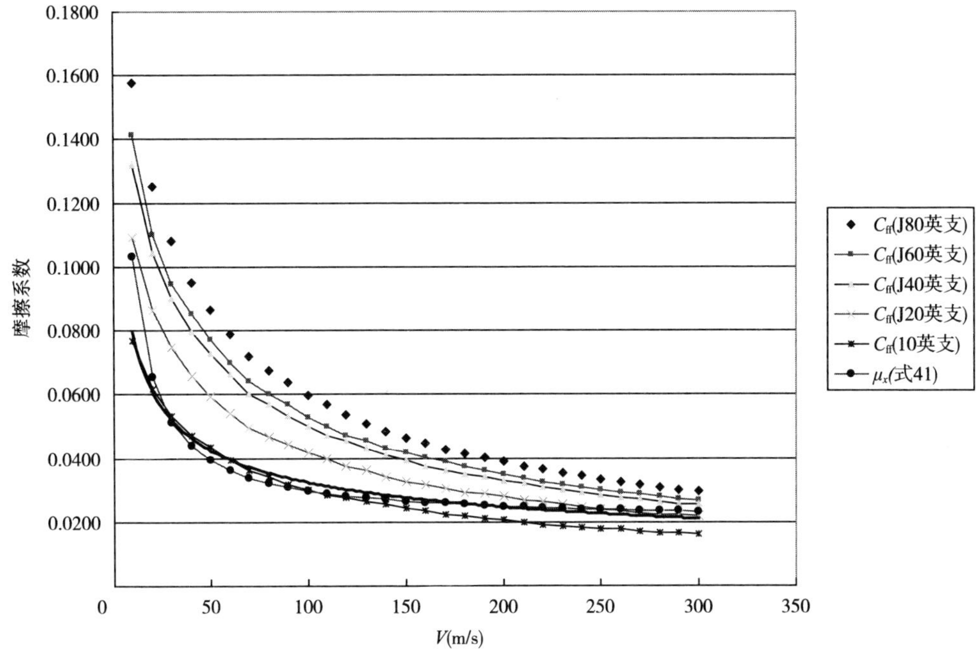

图 2-2-10　不同纱支对摩擦系数的影响

果是按公式 $C_x = \dfrac{F_x}{0.5\rho V^2 \cdot \pi L d}$ 求出的正向阻力系数 C_x（C_x 即摩擦系数），则对试验数据处理后，即可得到下面的近似关系式：

$$C_x = A/V^{\gamma} \tag{42}$$

式中：A，γ 为试验常数。

《气流引纬》中这段话的意思是，如果把纱线放在已知密度和速度的气流中，就可测出纱线所受的力 F_x，并根据力和纱线受力的表面积 πLd，反向求出摩擦系数 C_x。这样的方法实际是用试验法求摩擦系数。这样求出的 C_x 符合式（42）。

需要说明的是：作者提出的狼牙棒模型实质是用计算法求摩擦系数，但求出的结果也符合式（42）的曲线形式。说明狼牙棒模型是对的，但求出的具体结果还有待实践检验及进一步精细化。狼牙棒模型的优点是：

①考虑的因素多，如纤维长度细度刚度、纱线的毛羽分布规律、毛羽量，使计算出的摩擦系数更准确、更具体而不笼统。

②使用纺织企业常规检测报告数据就能求出摩擦系数和引纬力等，还可应用乌斯特公报给出的庞大数据资源。

③使用计算机程序计算很快（运行程序约 1min），几乎不需要成本。

④纺织企业一般不具备测量气流对纱线摩擦系数的仪器和技术，使用模型计算法刚好弥补了此缺点，在设计工艺时可做到心中有数。这种计算方法肯定会成为计算摩擦系数和引纬力等的一种方向。

第三节　纬纱经过储纬鼓的卷绕力和退绕力

要想知道引纬力的大小，首先应知道纬纱经过储纬鼓时的卷绕力和退绕力的大小。这实际上既是研究引纬问题，又是研究节气问题。这样便于得出正确的结论，减少用气的盲目性，增加节气的自觉性。

一、纱线上任一点退绕的速度和加速度

将 ZA203、205 织机由鼓爪组成的储纬鼓近似看作圆柱形或圆台形，纱线卷绕在圆台的某一固定圆周位置上，当定纬销打开时，纱线在主喷气流、辅喷气流作用下，从储纬鼓退绕下来，在空中形成气圈。本节只考虑纱线匀速引纬的情况。在匀速运动时，纱线运动曲线一般是由两部分组成，一部分是储纬鼓上纱线运动曲线，即从纱线退绕点起到纱线脱纱点止的纱线曲线，另一部分是由纱线脱纱点到导纱器 G 为止的纱线自由气圈。

为此假设①纱线线密度 m_0 是均匀的，且受力后不伸缩；②纱线是绝对柔软的；③忽略纱线重力；④忽略纱线在储纬鼓上因受摩擦可能引起加捻或退捻的影响，即忽略纱线可能在储纬鼓鼓面上滚动的影响；⑤设纱线的退绕点 A 始终处于同一个圆周上，它在 z 轴的位置不变，半径 r_A 大小也不变。若匀速引纬的速度为 V_s，则在 z_A 处，纱线的退绕角速度为：

$$\omega = V_s/r_A \tag{1}$$

以储纬鼓轴线为 Z 轴建立 XYZ 静坐标系，仍以储纬鼓轴线为 z 轴建立 xyz 动坐标系，z 轴和 Z 轴重合，动坐标系以 ω 的角速度绕 Z（或 z）轴旋转。两坐标系的原点都取在纱线退绕点 A 所对应 Z（z）位置，即 $Z_A=z_A=0$。这样，纱线上任一点 P 即可看作，一方面在动坐标系里作相对运动，同时 P 点又以 ω 为角速度绕 Z（z）轴作牵连运动，如图 2-3-1 所示。图 2-3-1 的右图是左图的平面图，图中 z 轴箭头垂直纸面向外。为直观和方便起见，把 xyz 动坐标系改用柱面动坐标系（r，θ，z）表示，r，θ，z 的单位矢量记为 $\vec{e}_r$、$\vec{e}_\theta$、$\vec{e}_z$。柱面动坐标系单位向量与 xyz 直角

动坐标系单位向量的关系为：

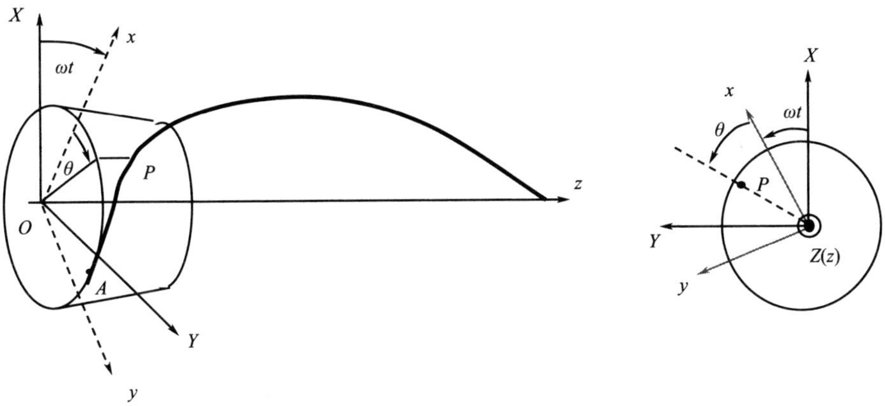

图 2-3-1　静坐标系和动坐标系

$$
\begin{aligned}
\vec{e}_r &= \cos\theta\vec{i} + \sin\theta\vec{j} \\
\vec{e}_\theta &= -\sin\theta\vec{i} + \cos\theta\vec{j} \\
\vec{e}_z &= \vec{k}
\end{aligned}
\tag{2}
$$

式中：$\vec{i}$、$\vec{j}$、$\vec{k}$ 分别表示在 xyz 动坐标系中 x、y、z 的单位矢量。若站在直角动坐标系内部看，$\vec{i}$、$\vec{j}$、$\vec{k}$ 都是常量，故对变量的导数（如时间 t 或转角 θ 的导数）都为0。若将 $\vec{e}_r$、$\vec{e}_\theta$ 对转角 θ 求导，则有：

$$
\begin{aligned}
\frac{d\vec{e}_r}{d\theta} &= -\sin\theta\vec{i} + \cos\theta\vec{j} = \vec{e}_\theta \\
\frac{d\vec{e}_\theta}{d\theta} &= -\cos\theta\vec{i} - \sin\theta\vec{j} = -\vec{e}_r
\end{aligned}
\tag{3}
$$

设纱线上任一点 P 的位置在柱面动坐标系中用矢量 $\vec{R}_s$ 表示，$\vec{R}_s$ 的起点是坐标原点 O 。

$$
\vec{R}_s = \vec{r} + \vec{z} = r\vec{e}_r + z\vec{e}_z \tag{4}
$$

相对速度 $\vec{v}_s$ 为 $\vec{R}_s$ 对时间 t 的导数：

$$
\begin{aligned}
\vec{v}_s &= \frac{dR_s}{dt} = \frac{d(r\vec{e}_r + z\vec{e}_z)}{dt} = \frac{dr}{dt}\vec{e}_r + r\frac{d\vec{e}_r}{dt} + \frac{dz}{dt}\vec{e}_z + z\frac{d\vec{e}_z}{dt} = \frac{dr}{dt}\vec{e}_r + r\frac{d\vec{e}_r}{d\theta}\cdot\frac{d\theta}{dt}\cdot + \frac{dz}{dt}\vec{e}_z + 0 \\
&= \frac{dr}{ds}\cdot\frac{ds}{dt}\vec{e}_r + r\frac{d\vec{e}_r}{d\theta}\cdot\frac{d\theta}{ds}\cdot\frac{ds}{dt} + \frac{dz}{ds}\cdot\frac{ds}{dt}\vec{e}_z + 0 \\
&= \frac{ds}{dt}\left(\frac{dr}{ds}\vec{e}_r + r\cdot\frac{d\theta}{ds}\vec{e}_\theta + \frac{dz}{ds}\vec{e}_z\right) = V_s(r'\vec{e}_r + r\theta'\vec{e}_\theta + z'\vec{e}_z) = V_s\vec{t}
\end{aligned}
\tag{5}
$$

式中：ds 为纱线的微元长度，$V_s = ds/dt$ 表示相对速度的大小（模），$\vec{t}$ 表示相对速度 $\vec{v}_s$ 的方向。

$$\vec{t} = \frac{dR_s}{ds} = r'\vec{e}_r + r\theta'\vec{e}_\theta + z'\vec{e}_z \tag{6}$$

牵连运动速度 $\vec{v}_e$ 为：

$$\vec{v}_e = \vec{\omega} \times \vec{r} = \omega\vec{e}_z \times r\vec{e}_r = r\omega\vec{e}_\theta \tag{7}$$

纱线上任一点的绝对运动速度 $\vec{v}_a$ 为：

$$\vec{v}_a = \vec{v}_s + \vec{v}_e = V_s(r'\vec{e}_r + r\theta'\vec{e}_\theta + z'\vec{e}_z) + r\omega\vec{e}_\theta \tag{8}$$

为书写方便，将 r 对时间 t 的导数记为 $\dot{r}$，将 r 对纱线弧长 s 的导数记为 r'，其它变量对 t 或 s 的导数的记法类似，于是有：

$$\dot{r} = \frac{dr}{dt} = \frac{dr}{ds} \cdot \frac{ds}{dt} = V_s r', \ \ddot{r} = V_s^2 r''$$

$$\dot{z} = V_s z' \qquad \ddot{z} = V_s^2 z''$$

$$\dot{\theta} = V_s \theta' \qquad \theta'' = V_s^2 \theta'' \tag{9}$$

纱线上任一点 P 的相对加速度 $\vec{a}_s$、牵连加速度 $\vec{a}_e$、哥氏加速度 $\vec{a}_k$ 分别为：

$$\vec{a}_s = \frac{d^2\vec{R}_s}{dt^2} = \frac{d[V_s(r'\vec{e}_r + r\theta'\vec{e}_\theta + z'\vec{e}_z)]}{dt} = \frac{d[V_s(r'\vec{e}_r + r\theta'\vec{e}_\theta + z'\vec{e}_z)]}{ds} \cdot \frac{ds}{dt}$$

$$= V_s^2[(r'' - r\theta'^2)\vec{e}_r + 2r'\theta'\vec{e}_\theta + r\theta''\vec{e}_\theta + z''\vec{e}_z] \tag{10}$$

$$\vec{a}_e = \vec{\omega} \times (\vec{\omega} \times \vec{r}) = \omega\vec{e}_z \times (\omega\vec{e}_z \times r\vec{e}_r) = -r\omega^2\vec{e}_r \tag{11}$$

$$\vec{a}_k = 2\vec{\omega} \times \vec{v}_s = 2\omega\vec{e}_z \times V_s(r'\vec{e}_r + r\theta'\vec{e}_\theta + z'\vec{e}_z) = 2V_s r'\omega\vec{e}_\theta - 2V_s r\theta'\omega\vec{e}_r \tag{12}$$

P 点的绝对加速度 $\vec{a}_a$ 为以上三个加速度之和：

$$\begin{aligned}\vec{a}_a &= \vec{a}_s + \vec{a}_e + \vec{a}_k \\ &= V_s^2[(r'' - r\theta'^2)\vec{e}_r + 2r'\theta'\vec{e}_\theta + r\theta''\vec{e}_\theta + z''\vec{e}_z] - r\omega^2\vec{e}_r + 2V_s r'\omega\vec{e}_\theta - 2V_s r\theta'\omega\vec{e}_r \\ &= [V_s^2(r'' - r\theta'^2) - 2V_s r\theta'\omega - r\omega^2]\vec{e}_r + (2V_s^2 r'\theta' + V_s^2 r\theta'' + 2V_s r'\omega)\vec{e}_\theta + V_s^2 z''\vec{e}_z\end{aligned} \tag{13}$$

二、纱线退绕时的受力及动力平衡方程

纱线在圆台形储纬器上受到的力有纱线张力 $\vec{T}$、鼓面对单位长度纱线的支撑力 $\vec{N}$、鼓面（鼓面指圆台侧面）对单位长度纱线的摩擦力 $\vec{F}_\mu$。另外，储纬器并不是真正的圆台，而是鼓爪构成的类似圆台，故纱线在储纬鼓上也受到空气对单位长度纱线的切向阻力 $\vec{F}_{pt}$ 和法向阻力 $\vec{F}_{pn}$，纱线重力略去不计。在自由气圈纱段，纱线受到的力有纱线张力 $\vec{T}$、空气对单位长度纱线的切向阻力 $\vec{F}_{pt}$ 和法向阻力 $\vec{F}_{pn}$，

而没有鼓面支撑力 $\vec{N}$ 和鼓面摩擦力 $\vec{F}_{\mu}$ 。另外，纱线若在圆台边缘有包角（鼓面曲线与自由气圈曲线的衔接线），则在圆台边缘受到摩擦力；纱线进入导纱器也会在导纱器上产生包角，也会受到摩擦力。

（1）纱线张力 $\vec{T}$ 。纱线张力 $\vec{T}$ 可表示为 $\vec{T}=T\vec{t}$ ，T 表示纱线张力的大小，$\vec{t}$ 表示纱线张力的方向，纱线张力的方向和纱线曲线的切线方向是一致的。

$$\vec{T} = T\vec{t} = T(r'\vec{e}_{r} + r\theta'\vec{e}_{\theta} + z'\vec{e}_{z}) \tag{14}$$

将纱线张力对纱线弧长 s 求导数（即 $\vec{T}'$ ），就表示单位长度纱线上的纱线张力，也表示单位长度纱线上张力的变化量。

$$\begin{aligned}\vec{T}' &= \frac{d\vec{T}}{ds} = T'\vec{t} + T\vec{t}\,' \\ &= T'(r'\vec{e}_{r} + r\theta'\vec{e}_{\theta} + z'\vec{e}_{z}) + T[(r'' - r\theta'^{2})\vec{e}_{r} + (2r'\theta' + r\theta'')\vec{e}_{\theta} + z''\vec{e}_{z}]\end{aligned} \tag{15}$$

储纬鼓可近似看作圆台状，将二分之一锥角记为 α ，从图 2-3-2 可以看出，

$$r = r_{A} - (z - z_{A})\tan\alpha = r_{A} - z\tan\alpha \tag{16}$$

于是有：

$$r' = -z'\tan\alpha \tag{17}$$

$$r'' = -z''\tan\alpha \tag{18}$$

圆台上纱线对单位长度纱线的支撑力 $\vec{N}$ 垂直于圆台表面（这里指圆台侧表面），$\vec{N}=N\vec{n}$ ，$\vec{n}$ 为 $\vec{N}$ 的单位方向矢量，如图 2-3-2 所示。因为 $\vec{n}$ 垂直于圆台侧表面，故 $\vec{n}$ 在周向无分量。由图 2-3-2 可知：

$$\vec{n} = \cos\alpha\cdot\vec{e}_{r} + \sin\alpha\cdot\vec{e}_{z}$$

则：

$$\vec{N} = N\vec{n} = N(\cos\alpha\cdot\vec{e}_{r} + \sin\alpha\cdot\vec{e}_{z}) \tag{19}$$

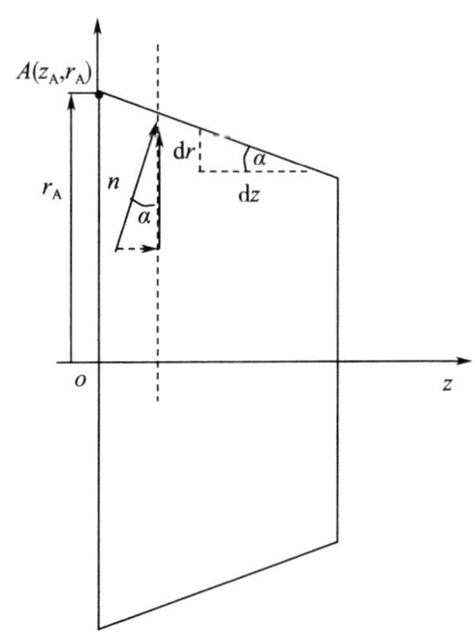

图 2-3-2　储纬鼓上纱线退绕时的受力

（2）储纬鼓表面对单位长度纱线的摩擦力 $\vec{F}_{\mu}$ 。$\vec{F}_{\mu}$ 的大小为 μN ，方向与纱线运动的方向相反。μ 为纱线与储纬鼓的摩擦系数。故：

$$\vec{F}_{\mu} = -\mu N\frac{\vec{v}_{a}}{|\vec{v}_{a}|} = \mu N\frac{V_{s}r'\vec{e}_{r} + (V_{s}r\theta' + r\omega)\vec{e}_{\theta} + V_{s}z'\vec{e}_{z}}{\sqrt{V_{s}^{2}r'^{2} + (V_{s}r\theta' + r\omega)^{2} + V_{s}^{2}z'^{2}}} \tag{20}$$

（3）空气对单位长度纱线的切向阻力 $\vec{F}_{pt}$ 和法向阻力 $\vec{F}_{pn}$ 。从前面第二节的讨论可知，空气对纱线的摩擦系数是速度的函数，空气阻力也不完全是与速度平方

成正比的关系。为方便起见，仍近似认为，空气对单位长度纱线的切向摩擦系数 p_t 和空气对单位长度纱线的法向摩擦系数 p_n 为常数，并假定 $\vec{F}_{pt}$ 、$\vec{F}_{pn}$ 分别与切向速度平方和法向速度平方成正比。即：

$$\vec{F}_{pt} = p_t v_\tau^{\ 2} = C_f \cdot \frac{1}{2}\rho v_\tau^2 \cdot \pi d \tag{21}$$

$$\vec{F}_{nt} = p_t v_n^{\ 2} = C_f \cdot \frac{1}{2}\rho v_n^2 \cdot d \tag{22}$$

故

$$p_t = 0.5C_f\rho \cdot \pi d \tag{23}$$

$$p_n = 0.5C_d\rho d \tag{24}$$

式中：d 、ρ 、v_τ 、v_n 分别表示纱线直径、空气密度、纱线在空气中的切向速度、法向速度；C_f 、C_d 分别表示纱线与空气的切向摩擦系数和压差阻力系数，具体见第二节。

因纱线气圈在空气中的切向速度、法向速度是变化的，对于不同的速度，C_f 、C_d 不同，可大致取一个加权值。

纱线相对运动的速度为 V_s ，方向为 $\vec{t}$ 。纱线牵连运动速度为 $\vec{v}_e$，$\vec{v}_e = r\omega\vec{e}_\theta$，把牵连运动速度分解到纱线的切向和法向方向上去。分解到纱线切向的速度记为 $\vec{v}_{et}$ ，分解到纱线法向的速度记为 $\vec{v}_{en}$ 。

$$\begin{aligned}\vec{v}_{et} &= \vec{v}_e \cdot \vec{t} \cdot \vec{t} = r\omega\vec{e}_\theta \cdot (r'\vec{e}_r + r\theta'\vec{e}_\theta + z'\vec{e}_z) \cdot (r'\vec{e}_r + r\theta'\vec{e}_\theta + z'\vec{e}_z) \\ &= r^2\omega\theta'(r'\vec{e}_r + r\theta'\vec{e}_\theta + z'\vec{e}_z)\end{aligned} \tag{25}$$

式中：$\vec{v}_e \cdot \vec{t}$ 表示速度 $\vec{v}_e$ 在 $\vec{t}$ 方向的投影值大小，速度 $\vec{v}_{et}$ 的模是 $|r^2\omega\theta'|$；$\vec{v}_e \cdot \vec{t} \cdot \vec{t}$ 则显示出 $\vec{v}_{et}$ 的方向是 $\vec{t}$ 。

$$\vec{t} = (r'\vec{e}_r + r\theta'\vec{e}_\theta + z'\vec{e}_z)$$

故沿着纱线切向的速度 $\vec{v}_t$ 为：

$$\vec{v}_t = V_s\vec{t} + \vec{v}_{et} = (V_s + r^2\omega\theta')(r'\vec{e}_r + r\theta'\vec{e}_\theta + z'\vec{e}_z) \tag{26}$$

牵连速度 $\vec{v}_e$ 在纱线法向方向的分量 $\vec{v}_{en}$ 为：

$$\begin{aligned}\vec{v}_{en} &= \vec{v}_e - \vec{v}_{et} = r\omega\vec{e}_\theta - r^2\omega\theta'(r'\vec{e}_r + r\theta'\vec{e}_\theta + z'\vec{e}_z) \\ &= r\omega[\vec{e}_\theta - r\theta'(r'\vec{e}_r + r\theta'\vec{e}_\theta + z'\vec{e}_z)] = -r\omega\{rr'\theta'\vec{e}_r - [1-(r\theta')^2]\vec{e}_\theta + r\theta'z'\vec{e}_z\} \\ &= -r\omega[rr'\theta'\vec{e}_r - (r'^2 + z'^2)\vec{e}_\theta + r\theta'z'\vec{e}_z] \\ &= -r\omega\sqrt{r'^2 + z'^2}\left(\frac{rr'\theta'}{\sqrt{r'^2 + z'^2}}\vec{e}_r - \sqrt{r'^2 + z'^2}\vec{e}_\theta + \frac{r\theta'z'}{\sqrt{r'^2 + z'^2}}\vec{e}_z\right)\end{aligned} \tag{27}$$

式中：$r\omega\sqrt{r'^2 + z'^2}$ 是 $\vec{v}_{en}$ 的大小；$-\left(\frac{rr'\theta'}{\sqrt{r'^2 + z'^2}}\vec{e}_r - \sqrt{r'^2 + z'^2}\vec{e}_\theta + \frac{r\theta'z'}{\sqrt{r'^2 + z'^2}}\vec{e}_z\right)$ 是

$\vec{v}_{en}$ 的方向。

车间的空气可视为静止不动，故空气对单位长度纱线切向阻力 $\vec{F}_{pt}$ 的方向与 $\vec{v}_t$ 的方向相反：

$$\vec{F}_{pt} = -p_t(V_s + r^2\omega\theta')^2(r'\vec{e}_r + r\theta'\vec{e}_\theta + z'\vec{e}_z) \tag{28}$$

空气对单位长度纱线法向阻力 $\vec{F}_{pn}$ 的方向与 $\vec{v}_{en}$ 的方向相反，故：

$$\vec{F}_{pn} = P_n r^2\omega^2(r'^2 + z'^2)\left(\frac{rr'\theta'}{\sqrt{r'^2 + z'^2}}\vec{e}_r - \sqrt{r'^2 + z'^2}\vec{e}_\theta + \frac{r\theta' z'}{\sqrt{r'^2 + z'^2}}\vec{e}_z\right) \tag{29}$$

根据牛顿定律 $F = ma$，列出储纬鼓上单位长度纱线动力平衡方程：

$$m_0\vec{a}_a = \vec{T}' + \vec{N} + \vec{F}_\mu + \vec{F}_{pt} + \vec{F}_{pn} \tag{30}$$

式中：m_0 表示纱线线密度，即单位长度纱线质量。

将式（13）（15）（19）（20）（28）（29）代入式（30），有：

$$\begin{aligned}
&m_0\{[V_s^2(r'' - r\theta'^2) - 2V_s r\theta'\omega - r\omega^2]\vec{e}_r + (2V_s^2 r'\theta' + V_s^2 r\theta'' + 2V_s r'\omega)\vec{e}_\theta + V_s^2 z''\vec{e}_z\}\\
&= T'(r'\vec{e}_r + r\theta'\vec{e}_\theta + z'\vec{e}_z) + T[(r'' - r\theta'^2)\vec{e}_r + (2r'\theta' + r\theta'')\vec{e}_\theta + z''\vec{e}_z] +\\
&N(\cos\alpha\cdot\vec{e}_r + \sin\alpha\cdot\vec{e}_z) - \mu N\frac{(V_s r'\vec{e}_r + (V_s r\theta' + r\omega)\vec{e}_\theta + V_s z'\vec{e}_z)}{\sqrt{V_s^2 r'^2 + (V_s r\theta' + r\omega)^2 + V_s^2 z'}} -\\
&p_t(V_s + r^2\omega\theta')^2(r'\vec{e}_r + r\theta'\vec{e}_\theta + z'\vec{e}_z) +\\
&P_n r^2\omega^2(r'^2 + z'^2)\left(\frac{rr'\theta'}{\sqrt{r'^2 + z'^2}}\vec{e}_r - \sqrt{r'^2 + z'^2}\vec{e}_\theta + \frac{r\theta' z'}{\sqrt{r'^2 + z'^2}}\vec{e}_z\right)
\end{aligned} \tag{31}$$

将式（31）分解到径向、周向、轴向，即 $\vec{e}_r$、$\vec{e}_\theta$、$\vec{e}_z$ 三个方向上，有：

$$\begin{aligned}
&m_0[V_s^2(r'' - r\theta'^2) - 2V_s r\theta'\omega - r\omega^2] = T'r' + T(r'' - r\theta'^2) + N\cos\alpha - \mu N\frac{(V_s r')}{\sqrt{V_s^2 r'^2 + (V_s r\theta' + r\omega)^2 + V_s^2 z'}} -\\
&p_t(V_s + r^2\omega\theta')^2 r' + P_n r^2\omega^2(r'^2 + z'^2)\left(\frac{rr'\theta'}{\sqrt{r'^2 + z'^2}}\right)
\end{aligned} \tag{32}$$

$$\begin{aligned}
&m_0(2V_s^2 r'\theta' + V_s^2 r\theta'' + 2V_s r'\omega) = T'r\theta' + T(2r'\theta' + r\theta'') + 0 - \mu N\frac{(V_s r\theta' + r\omega)}{\sqrt{V_s^2 r'^2 + (V_s r\theta' + r\omega)^2 + V_s^2 z'}} -\\
&p_t(V_s + r^2\omega\theta')^2 r\theta' + P_n r^2\omega^2(r'^2 + z'^2)\left(-\sqrt{r'^2 + z'^2}\right)
\end{aligned} \tag{33}$$

$$\begin{aligned}
&m_0 V_s^2 z'' = T'z' + Tz'' + N\sin\alpha - \mu N\frac{(V_s z')}{\sqrt{V_s^2 r'^2 + (V_s r\theta' + r\omega)^2 + V_s^2 z'}} - p_t(V_s + r^2\omega\theta')^2 z' +\\
&P_n r^2\omega^2(r'^2 + z'^2)\left(\frac{r\theta' z'}{\sqrt{r'^2 + z'^2}}\right)
\end{aligned} \tag{34}$$

现对以上式（32）~（34）进行简化。因为 $\vec{t} = r'\vec{e}_r + r\theta'\vec{e}_\theta + z'\vec{e}_z$ 是单位矢量，故：

$$r'^2 + (r\theta')^2 + z'^2 = 1 \tag{35}$$

将式（35）对 s 求导：

$$r'r'' + rr'\theta'^2 + r^2\theta'\theta'' + z'z'' = 0 \tag{36}$$

式(32) × r' + 式(33) × $r\theta'$ + 式(34) × z'，并注意应用式（35）（36），得：

$$-m_0 rr'\omega^2 = T' + 0 + Nr'\cos\alpha + Nz'\sin\alpha - \mu N\frac{(V_s + r^2\theta'\omega)}{\sqrt{V_s^2r'^2 + (V_s r\theta' + r\omega)^2 + V_s^2z'}} - p_t(V_s + r^2\omega\theta')^2$$

当 $N \geqslant 0$ 时，将式（17）代入上式，得 $Nr'\cos\alpha + Nz'\sin\alpha = 0$，于是有：

$$T' = -m_0 rr'\omega^2 + \mu N\frac{(V_s + r^2\theta'\omega)}{\sqrt{V_s^2r'^2 + (V_s r\theta' + r\omega)^2 + V_s^2z'}} + p_t(V_s + r^2\omega\theta')^2 \tag{37}$$

$N \geqslant 0$ 说明纱线紧贴在鼓面上，没有脱纱，鼓面对纱线有支撑力；$N < 0$ 时说明纱线已脱开鼓面，成为自由气圈。

当 $N \geqslant 0$ 时，将式（17）（18）应用于式（34），得式（34）× $\tan\alpha$ + 式（32），得：

$$N = [(T - m_0V_s^2)r\theta'^2 - 2m_0V_s r\theta'\omega - m_0 r\omega^2]\cos\alpha \tag{38}$$

令

$$\begin{cases} q_1 = (V_s + r^2\omega\theta')^2 r' \\ q_2 = r^3\omega^2 r'\theta' \sqrt{r'^2 + z'^2} \end{cases} \tag{39}$$

$$\begin{cases} u_1 = (V_s + r^2\omega\theta')^2 r\theta' \\ u_2 = r^2\omega^2(r'^2 + z'^2) \sqrt{r'^2 + z'^2} \end{cases} \tag{40}$$

于是式（32）（33）（36）可写成：

$$r'' = \frac{-T'r' - 2m_0V_s r\theta'\omega - m_0 r\omega^2 + (T - m_0V_s^2)r\theta'^2 - N\cos\alpha + \mu N\frac{(V_s r')}{\sqrt{V_s^2r'^2 + (V_s r\theta' + r\omega)^2 + V_s^2z'^2}} + p_t q_1 - P_n q_2}{(T - m_0V_s^2)} \tag{41}$$

$$\theta'' = \frac{2m_0V_s r'\omega - T'r\theta' - 2(T - m_0V_s^2)r'\theta' + \mu N\frac{(V_s r\theta' + r\omega)}{\sqrt{V_s^2r'^2 + (V_s r\theta' + r\omega)^2 + V_s^2z'}} + p_t u_1 + P_n u_2}{(T - m_0V_s^2)\ r} \tag{42}$$

$$z'' = -(r'r'' + rr'\theta'^2 + r^2\theta'\theta'')/z' \tag{43}$$

三、将各变量表达式无量纲化

为了便于应用和比较，将以上各式无量纲化。为此，令：

$$s_1=\frac{s}{r_A},\ r_1=\frac{r}{r_A},\ z_1=\frac{z}{r_A},\ \theta_1=\theta,\ k=\frac{V_s}{r_A\omega}=1$$

$$N_1=\frac{N}{m_0r_A\omega^2},\ p_{1t}=\frac{16r_Ap_t}{m_0},\ p_{1n}=\frac{16r_Ap_n}{m_0}$$

$$T_1=\frac{T-m_0V_s^2}{m_0r_A^2\omega^2} \tag{44}$$

故：

$$r_1'=\frac{dr_1}{ds_1}=\frac{d(r/r_A)}{d(s_1/r_A)}=\frac{dr}{ds}=r',\ z_1'=z',\ \theta_1'=r_A\theta',$$

$$r_1''=r_Ar'',\ z_1''=r_Az'',\ \theta_1''=r_A^2\theta''$$

$$T_1'=\frac{dT_1}{ds_1}=\frac{T'}{m_0r_A\omega^2} \tag{45}$$

于是有，当 $N\geqslant 0$ 时：

$$r_1=r_{01}-z_1\tan\alpha=1-z_1\tan\alpha \tag{46}$$

$$r_1'=-z_1'\tan\alpha \tag{47}$$

$$r_1''=-z_1''\tan\alpha \tag{48}$$

$$N_1=r_1(T_1\theta_1'^2-2k\theta_1'-1)\cos\alpha \tag{49}$$

$$\begin{cases}q_{11}=\dfrac{1}{16}(k+r_1^2\theta_1')^2r_1'\\[2ex] q_{21}=\dfrac{1}{16}r_1{}^3\sqrt{r_1'^2+z_1'^2}\,r_1'\theta_1'\end{cases} \tag{50}$$

$$\begin{cases}u_{11}=(k+r_1^2\theta_1')^2r_1\theta_1'/16\\ u_{21}=r_1^2\ (r_1'^2+z_1'^2)^{3/2}/16\end{cases} \tag{51}$$

$$T_1'=-r_1r_1'+\mu N_1\frac{1+r_1^2\theta_1'/k}{\sqrt{r_1'^2+r_1^2(\theta_1'+1/k)^2+z'^2}}+\frac{1}{16}p_{t1}(1+r_1^2\theta_1')^2 \tag{52}$$

$$r_1''=\frac{-T_1'r_1'-2r_1\theta_1'-r_1+T_1r_1\theta_1'^2-N_1\cos\alpha+\mu N_1\dfrac{r_1'}{\sqrt{r_1'^2+r_1^2\ (\theta_1'+1/k)^2+z'^2}}+p_{t1}q_{11}-p_{n1}q_{21}}{T_1} \tag{53}$$

$$\theta_1''=\frac{2r_1'-T_1'r_1\theta_1'-2T_1r_1'\theta_1'+\mu N_1\dfrac{r_1(\theta_1'+1/k)}{\sqrt{r_1'^2+r_1^2\ (\theta_1'+1/k)^2+z'^2}}+p_{t1}u_{11}+P_{n1}u_{21}}{T_1r_1} \tag{54}$$

$$z_1''=-(r_1'r_1''+r_1r_1'\theta_1'^2+r_1^2\theta_1'\theta_1'')/z_1' \tag{55}$$

说明：①以上式（46）~（55），适合纱从退绕点到脱纱点期间的纱线运动。此时支撑力 $N\geqslant 0$。

②当纱线脱离鼓面后，$N=0$，式（46）～（48）就不存在了。$N=0$，$N_1=0$，但这时

$$r_1'^2+(r_1\theta_1')^2+z_1'^2=1 \tag{56}$$

仍成立。式（56）在没有脱离鼓面前也成立。

③当纱线脱离鼓面后，令 $N_1=0$ 代入式（52）～（55）。这样，$N_1=0$ 时，式（52）～（55），连同式（50）（51）（56）就是自由气圈的动力表达式。

④ZA203、ZA205 爪式储纬鼓的半锥角 $\alpha=3°$是不可调的。但有的织机用的储纬器的锥角是可调的，如过去有的喷气织机用的六辊式或八辊式储纬器。若 $\alpha=0°$，便成了圆柱式或可近似看作圆柱形储纬鼓。

⑤在式（49）中，令 $N_1=0$，便可求出鼓上曲线和自由气圈曲线的分界点，此分界点就是脱纱点。当 $N_1\geqslant 0$ 时为鼓面上曲线，说明鼓面对纱线有支撑力。令式（49）的 $N_1\geqslant 0$，就可求纱线在鼓面上的 θ_1' 范围了。此范围外，纱线已进入自由气圈状态，应令 $N_1=0$ 代入式（52）～（55）进行计算。

当纱线还处储纬鼓面时，半径 $r_1>0$，张力 T_1 又恒大于 0，故要使 $N_1\geqslant 0$，只要：

$$T_1\theta_1'^2-2k\theta_1'-1\geqslant 0 \tag{57}$$

式中：$k=1$。

将不等式左边写成函数 D：

$$D=T_1\theta_1'^2-2\theta_1'-1$$

解得：$\theta_{11}'\geqslant\dfrac{1+\sqrt{1+T_1}}{T_1}$（此解>0），$\theta_{12}'\leqslant\dfrac{1-\sqrt{1+T_1}}{T_1}$（此解<0）

在图 2-3-1 中，牵连运动是纱线的逆时针运动，由此造成鼓面对纱线的摩擦力方向则为顺时针方向，所以在柱面动坐标系上，鼓面部分的 θ_1' 也应为顺方向，故：

$$\theta_1'=\frac{-\sqrt{1-r'^2-z'^2}}{r_1}$$

故 $\theta_{12}'\leqslant\dfrac{1-\sqrt{1+T_1}}{T_1}$ 为式（57）的解。写成：

$$\theta_1'\leqslant\frac{1-\sqrt{1+T_1}}{T_1}=\theta_{1\text{tuo}}' \tag{58}$$

当 $\theta_1'<\theta_{1\text{tuo}}'$，纱线在鼓面上，$\theta_1'>\theta_{1\text{tuo}}'$，纱线脱离鼓面，$\theta_1'=\theta_{1\text{tuo}}'$ 为脱纱分界点。这就是判断标准。当然，也可直接用 N_1 是否大于或小于 0 直接判断。

一般来说，脱纱点既是鼓上纱线曲线的终点，又是自由气圈曲线的起点，所以在脱纱点，前后两条曲线要连续，且两条曲线的径向导数、周向导数、轴向导数应相等。将鼓上曲线与自由气圈写成一个方程的好处是，在用数值方法解方程时，先判断 N_1 是否大于 0，若不是，则令 $N_1=0$，直接代入原式求自由气圈曲线。这样就自动实现了两条曲线的平滑衔接。同时用一套公式就可以把两条曲线算完。

四、纱线张力的讨论

从式（37）和式（52）可以看出，单位长度纱线张力变化量由三部分组成：①离心惯性力“$-m_0rr'\omega^2$”或无量纲离心惯性力“$-r_1r_1'$”，②鼓面对纱线的摩擦力，③空气对纱线的切向摩擦力。

另外，注意到式（37）是以导数形式表达的，若对式（37）两边求积分，等号左边求积分后为 T，等号右边则变成前三项积分之和再加上积分常数 C。这个积分常数 C 由两部分组成，一是 $m_0V_s^2$，二是退绕点之前但最靠近退绕点处纱线的静止张力 $T_{A静}$。所以 T 共由五部分组成。

对于式（37），如果忽略第②③项，则 $T'=-m_0rr'\omega^2$，也即：

$$\frac{dT}{ds}=-m_0r\omega^2\frac{dr}{ds}$$

等号两边约去 ds，也就是：

$$dT=-m_0r\omega^2dr$$

积分得：

$$T=-0.5m_0\omega^2r^2+C$$

储纬鼓的半径是 r_A，设气圈最大半径是 r_{max}，纱线从 r_A 出发，到达最大半径 r_{max}，又从最大半径 r_{max}，运动到 z 轴线上，此处 $r=0$，纱线张力增加量 ΔT 为多少？

$$\begin{aligned}\Delta T&=\int_{r_A}^{r_{max}}-m_0r\omega^2dr+\int_{r_{max}}^{0}-m_0r\omega^2dr\\&=-0.5m_0({r_{max}}^2\omega^2-r_A^2\omega^2)-0.5m_0(0-{r_{max}}^2\omega^2)\\&=0.5m_0r_A^2\omega^2=0.5m_0V_s^2\end{aligned}\tag{59}$$

式（59）可描述为，纱线从退绕点半径处退绕，直到被拉到储纬鼓轴线所在的导纱器处，离心惯性力使纱线张力增加了半个 $m_0V_s^2$。这个力大小与路径无关，也与鼓半径无关，只与纱线线密度 m_0 和引纬速度 V_s 的平方成正比。

还有一个惯性力也是纱线引纬过程中必须克服的，这个力在作无量纲化时已隐藏在纱线张力中，在式（44）中，令：

$$T_1 = \frac{T - m_0 V_s^2}{m_0 r_A^2 \omega^2} = \frac{T - m_0 V_s^2}{m_0 V_s^2} = \frac{T}{m_0 V_s^2} - 1 \tag{60}$$

这个惯性力就是 $m_0 V_s^2$，它是纱线在周向或直线上把纱线速度从 0 提高到速度为 V_s 所引起的纱线张力，这个力与加速度的大小（或快慢）无关。惯性力的方向与速度的方向相反，惯性力的大小恒为 $m_0 V_s^2$，在纱线上引起的张力也恒为 $m_0 V_s^2$。当纱线速度方向改变时，惯性力也随之改变。例如，纱线从（X，0）点以大小不变的速度 V_s 出发，沿半径为 R 的圆周运动 90°到（0，Y）点。在（X，0）点，速度方向向上，惯性力的方向向下，故在纱线上由惯性力引起的张力为 $m_0 V_s^2$。纱线到达（0，Y）点，速度方向向左，惯性力的方向向右。速度方向改变了 90°，惯性力方向也改变了 90°。纱线速度大小或方向的改变也就是惯性力的改变，也就需要力来克服这种惯性力。如在 Z 轴方向上，速度从 0 升为 V_s，就必须有一个等于 $m_0 V_s^2$ 的纱线张力来克服同等大小的惯性力。这就是此纱线张力产生的原因。

在引纬过程中，纱线速度从 0 增加到 V_s 的惯性力和把纱线从鼓筒退绕点拉到鼓筒轴线上的惯性力，这两个惯性力之和是 $1.5 m_0 V_s^2$，它引起的纬纱张力也是 $1.5 m_0 V_s^2$，若不考虑摩擦阻力等，纱线到达导纱器后水平位置时的纬纱张力是 $1.5 m_0 V_s^2$。若把摩擦力计算在内，纱线经过导纱器后的张力不可能小于 $1.5 m_0 V_s^2$。T/C13tex 纱，引纬速度 60m/s，惯性力引起的纬纱张力为 4.68cN。

哥氏惯性力没有出现在纱线张力式（37）或式（52）中，原因是哥氏惯性力在周向的分量 $-2m_0 V_s r' \omega$ 和在径向的分量 $2m_0 V_s r\theta' \omega$ 会相互抵消或最终会相互抵消。但哥氏惯性力能改变纱线曲线的形状和方向。如使纱线曲线变成一个反积分号“$\int$”形，从而使纱线遇到的摩擦阻力改变来影响纱线张力。由此看，哥氏惯性力影响并不大。但哥氏惯性力是纱线气圈由一个变成 1.5 个或 2 个或多个的重要动力。当哥氏惯性力在周向的分量 $-2m_0 V_s r' \omega$ 和在径向的分量 $2m_0 V_s r\theta' \omega$ 最终相互抵消后，从效果看，使纱线张力增加 $m_0 V_s^2$ 的惯性力实际上是使纱线在 z 轴方向的速度由 0 到 V_s 引起的。

关于鼓面对纱线的纱线的摩擦力，即式（37）等号右边的第二项，由于储纬鼓鼓筒长度（即退绕点至鼓筒半锥角为 3°的结束点的距离）很短，鼓面与纱线摩擦系数也很小，故鼓筒对纱线的摩擦力很小，几乎可以忽略不计。调整导纱器 G 的位置，来计算纱线曲线，发现绝大多数曲线的脱纱点和退绕点重合在一起，就是说，纱线在储纬鼓没有摩擦包角，也就不产生摩擦力。

如果纱线运动到储纬圆台右边缘仍不脱纱，而是以一定斜度折向 z 轴轴线，这时会在圆台边缘形成包角，也会形成摩擦力。在正常引纬时，这种情形很少，一般只是在引纬启动时期会出现。这里不予考虑与讨论。

纱线既在法向遇到了空气阻力，又沿法向运动了，所以纱线克服法向空气阻力作了功。作此功的动力就是 $T_{A静}$。$T_{A静}$ 是纱线在退绕点 A 之前但最靠近 A 点处纱线的静态张力，当纱线从储纬鼓上退绕时，$T_{A静}$ 实际上是一个沿周向的旋转力。旋转一周 $T_{A静}$ 作的功是 $T_{A静}\cdot 2\pi r_A$。所以，当气圈退绕一周时，纱线克服法向空气阻力所作的功是 $T_{A静}\cdot 2\pi r_A$。由此，也可以从纱线气圈的形状反向求出或估计出 $T_{A静}$。下面讨论两种最简单的情况。

（1）假定纱线由鼓上 A 点沿 z 轴的平行线走到导纱器 G 的对应点，又从对应点走到 G 点，且在纱线绕 z 轴退绕时，此形状保持不变，并设此时计算出来的 $T_{A静}$ 记为 $T_{A静}^{*}$，则：

$$
\begin{aligned}
T_{A静}^{*} &= \frac{1}{r_A}P_n(r_A\omega)^2\cdot r_A\cdot z_G+\frac{1}{r_A}\int_0^{r_A}P_n(r\omega)^2\cdot r\cdot \mathrm{d}r\\
&= P_n r_A^3\omega^2 z_G+P_n r_A^4\omega^2/4 = P_n V_s^2(z_G+r_A/4)
\end{aligned}
$$

（2）假定纱线由鼓上沿直线走到导纱器 G 的对应点，且在纱线绕 z 轴转动时，此形状保持不变，并把此时计算出来的 $T_{A静}$ 记为 $T_{A静}^{**}$，则：

$$
\begin{aligned}
T_{A静}^{**} &= \frac{1}{r_A}\int_0^{r_A}P_n(r\omega)^2\cdot r\cdot\left(\sqrt{z_{GA}^2+r_A^2}/r_A\right)\mathrm{d}r\\
&= P_n r_A^2\omega^2\sqrt{z_G^2+r_A^2}/4 = P_n V_s^2\sqrt{z_A^2+r_A^2}/4
\end{aligned}
$$

当储纬鼓与导纱器 G 的距离不是太短时，一般地，$T_{A静}^{**} < T_{A静} < T_{A静}^{*}$。

对纱线张力影响较大者是退绕前纱线的静态张力。计算纱线静态张力的方法后面再讨论。这里先把退绕点前的纱线静态张力看作已知值。

综上所述，在匀速引纬条件下，影响纱线退绕张力（专指纱线经过导纱器后到达水平位置时的纱线张力）的直接因素主要有：退绕点前纱线的静态张力、纱线速度由 0 增至 V_s 的惯性力 $m_0V_s^2$、离心惯性力 $0.5m_0V_s^2$、空气切向阻力、导纱器处的摩擦力等。另外哥氏惯性力和空气法向阻力间接地影响纱线引纬张力。由直接影响因素看，即使不写出纱线受力平衡式，也可以大致估算出纱线退绕张力的大小，其中两个惯性力之和为 $1.5m_0V_s^2$，可直接写出。

综上所述，退绕张力 T_H 的估算式：

$$
T_H = (T_{A静}+0.5m_0V_s^2+p_tV_s^2\sqrt{r_A^2+z_G^2})e^{\mu_1\cdot\arctan\frac{r_A}{z_G}}+m_0V_s^2 \tag{61}
$$

式（61）是把脱纱点 A 到导纱器 G 之间的纱线看作直线，$\sqrt{r_A^2+z_G^2}$ 表示纱的长度，

μ_1 表示导纱器与纱线的摩擦系数，$\arctan\dfrac{r_A}{z_G}$ 表示摩擦包角，此式有很强的实用性，即使不作复杂分析，也能基本知道纱线退绕张力的大小。特别对于不很胖的单个气圈，气圈的长度比 AG 直线并不长多少，计算基本准确。式中最后一项的惯性力 $m_0V_s^2$ 不和前三项力一样放进括号内的原因是：导纱器是个圆环，圆环的截面是圆，纱线经过圆弧时会产生离心力，从而使纱线张力中的一部分张力不对导纱器圆弧有正压力，这部分张力也就不会产生摩擦力。这部分张力的大小恰等于惯性力 $m_0V_s^2$，所以把它放在括号外。从后面的式（65）（66）也可看到这一点。

五、纱线曲线形状和退绕张力计算程序

式（52）~（55）是非线性微分方程求解问题，一般只能求出数值解。在解前，可以先作一个大致的分析，确定哪些是已知条件，哪些是未知而要求解的变量以及解题的思路。

已知条件：引纬速度 V_s 是已知的或可指定，鼓筒退绕点 A 的位置（z_{A1}，r_{A1}，θ_{A1}），即 $z_{A1}=0$，$r_{A1}=1$，$\theta_{A1}=0$（可取为 0）。导纱器所在点 G 的位置 z_{G1} 及 $r_{G1}=0$，或 $r_{G1}\approx 0$。退绕点前纱线静态张力，初始张力 T_1。

还需三个已知条件，即退绕点处 A 的 z'_{A1}、r'_{A1}、θ'_{A1}，才能利用数值方法求出纱线曲线。若脱纱点在鼓面上，且不和退绕点重合，这三个初始变量中，z'_{A1} 可看作独立的，其它两个可通过式（17）（58）求出；若脱纱点和退绕点重合成一点，则 z'_{A1}、r'_{A1} 可看作独立的，θ'_{A1} 可通过式（58）求出。这样，若指定了 z'_{A1} 或 z'_{A1}、r'_{A1}，求数值解的 7 个初始条件值（z_{A1}，z'_{A1}，r_{A1}，r'_{A1}，θ_{A1}，θ'_{A1}，T_{A1}）都可以给出来了。

编制程序的思路是，分别将 z'_{A1}、r'_{A1} 指定为有一定步长的数值序列（如分别有数据 m 个和 n 个），这样一个序列中的一个 z'_{A1} 和另一序列中的一个 r'_{A1}，就形成一组（z'_{A1}，r'_{A1}），共有 $m\times n$ 组（z'_{A1}，r'_{A1}）。通过应用 MATLAB 自身带有的函数 ode15s、编写和运行程序，对于每一组（z'_{A1}，r'_{A1}），都能找出最接近导纱器所在点 G（z_G，0）的一个 z_1 值，记为 $z_{\hat{G}1}$，$z_{\hat{G}1}$ 处的 r_1 值记为 $r_{\hat{G}1}$。这样每一组（z'_{A1}，r'_{A1}）都对应一组（$z_{\hat{G}1}$，$r_{\hat{G}1}$），$m\times n$ 组（z'_{A1}，r'_{A1}）就分别对应 $m\times n$ 组（$z_{\hat{G}1}$，$r_{\hat{G}1}$）。首先计算出每一组（$z_{\hat{G}1}$，$r_{\hat{G}1}$）的百分比误差半径 ε_R，然后对 $m\times n$ 个 ε_R 进行排序，找出最小的一个 ε_R，记为 ε_{Rmin}。若：

$$\varepsilon_{Rmin}\leqslant\varepsilon \tag{62}$$

成立，则计算结束，显示计算结果 G11。否则缩小 z'_{A1}、r'_{A1} 步长和取值范围，直

到式（62）成立为止。式中 ε 是希望达到的精度。百分比误差半径 ε_R 的表达式是：

$$\varepsilon_R = \sqrt{\left(\frac{z_{\hat{G}1} - z_{G1}}{z_{G1}}\right)^2 + \left(\frac{r_{\hat{G}1} - r_{G1}}{r_{A1}}\right)^2} = \sqrt{\left(\frac{z_{\hat{G}1} - z_{G1}}{z_{G1}}\right)^2 + r_{\hat{G}1}^2} \tag{63}$$

G11 表示的内容包括 ε_R 在最小时的（$z_{\hat{G}1}$，$z_{\hat{G}1}'$，$r_{\hat{G}1}$，$r_{\hat{G}1}'$，$\theta_{\hat{G}1}$，$\theta_{\hat{G}1}'$，$T_{\hat{G}1}$）及与之对应的初始值 $x0$ 即（z_{A1}，z'_{A1}，r_{A1}，r'_{A1}，θ_{A1}，θ'_{A1}，T_{A1}）、百分比误差半径 ε_R。由此可以求出纱线气圈锥在 G 点的半锥角 β。

$$\beta = \left|\arctan\frac{r'_{G1}}{z'_{G1}}\right| \approx \left|\arctan\frac{r'_{\hat{G}1}}{z'_{\hat{G}1}}\right| \tag{64}$$

纱线经过导纱器 G 点后进入水平状态，故 β 也是纱线经过导纱器的摩擦包角，纱线经过导纱器后的张力记为 T_{H1}，纱线与导纱器的摩擦系数记为 μ_1，则：

$$T_{H1} = T_{G1}e^{\mu_1\beta} = T_{\hat{G}1}e^{\mu_1\beta} \tag{65}$$

这里的 T_{H1} 就是指本节所说无量纲退绕张力，它指的是，纱线经过导纱器后进入水平状态时的无量纲纱线张力。

纱线的退绕张力 T_H 为：

$$T_H = (T_{H1} + 1)m_0V_s^2 \tag{66}$$

下面开始编写程序。

为了能够应用 MATLAB 中的自带函数 ode15s 解微分方程：

$$\begin{aligned}
&设\ x_1 = z_1,\ x_2 = x'_1 = z'_1, \quad 则\ x'_2 = z''_1;\\
&设\ x_3 = r_1,\ x_4 = x'_3 = r'_1, \quad 则\ x'_4 = r''_1;\\
&设\ x_5 = \theta_1,\ x_6 = x'_5 = \theta'_1, \quad 则\ x'_6 = \theta''_1;\\
&设\ x_7 = T_1,\ 则\ x'_7 = T'_1。
\end{aligned} \tag{67}$$

这样，就可以建立一个关于 x 的矩阵：

$$\frac{dx}{ds_1} = x' = [x'_1;\ x'_2;\ x'_3;\ x'_4;\ x'_5;\ x'_6;\ x'_7] = [x_2;\ x'_2;\ x_4;\ x'_4;\ x_6;\ x'_6;\ x'_7] \tag{68}$$

而前面式（52）~（55）已分别给出了 T'_1、z''_1、r''_1、θ''_1，也就是给出了 x'_7、x'_2、x'_4、x'_6 值，只要按 ode15s 函数要求的格式技巧性地代入式（68）即可。

将式（49）（N_1 的表达式）写为：

```
N1=x(3)*(x(7)*x(6)^2-2*x(6)-1)*cosd(alpha)
```

按 ode15s 函数要求把 x3 写成 x（3），x4 写成 x（4），其它变量类同。

为了应用方便，把 T'_1、r''_1、θ''_1 分别记为 A、B、C。这样就把式（68）映射成为：

```
dx=[x(2);
    -(x(4)*B+x(3)*x(4)*x(6)^2+x(3)^2*x(6)*C)/x(2);
    x(4);
    B;
    x(6);
    C;
    A]
```

编写的函数文件 zhiyouqiquan_ 2 如下：

```
function dx=zhiyouqiquan_2(t,x,flag,options,alpha,mu, zrl,pt1,pn1,N3)
% 储纬鼓上曲线和自由退绕气圈曲线的统合程序
  k=1;
  N1=x(3)+(x(7)*x(6)^2-2*x(6)-1)*cosd(alpha);
  if N1<0|x(1)>=zr1|x(4)>-x(2)*tand(alpha)|(x(4)~=-x(2)*tand(alpha)&...
        x(1)>=zr1);N1=0;
else
  N1=x(3)*(x(7)*x(6)^2-2*x(6)-1)*cosd(alpha);
  x(3)= 1-x(1)+tand(alpha);
  x(4)= -x(2)+tand(alpha);
end
q11=(k+x(3)^2*x(6))^2*x(4)/16;
q21=x(3)^3*sqrt(x(4)^2+x(2)^2)*x(4)*x(6)/16;
u11=(k+x(3)^2*x(6))^2*x(3)*x(6)/1
u21=x(3)^2*(x(4)^2+x(2)^2)^(3/2)/16;
A=-x(3)*x(4)+mu
B=(x(7)*x(3)*x(6)^2-A*x(4)-2*k*x(3)*x(6)-x(3)-N1*cosd(alpha)...
      +mu*N1*x(4)/sqrt(x(4)^2+x(3)^2*(x(6)+1/k)^2+x(2)^2)+pt1*q11...
-pn1*q21)/x(7);
C=(-A*x(3)*x(6)-2*x(4)*x(6)*x(7)+2*k*x(4)+mu*N1*(x(3)*(x(6)...
    +1/k)/sqrt(x(4)^2+x(3)^2*(x(6)+1/k)^2+x(2)^2)+pt1*u11+pn1*u21)...
    /x(7)/(x(3)~=0);
dx=[x(2);
    -(x(4)*B+x(3)*x(4)*x(6)^2+x(3)^2*x(6)*C)/x(2);
    x(4):
    B;
```

```
x(6);
C;
A];
```

表 2-3-1 是主应用程序。程序的第 3～114 句主要是填写和计算初始值 x0，第 120 句指定自变量 t（即 s_1）的区间范围 tspan。第 75 句指定了初值 x2（即 z'_{A1}）取值范围和步长，第 78 句指定了初值 x4（即 r'_{A1}）取值范围和步长。

表 2-3-1　计算储纬鼓退绕曲线形状和纱线退绕张力的主程序

	tic;							
3	clear;							
6	D6=[ ];D7=[ ];D8=[ ],N3=[ ];E5=[ ];							
9	G6=[ ],G7=[ ]		;					
12	mu=	0.14	;					
15	Cf=	0.059381	;		%切向摩擦系数			
18	Cd=	1.4101	;		%法向摩擦系数			
21	tex=	13	;					
24	m0=	tex/1000000		;	%纱线线密度			
27	d=	0.03568 * sqrt(tex/0.85)/1000			;	%纱线直径		
28	Vs=	46.09		;	%引纬速度			
30	rho=	1.2		;	%空气密度 ρ			
33	alpha=	3		;	%储纬鼓鼓筒半锥角 α			
36	pt=	0.5 * Cf * rho * pi * d		;	%切向摩擦系数			
39	pn=	0.5 * Cd * rho * d		;	%法向摩擦系数			
42	ZR=	0.012			%储纬鼓鼓筒长度(米)			
45	RA=	0.09		;	%鼓筒半径 RA			
48	zr1=	ZR/RA	% zr1—储纬鼓无量纲右边缘 z 坐标					
51	ZG=	0.3			%导纱器所在位置			
54	zg1=	ZG/RA			%导纱器所在位置(无量纲)			
57	pt1=	16 * pt * RA/m0		;	%切向摩擦系数(无量纲)			
60	pn1=	16 * pn * RA/m0		;	%法向摩擦系数(无量纲)			
63	k=	1		;				
66	x1=	0		;	% x1 即 z1			
69	x3=	1		;	% x3 即 r1			
72	x5=	0		;	% x5 即 θ1			
75	for x2=	0.7115						

续表

78	for x4=	-0.03129					;	
81	x6=	-sqrt(1-x2^2-x4^2)/x3			;	% x6 即 θ1′		
84	x7=	0.79	;		% x7 即 T1			
87								
90	q11=(k+x3^2 * x6)^2 * x4/16				;			
93	q21=x3^3 * sqrt(x4^2+x2^2) * x4 * x6/16				;			
96	u11=(k+x3^2 * x6)^2 * x3 * x6/16				;			
99	u21=x3^2 * (x4^2+x2^2)^(3/2)/16				;			
102					;			
105	N1=x3 * (x7 * x6^2-2 * x6-1) * cosd(alpha);							
108	A=-x3 * x4+mu * N1 * (1+x3^2 * x6)/sqrt(1+x3^2 * (1+2 * x6))+pt1 * (k+x3^2 * x6)^2/16;							
111								
114	x0=	[x1 x2 x3 x4 x5 x6 x7]			;			
117	h=		0.0005		;			
120	tspan=	[0,	4.5	]	;			
123	options=optimset('Display','off');				%设置不显示每步迭代结果			
126	options=odeset('AbsTol',1e-9,'RelTol',1e-8);							
129								
132	[ty]=ode15s('zhiyouqiquan_2',tspan,x0,[],options,alpha,mu,zr1,pt1,pn1,N3);							
135								
138	Y=[t y];							
147	%以下程序寻求脱纱点							
150	D1=(1-sqrt(1+y(:,7)))./y(:,7); % D1 表示脱纱点处的 θ1′值,由(58)式计算出来							
153	D2=abs(y(:,6)-D1)		;					
156	D22=min(D2)		;					
159	D3=find(D2==D22)		;					
162	if y(D3,1)<=zr1		;					
165	D4=D3		;					
168	D5= Y(D4(1),:)			;				
171	D6=[Y(D4(1),:),Y(1,:)]			;				
174	D7=[D7;D6]			;				
177	D8=D7′			;	% D8—脱纱点集合			
183	else			;				
186	D6=('未发现')			;				
189	end							
192	%以下语句寻找最接近 zg1 的 z1 值							
195	G1=abs(y(:,1)-zg1)			;				
198	G2=min(G1)			;				

续表

201	G3=find(G1==G2);		%最接近 zg1 的 z1 的序号 G3,可能有几个					
204	G31=abs(y(G3,3))		;					
207	G32=min(G31)		;					
210	G33=find(G31==G32);							
213	%在几个 G3 中,找出|r1|最小的一个(G33),但 G33 仍可能是多个							
216	% G33(1)则是 G33 的第一个							
219	G34=G3(1)+G33(1)-1;			;				
225	if G2<=	0.05	;					
228	if abs(y(G34,3))<=			0.1	;			
231	G5=Y(G34,:);							
234	G6=[G5,Y(1,:)];							
237	G7=[G7;G6]		;					
240								
243	else							
246	G8=('缺 r1')		;					
249	end		;					
252	else		;					
255	G9=('缺 z1')		;					
258	end							
261								
264	end		% x4 循环结束					
267	end		% x2 循环结束					
270	G8=G7';							
273	E1=sqrt((abs(G8(2,:)-zg1)./zg1).^2+G8(4,:).^2); % E1—可近似看作与 G 点的误差距离							
276	G9=[G8;E1];							
279	[~,idx]=sort(G9(17,:));			%按误差距离大小排序				
282	G10=G9(:,idx)			% G10 的意义见表 3				
285	[a1,b1]=size(G10)							
288	if b1==1, G11=G10,else G11=G10(:,1:2), end							
291				%距 G 点误差距离最小的两组[t y]及与之对应的初始值 x0.				
294	D8=D7'			%脱纱点及对应的初始的变量值				
297	G12=sqrt(y(1:G34,2).^2+y(1:G34,3).^2.*y(1:G34,6).^2+y(1:G34,4).^2)							
300	max(G12),min(G12),mean(G12)							
303		%判断计算结果准确与否,如果计算结果极接近 1,说明计算较准确						
306	toc							

第 132 句是应用 ode15s 函数调用 M 文件 zhiyouqiquan_2 的语句。第 132 句是：

```
[t y]=ode15s('zhiyouqiquan_2',tspan,x0,[],options,alpha,mu,zr1,pt1,pn1)
```

其中等号右侧括号内符号表示:'zhiyouqiquan_2'—要调用的 M 文件名;tspan—自变量 t(即 s1)的区间范围;x0—x 的初始值,即在纱线退绕点 A 处的 x 值,即(z_{A1} , z'_{A1} , r_{A1} , r'_{A1} , θ_{A1} , θ'_{A1} , T_{A1});[ ]为与 zhiyouqiquan_2 中 plag 对应的占位符,options 为选择项,第 126 句指定了允许误差;alpha, mu, zr1, pt1, pn1 则是指定的几个参数值。

第 132 句中的 tspan, x0, [ ], options, alpha, mu, zr1, pt1, pn1 与 M 文件 zhiyouqiquan_2 中的 t, x, flag, options, alpha, mu, zr1, pt1, pn1 是一一对应的关系。后者是形式参数或变量名,前者是实际的参数值或变量值。

第 132 句等号左边的中括号内的内容表示利用 ode15s 函数调用 M 文件 zhiyouqiquan_2 计算后所输出的计算结果。其中 t 表示自变量 s_1, y 即前面所说的 x,只是这里用 y 表示。[t y]是各步[s1,(z_1, z'_1, r_1, r'_1, θ_1, θ'_1, T_1)]计算结果的集合体。

第 147~189 句求储纬鼓的脱纱点及与脱纱点对应的初始条件(D8)。

第 195~270 句求出最接近导纱器位置(z_{g1} ,0)的点($z_{\hat{G}1}$, $r_{\hat{G}1}$)及与($z_{\hat{G}1}$, $r_{\hat{G}1}$)对应的初始条件(G8)。

第 273~288 句求出最小的两组($z_{\hat{G}1}$, $r_{\hat{G}1}$)(即 G11)。

表 2-3-2

403	%以下程序求 vt1 及平均值,为进一步确定摩擦系数提供依据	
406	vt1=(1+y(1:G34,3).^2.*y(1:G34,6));	
409	vt1max=max(vt1(1:G34))	% vt1max—vt1 最大值
412	eta1=mean(vt1(1:G34))	% eta1—vt1 平均值
415	plot(t(1:G34),vt1(1:G34));	
421	%以下程序求 ven1 及平均值,为进一步确定摩擦系数提供依据.	
424	vn1=y(1:G34,3).*sqrt(y(1:G34,2).^2+y(1:G34,4).^2);	
427	vn1max=max(vn1(1:G34))	% vn1max—vn1 最大值
430	eta2=mean(vn1(1:G34))	% eta2—vn1 平均值
433	plot(t(1:G34),vn1(1:G34))	

表 2-3-3

453	mu1=	0.1	
456	beta=abs(atan(G11(5,1)/G11(3,1)))		% beta 即 β,导纱器 G^点的半锥角(弧度)
459	beta1=beta*180/pi		% beta1 即 β(角度)
462	TH1=G11(8,:)*exp(mu1*beta) % TH1—导纱器 G 点后的纱线无量纲张力		
465	TH=(TH1+1)*m0*Vs^2		% TH—导纱器 G 点后的纱线张力,即退绕张力
468	plot(t(1:G34),y(1:G34,7)),xlabel('s1'),ylabel('T1')		

续表

471		%绘制 s1-T1 曲线						
474	plot(y(1:G34,1),y(1:G34,7)),xlabel('z1'),ylabel('T1')							
477		%绘制 z1-T1 曲线						
480	subplot(2,2,1),plot(y(1:G34,1),y(1:G34,3)),xlabel('z1'),ylabel('r1'),grid on							
483	title(char('图 5'))					%绘制 z1-r1 曲线		
486	subplot(2,2,2),plot(y(1:G34,6),y(1:G34,3)),xlabel('\theta1'),ylabel('r1'),grid on							
489	title(char('图 6'))					%绘制 θ1-r1 曲线		
498	zz1=y(1:G34,1);							
501	xx1=y(1:G34,3). * cos(y(1:G34,5));							
504	yy1=y(1:G34,3). * sin(y(1:G34,5));							
507	plot3(zz1,xx1,yy1)							
510		%绘制三维气圈曲线						
513	xlabel('zz1'),ylabel('xx1'),zlabel('yy1'),title(char('图 7'))							
516	grid on							
519	disp('Y1=[s1 z1 dz1 r1 dr1 theta1 dtheta1 T1]')							
522	Y1=[t(1:G34) y(1:G34,:)]			% Y1—从退绕点到导纱器的运算结果				

六、计算举例

例 1：设纱线为匀速引纬（坐标设置如图 2-3-1 所示）。退绕点在储纬鼓上的半径 $r_A=0.09\text{m}$，导纱器 G 点的 z 坐标 $z_G=0.24\text{m}$，储纬鼓鼓筒半锥角为 3°，储纬鼓鼓筒右边缘处（半锥角 3°的结束处）的 z 坐标 $z_R=0.012\text{m}$，鼓筒与纱线的摩擦系数 $\mu=0.14$，纱线在退绕点前的静止张力为 0.02164N，纱线为 T/C13tex，引纬速度为 46.09m/s，纱线与陶瓷导纱器的摩擦系数 $\mu_1=0.1$，求纱线在储纬鼓上的脱纱点，纱线退绕曲线，纱线经过导纱器后的水平张力（即退绕张力）。要求式 (68) 中的精度 $\varepsilon=0.0075$。

（1）求纱线在空气中的切向摩擦系数 C_f，法向摩擦系数 C_d。第二节表 2-2-4 给出了 T/C13tex 纱线速度在 10m/s、20m/s、30m/s、40m/s、50m/s、60m/s 时在空气中的切向摩擦阻力系数 C_{ff}（即这里的 C_f）分别为 0.1064、0.0812、0.0683、0.0598、0.0531、0.0488，利用样条插值方法，可以求得速度在 46.09m/s 时的切向摩擦系数 $C_f=0.055495$。程序见表 2-3-4。程序中的 η_1 是纱线实际切向速度的平均值与引纬速度 V_s 的比值，此处先按 $\eta_1=1$ 估计，待运行表 2-3-1、表 2-3-2 程序计算出实际值，再作适当调整。

表 2-3-4　根据表 2-2-1 的 C_{ff} 数据对 V=46.09m/s 插值班求得牵引摩擦系数

603	eta1=	1		%　eta1 即 η1，纱线实际切向速度的平均值与 Vs 的比值						
606	Vs=	46.09								
609	V=10：10：60,					% Vs—引纬速度 10-60				
612	Cff = [0.1064　0.0812　0.0683　0.0598　0.0531　0.0488],					% T/C13tex 纱与 Vs 对应的牵引摩擦系数				
615	Cf=interp1 (V, Cff, Vs * eta1,'spline')					% Cf—速度 Vs 的插值点 .				
618						% spline 表示样条插值				

求压差阻力系数 C_d 的方法也由第二节给出的方法求，这里直接写出语言程序（表 2-3-5）。程序中的 η_2 是纱线实际法向速度的平均值与引纬速度 V_s 的比值，这里先按 $\eta_2=0.7$ 估计，待运行表 2-3-1、表 2-3-2 程序计算出实际值后，再作适当调整。运行表 2-3-5 程序得 $C_d=1.3485$。

表 2-3-5　求解纱线压差阻力系数 C_d 的程序

603	T=	300	%车间绝对温度(K)或气体绝对温度							
606	mu=	(1.711 * 10^-5) * (T/273)^1.5 * (273+122)/(T+122)								
609	%　mu—空气动力粘度 μ									
612	rho=	1.2		% rho—空气密度 ρ						
615	nu=	mu/rho		% nu—空气运动粘度						
618	tex=	13		%纱线特数						
621	d=	0.03568 * sqrt(tex/0.85)/1000								
624	s=	0.27		% s—气流对纱线的作用长度						
627	eta2=	0.64		% eta2 即 η2,纱线实际法向速度的平均值与 Vs 的比值						
630	Vs=	46.9								
633	V=	Vs * eta2								
636	Red=	V * d/nu								
639	h0=	log10(Red)								
642	Cd=	0.028089 * h0^6-0.48602 * h0^5+3.36901 * h0^4-11.85942 * h0^3+22.44771 * h0^2-22.7938 * h0+12.29								

将求出的 C_f、C_d 值 0.055495、1.3485 分别填入表 2-3-1 第 15、18 句的颜色格里，运行程序后，就会计算出 $p_{t1}=1.617$，$p_{n1}=12.287$。

（2）无量纲化。无量纲化是根据式（45）（46）进行的。

$$z_1 = z/r_A \text{ , } r_1 = r/r_A \text{ , } \theta_1 = \theta$$

在退绕点 A 点，$z_{A1} = \dfrac{z_A}{r_A} = 0/0.09 = 0$，$r_{A1} = \dfrac{r}{r_A} = \dfrac{r_A}{r_A} = 1$，$\theta_{A1} = \theta_A = 0$。

在储纬圆台右边缘处，$z_{R1}=\dfrac{z_R}{r_A}=\dfrac{0.012}{0.09}=0.13333$

在导纱器处，$z_{G1}=\dfrac{z_G}{r_A}=\dfrac{0.24}{0.09}=2.6667$，$r_{G1}=\dfrac{r_G}{r_A}=0$。

实际上，只要将 z_A、r_A 等值以及 α、μ 等参数填入程序指定的颜色格中，程序运行过程中就实现了大部分变量的无量纲化。

在纱线退绕点 A 点之前，纱线的速度为 0，纱线的静态张力 $T_{A静}$ 为 0.02164N，在 A 点处纱线速度忽然升至 V_s，它具有惯性力为 $m_0V_s^2$，于是 $T_A=T_{A静}+m_0V_s^2$，由无量纲化公式得 T_{A1} 为：

$$T_{A1}=\frac{T_A-m_0V_s^2}{m_0r_A^2\omega^2}=\frac{T_{A静}+m_0V_s^2-m_0V_s^2}{m_0r_A^2\omega^2}=\frac{T_{A静}}{m_0V_s^2}=\frac{0.02164}{13/1000000\times 46.09^2}=0.79$$

记 $T_{A静1}=\dfrac{T_{A静}}{m_0V_s^2}$，则 $T_{A1}=T_{A静1}$

初始值中的 4 个已求出：$z_{A1}=0$，$r_{A1}=0$，$\theta_{A1}=0$，$T_{A1}=0.79$

（3）指定 z'_{A1}、r'_{A1}，运行程序，初步求出百分比误差半径 ε_R 最小的（$z_{\hat{G}1}$，$r_{\hat{G}1}$）值。把主程序第 75、78 句写为：

```
for  x2=0.3: 0.002: 0.96
for  x4=-x2 * tand (alpha): 0.005: -x2 * tand (alpha) +0.1
```

填写自变量 t（即 s_1）作用范围的起始与终了值（主程序第 120 句）：

```
tspan= [0, 8];
```

也可以将自变量 t（即 s_1）作用范围写为：

```
tspan= [0: h: 8];
```

其中 h 为步长。这里，还是按 tspan= [0, 8] 写。因为 x2、x4 都是数列，计算量大，写 tspan= [0, 8] 后，函数 ode15s 会按变分法运行，运行速度快。若计算量小，可按 tspan= [0: h: 8] 写，有利于分析数据。

将其它参数如 α、μ 值等都按要求填入对应的颜色格中。

将表 2-3-1 主程序（不包括序号）复制到 MATLAb 命令窗口，程序自动运行，显示 G11 和 D8 值。

D8 表示的是脱纱点的位置及与脱纱点对应的初值，对于分析纱线在储纬鼓上受到的摩擦力有益。

G11 表示的内容包括（$z_{\hat{G}1}$，$r_{\hat{G}1}$）及与之对应的初始值 x0、百分比误差半径 ε_R。G11 表示百分比误差半径 ε_R 最小的两组数据（表 2-3-6）。从表 2-3-6 结果

可见，当初值 x2（即 z'_{A1}）= 0.65，x4（即 r'_{A1}）= 0.060935 时，$z_{\hat{G}1}$ = 2.675，$r_{\hat{G}1}$ = −0.00363，ε_{Rmin} = 0.004784（<0.0075 = ε）。ε_{Rmin} 已小于要求误差 ε。所以，x2（即 z'_{A1}）= 0.65，x4（即 r'_{A1}）= 0.060935 为数值解。

表 2-3-6　接近导纱器 *G* 点的 *y* 值和对应的初值

项　目			G11（:，1）	G11（:，2）
	t	s1	3.2319	3.2465
接近导纱器 *G* 点的 *y* 值	y1	z1	2.6750	2.6822
	y2	z1′	0.9941	0.9953
	y3	r1	−0.00363	0.001052
	y4	r1′	−0.10498	−0.09377
	y5	θ1	−2.7755	−2.7721
	y6	θ1′	−2.4950	−2.4694
	y7	T1	1.5750	1.5745
	t	sA1	0	0
x0	x1	zA1	0	0
	x2	zA1′	0.65	0.642
	x3	rA1	1	1
	x4	rA1′	0.060935	0.041354
	x5	θA1	0	0
	x6	θA1′	−0.75749	−0.76559
	x7	TA1	0.79	0.79
	ε_R（百分比误差半径）		0.004784	0.005903

但这个解只是初步解，原因是，开始求纱线与空气摩擦系数 C_f、C_d 时用的速度系数 $\eta_1 = 1$、$\eta_2 = 0.7$ 都是假定的，实际值还需确定。

（4）将初步求出来的初值 x2（即 z'_{A1}）、x4（即 r'_{A1}）代入主程序表 2-3-1，并将第 120 句改为：

```
tspan=［0：h：8］；
```

运行表 2-3-2 和表 2-3-3 程序，求出 η_1、η_2。

eta1（即 η_1）= 0.88402

eta2（即 η_2）= 0.54861

（5）取 $\eta_1 = 0.88$，$\eta_2 = 0.55$，重复前面第(1)步的工作，第(1)步完成后得：

$$C_f = 0.05938 \qquad C_d = 1.4101$$

（6）重复前面第（2）（3）步的工作，并逐步缩小 x2、x4 的取值范围和步长，当 ε_R 最小时，x2=0.7105，x4=-0.029236。此时 $\varepsilon_{Rmin}<0.0075$（$=\varepsilon$）。

（7）将 x2=0.7105，x4=-0.029236 输入主程序表 2-3-1，并将第 120 句改为 tspan=［0：h：8］；运行表 2-3-1，输出 G11、D8 和［t y］，G11 数据见表 2-3-7。D8=［ ］，又从表 2-3-7查得 x4（即 r'_{A1}）=-0.029236，$-z'_{A_1}\tan3°=-0.7105\tan3°=-0.037236$，x4>-0.037236，表示在储纬鼓上纱线的脱纱点和退绕点缩为一点，就是说，在储纬鼓上纱线与鼓筒之间没有摩擦角，也就没有摩擦力。

表 2-3-7　接近导纱器 *G* 点的 *y* 值和对应的初值

项　　目			G11（:，2）
	t	s1	3.14
接近导纱器 *G* 点的 *y* 值	y1	z1	2.6644
	y2	z1′	0.99655
	y3	r1	-0.003756
	y4	r1′	-0.094559
	y5	θ1	-2.7707
	y6	θ1′	-2.4522
	y7	T1	1.5833
	t	sA1	0
x0	x1	zA1	0
	x2	zA1′	0.7105
	x3	rA1	1
	x4	rA1′	-0.029236
	x5	θA1	0
	x6	θA1′	-0.70309
	x7	TA1	0.79
	ε_R（百分比误差半径）		0.0038465

继续运行程序表 2-3-4，得：

vt1max（即最大切向速度）= 1.1689

eta1（即 η_1）= 0.90597

vn1max（即最大法向速度）= 1.0715

eta2（即 η_2）= 0.52685

$\eta_1 = 0.90597$，$\eta_2 = 0.52685$，与第一次修正值 $\eta_1 = 0.88$，$\eta_2 = 0.55$ 相差不大，再不修正了。

继续运行程序表 2-3-3，得：

在导纱器 G 处的气圈半锥角 beta（即 β）= 0.094604（弧度）

beta1（即 β）= 5.4204°

无量纲退绕张力 TH1 = 1.5983

退绕张力 TH = 0.071755（N）

绘制 $s1-T1$ 曲线（图 2-3-3），绘制 $z1-T1$ 曲线（图 2-3-4），绘制 $z1-r1$ 曲线（图 2-3-5），绘制 $\theta1-r1$ 曲线（图 2-3-6），绘制三维气圈曲线（图 2-3-7）。

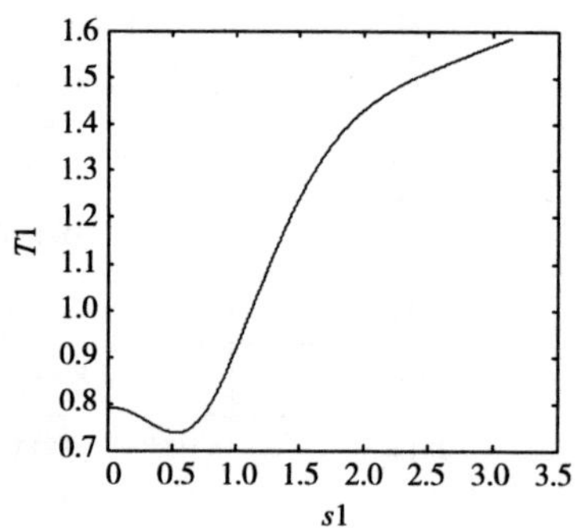

图 2-3-3　$s1-T1$ 曲线

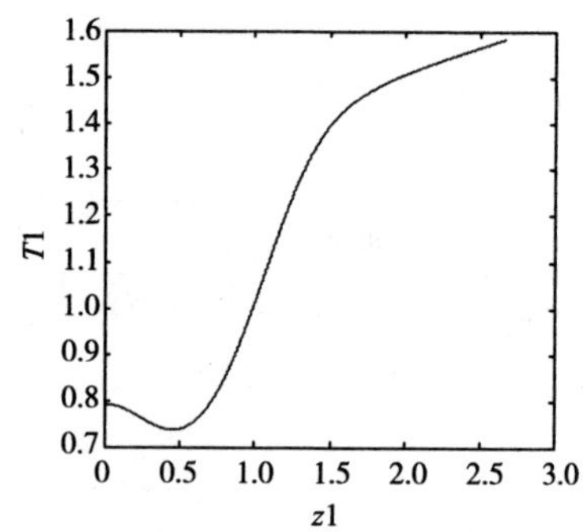

图 2-3-4　$z1-T1$ 曲线

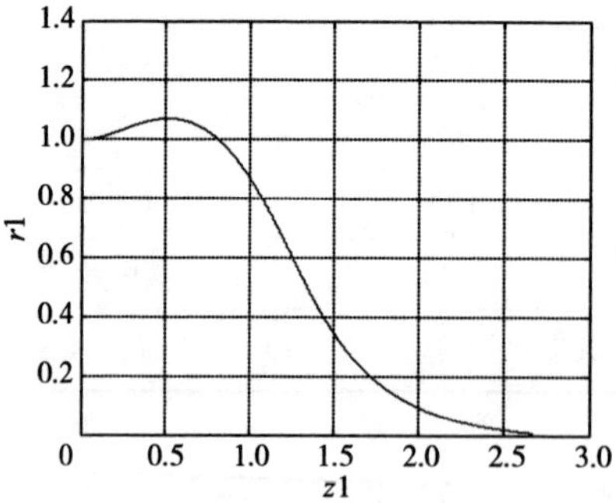

图 2-3-5　$z1-Y1$ 曲线

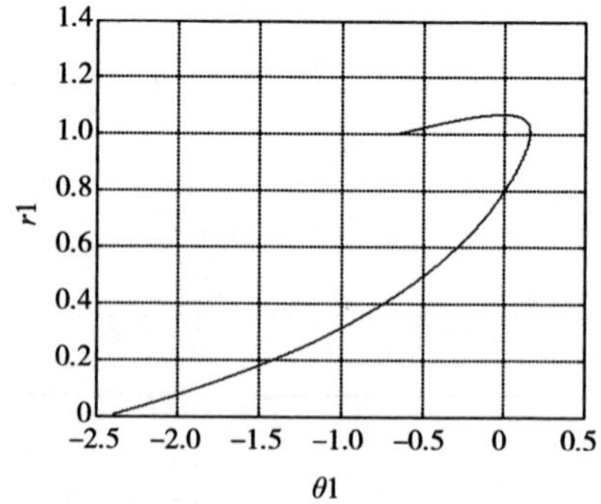

图 2-3-6　$\theta1-Y1$ 曲线

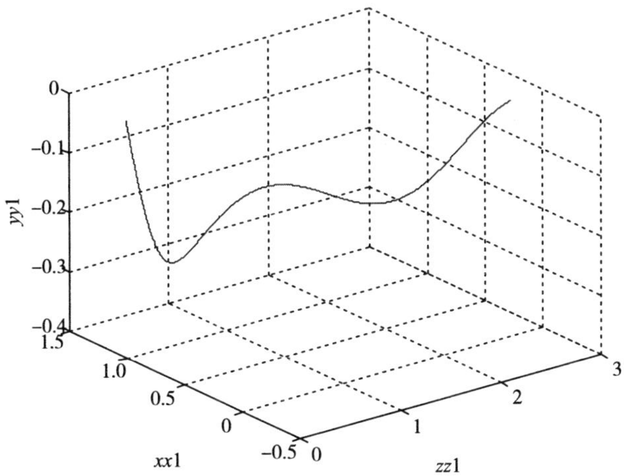

图 2-3-7 三维气圈曲线

Yl=s1	z1	dz1	r1	dr1	theta1	dtheta1	T1
0	0.0000	0.7105	1.0000	-0.0292	0.0000	-0.7031	0.7900
0.01	0.0071	0.7140	0.99976	-0.0193	-0.0070	-0.7001	0.7903
0.02	0.0143	0.7175	0.99962	-0.0095	-0.0140	-0. 6967	0.7906
0.03	0.0215	0.7212	0.99957	0.0002	-0.0209	-0.6930	0.7907
0.04	0.0287	0.7250	0.99962	0.0098	-0.0279	-0.6889	0.7908
0.05	0.0360	0.7289	0.99977	0.0194	-0.0347	-0.6845	0.7907
0.06	0.0433	0.7328	1.00001	0.0287	-0.0415	-0.6798	0.7906
0.07	0.0506	0.7369	1.00034	0.0380	-0.0483	-0. 6746	0.7904
0.08	0.0580	0.7412	1.00076	0.0471	-0.0550	-0. 6692	0.7901
……				……			
2.25	1.8002	0.8905	0.16022	-0.3804	-0.8935	-1.5847	1.4762
2.26	1.8091	0.8942	0.15643	-0. 3739	-0.9094	-1.6017	1.4778
2.27	1.8181	0.8980	0.15271	-0. 3674	-0.9255	-1.6185	1.4794
2.28	1.8271	0.9016	0.14905	-0.3609	-0.9417	-1.6351	1.4809
2.29	1.8361	0.9051	0.14547	-0. 3545	-0.9581	-1.6516	1.4824
2.3	1.8452	0.9085	0.14194	-0.3482	-0.9747	-1.6678	1.4839
……				……			
3.08	2.6047	0.9966	0.001891	-0.0940	-2.6246	-2.4176	1.5768
3.09	2.6146	0.9967	0.000951	-0.0939	-2.6488	-2.4233	1.5779
3.1	2.6246	0.9967	1.18E-05	-0.0939	-2. 6730	-2.4291	1.5790
3.11	2.6346	0.9966	-0.00093	-0.0939	-2. 6974	-2.4348	1.5801
3.12	2.6445	0.9966	-0.00187	-0.0941	-2.7217	-2.4406	1.5811
3.13	2.6545	0.9966	-0.00281	-0.0943	-2.7462	-2.4464	1.5822

显示从退绕点 A 至导纱器 G 点的曲线数据如 Y1。G 点的精确值是（z_{G1}，r_{G1}）=（2.6667，0），但从 Y1 数据来看，$r_{\hat{G}1}$ 最接近 0 处出现在 $z_1=2.6246$ 处，$z_{\hat{G}1}$ 最接近 z_{G1} 处出现在 $z_1=2.6545$ 处，说明有一些误差，但误差不大。$\varepsilon_R=0.0038465$（$\varepsilon=0.0075$），$\varepsilon_R<\varepsilon$，在希望误差之内。

（8）计算结果分析。退绕张力 TH 为 7.176cN，由退绕点前纱线静态张力 2.164cN、纱线在 z 方向由静止加速到 V_s 产生的惯性力 2.762（$=m_0V_s^2$）cN、纱线从退绕点到鼓筒中心产生的离心惯性力 1.381（$=0.5m_0V_s^2$）cN、空气对纱线的切向摩擦力 0.828cN、导纱器对纱线的摩擦力 0.0414cN 等五项加和而成，所占百分比分别为 30.16%、38.48%，19.24%、11.54%、0.57%。其中两个惯性力之和为 4.142cN，占总张力的 57.73%，而且是必不可少的。此取的静态张力为 2.164cN，是根据当时进入储纬鼓的纱线张力约 5cN，T/C13tex 断裂伸长率为 7.8%而计算出的（计算方式见后面）。因此这个静态张力是比较符合实际的。此计算出的退绕张力为 7.176cN。该品种，韩万军、祝章琛曾测量过，他们测得正常引纬时此退绕张力为 7cN（见《陕西纺织》杂志“纱线飞行张力的测量和分析”）。可见，此处计算的值是比较准确的，同时也说明“狼牙棒算法”具有一定的参考意义。

如果不考虑空气阻力，张力 $T1$ 的最小值应出现在 $r1$ 最大的地方，这是由离心惯性力造成的。从 $z1$—$T1$、$z1$—$r1$ 可见，张力 $T1$ 的最小值出现在 $r1$ 接近最大的地方，是因为其它力也对纱线张力有影响。

从图 2-3-5、图 2-3-7 的曲线形状看，也与实际观测到的气圈形状比较接近。

七、关于几个问题的讨论

1. 静态张力对退绕绕力的影响

仍在例 1 品种和基本条件下，分别让退绕点静态张力 $T_{A静1}=T_{A1}=0.79$、1.29、1.79，按前面步骤（1）~（7）运行程序，求出 $T_{\hat{G}1}$ 分别为 $T_{\hat{G}1}=1.5833$、2.0603、2.6055，则有 $T_{\hat{G}1}-T_{A1}=0.7933$、0.7703、0.8155。所以 $T_{\hat{G}1}-T_{A1}$ 变化并不大，可见 $T_{\hat{G}1}$ 与 T_{A1} 基本是线性正相关的关系。原因是，T_1 增大后，纱线气圈长度没有大的变化，引纬速度也没有变化，虽然具体的 v_t、v_n 会有些变化，但变化不会太大，故空气对纱线的摩擦阻力不会变化多少。T_{A1} 增大，使得气圈绷得更紧些或更直些，具体反映在使 $|\theta_{\hat{G}1}-\theta_{A1}|$ 变小［图 2-3-8（a）］，气圈最大半径右移，最大半径也增大［图 2-3-8（b）］，在导纱器处的半锥角 β 也变大，β 依次为 5.42°、

26.25°、45.97°，也即经过导纱器的摩擦包角增大。这样使得退绕张力 T_{H1} 的增加量要大于 T_{A1} 的增加量。

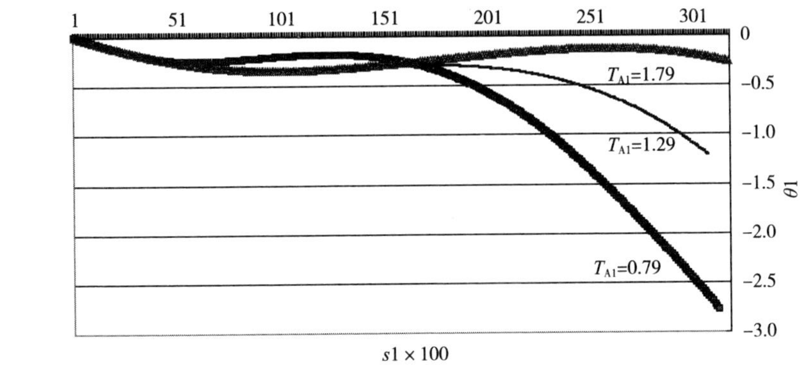

图 2-3-8（a） $s1-\theta1$ 关系图

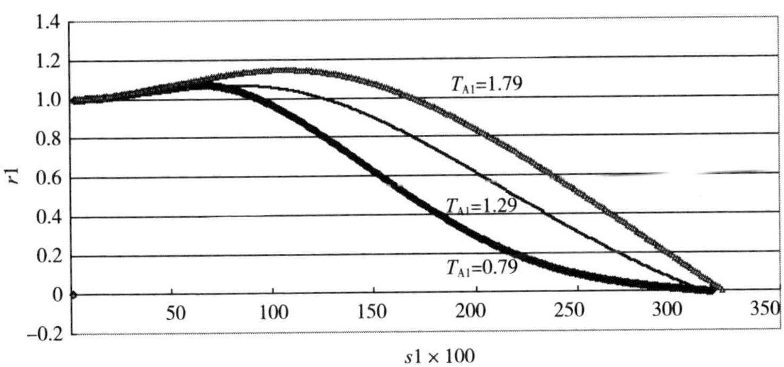

图 2-3-8（b） $s1-r1$ 关系图

2. T_A 静一定时，空气法向阻力系数对纱线形状和张力的影响

纱线基本参数仍如例 1，导纱器 G 点的 z 坐标仍为 0.24m，但将空气法向阻力系数分别假定为 C_d 取 0.68、1.35、2.03 三种，得纱线的 $s1-r1$ 图和 $s1-T1$ 图如图 2-3-9 所示，从图 2-3-9（a）可以看出，若法向阻力系数大时，纱线形状刚挺，自脱纱点到 G 点的纱线长度短，在 G 点的纱线张力也小。从图 2-3-9（a）还可以看出，双气圈未必好，双气圈使纱线长度变长，增加了空气阻力，使得退绕张力变大。

3. 导纱器位置对纱线形状（气圈半锥角）和退绕张力的影响

图 2-3-10 和表 2-3-8 是在例 1 基本数据的基础上，将导纱器位置由 0.16m 变化到 0.36m（步长为 0.02m）取得的数据。从表 2-3-8 第 1 列可以看出，当

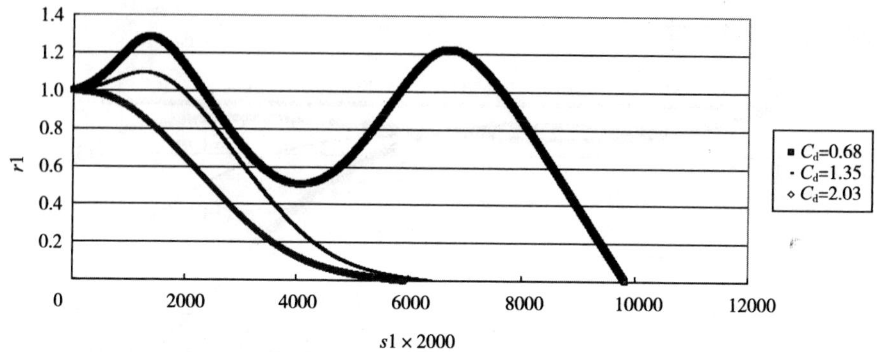

图 2-3-9（a） $s1$-$r1$ 关系图

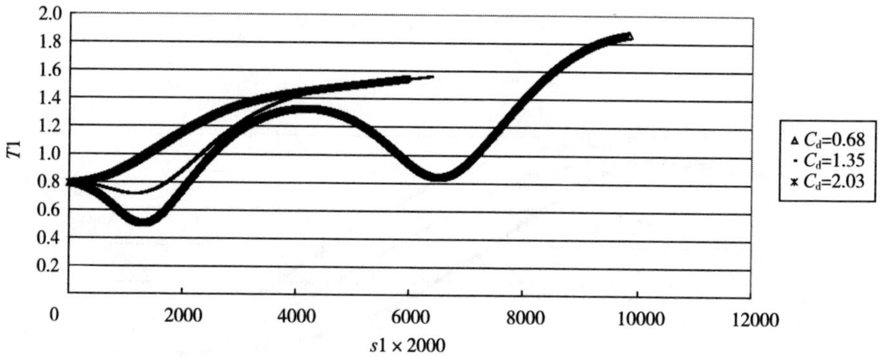

图 2-3-9（b） $s1$-$T1$ 关系图

ZG=0. 16 时，最大切向速度 vt1max 比较大，说明气圈最大半径比较大，气圈最大半径比较大，又使得半锥角较大，反倒使退绕张力 TH 较大。从 ZG=0. 20 开始，随着 ZG 的增加，气圈的弧长增大，空气阻力作用长度变长，阻力也就变大，导致退绕张力增加。当 ZG 从 0. 2m 增加到 0. 36m 时，退绕张力约增加了 0. 4cN，可以说，增加不大。说明书规定储纬鼓右侧到导纱器的距离是 0. 2~0. 3m，相当于 ZG=0. 22~0. 32m，从这里的分析看，这个规定还是比较合理的，在 ZG=0. 22~0. 32m 范围内，又以偏小使用为佳。纱线特数大，更以偏小使用为佳。对于 T/C13tex 纱，当 ZG<0. 2m 时，反倒使退绕张力增加，另外，过小的 ZG，对于鼓爪式储纬器，在启动时，有鼓爪绊纱或轻微绊纱之虞。表 2-3-8 中的最后一行数据，是按式（61）计算出的数据，通过与第 4 行的数据对比，可见近似式（61）计算结果还是比较准确的。

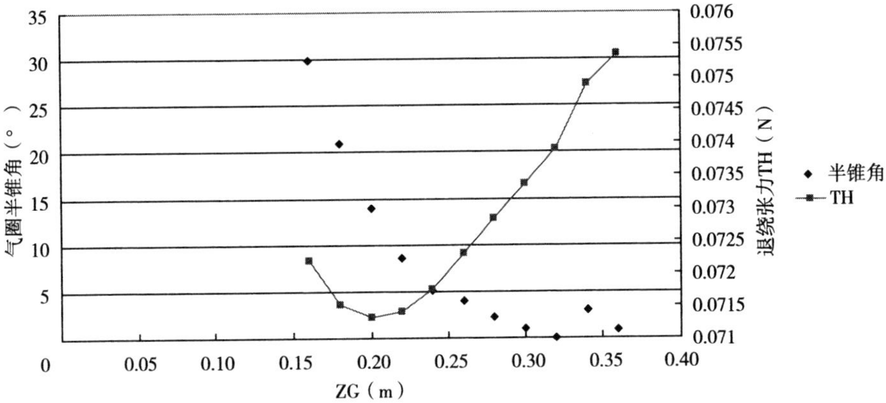

图 2-3-10　半锥角、退绕张力 TH 与导纱器位置 ZG

表 2-3-8

ZG	0.16	0.18	0.2	0.22	0.24	0.26
ZG.1	1.78	2.00	2.22	2.44	2.67	2.89
半锥角	29.9	20.9	14.0	8.6	5.1	4.0
vt1max	1.33	1.24	1.20	1.18	1.17	1.17
TH	0.0722	0.0715	0.0713	0.0714	0.0717	0.0723
TH［按式（61）计算］	0.0709	0.0713	0.0717	0.0721	0.0726	0.0731
ZG	0.28	0.3	0.32	0.34	0.36	
ZG.1	3.11	3.33	3.56	3.78	4.00	
半锥角	2.3	1.0	0.0	3.0	0.8	
vt1max	1.17	1.16	1.16	1.17	1.16	
TH	0.0728	0.0734	0.0739	0.0749	0.0754	
TH［按式（61）计算］	0.0736	0.0741	0.0746	0.0752	0.0757	

4. 节能问题

可以通过式（61）简单讨论一下节能问题。简单地说，导纱器后的退绕力就是主喷咀前的引纬力，降低退绕力就是降低引纬力，就意味着降低气耗。所以在达到正常引纬的情况下，应尽可能减少退绕力，以减少能耗。

从式（61）可见，退绕力 T_H 与退绕点静态张力 $T_{A静}$、纱线线密度 m_0、纱线长度 $\sqrt{r_A^2+z_G^2}$、空气切向阻力系数纱线 p_t 线性正相关，也与摩擦系数 μ_1、气圈半锥角正相关，特别与速度 V_s 的平方正相关。所以速度的影响最大。由此可知，低速织机的退绕力小。在织机速度一定时，可通过适当扩大引纬角来降低引纬速度，来减少退绕力。在织机引纬速度一定时，$1.5m_0V_s^2$ 的惯性力是必有的，也是无法控制的。当纱线纱支确定后，m_0、p_t、μ_1 也是确定的，能控制的是 $T_{A静}$、纱线长度 $\sqrt{r_A^2+z_G^2}$ 及气圈半锥角 $\arctan\frac{r_{\hat{G}}}{z_{\hat{G}}}$。如果 AG 是直线，则纱线切向线速度是 V_s，但若 A、G 之间是曲线，是气圈，则纱线的长度和切向速度是变的，这也影响到退绕张力。先说纱线长度 $\sqrt{r_A^2+z_G^2}$，极限情况是，当 $r_A=0$ 时，储纬鼓就不存在了，所以 $r_A\neq0$。若 $z_G=0$，圆周上鼓爪就会绊住纱线，使织造无法进行。即使不绊住纱，导纱器处的气圈半锥角成为 90°，即导纱器摩擦包角成为 90°，则导纱器的摩擦力又使退绕力变大，这显然也不合适。当 z_G 或 z_{G1}（$=\frac{z_G}{r_A}$）较小时，气圈最大半径很大，相当于纱线长度变长，且部分纱段速度很大，则空气切向阻力变大，而导纱器处摩擦包角又较大，都变成使退绕力增大的因素。另外，气圈半径增大，会使纱线法向速度增大，从而大大增加法向阻力。从前面的叙述得知，增大法向阻力就是增大纱线静态张力。所以 z_G 或 z_{G1} 太小也是不可取的。因此，在保证纱线在启动阶段和正常运转阶段不被鼓爪阻挡的情况下，做一个罩子或锥形罩子，使纱线气圈半径既不至太大，又能减小纱线长度。另外，$\sqrt{r_A^2+z_G^2}=r_A\sqrt{1+z_{G1}{}^2}$，显然，减小储纬鼓半径 r_A 有利于减少纱线长度，从而降低退绕张力。$T_{A静}$ 在退绕张力中占据较大的百分比，但控制好 $T_{A静}$ 就能大大减少退绕力，在保证不使筘槽中出现纱线前拥后挤的现象的情况下，应尽可能降低 $T_{A静}$。例如，原来 $T_{A静}$ 为 2.2cN，适当调小储纬鼓喂入张力，使 $T_{A静}$ 降到 1.4cN，可使例 1 的 T/C13tex 纬纱的退绕张力也降低约 0.8cN，相当于将所需引纬力由 7.2cN 降到 6.4cN，这当然可以节气。当然，$T_{A静}$ 也不能太小，太小时容易脱圈或纱圈重叠。$T_{A静}$ 较小时，也容易弯曲，或气圈成为双气圈，这也使（$T_{G1}-T_{A1}$）相对增大，做一个锥形罩子对进一步减少退绕力有利。

尽可能减少自储纬鼓退绕点至主喷咀出口处这一段纱线的长度，因为在每一纬的引纬过程中，处于这一区域的纱线都要加速到速度 V_s，在一纬引纬结束后，这一区域的纱线又要从 V_s 降到 0，相当于空耗。

八、储纬鼓及纬纱在鼓筒上的滑移

喷气织机是间歇引纬的织机，在非引纬时期需要储存部分纬纱，以便在引纬时期一次性引出一纬长度的纬纱。储纬鼓的作用一是储存纬纱且均匀纬纱张力，二是定长，三是以较低而稳定的张力供应纬纱。

ZA203、ZA205 织机的储纬鼓鼓筒是由一个鼓块和 10 个鼓爪组成。鼓块是一个宽弧度的鼓爪，上面有一个孔，以便定纬销的销钉插入和拉出，控制引纬的开始与结束时间。鼓块和 10 个鼓爪基本均匀排列，可近似看作排列成一个圆鼓（图 2-3-11）。这种储纬鼓之所以要作成鼓爪形式，是为了借助鼓爪调节鼓半径以控制纬纱长度。单个鼓爪的形状如图 2-3-12 所示。量得的具体尺寸是：$\alpha=3°$，$\beta=20°$（后来的织机为 17°），$R_1=8\text{mm}$，$R_2=12\text{mm}$，R_2 与两斜面平滑连接，圆弧角为 23°，圆弧长度为 4.82mm。

储纬鼓上的一个重要运动部件是导纱管（图 2-3-13），导纱管由电动机带动着旋转，筒子上的纱线经导纱器、张力器穿入导管水平端，然后从导管的斜管的上部穿出，卷绕在固定的鼓筒上。由于鼓筒左斜面倾斜角 $\beta=20°$，大于纱线与鼓爪的摩擦自锁角，故纱线一边在鼓筒上卷绕，一边沿左斜面下滑，这样卷绕在鼓筒上的纱线就会依次排列，不会产生重叠。如果仅卷绕一圈时，则这圈纱运动到小于或等于动态摩擦自锁角时便会停止，不会再往右移。但因为在鼓上储存的纱线圈数一般为 10～15 圈，后面的纱会推着前面的纱向右滑移，直到整个 10～15 圈的预卷纬纱的平均值达到小于或等于动摩擦自锁角时才停止不动。然后，前面的纬纱不断被取走，后面的纱线则不断补充进来，于是预卷在鼓上的多圈纬纱不断地向右蠕动。这段区域称为纬纱蠕动区。测得纯棉、涤棉纱线与光滑金属棒的静摩擦系数 $f_{静}$ 约为 0.147，动态摩擦系数 $f_{动}$ 为 0.1～0.14，这里按 $f_{动}=0.14$ 计算。则静摩擦自锁角：

$$\psi_{静}=\arctan f_{静}=8.36°$$

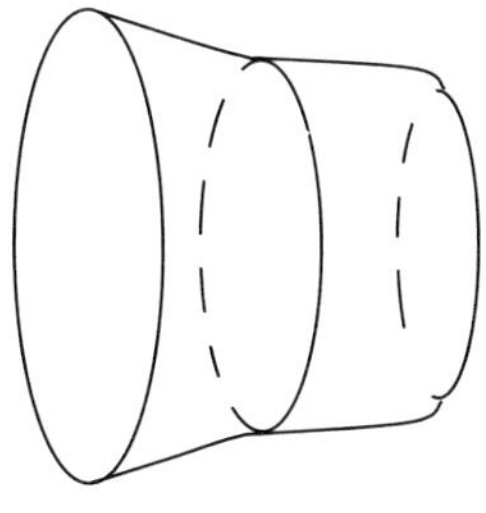

图 2-3-11　由鼓爪组成的近似鼓筒形状

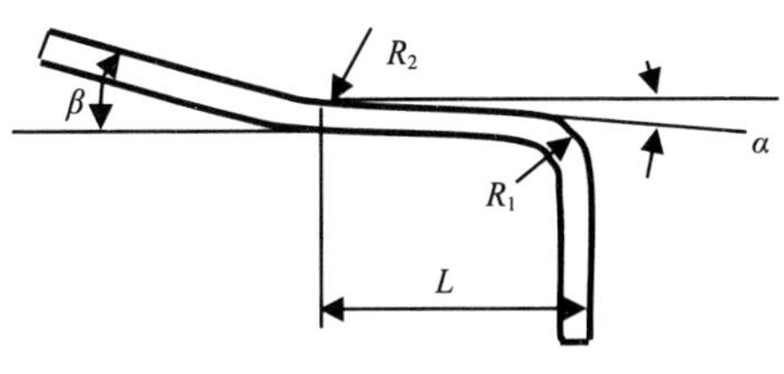

图 2-3-12　单个鼓爪形状

动摩擦自锁角

$$\psi_{动}=\arctan 0.14=7.97°$$

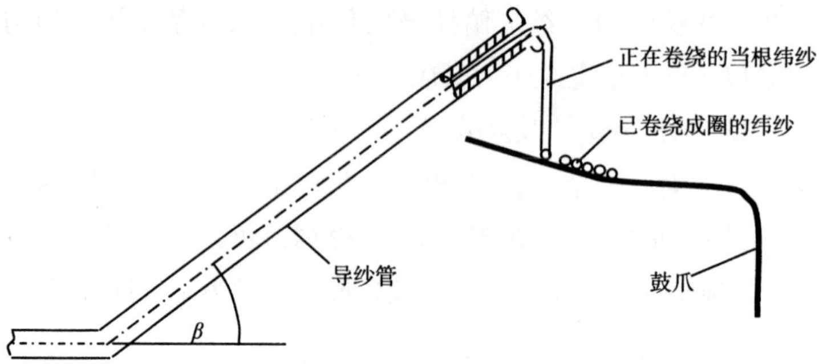

图 2-3-13　β 角与纬纱滑移

设纱线直径为 d，储纬鼓储纬预卷圈数为 n，若纱线紧密排列，第 1 圈纬纱（最右边）中心到第 n 圈纬纱中心之间的排列长度 $l=(n-1)d$，当 n 根纬纱平均处于动摩擦自锁角 $\gamma_{动}$ 时，l 在圆弧上的中心点应与角 $\psi_{动}$ 重合。这时第 1 圈纬纱中心所处的角度 ψ_1（°）为：

$$\psi_1 = \psi_{动} - \frac{l}{2R_2} = \psi_{动} - \frac{(n-1)d}{2R_2}\frac{180}{\pi} \tag{69}$$

第 n 圈纬纱中心所处的角度 ψ_n（°）为：

$$\psi_n = \psi_{动} + \frac{l}{2R_2} = \psi_{动} + \frac{(n-1)d}{2R_2}\frac{180}{\pi} \tag{70}$$

第 1 圈纬纱中心所处的位置就是纬纱从鼓筒上退绕时退绕点所处的圆周位置，所以第 1 圈纬纱中心到鼓筒轴线的距离就是前几部分叙述的退绕点半径 r_A，这是记为 R_A。r_A 和 R_A 略有不同，前面 r_A 处于储纬鼓圆台区，这里的 R_A 可能处于圆台区或过渡区（图 2-3-14 中的 E 点，相当于 A 点）。第 1 圈纬纱的长度为 $2\pi R_A$，第 n 圈纬纱的长度为 $2\pi(R_A+E'N')$。第 n 圈纬纱向右滑移到第 1 圈纬纱的位置时，长度的变化率 ε 近似为：

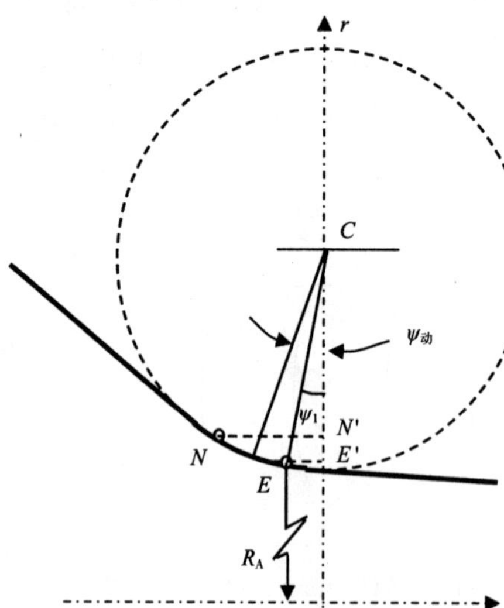

图 2-3-14　退绕半径

R_A—储纬退绕点的半径　$CE=CN=R_2$

$$\begin{aligned}\varepsilon &= \frac{2\pi(R_A + E'N') - 2\pi R_A}{2\pi R_A} \times 100\% \\ &= \frac{E'N'}{R_A} \times 100\% \\ &= \frac{R_2(\cos\psi_1 - \cos\psi_n)}{R_A} \times 100\% \end{aligned} \tag{71}$$

设纱线断裂时的断裂伸长率为 $\varepsilon_{断}$，断裂强力为 $T_{断}$，纱线长度变化率为 ε 时纱线张力的变化值为 $T_{蠕}$，对于棉纱、涤棉纱，近似认为：

$$T_{蠕} = \frac{T_{断}\varepsilon}{\varepsilon_{断}} \tag{72}$$

例 2：JC14.5tex 断裂伸长率 $\varepsilon_{断}$为 4.6%，断裂强力 $T_{断}$为 210cN，储纬鼓退绕点半径 $R=90$mm，储纬鼓储存圈数为 10 圈，求第 10 圈纬纱向右滑移到第 1 圈纬纱的位置时，长度的变化率 ε 和纬纱张力的变化值 $T_{蠕}$。

解：动摩擦自锁角 $\psi_{动} = \arctan 0.14 = 7.97°$

$$纱线直径\ d = 0.03568 \times \sqrt{14.5/0.85} = 0.1473\text{mm}$$

将计算结果及 $n=10$，$R_2=12$mm 代入式（69）（70），得 $\psi_1=4.8°$，$\psi_{10}=11.17°$

代入式（77）得第 10 圈纬纱向右滑移到第 1 圈纬纱的位置时，长度的变化率 ε：

$$\varepsilon = \frac{12 \times (\cos 4.8° - \cos 11.14°)}{90} \times 100\% = 0.2042\%$$

纬纱的张力变化值 $T_{蠕}$为：

$$T_{蠕} = 210 \times 0.2042\% \div 4.6\% = 9.32(\text{cN})$$

例 3：在例 2 中，若储纬鼓储纬圈数为 15 圈，其它条件不变，则 $\varepsilon=0.3175\%$，纬纱的张力变化值 $T_{蠕}=14.49$cN。

例 4：T/C13tex 断裂伸长率 $\varepsilon_{断}$为 7.8%，断裂强力 $T_{断}$为 220cN，储纬鼓退绕点半径 $R=90$mm，储纬鼓储存圈数为 10 圈，求第 10 圈纬纱向右滑移到第 1 圈纬纱的位置时，长度的变化率 ε 和纬纱张力的变化值 $T_{蠕}$。

解：计算方法同例 2，算得 $\psi_1=4.97°$，$\psi_{10}=10.97°$，$\varepsilon=0.1934\%$，$T_{蠕}=5.45$cN。

若储纬鼓储存圈数为 15 圈，算得 $\psi_1=3.31°$，$\psi_{10}=12.63°$，$\varepsilon=0.3006\%$，$T_{蠕}=8.48$cN。

从以上计算例题和公式可见，纬纱在鼓筒上滑移而引起的张力变化量与纱线与鼓筒的摩擦系数、R_2、R_A、$T_{断}$、$\varepsilon_{断}$、纱线直径 d、储纬鼓储存圈数 n 等有关，与储纬圈数 n 和纱线直径关系很大，如例 2、例 3 中 JC14.5tex 棉纱在鼓筒上经过 9

圈或14圈滑移后，纱线张力竟然减小了9.3~14.5cN，这是一个很大的数值，故要引起注意。

九、从喂入到退绕点前储纬鼓上的纬纱张力变化

这部分介绍纬纱从水平进入导纱管到开始蠕动前的张力变化，然后画出整个储纬鼓上的张力变化折线。

储纬鼓上的纬纱是通过角形导管的旋转把纬纱卷绕到固定不动的储纬鼓上的（图2-3-15）。角形管水平段的轴心线与储纬鼓的轴心线重合。设纬纱以速度 V_{C1} 进入角形导管，纬纱的运动路线是：

$$C_1 - C_2 - C_3 - C_4 - C_5 - C_6 - C_7 - C_8 - C_A$$

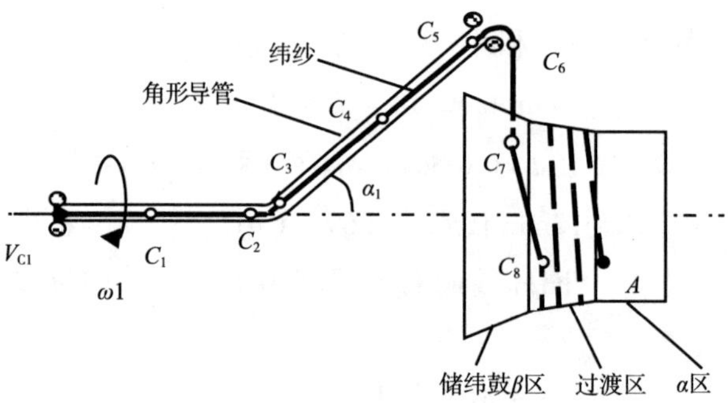

图2-3-15　储纬鼓上纬纱路线图

C_1—水平入口点，速度为 V_{C1}

C_7—纱线开始与鼓面 β 区接触点，速度仍为 V_{C1}

在 C_2C_3、C_5C_6 段，纬纱分别要经过 α_1、γ 的摩擦包角。其中 α_1 在储纬鼓的径向平面内，若把 C_5、C_6 视为一点，摩擦包角 $\gamma = \pi - \angle C_3C_6C_7$，$\gamma$ 处在由线段 C_3C_6、C_6C_7 构成的倾斜平面内（图2-3-17）。纱线在 C_7 开始与鼓面 β 区（鼓爪倾斜角为 β）接触，接触点为 C_7，但速度仍为 V_{C1}。自 C_7 点到 C_8，纱线一边沿储纬鼓轴向滑移，一边沿周向速度由 V_{C1} 逐渐减为0，至 C_8 点则周向速度完全为0。记 C_8 点的半径为 R_0。C_8 点到 C_A 点，则是纱线蠕动区。C_A 点一般处

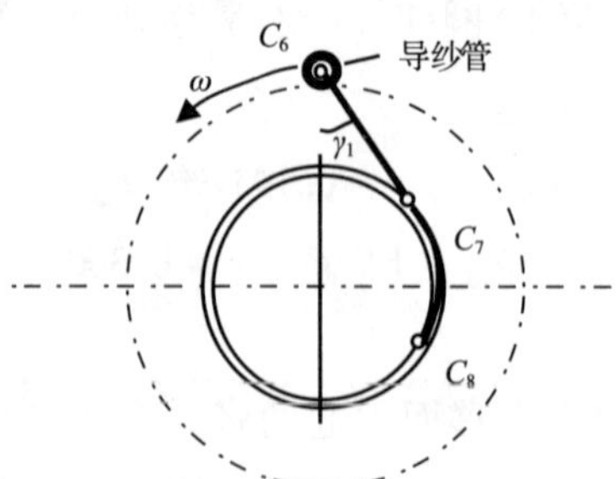

图2-3-16　鼓面与纬纱点 C_6、C_7、C_8 右视

在鼓爪上的圆弧过渡区，也有可能处于右边的倾斜区（或称右圆台区，如图 2-3-15 所示）。C_A 点的半径就是储纬鼓退绕点的半径 R_A。

1. 求摩擦包角 γ

角形导管的 α_1 在径向面上，自导管出口 C_6 点至 C_7 点的纱线则可近似看作处于鼓筒轴的法面上。将 C_6 看作导管出口的中心点。记 C_6C_7 与过 C_6 点的径向线的夹角为 γ_1（图 2-3-16）并近似认为纱线在 C_7、C_8 点的半径都相同，C_8 点的鼓筒半径为 R_0，则：

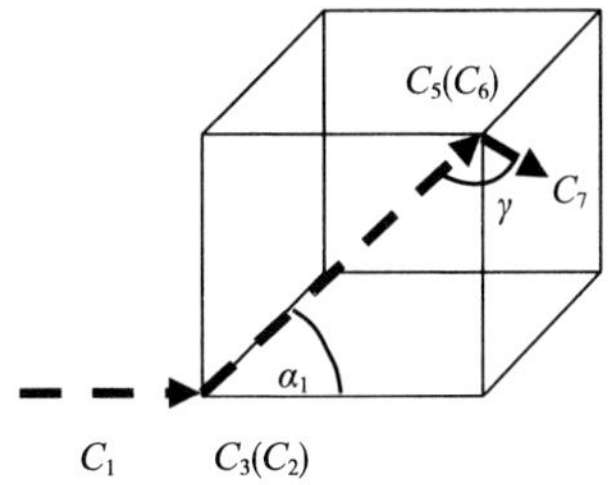

图 2-3-17　纬纱包角

视 C_2、C_3 点为同一点，视 C_5、C_6 点为同一点，

在 C_3 点，摩擦包角为 α_1（在径向平面内）

在 C_6 点，摩擦包角为 γ

$$\gamma_1 = \arcsin \frac{R_0}{r_{C6}} \tag{72a}$$

$$\alpha_2 = 90° - \gamma_1 = \arccos \frac{R_0}{r_{C6}} \tag{72b}$$

把线段 C_5C_4、C_6C_7 看作向量，运用两向量的夹角公式，可求得：

$$\gamma = \pi - \arccos\angle C_5C_6C_7 = \pi - \arccos\left(\frac{\sqrt{r_{C6}^2 - R_0^2}}{r_{C6}}\sin\alpha_1\right) \tag{73}$$

式中：r_6 为储纬鼓角形导管出口中心点的半径，约 0.13m。

2. 储纬鼓上各点纬纱张力计算

绕纱管本身就像一个离心空气泵，管内有一定的风速，斜管中的风速略大于纱线速度，对纱线张力影响很小，不必考虑。导管水平部分的风速同斜管是一样的，但水平管很短，也不计风速影响。

设储纬鼓绕纱管进口处的纬纱张力为 T_{C1}，进口速度为 V_{C1}，T_{C2} 为进入斜管摩擦包角 α_1 前的纬纱张力，T_{C3} 为进入斜管摩擦包角 α_1 后的纬纱张力，故有：

$$T_{C2} = T_{C1} \tag{74}$$

$$T_{C3} = T_{C2}e^{f_1\alpha_1} = T_{C1}e^{f_1\alpha_1} \tag{75}$$

式中：f_1 为纱线与陶瓷的摩擦系数。

纱线在斜管 C_4 部分所受的力除 T_{C3} 外，还有离心惯性力、哥氏惯性力，离心惯性力可分解为沿纱线切向的分力和对导管上壁的正压力，并由此正压力产生了摩擦力。哥氏惯性力作用于导管的后壁，也会产生摩擦力。因为导管半径很小，近似把导管里的纱线看作直线，利于计算。C_5 是导管出口处未进入摩擦包角 γ 前的点，r_{C5} 是其半径，在计算时可近似认为 $r_{C5}=r_{C6}$，T_{C5} 是 C_5 点的张力（省略推导过程）：

$$T_{C5}=T_{C1}e^{f_1\alpha_1}-\frac{m_0 {r_{C5}}^2\omega_1^2}{2}+f_2 m_0 r_{C5}\omega_1\sqrt{\left(\frac{r_{C5}\omega_1}{2\tan\alpha_1}\right)^2+(2V_{C1})^2} \tag{76}$$

式中：f_2 为纱线与导管金属壁的摩擦系数。

C_6 是导管出口处摩擦包角 γ 后的点，T_{C6} 是 C_6 点的张力：

$$T_{C6}=T_{C5}e^{f_2\gamma} \tag{77}$$

求 C_6C_7 段纬纱张力。对于 C_6C_7 段纬纱，作三点假定：假设 C_6C_7 在垂直于鼓轴线的平面内；假定 C_7 点处的半径等于 C_8 点处的半径，即 $r_{C7}=r_{C8}=R_0$；C_6C_7 是直线（因短，视为直线简单）。

在 C_6C_7 段，纬纱仍是以匀角速度 ω_1 作牵连运动，以 V_{C1} 作相对运动。作用于纬纱上的力有纬纱张力、离心力、哥氏惯性力、空气阻力。

（1）求离心力（图 2-3-18、图 2-3-19）。在 C_6C_7 纬纱之间任取一点 M，记 OM 的半径为 r，C_7M 为 s，$\angle MOC_7$ 为 α，作离心力微元 $dF_{离M}$：

$$dF_{离M}=m_0 ds\cdot r\omega_1^2$$

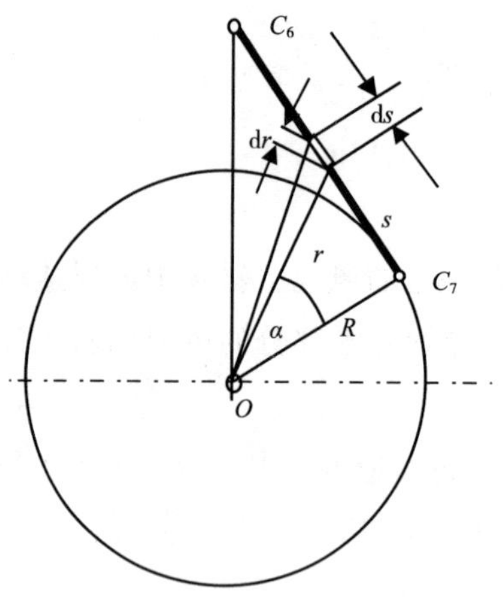

图 2-3-18　C_4、C_7 段纬纱 ds 与 dr 关系图及 α_2 积分区间

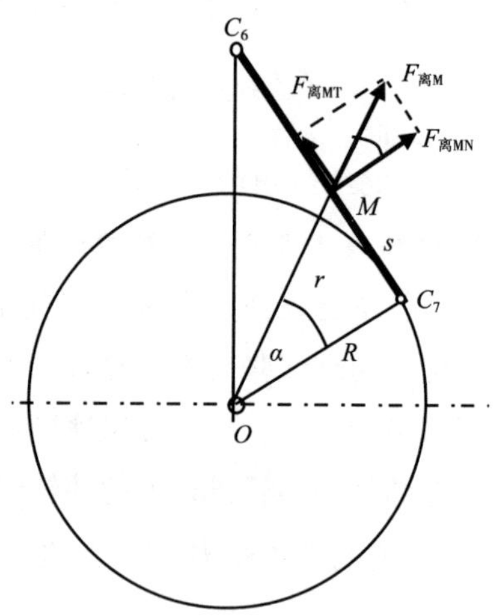

图 2-3-19　C_6C_7 纱段离心力及分解

从图 2-3-18 可知，$r=\sqrt{R_0^2+s^2}$，s 的变化区间是 $0\sim\sqrt{r_{C6}^2-R_0^2}$，于是有：

$$dF_{离M}=m_0 ds\cdot r\omega_1^2=m_0\sqrt{R_0^2+s^2}\,\omega_1^2 ds \tag{78}$$

为清晰起见，将 $dF_{离M}$ 分解到纱线的切向微元 $dF_{离MT}$ 和法向微元 $dF_{离MN}$，即

C_7C_6（C_6C_7）的方向和它的垂直方向（图 2-3-19）。切向微元 $dF_{离MT}$ 直接影响纱线张力，而法向微元 $dF_{离MN}$ 是间接影响纱线张力的。笔者仍采用求功的方法求力，这样避免了复杂的求曲线过程。设 $dF_{离MN}$ 能使 C_7 点纱线张力增加 $dT_{离MN}$，当 C_7 点旋转一周时，$dF_{离MN}$ 也旋转一周，$dF_{离MN}$ 对圆心的作用力距为 s，所以 $dF_{离MN}$ 旋转一周所作的功 $dA_{离MN}$ 是 $dF_{离MN}\cdot 2\pi s$。$dT_{离MN}$ 旋转一周所作的功是 $dT_{离MN}\cdot 2\pi R_0$，按照能量守恒定律，两者所作的功应相等，这样就求出了 $dT_{离MN}$。

$$dF_{离MT} = dF_{离M}\sin\alpha_2 = m_0\sqrt{R_0^2+s^2}\,\omega_1^2 ds\cdot\frac{s}{\sqrt{R_0^2+s^2}} = m_0\omega_1^2 s ds \tag{79a}$$

$$dF_{离MN} = dF_{离M}\cos\alpha_2 = m_0\sqrt{R_0^2+s^2}\,\omega_1^2 ds\cdot\frac{R_0}{\sqrt{R_0^2+s^2}} = m_0R_0\omega_1^2 ds \tag{79b}$$

$$\begin{aligned}F_{离MT} &= \int_0^{\sqrt{r_{C6}^2-R_0^2}} m_0\omega_1^2 s ds = \frac{1}{2}m_0\omega_1^2(r_{C6}^2-R_0^2)\\ &= \frac{1}{2}m_0\omega_1^2 r_{C6}^2-\frac{1}{2}m_0V_{C1}^2\end{aligned} \tag{80a}$$

$$F_{离MN} = \int_0^{\sqrt{r_{C6}^2-R_0^2}} m_0R_0\omega_1^2 ds = m_0R_0\sqrt{r_{C6}^2-R_0^2}\,\omega_1^2 \tag{80b}$$

$$dA_{离MN} = dF_{离MN}\cdot 2\pi s \tag{81}$$

$$A_{离MN} = \int_0^{\sqrt{r_{C6}^2-R_0^2}} 2\pi m_0\omega_1^2R_0 s ds = \pi m_0\omega_1^2R_0\ (r_{C6}^2-R_0^2) \tag{82}$$

$$T_{离MN} = A_{离MN}/(2\pi R_0) = \frac{1}{2}m_0\omega_1^2\ (r_{C6}^2-R_0^2) = \frac{1}{2}m_0V_{C1}^2\tan^2\alpha_2 \tag{83}$$

式中：$T_{离MN}$ 为由力 $F_{离MN}$ 间接增加的纱线张力。

（2）哥氏惯性力。C_6C_7 间的纬纱质点 M，绕着鼓轴以 ω_1 为角速度作牵连运动，同时以速度 V_{C1} 沿着 C_6C_7 直线作相对运动。写出哥氏惯性力微元 $dF_{哥M}$，并写出转一周所作的微元功 $dA_{哥M}$：

$$dF_{哥M} = m_0 ds\cdot(-2\vec{\omega}_1\times\vec{V}_{C1}) = m_0 ds\cdot(-2\omega_1V_{C1}\sin 90°) = -2m_0\omega_1V_{C1}ds \tag{84}$$

$$\begin{aligned}F_{哥M} &= -2m_0\omega_1V_{C1}\int_0^{\sqrt{r_{C6}^2-R_0^2}} ds\\ &= -2m_0\sqrt{r_{C6}^2-R_0^2}\,\omega_1V_{C1} = -2m_0V_{C1}^2\tan\alpha_2\end{aligned} \tag{85}$$

$$dA_{哥M} = dF_{哥M}\cdot 2\pi s \tag{86}$$

$$\begin{aligned}A_{哥M} &= \int_0^{\sqrt{r_{C6}^2-r_{C8}^2}} -2m_0\omega_1V_{C1}\cdot 2\pi s\cdot ds = -2\pi m_0\omega_1V_{C1}(r_{C6}^2-R_0^2)\\ &= -2\pi m_0\omega_1V_{C1}R_0^2\tan^2\alpha_2\end{aligned} \tag{87}$$

$$T_{哥M} = A_{哥M}/(2\pi R_0) = -m_0V_{C1}^2\tan^2\alpha_2 \tag{88}$$

式中：$T_{哥M}$ 为由 $F_{哥M}$ 间接增加的纱线张力。

$F_{哥M}$ 的大小为 $2m_0V_{C1}^2\tan\alpha_2$，方向与 $F_{离MN}$ 相反，部分抵消了 $F_{离MN}$ 的效果。

（3）空气阻力。车间的空气速度为0（或视为0）。纱线运动，空气不动，可看作是纱线不动，空气以相反方向运动，从而对纱线的运动形成阻力。如果纱线微段运动的方向和纱线微段自身轴线（切线）存在着倾斜角，为方便起见，一般先把纱段速度 $\vec{V}$ 分解为沿纱线切向的速度 $\vec{V}_T$ 和沿纱线法向的速度 $\vec{V}_N$ 。切向空气阻力也就是空气摩擦阻力 $F_{气T}$ ，它与纱线切向速度 $\vec{V}_T$ 方向相反。法向空气阻力也就是压差阻力 $F_{气N}$ ，它和纱线法向速度的方向 $\vec{V}_N$ 相反，见图2-3-20。在图2-3-18中，前面已叙述过，C_6C_7 间的纬纱质点 M，绕着鼓轴以角速度 ω_1 作牵连运动，同时以速度 V_{C1} 沿着 C_6C_7 直线作相对运动。由于 V_{C1} 就在切线上（直线上点的切线与直线本身重合），所以 V_{C1} 不需要分解。但牵连运动引起的速度 V_{eM}（$=r\omega_1$）应分解成纱线的切向速度 V_{eMT} 和法向速度 V_{eMN}（图2-3-21）。

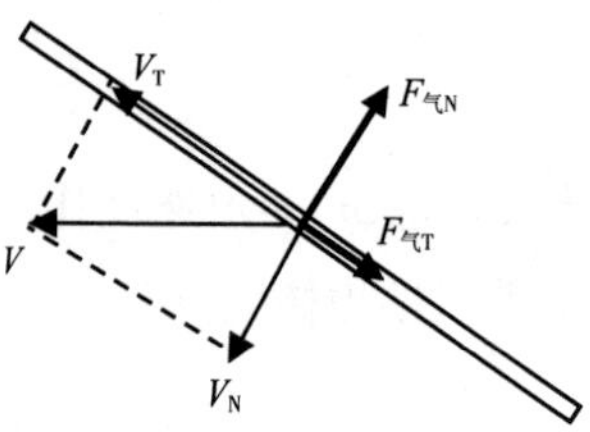

图2-3-20　在空气以速度 V 运动的纱段的速度分解及空气阻力的方向

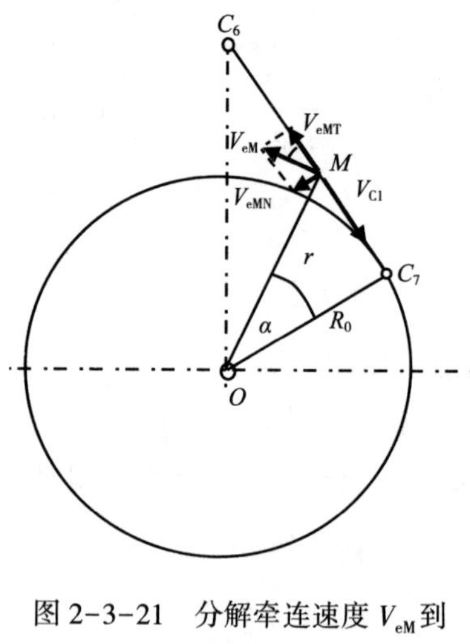

图2-3-21　分解牵连速度 V_{eM} 到纱线的切向与法向

于是纱线总的切向速度 $V_{MT}=V_{C1}-V_{eNT}$ ，纱线总的法向速度 $V_{MN}=V_{eMN}$ 。

$$V_{MT}=V_{C1}-V_{eNT}=V_{C1}-r\omega_1\cos\alpha_2=V_{C1}-\frac{R_0}{\cos\alpha_2}\omega_1\cos\alpha_2$$
$$=V_{C1}-R_0\omega_1=0 \tag{89}$$

$$V_{MN}=r\omega_1\sin\alpha_2=\frac{R_0}{\cos\alpha_2}\omega_1\sin\alpha_2=V_{C1}\tan\alpha_2=V_{C1}\frac{s}{R_0}=s\omega_1 \tag{90}$$

当 s 从 0 变化到 $\sqrt{r_{C6}^2 - R_0^2}$，V_{MN} 从 0 变化到 $\sqrt{r_{C6}^2 - R_0^2}\omega_1$。

空气阻力一般与纱线速度的平方成正比。在 C_6C_7 段 M 点取纱段微元长度 ds，建立空气阻力微元 $dF_{气T}$、$dF_{气N}$

$$\begin{cases} dF_{气T} = C_T \cdot 0.5\rho {V_T}^2 \cdot \pi d \cdot ds & (91a) \\ dF_{气N} = C_N \cdot 0.5\rho {V_N}^2 \cdot d \cdot ds & (91b) \end{cases}$$

式中：C_T、C_N 分别为对纱线的摩擦系数和压差阻力系数；d 为纱线直径；ρ 为空气密度。

积分得：

$$F_{气T} = \int_0^{\sqrt{r_{C6}^2-R_0^2}} C_T \cdot 0.5\rho \cdot 0^2 \cdot \pi d \cdot ds = 0 \tag{92a}$$

$$F_{气N} = \int_0^{\sqrt{r_{C6}^2-R_0^2}} C_N \cdot 0.5\rho \cdot (\omega_1 s)^2 \cdot d \cdot ds = \frac{1}{6}C_N \cdot \rho\omega_1^2 (r_{C6}^2 - R_0^2)^{\frac{3}{2}} \cdot d \tag{92b}$$

$$dA_{气N} = dF_{气N} \cdot 2\pi s = C_N \cdot 0.5\rho {V_N}^2 \cdot d \cdot 2\pi s \cdot ds$$

$$\begin{aligned} A_{气N} &= \int_0^{\sqrt{r_{C6}^2-R_0^2}} C_N \cdot 0.5\rho \cdot (\omega_1 s)^2 \cdot d \cdot 2\pi s \cdot ds \\ &= C_N \cdot 0.5\rho \cdot \omega_1^2 (r_{C6}^2 - R_0^2)^2 \cdot d \cdot \pi/2 = C_N \cdot 0.5\rho \cdot \omega_1^2 {R_0}^4 \tan^4\alpha_2 \cdot d \cdot \pi/2 \end{aligned} \tag{93}$$

$$T_{气N} = \frac{A_{气N}}{2\pi R_0} = C_N\rho \cdot \frac{V_{C1}^2 R_0 \tan^4\alpha_2 \cdot d}{8} \tag{94}$$

式中：$T_{气N}$ 为由 $F_{气N}$ 间接增加的纬纱张力。

$F_{气MT}$ 恒为 0，$dF_{气MN}F_{气MN}$ 的方向与 V_{MN} 相反，与离心力在 C_6C_7 的垂直方向的分力方向相同。

截止到现在，已给出 C_6C_7 纱段上各力的计算方法，并确定了它们的方向。下面把它们统合到 C_6C_7 纱段的切向上。

切向本身 T_{C7T} 的力：

$$T_{C7T} = T_{C6} + F_{离MT} = T_{C6} + \frac{1}{2}m_0\omega_1^2 r_{C6}^2 - \frac{1}{2}m_0 V_{C1}^2 \tag{95}$$

由法向力在 C_7 而间接增加的切向力 $T_{N\Rightarrow T}$ 有 $T_{离MN}$、$T_{哥M}$、$T_{气N}$：

$$\begin{aligned} T_{N\Rightarrow T} &= \left| T_{离MN} + T_{哥M} + T_{气N} \right| \\ &= \left| -\frac{1}{2}m_0 V_{C1}^2 \tan^2\alpha_2 + C_N\rho \cdot V_{C1}^2 R_0 \tan^4\alpha_2 \cdot d/8 \right| \end{aligned} \tag{96}$$

故 C_7 点最终的纬纱张力 T_{C7} 为：

$$T_{C7} = T_{C7T} + T_{N\Rightarrow T} \tag{97}$$

3. 储纬鼓纬纱张力变化图实例

截止到现在，已求出了自储纬鼓绕纱管入口到退绕点各点的张力公式，下面举例画出纬纱张力变化图。

例 5：JC14. 5tex 断裂伸长率 $\varepsilon_{断}=4.6\%$，断裂强力 $T_{断}=210cN$，储纬鼓退绕点半径 $R=90mm$，储纬鼓储存圈数为 10 圈，纬纱引纬角为 120°，引纬平均速度 $V=50m/s$，使用单个储纬鼓，设储纬鼓绕纱是匀速的，储纬鼓进口处的纬纱张力 $T_{C1}=0.08cN$，储纬鼓退绕点半径 $R=0.09m$，求储纬鼓自进口处至退绕点 C_A 前纬纱张力的变化。

解：忽略张力变化引起纱线长度的变化。则在 120°引纬角内纬纱飞行的长度和卷绕角为 360°时纬纱走过的长度是相同的，故 $V_{C1}\cdot 360=V\cdot 120$，则 $V_{C1}=V\cdot 120/360=16.67(m/s)$。

绕纱点 C_8 的半径 R_0 是纱圈在鼓筒上里蠕动前的半径，R 是纱圈蠕动后的半径，近似认为 $R_0=R$，则 $\omega_1=V_{C1}/R=16.67/0.09=185.6$（m/s）。

鼓筒的 $\alpha_1=45°$，$r_{C6}=0.13m$，$\gamma_1=\arcsin\dfrac{R}{r_{C6}}=43.81°$，$\alpha_2=90°-\gamma_1=46.19°$，由式（73）求得 $\gamma=120.68°$，由式（74）（75）求得 $T_{C2}=T_{C1}=0.08N$，$T_{C3}=T_{C1}e^{f_1\alpha_1}=0.0866N$。

C_5 是导管出口处未进入摩擦包角 γ 前的点，$r_{C5}=0.13m$，由式（76）求得 $T_{C5}=0.0841N$。C_6 是导管出口处摩擦包角 γ 后的点，$T_{C6}=T_{C5}e^{f_2\gamma}=0.104N$。

在 C_6C_7 纱段，由于法向阻力而使 C_7 点处纬纱增加的张力 $T_{N\Rightarrow T}$ 由式（97）计算得 $T_{N\Rightarrow T}=0.00141N$（系数 C_N 近似取 1.2），由式（95）（97）计算得 C_7 处的纬纱张力 $T_{C7}=0.107N$。

在 C_7 点处，纱线开始接触鼓筒，在 C_8 点，纱线完全停止周向运动，应该说，在 C_7C_8 区段，纱线与鼓筒稍有一点摩擦力，忽略此摩擦力，则 C_8 点纬纱张力 $T_{C8}=T_{C7}=0.107N$。

从 C_8 到 C_A 区域，是纱圈蠕动区，例 2 已计算过了，当预卷圈数为 10 圈时，纱圈由第 10 圈滑动到第 1 圈时，JC14. 5tex 纱线张力减少了 0. 0932N，故在退绕点 A 点前，纱线张力：

$$T_A=T_{C8}-0.0932=0.0142\ (N)=1.42\ (cN)$$

这样就求出了储纬鼓退绕点前的静态张力 T_A。即第四部分式（61）中的 $T_{A静}$，这里记为 T_A(因为速度 V = 0，所以两者相同。) 或 T_{t0}。从例 2 中还得知，第 1 圈纬纱所处的鼓筒倾斜角即 ψ_1 角是 4. 8°，又知鼓筒右倾斜角是 3°，由于在引纬时，纬纱从储纬鼓上以正常速度退绕时与储纬鼓的摩擦力很小，故 ψ_1 角仍可统一按倾斜角 3°来处理。

储纬鼓从入口到退绕点 *A* 前纬纱张力的变化过程如图 2-3-22。

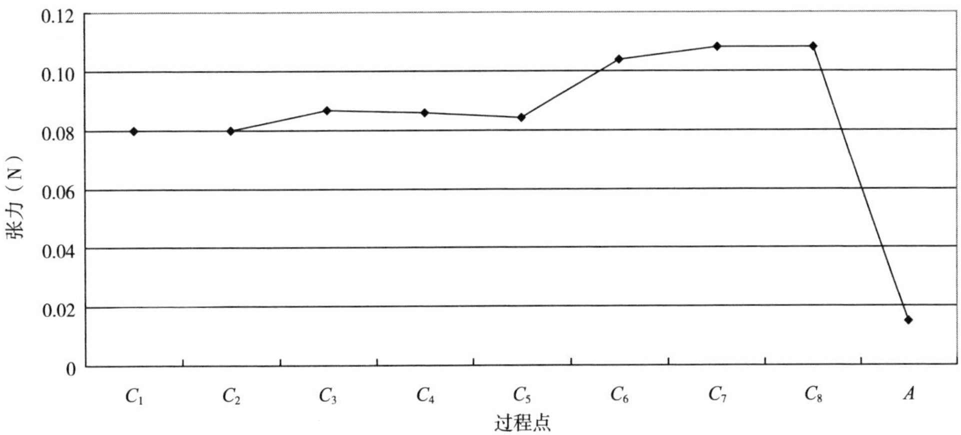

图 2-3-22　在储纬鼓上从入口到退绕点 *A* 前纬纱张力的变化过程

结合例 5，对影响鼓筒退绕点前纱线静态张力 T_A（即 T_{t0}）的因素总结如下：

①影响 T_{t0} 可划分为储纬鼓进口张力 T_{C1}、摩擦包角 α_1 和 γ 引起的摩擦阻力、蠕动区的张力减少量 $T_{蠕}$、离心惯性力 $0.5m_0V_{C1}^2$、沿程阻力。

②离心惯性力。纱线从绕纱管旋转中心的半径 0 上升到半径 r_{C6}，又从半径 r_{C6} 退回到半径 R，相当于纱线从半径 0 上升到半径 R，故离心惯性力使 T_A 减少了 $0.5m_0V_{C1}^2$（即 $0.5m_0\omega_1^2R^2$）。但是要注意的是，此惯性力 $m_0V_{C1}^2$ 比从鼓筒上退绕时的惯性力 m_0V^2 要小得多。储纬鼓的卷绕是 360°卷绕，而储纬鼓的退绕是间歇退绕，退绕时间一般只有约 120°，即使采用单鼓供纬，V_{C1} 也只有 $V/3$，$m_0V_{C1}^2$ 只有 m_0V^2 的 1/9。若采用双鼓 1∶1 供纬，$m_0V_{C1}^2$ 只有 m_0V^2 的 1/36。故此离心惯性力也可略去不计。

③沿程阻力。这里所说的沿程阻力不包括摩擦包角 α_1、γ 引起的摩擦阻力和蠕动区的张力减少量 $T_{蠕}$。沿程阻力有：在斜管内离心力和哥氏惯性力引起的摩擦阻力使 T_A 增加，C_6C_7 纱段离心力和哥氏惯性力、空气法向阻力使纱线变形而造成 T_A 的增加。沿程阻力虽然名目多，影响因素也多，计算复杂，但合计起来产生的增量 $\Delta T_{A沿}$ 却很小，在例 5 中，$\Delta T_{A沿}$ 仅约 0.0032cN。经计算，沿程阻力产生的增量 ΔT_A 与 $m_0V_{C1}^2$ 成正比，可以写为 $\Delta T_{A沿}=Km_0V_{C1}^2$，当储纬鼓半径 R 不同时，常用纱

支 10~30tex 范围内系数 K 可近似按表 2-3-9 取值。

表 2-3-9　系数 K 的取值

R	0.07	0.08	0.09	0.1	0.11
K	0.81	0.75	0.65	0.54	0.44

④储纬鼓进口张力 T_{C1} 和摩擦包角 α_1 和 γ 。储纬鼓进口张力为 T_{C1} ，经过摩擦包角 α_1 和 γ ，张力变成 $T_{C1}e^{f_1(\alpha_1+\gamma)}$ ，增加了 $T_{C1}(e^{f_1(\alpha_1+\gamma)}-1)$ 。

⑤蠕动区的张力减少量 $T_{蠕}$，例 5 中 $T_{蠕}=9.32$cN，对 T_A 的变化影响最大。影响 $T_{蠕}$ 主要有预卷圈数、纱线半径、储纬鼓半径，鼓爪形状。

⑥根据以上 5 点，储纬鼓退绕点前的静态张力 T_A（即 T_{t0}）为：

$$T_{t0}=T_A=T_{C1}e^{f_1(\alpha_1+\gamma)}-T_{蠕}+(K-0.5)m_0V_{C1}^2 \tag{98}$$

式（98）中，等号右边前两项是主要的，第三项是一个很小的值。例 5 中，纱纱进口张力 T_{C1} 为 8cN，摩擦包角 α_1 和 γ 使张力增大了约 2.67cN，$T_{蠕}=9.32$cN，第三项为 0.0604cN，$T_{t0}=1.42$cN。式（98）是简捷计算式，直接可以计算出储纬鼓退绕点前的张力 T_{t0} 。

但式（98）存在一定的问题，仍以例 5 为例说明，纱纱进口张力 T_{C1} 为 8cN，$T_{t0}=1.42$cN，如果再增加 T_{C1} ，T_{t0} 就继续增加。当 T_{C1} 小于 6.94cN 时，T_{t0} 就变为 0 或小于 0，就是说储纬鼓的鼓筒退绕点前一段纬纱完全无张力。首先要说，鼓筒退绕点前一段纬纱完全无张力是不好的情况，一是纱线在鼓筒上排列时容易重叠，二是退绕时易脱落。但这不符合用频闪仪观察到的情况。

真实的情况是，在非引纬时期，为了防止纬纱从主喷嘴脱出或在主喷嘴喷管内扭结形成辫子纱，同时为了使值车工穿纱操作方便，使用了常喷气流。使用了常喷气流，对于一般的 T/C13tex、JC14.5tex 纱，在停车时，测得储纬鼓定纬销和主喷咀之间的纬纱张力一般为 1cN 或稍多，个别也有 0.8cN 的，但极少。由此可知，对于一般的 T/C13tex、JC14.5tex 纱，退绕点前的静态张力是大于 1cN 的，即使在储纬鼓进口纬纱张力很小时也是如此。在引纬过程中，当纬纱快飞到最右侧时，由于此时定纬销已落下，纬纱由高速忽然降速到 0，使纬纱产生很大的惯性力，大者峰值甚至可大到 100cN 以上，发生大张力的时间很短，1~3ms，在主轴上的角度在 220~250 之间。发生大张力后，定纬销以后的大张力纱线通过在定纬销上的摩擦滑动拉伸定纬销以前的一部分纬纱，使之增大了张力。随后，定纬销以后的纬纱张力迅速降低，定纬销前大张力纬纱通过在定纬销上的滑动，而使自身的张力降低。在主轴角度约20°时，左边剪剪断了纬纱，这时定纬销后的纬纱张力降到了最低，记这最低的纬纱张力为 $T_{常}$。于是定纬销之前但紧靠定纬销的纱线张力变为 $T'_{常}$：

$$T'_{常} = T_{常}\,e^{f_2(\pi/2+\alpha_3)} \tag{99}$$

式中：f_2 为纱线与光滑金属的摩擦系数；α_3 为停车时，纱线与储纬鼓鼓块边缘的摩擦包角；π/2 为表示纱线与定纬销的摩擦包角。

式（98）存在的另一个问题是，若储纬鼓入口纬纱张力 T_{C1}很大，T_A 岂不是变得很大？若 T_{C1}过大，导致 T_A（即 $T_{A静}$）过大，纱线就会经过鼓上的摩擦包角和定纬销上的包角，将过大的张力从纬纱自由端释放出去。所以说实际使用时 T_A也不会过大。换句话说，式（98）的应用是有一定范围的。在本节第四部分已得出结论，当储纬鼓与导纱器 G 的距离不是太短时，一般地，$T^{**}_{A静} < T_{A静} < T^{*}_{A静}$。

综上所述，储纬鼓退绕点前的张力 T_A（即 T_{t0}）可以按式（98）式计算，当计算出来的 $T_{t0} \leqslant T_{常}\,e^{f_2(\pi/2+\alpha_3)}(=T'_{常})$ 时：

$$T_{t0} = T_{常}\,e^{f_2(\pi/2+\alpha_3)} \tag{100}$$

当计算出来的 $T_{t0} > T_{常}\,e^{f_2(\pi/2+\alpha_3)}$ 时：

$$T_{t0} = T_A = T_{C1}e^{f_1(\alpha_1+\gamma)} - T_{蝎} + (K-0.5)m_0V^2_{C1} \tag{101}$$

且，一般地，$T^{**}_{A静} < T_A < T^{*}_{A静}$

式中：$T_{常}$可用张力仪在停车时从主喷嘴前测出；T_{C1} 可在织机运转时用张力仪从储纬鼓前测出。

式（101）、式（100）就是储纬鼓退绕点前纬纱静态张力 T_{t0} 的计算式。

对于一般的细中特棉纱、涤棉纱（非氨纶包芯弹性纱），若 $T_{常}=1\sim1.2$cN，取 $\alpha_3 \approx 20°\sim26°$，则 $T'_{常}\approx1.3$cN，可见 T_{t0} 的最小值大约是1.3cN，即指满足防脱、防扭、利操作的常喷功能下的最小 T_A 值。

求出 T_A 后，就可代入式（61）中，求出主喷嘴入口前的纬纱张力（退绕张力）。

第三章　织口纬向条带的研究

在织造过程中，当梭口打开时，引入一根纬纱，纬纱的长度一般等于穿筘幅宽，当钢筘推动纬纱进入织口中，与经纱交织成织物后，纬纱变成屈曲状，故当钢筘离开织口后，织口的布幅总是小于穿筘幅宽，于是经纱尤其是边部经纱是倾斜的。边部经纱倾斜与织物组织、纱线原料与粗细、密度、幅宽、边撑类型等有关，也与织口与边撑之间的距离有关，因钢筘打到织口时，织口边撑之间纬向条带的撑幅作用是由钢筘与边撑共同承担的。使用异型筘的喷气织机，边部经纱的倾斜问题比有梭织机和其他织机严重。经纱边部倾斜的危害是边部经纱易磨损断头、边部经纱开口不清进而推迟投梭时间或纬纱进入梭口的时间，或增加纬向停台；磨损钢筘、恶化边部织物的织造条件，降低织物可织的难度系数，影响布边质量。因此对边部经纱倾斜问题引起的纬向分力大小及力的分布应作定量分析。而要研究力的分布，研究对象应是织口到边撑之间纬向条带形状的织物（以下简称为织口纬向条带）。这段织物虽然很短，却是经位置线的起点，在织造过程中，织口是上下游动的，在用异型筘喷气织机织造大提花织物时，这种织口的上下游动是有害的，严重时异型筘的筘鼻会打烂织物，甚至无法织造。俯视经位置线，织口在宽度方向也是规律性内外游移。此外，织口在钢筘打纬或退后时还会前后游动。所以，如果要深层次研究织造问题，就必须研究织口纬向条带。此外，边撑疵还与织口织物条带和边撑的配合有关。本章建立了织口纬向条带的物理模型，给出钢筘各筘齿沿纬向的撑幅力分布规律，并计算力的大小；给出短片断长度布边的曲线形状和各根纬纱伸长量等的计算公式，并给出计算程序；还对边撑的撑幅力（自织口到卷取刺毛辊之间）进行概算，从而为合理设计边撑提供基础。本章推导出的筘齿撑幅力计算公式和布边曲线规律的计算方法都很简单。对于条带内部各根纬纱的伸长量和受力估计的有些计算公式虽较复杂，但只要在给出程序的 Excel 表格文件的指定位置填写基础数据，然后把表格直接复制到 MATLAB 窗口，通常很快便可得到全部计算结果，应用非常简便。

第一节　织口处织物纬向条带的平面网格模型

当钢筘打到织口时，织口纬向条带的撑幅作用是由钢筘和边撑共同承担的。撑幅的结果形成一个细腰状平面（图 3-1-1）。可以认为细腰至织口的平面形状是由钢筘撑幅作用引起的。细腰至边撑的平面形状是由边撑撑幅作用引起的。假定纬向条带的左右两半部分对称，边撑处和钢筘处受力状态相同，则只要取纬向条带的 A 部分作受力分析即可。

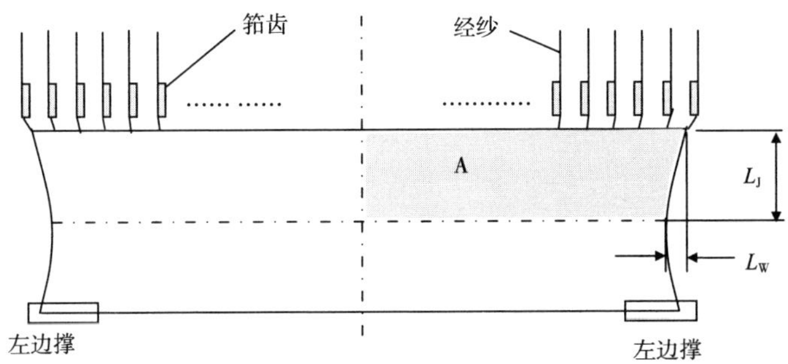

图 3-1-1　织口边撑之间的织物纬向条带示意图

现将图 3-1-1 的 A 部分放大，假定每筘穿一根经纱，筘齿间距为 h，经纱和纬纱在接触点无纬向滑移（相当于在接触点绞接在一起），筘齿与第 1 根纬纱中心的距离为 s_1，其它各根纬纱之间的距离为 s，把 $ABCD$（图 3-1-2）所包含的纬向织物叫作一个纬向单元，即自前一根经纱的左边缘到后一根经纱的左边缘，纬向只含一根纬纱的织物区段，叫作一个纬向单元（注意它不是一个织物组织）。由于已假设每筘隙穿入一根经纱，穿入 n 根经纱就有 n 根筘齿和 n 个筘隙。设织物总经数为 $2n$，则半幅织物共有 n 根经纱。织口处第 1 根纬纱和 n 根经纱交织，就有 n 个纬向单元。设在不受力时每个纬向单元的纬向长度为 l_0，又把一个纬向单元看作一个弹簧，不考虑织物的塑性变性和缓弹性变形，只考虑急弹性变形，急弹性变形的弹性系数为 k。把经纱直径看成无限小的一根细丝，经纬纱接触点看作绞接点，经纬纱都是柔软的，所有各根经纱的经纱张力投影到纬向条带平面上的经向分力都相等，且记为 $\hat{T}$（简称为经纱张力经向分量），纬纱变形后纬纱之间的距离仍视为不变，这样布面就变成平面网格状态，如图 3-1-3 所示。此处把这个模型叫作平面网格之纬向拉伸模型。

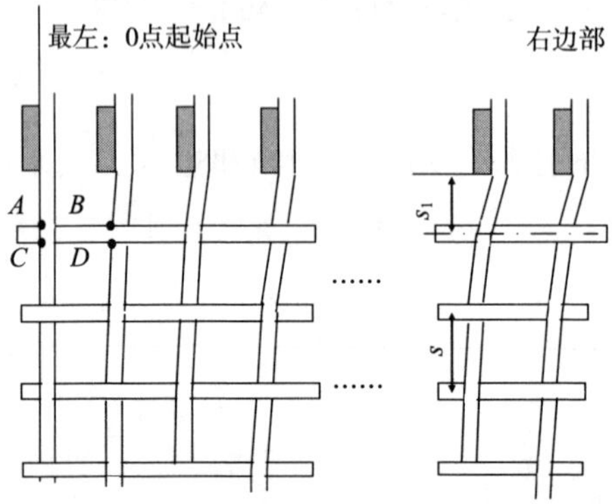

图 3-1-2　A 部分织物条带的放大图

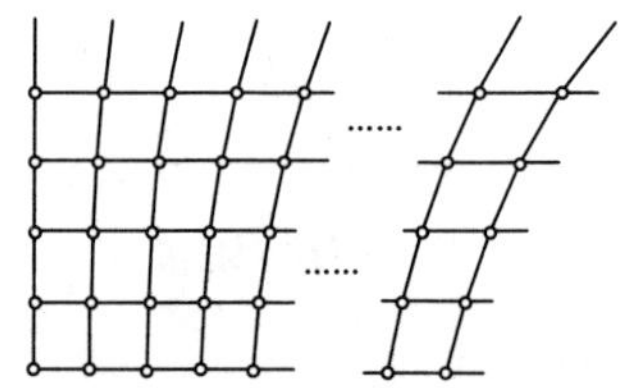

图 3-1-3　平面网络之纬向拉伸模型

第二节　织口处第 1 根纬纱网格点上的受力分析和公式推导

现在分析织口处第 1 根纬纱各纬向单元的受力情况。把织口处第 1 根纬纱与钢筘间各根经纱的张力依次记为 $T_{1,1}$、$T_{1,2}$、$T_{1,3}$、……、$T_{1,n-1}$、$T_{1,n}$，把第 1 根纬纱与第 2 根纬纱之间各根经纱的张力依次记为 $T_{2,1}$、$T_{2,2}$、$T_{2,3}$、……、$T_{2,n-1}$、$T_{2,n}$，其余类推。第 1 根纬纱各纬向单元所受的纬向拉力依次记为 $F_{1,1}$、$F_{1,2}$、$F_{1,3}$、……、$F_{1,n-1}$、$F_{1,n}$。下标的数字表示行号和列号，行号是纬纱序号（自织口开始），列号是经纱序号。从图 3-1-2 中可以看出，打纬时钢筘到织口第 1 根纬纱之间的每根经纱都会产生纬向的向右分力。经纱越靠近右边，经纱倾斜得越厉害，经纱张力向右拉的纬向分力就越大。

取第 1 根纬纱最右边的一个绞接点，即左起第 n 个绞接点作分离体［图 3-2-1（c）］，第 n 个绞接点上作用有三个力：经纱张力 $T_{1,n}$ 和 $T_{2,n}$ 以及第 1 根纬纱第 n 个纬向单元对绞接点的拉力 $F_{1,n}$。受力平衡方程是：

$$\begin{cases} T_{1,n}\sin\alpha_{1,n} - T_{2,n}\sin\alpha_{2,n} - F_{1,n} = 0 & (1) \\ T_{1,n}\cos\alpha_{1,n} - T_{2,n}\cos\alpha_{2,n} = 0 & (2) \end{cases}$$

根据前面假定，所有各经纱张力的经向分力都相等，且为 $\hat{T}$，所以：

$$T_{i,j}\cos\alpha_{i,j} = T_{1,n}\cos\alpha_{1,n} = T_{2,n}\cos\alpha_{2,n} = \hat{T} \tag{3}$$

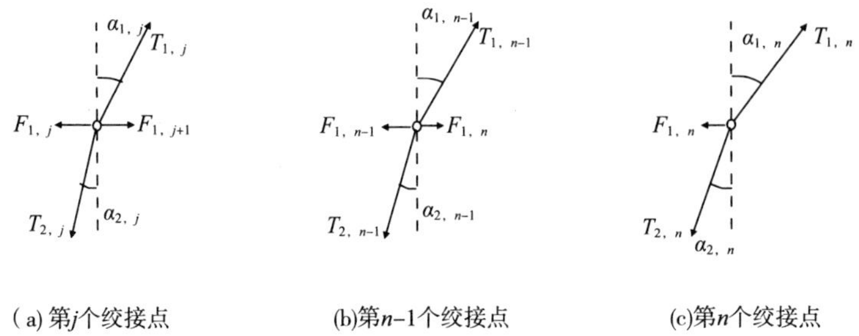

图 3-2-1　第 1 根纬纱上绞接点受力图

则式（1）、式（2）写为：

$$\begin{cases} \hat{T}\tan\alpha_{1,n} - \hat{T}\tan\alpha_{2,n} - F_{1,n} = 0 & (1a) \\ \hat{T} - \hat{T} = 0 & (2a) \end{cases}$$

$$F_{1,n} = \hat{T}\tan\alpha_{1,n} - \hat{T}\tan\alpha_{2,n} = \hat{T}(\tan\alpha_{1,n} - \tan\alpha_{2,n}) \tag{4}$$

根据虎克定律：

$$F_{1,n} = \hat{T}\tan\alpha_{1,n} - \hat{T}\tan\alpha_{2,n} = \hat{T}(\tan\alpha_{1,n} - \tan\alpha_{2,n}) = kx_{1,n} \tag{5}$$

式中：$x_{1,n}$ 为第 1 根纬纱第 n 个纬向单元的伸长量；k 是单个纬单元的弹性系数。

取第 1 根纬纱最右边的第 2 个绞接点即左起第（$n-1$）个绞接点作分离体[图 3-2-1（b）]，第（$n-1$）个绞接点上作用有四个力：经纱张力 $T_{1,n-1}$ 和 $T_{2,n-1}$，第 1 根纬纱第（$n-1$）个纬向单元对绞接点的拉力 $F_{1,n-1}$ 和第 n 个纬向单元对绞接点的拉力 $F_{1,n}$。受力平衡方程是：

$$\begin{cases} \hat{T}\tan\alpha_{1,n-1} - \hat{T}\tan\alpha_{2,n-1} - F_{1,n-1} + F_{1,n} = 0 & (6) \\ \hat{T} - \hat{T} = 0 & (7) \end{cases}$$

将式（6）移项并将式（4）及虎克定律代入：

$$\begin{aligned} F_{1,n-1} &= \hat{T}\tan\alpha_{1,n-1} - \hat{T}\tan\alpha_{2,n-1} + F_{1,n} \\ &= \hat{T}(\tan\alpha_{1,n-1} - \tan\alpha_{2,n-1}) + \hat{T}(\tan\alpha_{1,n} - \tan\alpha_{2,n}) = kx_{1,n-1} \end{aligned} \tag{8}$$

式中：$x_{1,n-1}$ 为第 1 根纬纱第（$n-1$）个纬向单元的伸长量。

取第 1 根纬纱最右边的第 3 个绞接点即左起第（$n-2$）个绞接点作分离体，同样有：

$$\begin{aligned} F_{1,n-2} &= \hat{T}(\tan\alpha_{1,n-2} - \tan\alpha_{2,n-2}) + \hat{T}(\tan\alpha_{1,n-1} - \tan\alpha_{2,n-1}) + \hat{T}(\tan\alpha_{1,n} - \tan\alpha_{2,n}) \\ &= kx_{1,n-2} \end{aligned} \tag{9}$$

一般地［图 3-2-1（a）］：

$$F_{1,\ j+1} = \hat{T}(\tan\alpha_{1,\ j+1} - \tan\alpha_{2,\ j+1}) + F_{1,\ j+2} = \hat{T}\sum_{j=j+1}^{n}(\tan\alpha_{1,\ j} - \tan\alpha_{2,\ j}) = kx_{1,\ j+1} \tag{10}$$

$$F_{1,\ j} = \hat{T}(\tan\alpha_{1,\ j} - \tan\alpha_{2,\ j}) + F_{1,\ j+1} = \hat{T}\sum_{j=j}^{n}(\tan\alpha_{1,\ j} - \tan\alpha_{2,\ j}) = kx_{1,\ j} \tag{11}$$

$$F_{1,\ j-1} = \hat{T}(\tan\alpha_{1,\ j-1} - \tan\alpha_{2,\ j-1}) + F_{1,\ j} = \hat{T}\sum_{j=j-1}^{n}(\tan\alpha_{1,\ j} - \tan\alpha_{2,\ j}) = kx_{1,\ j-1} \tag{12}$$

……

$$F_{1,\ 3} = \hat{T}\sum_{j=3}^{n}(\tan\alpha_{1,\ j} - \tan\alpha_{2,\ j}) = kx_{1,\ 3} \tag{13}$$

$$F_{1,\ 2} = \hat{T}\sum_{j=2}^{n}(\tan\alpha_{1,\ j} - \tan\alpha_{2,\ j}) = kx_{1,\ 2} \tag{14}$$

$$F_{1,\ 1} = \hat{T}\sum_{j=1}^{n}(\tan\alpha_{1,\ j} - \tan\alpha_{2,\ j}) = kx_{1,\ 1} \tag{15}$$

式中：$x_{1,\ 1}$、$x_{1,\ 2}$、$x_{1,\ 3}$……、$x_{1,\ j-1}$、$x_{1,\ j}$、$x_{1,\ j+1}$ 分别为左起第 1 根纬纱第 1、2、3、……、$j-1$、j、$j+1$ 个纬向单元的伸长量。每个纬向单元在不受力时的原长全为 l_0。

式（5）、式（8）~（15）说明，对于织口处第 1 根纬纱对应的每个纬向单元而言，由于力的累积作用，越靠近左边的纬向单元，受的力越大，最左边的第 1 个纬向单元承受的纬向分力 $F_{1,\ 1}$ 是所有各根经纱张力的纬向分力的总和；而最右边的一个纬向单元受到的力仅是最右边一根经纱张力的纬向分力。

在钢筘与第 1 根纬纱之间的经纱张力的纬向分量 $\hat{T}\tan_{1,\ j}$ 和第 1、2 根纬纱之间的经纱张力的纬向分量 $\hat{T}\tan_{2,\ j}$ 起的作用不同，$\hat{T}\tan_{1,\ j}$ 使纬纱或纬向单元伸长，而 $\hat{T}\tan_{2,\ j}$ 使纬纱或纬向单元收缩。

下面讨论第 1 根纬纱上各绞接点的位置。绞接点的序号从 0 开始。第 0 个（第 0 号）绞接点在纬向的位置为起点位置，即位置为 0，对应的第 0 根（第 0 号）经纱在钢筘上的位置是 0。每个纬向单元在不受力时的原长都为 l_0。前面已假定，每筘穿 1 根经纱，筘齿间距为 h。另外筘齿距第 1 根纬纱中心的距离为 s_1（图 3-1-2）。第 1 个纬向单元原长为 l_0，受力后伸长量为 $x_{1,\ 1}$，受力后的长度为 $l_0 + x_{1,\ 1}$，故第 1 个绞接点的位置是 $l_0 + x_{1,\ 1}$。与第 1 个绞接点对应的第 1 根经纱在筘齿处的纬向位置是 h（图 3-2-2）。故：

$$h = l_0 + x_{1,\ 1} + s_1\tan\alpha_{1,\ 1} \tag{16}$$

第 2 个纬向单元原长为 l_0，受力后伸长量为 $x_{1,\ 2}$，第 2 个纬向单元受力后的长度为 $l_0 + x_{1,\ 2}$。第二个绞接点的纬向位置应等于前两个纬向单元受力后长度的总

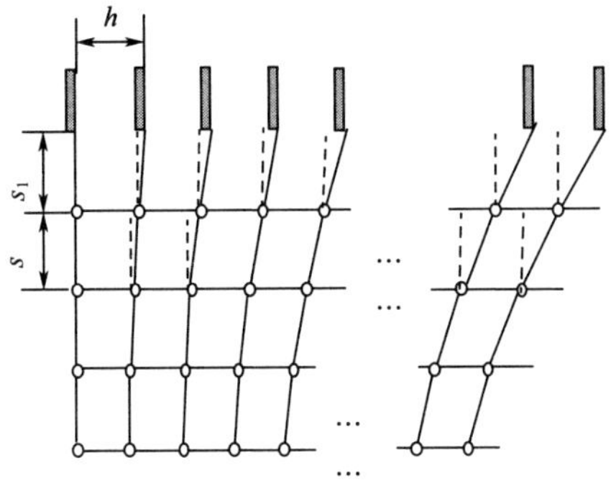

图 3-2-2　绞接点纬向位置图和筘齿处经纱纬向位置图

和，故第 2 个绞接点的纬向位置是 $l_0+x_{1,1}+l_0+x_{1,2}=2l_0+x_{1,1}+x_{1,2}$，与第 2 个绞接点对应的第 2 根经纱在筘齿处的纬向位置是 $2h$。故：

$$2h = 2l_0 + x_{1,1} + x_{1,2} + s_1\tan\alpha_{1,2} \tag{17}$$

同样可知，第 3 个绞接点的纬向位置是 $3l_0+x_{1,1}+x_{1,2}+x_{1,3}$，与第 3 个绞接点对应的第 3 根经纱在筘齿处的纬向位置是 $3h$。故：

$$3h = 3l_0 + x_{1,1} + x_{1,2} + x_{1,3} + s_1\tan\alpha_{1,3} \tag{18}$$

同理可推得，第 1 根纬纱第 $(j-1)$、j、$(j+1)$ 个绞接点纬向位置及其与之对应的经纱在筘齿处纬向位置的关系式：

$$(j-1)h = (j-1)l_0 + x_{1,1} + x_{1,2} + x_{1,3} + \cdots + x_{1,j-1} + s_1\tan\alpha_{1,j-1} \tag{19}$$

$$jh = jl_0 + x_{1,1} + x_{1,2} + x_{1,3} + \cdots + x_{1,j-1} + x_{1,j} + s_1\tan\alpha_{1,j} \tag{20}$$

$$(j+1)h = (j+1)l_0 + x_{1,1} + x_{1,2} + x_{1,3} + \cdots + x_{1,j-1} + x_{1,j} + x_{1,j+1} + s_1\tan\alpha_{1,j+1} \tag{21}$$

式（20）减式（19），式（21）减式（20）得：

$$\begin{cases} h = l_0 + x_{1,j} + s_1\tan\alpha_{1,j} - s_1\tan\alpha_{1,j-1} & (22) \\ h = l_0 + x_{1,j+1} + s_1\tan\alpha_{1,j+1} - s_1\tan\alpha_{1,j} & (23) \end{cases}$$

式（23）减式（22）得：

$$s_1\tan\alpha_{1,j+1} - 2s_1\tan\alpha_{1,j} + s_1\tan\alpha_{1,j-1} + x_{1,j+1} - x_{1,j} = 0 \tag{24}$$

式（10）减式（11）并整理得：

$$x_{1,j+1} - x_{1,j} = -\frac{\hat{T}}{k}(\tan\alpha_{1,j} - \tan\alpha_{2,j}) \tag{25}$$

代入式（24）整理得：

$$\tan\alpha_{1,j+1} - 2\tan\alpha_{1,j} + \tan\alpha_{1,j-1} - \frac{\hat{T}}{s_1 k}(\tan\alpha_{1,j} - \tan\alpha_{2,j}) = 0 \tag{26}$$

式（26）是差分方程，但并不好解。原因是一个方程中有两个变量，一个变量是经纱序号变量；另一个变量是纬纱序号变量，牵扯到第 1 根纬纱和第 2 根纬纱。一个方程中有两个变量是不能给出唯一的解的，但根据不同情况可以讨论解的形式，为后面的解准备条件，或对某些部分视具体情况进行设定，解决部分问题。

下面对式（26）进行讨论。讨论前先介绍关于差分方程的基础知识。函数 u 对自变量 x 的导数是 $\frac{\mathrm{d}u}{\mathrm{d}x}$，导数实际上是一种比值。这里 $\mathrm{d}x$ 表示 x 的微分，即 x 的很小的区间段。$\mathrm{d}u$ 表示在 x 变化很小的区间 $\mathrm{d}x$ 时，函数 u 变化的区间量。$\mathrm{d}u$ 与 $\mathrm{d}x$ 的比值称为微商，也称为导数。如果函数 u 是多个自变量的函数，比如 u 是自变量 x 和 y 的函数，那么 u 对 x 的导数或 u 对 y 的导数，就必须写成偏导数形式 $\frac{\partial u}{\partial x}$、$\frac{\partial u}{\partial x}$。包含自变量、函数、导数的方程称为微分方程。微分方程中的自变量是连续的。微分方程是研究连续性问题的。与微分方程相对应的是差分方程。差分方程也研究的是自变量、函数、函数与自变量的比值的关系问题。但差分方程中自变量 j 只能取 $-n$、$-(n-1)$……、-3、-2、-1、0、1、2……m 这样的整数，如第 1、2、3……根经纱。差分方程是研究离散性问题的，差分方程中也有类似于导数的比值，但自变量的变化区间是 1，1 就相当于微分方程的 $\mathrm{d}x$，函数 U 的变化区间是（$U_{j+1}-U_j$）（j 为整数），（$U_{j+1}-U_j$）相当于微分方程中的 $\mathrm{d}u$，差分方程中的比值 $\frac{U_{j+1}-U_j}{1}$ 相当于微分方程中的 $\frac{\mathrm{d}u}{\mathrm{d}x}$。由于任何数除 1 仍为该数，所以 $\frac{U_{j+1}-U_j}{1}=U_{j+1}-U_j$。反过来，（$U_{j+1}-U_j$）就代表 $\frac{U_{j+1}-U_j}{1}$，表示函数 U 对自变量 j 的一次比值，相当于微分方程中的一次导数 $\frac{\mathrm{d}u}{\mathrm{d}x}$。

而 $(U_{j+1}-U_j)-(U_j-U_{j-1})=\dfrac{\dfrac{U_{j+1}-U_j}{1}-\dfrac{U_j-U_{j-1}}{1}}{1}$ 相当于微分方程的二次导数 $\frac{\mathrm{d}^2u}{\mathrm{d}x^2}$。

差分方程和微分方程有许多类似的地方，解法也类似。在一定条件下差分方程也可化成微分方程求解。

按照上述对织口处第 1 根纬纱受力分析的方法，也可以写出第 $i-1$ 根、第 i 根

纬纱第 $j-1$ 根、第 j 根经纱的受力方程，然后比较整理（推导过程略去）得

$$\frac{\hat{T}}{ks}(\tan\alpha_{i+1,j} - 2\tan\alpha_{i,j} + \tan\alpha_{i-1,j}) + (\tan\alpha_{i,j+1} - 2\tan\alpha_{i,j} + \tan\alpha_{i,j-1}) = 0$$

或：

$$\frac{\hat{T}}{ks}[(\tan\alpha_{i+1,j} - \tan\alpha_{i,j}) - (\tan\alpha_{i,j} - \tan\alpha_{i-1,j})] + [(\tan\alpha_{i,j+1} - \tan\alpha_{i,j}) - (\tan\alpha_{i,j} - \tan\alpha_{i,j-1})] = 0$$

这是一个有两个变量的差分方程。

令 $u = \tan\alpha_{i,j}$，$a^2 = \frac{\hat{T}}{ks}$，$x = j$，$y = i$

则上式可写成椭圆型微分方程形式：

$$\frac{\partial^2 u}{\partial x^2} + a^2 \frac{\partial^2 u}{\partial y^2} = 0$$

下面分三种情况对式（26）进行讨论。

（1）假定 $\frac{\hat{T}}{s_1 k}(\tan\alpha_{1,j} - \tan\alpha_{2,j})$ 为 0，式（26）变为：

$$\tan\alpha_{1,j+1} - 2\tan\alpha_{1,j} + \tan\alpha_{1,j-1} = 0 \tag{26a}$$

这样变量只有一个，它是有解的。

特征方程是：

$$\lambda^2 - 2\lambda + 1 = 0$$

$$\lambda_1 = \lambda_2 = 1$$

$$\tan\alpha_{1,j} = C\lambda_1^{\,j} + D\cdot j\cdot\lambda_1^{\,j} = C + D\cdot j \tag{27}$$

式中 C、D 都是常数。

当 $j=0$ 时，$\alpha_{1,j}=0$ 代入式(27) 得：$C=0$

$$\tan\alpha_{1,j} = D\cdot j$$

$\frac{\hat{T}}{s_1 k}(\tan\alpha_{1,j} - \tan\alpha_{2,j}) = 0$，这种情况只有下面两种情况才会发生：①当 $\hat{T}/s_1 k$ 非常接近于 0 时，当作 0 处理；② $\tan\alpha_{1,j} - \tan\alpha_{2,j} = 0$。

对于第①种情况，只有 $\hat{T}=0$ 或 $s_1 k$ 很大才会有，而这都与实际不符。

对于第②种情况，$\hat{T}\tan\alpha_{2,j}$ 是织口处第 1 根纬纱和第 2 根纬纱之间经纱张力的纬向分量。打纬时，第 1 根纬纱需要伸长的力是 $\hat{T}\tan\alpha_{1,j} - \hat{T}\tan\alpha_{2,j}$，也就是 $\hat{T}\tan\alpha_{1,j}$ 必须大于 $\hat{T}\tan\alpha_{2,j}$，$\tan\alpha_{1,j}$ 必须大于 $\tan\alpha_{2,j}$，所以 $\tan\alpha_{1,j} - \tan\alpha_{2,j} = 0$ 是

不存在的。除非 $\tan\alpha_{1,j}=0$ 且 $\tan\alpha_{2,j}=0$，而 $\tan\alpha_{1,j}$、$\tan\alpha_{2,j}$ 全为 0，就说明经纱无倾斜，而这并不是此处要讨论的问题。所以第（1）种情况不存在。

讨论式（26a）的意义是要说明 $\lambda_1=\lambda_2=1$ 时，式（26）中的函数是一种类型，而 $\lambda_1\neq\lambda_2\neq1$ 又是另一种类型。按照差分方程知识，另一种类型的函数表达式是：

$$\tan\alpha_{1,j}=C\lambda_1{}^j+D\lambda_2{}^j \tag{27a}$$

C、D 是常数。

（2）假定 $\tan\alpha_{2,j}=0$。式（26）变为：

$$\tan\alpha_{1,j+1}-2\tan\alpha_{1,j}+\tan\alpha_{1,j-1}-\frac{\hat{T}}{s_1k}\tan\alpha_{1,j}=0$$

或：

$$\tan\alpha_{1,j+1}-\left(2+\frac{\hat{T}}{s_1k}\right)\tan\alpha_{1,j}+\tan\alpha_{1,j-1}=0 \tag{26b}$$

这样方程就只有一个变量了。

特征方程是：

$$\lambda^2-\left(2+\frac{\hat{T}}{s_1k}\right)\lambda+1=0$$

$$\lambda=\frac{\left(2+\frac{\hat{T}}{s_1k}\right)\pm\sqrt{\left(2+\frac{\hat{T}}{s_1k}\right)^2-4}}{2}$$

$$=\left(1+\frac{\hat{T}}{2s_1k}\right)\pm\sqrt{\left(1+\frac{\hat{T}}{2s_1k}\right)^2-1} \tag{28}$$

令

$$b_1=\frac{\hat{T}}{2s_1k} \tag{29}$$

由于 $\hat{T}$，s_1，k 都是正值，所以 $b_1>0$。

$$\lambda_{11}=(1+b_1)+\sqrt{(1+b_1)^2-1} \tag{30}$$

$$\lambda_{12}=(1+b_1)-\sqrt{(1+b_1)^2-1} \tag{31}$$

由于 $\sqrt{(1+b_1)^2-1}>0$，所以 $\lambda_{11}\neq\lambda_{12}$，且 λ_{11}，λ_{12} 都是实数，按照差分方程知识，解的形式是：

$$\tan\alpha_{1,j}=C_{11}\lambda_{11}^j+C_{12}\lambda_{12}^j \tag{32}$$

式中：C_{11}、C_{12} 是常数。

当 $j=0$ 时，$\alpha_{1,j}=0$，$\tan\alpha_{1,j}=0$，解得 $C_{12}=-C_{11}$。

$$\tan\alpha_{1,j} = C_{11}(\lambda_{11}^{j} - \lambda_{12}^{j}) \tag{32a}$$

式中：常数 C_{11} 可根据式（39）近似求出，比较精确的 C_{11} 将在后面介绍。

（3）$\tan\alpha_{2,j} = k_2\tan\alpha_{1,j}$（$0<k_2<1$）。

前面已讨论过，打纬时，式（26）中 $\tan\alpha_{1,j} - \tan\alpha_{2,j} = 0$ 不存在，只有 $\tan\alpha_{1,j} > \tan\alpha_{2,j}$ 存在。令：

$$\tan\alpha_{2,j} = k_2\tan\alpha_{1,j}$$

式中 $0 < k_2 < 1$，则式（26）变为：

$$\tan\alpha_{1,j+1} - 2\tan\alpha_{1,j} + \tan\alpha_{1,j-1} - (1-k_2)\frac{\hat{T}}{s_1k}\tan\alpha_{1,j} = 0$$

$$\tan\alpha_{1,j+1} - \left(2 + (1-k_2)\frac{\hat{T}}{s_1k}\right)\tan\alpha_{1,j} + \tan\alpha_{1,j-1} = 0 \tag{26c}$$

$$\lambda^2 - [2 + (1-k_2)\frac{\hat{T}}{s_1k}]\lambda + 1 = 0$$

$$\lambda_{21,22} = \frac{[2 + (1-k_2)\hat{T}/(s_1k)] \pm\sqrt{[2 + (1-k_2)(\hat{T}/s_1k)]^2 - 4}}{2}$$

$$- [1 + (1-k_2)\hat{T}/(2s_1k)] \pm\sqrt{[1 + (1-k_2)\hat{T}/(2s_1k)]^2 - 1}$$

令

$$b_2 = \sqrt{(1 + (1-k_2)\hat{T}/(2s_1k))^2 - 1}$$

由于 $\hat{T}$，s_1，k 都取正值，且 $(1-k_2) > 0$，所以 $b_2 > 0$，则 λ_{11}、λ_{12} 都是实数解，解的形式仍是式（27a）的形式。

$$\tan\alpha_{1,j} = C_{21}\lambda_{21}^{j} + C_{22}\lambda_{22}^{j}$$

式中：C_{21}、C_{22} 是常数。

当 $j=0$ 时，$\alpha_{1,j}=0$，$\tan\alpha_{1,j}=0$，解得：$C_{22}=-C_{21}$

$$\tan\alpha_{1,j} = C_{21}(\lambda_{21}^{j} - \lambda_{22}^{j}) \tag{32a}$$

这里得出的结论式（32a）和式（32）形式完全一样，只是具体数据不同而已。

第三节　从细腰至钢筘处经纱撑幅力的简便算法及举例

设从细腰至钢筘处共有 m 根纬纱，这 m 根纬纱伸缩程度全部与织口处第 1 根纬纱的情况相同，则 m 根纬纱并联成一个整体，整体的每个纬向单元都是 m 个单个的纬向单元并联而成，则整体的每个纬向单元的弹性系数是 km 。这时相当于织口只有第 1 根纬纱没有第 2 根纬纱，故 $\tan\alpha_{2,j}=0$，式（26）变为：

$$\tan\alpha_{(1),j+1}-\left(2+\frac{\hat{T}}{s_1km}\right)\tan\alpha_{(1),j}+\tan\alpha_{(1),j-1}=0 \tag{26d}$$

式中下标中的“（1）”表示把并联的 m 看成一个整体，把这个整体看作第（1）根纬纱，以区别于看作个体的第 1 根纬纱的下标。仿式（32）的推导过程直接写为：

$$b_1'=\frac{\hat{T}}{2s_1km} \tag{28a}$$

为简便起见，把 b_1' 仍写为 b_1：

$$b_1=\frac{\hat{T}}{2s_1km} \tag{28a}$$

$$\tan\alpha_{(1),j}=C_{11}(\lambda_{11}^j-\lambda_{12}^j) \tag{32a}$$

式中常数 C_{11} 可根据式（39）近似算出。

钢筘处各根经纱的经纱张力在纬向的分力称为纬向撑幅力，记为 $\bar{T}_{(1),j}$（T 上面加“-”表示纬向），按照作用和反作用力定律，这也是右半幅穿筘幅各筘齿的撑幅力。

$$\bar{T}_{(1),j}=\hat{T}\tan\alpha_{(1),j}=\hat{T}C_{11}(\lambda_{11}^j-\lambda_{12}^j) \tag{33}$$

钢筘处投影到纬向条带平面上各根经纱的经纱张力 $T_{(1),j}$ 为：

$$T_{1,j}=\sqrt{\hat{T}^2+(\hat{T}\tan\alpha_{(1),j})^2}=\hat{T}\sqrt{1+[C_{11}(\lambda_{11}^j-\lambda_{12}^j)]^2} \tag{34}$$

根据等比数列公式，图 3-1-1 中 A 部分筘齿处的总撑幅力 $\bar{T}_{总(1),n}$ 为：

$$\bar{T}_{总(1),n}=\hat{T}C_{11}\left[\frac{\lambda_{11}(1-\lambda_{11}^n)}{1-\lambda_{11}}-\frac{\lambda_{12}(1-\lambda_{12}^n)}{1-\lambda_{12}}\right] \tag{35}$$

下面研究如何用计算方法求出 m 根纬纱并联情况下式（32）中的常数 C_{11} 。

式（33）中，$\bar{T}_{(1),1}$ 作用的纬向单元是左起第 1 个纬向单元（本部分的纬向单元都是指 m 根单个纬向单元并联后的整体纬向单元），而不会作用到第 2 个及以后的纬向单元。它使第 1 个纬向单元产生的伸长量记为 $u_{(1),1}$：

$$u_{(1),1}=\frac{\bar{T}_{(1),1}}{km}$$

式中：km 表示 m 个并联的纬向单元的总弹性系数。

$\bar{T}_{(1),2}$ 作用的纬向单元是左起前 2 个纬向单元，它使前两个纬向单元产生的伸长量记为 $u_{(1),2}$：

$$u_{(1),2}=\frac{\bar{T}_{(1),2}}{km/2}=\frac{2\bar{T}_{(1),2}}{km}$$

km 是 m 个纬向单元并联在一起后的弹性体的弹性系数，$km/2$ 是两个这样的弹性体再串联后形成新的弹性体的弹性系数。

$\bar{T}_{(1),j}$ 作用的纬向单元是左起前 j 个纬向单元，它使前 j 个纬向单元产生的伸长量记为 $u_{(1),j}$：

$$u_{(1),j}=\frac{\bar{T}_{(1),j}}{km/j}=\frac{j\bar{T}_{(1),j}}{km}=\frac{j\hat{T}\tan\alpha_{(1),j}}{km}=\frac{\hat{T}C_{11}}{km}j(\lambda_{11}^{j}-\lambda_{12}^{j}) \tag{36}$$

式中：km/j 为 m 根单个纬向单元并联在一起，然后又把 j 个并联体串联在一起得到的新的弹性体的弹性系数。

式（36）中既包含着等差级数 j，又包含着等比级数 λ_{11}^{j}、λ_{12}^{j}，称为算术—几何级数，直接套用数学公式，得图 3-1-1 中 A 部分纬纱（指织物纬向）的总伸长量 $u_{总(1),n}$ 为：

$$\begin{aligned}u_{总(1),n}&=\sum_{j=1}^{n}\frac{j\bar{T}_{(1),j}}{km}=\sum_{j=1}^{n}\frac{j\hat{T}\tan\alpha_{(1),j}}{km}\\&=\sum_{j=1}^{n}\frac{j\hat{T}C_{11}(\lambda_{11}^{j}-\lambda_{12}^{j})}{km}=\frac{\hat{T}C_{11}}{km}\sum_{j=1}^{n}j(\lambda_{11}^{j}-\lambda_{12}^{j})\\&=\frac{\hat{T}C_{11}}{km}\left(\frac{-n\lambda_{11}^{n+1}}{1-\lambda_{11}}+\frac{\lambda_{1}(1-\lambda_{11}^{n})}{(1-\lambda_{11})^{2}}\right)-\frac{\hat{T}C_{11}}{km}\left(\frac{-n\lambda_{12}^{n+1}}{1-\lambda_{12}}+\frac{\lambda_{1}(1-\lambda_{12}^{n})}{(1-\lambda_{12})^{2}}\right)\end{aligned} \tag{37}$$

织物单个纬向单元原长 l_0、纬向总伸长量 $u_{总(1),n}$、最右边 1 根经纱的倾斜角 $\tan\alpha_{(1),n}$、筘齿和织口处第 1 根纬纱之间的距离 s_1、筘位置之间的关系为：

$$u_{总(1),n}+nl_0+s_1\tan\alpha_{(1),n}=nh \tag{38}$$

即
$$u_{总(1),n}+nl_0+s_1C_{11}(\lambda_1{}^{n}-\lambda_2{}^{n})=nh$$

将式（37）代入，得：

$$C_{11}=\frac{n(h-l_0)}{\frac{\hat{T}}{km}\left(\frac{-n\lambda_{11}^{n+1}}{1-\lambda_{11}}+\frac{\lambda_{1}(1-\lambda_{11}^{n})}{(1-\lambda_{11})^{2}}\right)-\frac{\hat{T}}{km}\left(\frac{-n\lambda_{12}^{n+1}}{1-\lambda_{12}}+\frac{\lambda_{11}(1-\lambda_{112}^{n})}{(1-\lambda_{12})^{2}}\right)+s_1(\lambda_{11}^{n}-\lambda_{12}^{n})} \tag{39}$$

在式（38）中，如果把总伸长量 $u_{总(1),n}$ 记为 $X_{总(1),n}$，则有：

$$X_{总(1),n}+nl_0+s_1\tan\alpha_{(1),n}=nh \tag{38a}$$

另外，由于机上经纱张力、织物缓弹性变形或塑性变形，使得机上纬向单元

原长 l_0' 不一定等于下机后织物纬向单元原长 l_0，如果能求得 l_0'，则用 l_0' 代替 l_0 代入式（38）、式（38a）、式（39），结果会更准确。

把 n 个撑幅力 $\bar{T}_{(1),j}$（$j=1, 2, \cdots n$），都移动到最右边的第 n 个纬向单元末位置，然后相加，简化成一个合力 $\bar{T}'_{总(1),n}$。

这样做的理由是，半幅织物有几千根经纱，就有几千个纬向撑幅力，如果要逐一对这几千个撑幅力进行分析，就太复杂了，也难胜任。如果在保持各个力产生的纬向伸长量不变的情况下，将这些力等效移动到第 n 个纬向单元末端，合成一个力 $\bar{T}'_{总(1),n}$，这个力称为等效撑幅力。有了这个等效撑幅力，则分析与计算要简单得多。由于各个纬向撑幅力是按产生伸长量不变的原则等效移动的，所以 $\bar{T}'_{总(1),n}$ 引起的伸长量也等于在移动前各个纬向撑幅力引起的伸长量的总和。

由 m 根纬纱并联成一个整体的一个纬向单元的弹性系数为 km，j 个纬向单元串联起来的系统的弹性系数为 $\frac{km}{j}$，n 个纬向单元串联起来的系统的弹性系数为 $\frac{km}{n}$。$\bar{T}_{(1),1}$ 的作用区间是左起第 1 个纬向单元，它引起的伸长量为 $\frac{\bar{T}_{(1),1}}{km}$，在伸长量保持不变的情况下把 $\bar{T}_{(1),1}$ 由第 1 个纬向单元末移到第 n 个纬向单元末，变为 $\bar{T}'_{(1),1}$，$\bar{T}'_{(1),1}$ 的作用区间为 n 个纬向单元，它引起的伸长量为 $\frac{\bar{T}'_{(1),1}}{km/n}$，所以，$\bar{T}'_{(1),1}=\frac{\bar{T}_{(1),1}}{n}$。$\bar{T}_{(1),j}$ 的作用区间是左起第 1 至 j 个纬向单元，作用的纬向单元数为 j 个，它引起的伸长量为 $\frac{\bar{T}_{(1),j}}{km/j}$，$\bar{T}_{(1),j}$ 移到第 n 个纬向单元末后，作用区间变为 n 个纬向单元，它引起的伸长量为 $\frac{\bar{T}'_{(1),j}}{km/n}$，所以：

$$\bar{T}'_{(1),j} = \frac{j}{n}\bar{T}_{(1),j} \tag{41}$$

把所有的 $\bar{T}'_{(1),j}$ 相加，得合力 $\bar{T}'_{总(1),n}$：

$$\begin{aligned}\bar{T}'_{总(1),n} &= \sum_{j=1}^{n}\frac{j}{n}\bar{T}_{(1),j} = \frac{1}{n}\sum_{j=1}^{n} j\hat{T}C_{11}(\lambda_{11}^{j} - \lambda_{12}^{j}) \\ &= \frac{\hat{T}C_{11}}{n}\left[\frac{-n\lambda_{11}^{n+1}}{1-\lambda_{11}} + \frac{\lambda_{11}(1-\lambda_{11}^{n})}{(1-\lambda_{11})^{2}} + \frac{n\lambda_{12}^{n+1}}{1-\lambda_{12}} - \frac{\lambda_{11}(1-\lambda_{12}^{n})}{(1-\lambda_{12})^{2}}\right]\end{aligned} \tag{42}$$

式（42）在推导过程中应用了式（35）和算术—几何级数的求和公式。

由式（38）和虎克定律知，$\bar{T}'_{总(1),n}$ 还有一个更简单的算法：

$$\bar{T}'_{总(1),n} = \frac{km}{n}u_{总(1),n} = \frac{km}{n}[n(h - l_0) - s_1\tan\alpha_{(1),n}] \tag{43}$$

设撑幅力的作用重心为 $N_{重心}$：

$$N_{重心} = \frac{\sum_{j=1}^{n} j\bar{T}_{(1),j}}{\sum_{j=1}^{n} \bar{T}_{(1),j}} = \frac{\sum_{j=1}^{n} j\bar{T}_{(1),j}}{\bar{T}_{总(1),j}} = \frac{n\bar{T}'_{总(1),n}}{\bar{T}_{总(1),j}} \tag{44}$$

例 1：JC9.5/JC9.5 354/346 160 细布，总经根数 5664 根，经向断裂强力 299N，纬向断裂强力 287N，经向断裂伸长率 10.5%，纬向断裂伸长率 10.5%。在织机上，钢筘筘齿至边撑握持点之间布的长度是 16mm，设钢筘打纬至前死心时，织口处第 1 根纬纱与筘齿的距离 $s_1 = 0.228$mm［取值约等于（经纱直径+纬纱直径）］时，细腰至织口处第 1 根纬纱的经向距离 L_J（图 3-1-1）是 11mm。求筘齿处各根经纱撑幅力 $\bar{T}_{1,j}$、等效撑幅力 $\bar{T}'_{总(1),n}$、总撑幅力 $\bar{T}_{总(1),n}$、$N_{重心}$。打纬时筘齿处单根经纱张力在经向的分量 $\hat{T}$ 按 16.596cN 计，下机织缩率按 3%计。若按每筘隙穿 1 根经纱计，筘齿处经纱间距 h –0.3005917mm。另外，设织物纬向急弹性变形率为 100%，且不考虑棉布回潮率的影响。

解：实验室测量织物纬向断裂强力的方法是将 50mm 宽的纬向布条用强力机两钳口（两钳口间原始距离 200mm）夹住拉断，记下拉断时的强力值（并修正成棉布回潮率为 8%时的强力值），同时记下伸长率值，这就是纬向断裂强力和纬向断裂伸长率。织物经纱密度是 354 根/10cm，纬纱密度是 346 根/10cm。本例不考虑棉布回潮率的影响。

（1）求 l_0、k、m。

50mm 宽的经向布条包含的经纱根数 = 354÷100×50 = 177（根）

平均单根经纱断裂强力 = 299÷177 = 1.6893（N/根）= 168.93（cN/根）

50mm 宽的纬向布条包含的纬纱根数 = 346÷100×50 = 173（根）

平均单根纬纱断裂强力 = 287÷173 = 1.6590（N/根）= 165.90（cN/根）

把下机布两根经纱间距作为纬向单元原长 l_0，则：

纬向单元原长 l_0 = 100÷354 = 0.282486（mm）

纬向单元断裂伸长量 = 纬向单元原长×纬向断裂伸长率

= 0.282486×10.5% = 0.029661（mm）

近似把棉布、涤棉布伸长和拉力的关系看成正比关系。下面求单个纬向单元的弹性系数，这里把单个纬向单元的弹性系数记为 k 。弹性系数 k 表达的意思是纬向单元每伸长 1mm 所需要的力。单个纬向单元伸长 0.029661mm 所需的力是 165.90cN，伸长 1mm 所需的力（即 k）是：

$$k = 165.90 \div 0.029661 \times 1 = 5593.064\ (\text{cN/mm})$$

为了应用方便，把上述求 k 的方法写成一个公式：

$$k(\text{cN/mm}) = 2 \times \frac{\text{织物纬向断裂强力(N)}}{\text{织物纬向断裂伸长率}} \times \frac{\text{织物经密}}{\text{织物纬密}} \tag{45}$$

钢筘筘齿至细腰处的长度是 11mm，按下机织缩率 3%计：

$$\text{下机布长} = 11\text{mm} \times (1-3\%) = 10.67\text{mm}$$

织物纬纱密度是 346 根/10cm，10.67mm 含有的纬纱根数 = 346÷100×10.67 = 36.9182 根，取 37 根。即筘齿至细腰处的纬纱根数 $m = 37$。

（2）求机上纬向单元原长 l_0'。

$$\text{经纱张力经向分力}\ \hat{T} = 16.596\text{cN}$$

$$\text{由经纱张力经向分力}\ \hat{T}\ \text{引起的经向伸长率} = \hat{T} \div \text{单根经纱断裂强力} \times \text{经向断裂伸长率}$$
$$= 16.596 \div 168.93 \times 10.5\% = 1.0316\%$$

对于棉、涤棉织物，大致有一个经验式，经向缩率+纬向缩率=常数。当经向伸长时，织物的幅宽会变窄，那么，纬向单元的原长会变短。另外，当织物纬向有缓弹性变形或塑性变形时，即织物纬向急弹性变形率不是 100%时，视为纬向单元的原长增加。综合考虑这两个因素后的纬向单元原长 l_0' 由下式计算：

$$l_0' = (h - l_0)(1 - \text{织物纬向急弹性变形率}) - (h - l_0) \times \frac{\text{由}\ \hat{T}\ \text{引起的经向伸长率}}{\text{纬向断裂伸长率}} + l_0 \tag{46}$$

代入数据得：

$$l_0' = (0.300592 - 0.282486) \times (1 - 100\%) -$$
$$(0.300592 - 0.282486) \times \frac{1.0316\%}{10.5\%} + 0.282486 = 0.280707$$

关于 l_0、l_0' 的取法简单讨论：如果已知织物从胸梁下来到刚开始接触卷取胶辊（或有梭织机的刺毛辊）的那一位置的机上布幅，就以此处布幅（也可以是布辊布幅）除 $2n$ 作为 l_0，且一般不需要补偿（即求 l_0'）。但喷气织机此处布幅无法量取，可以量取织物经过卷取胶辊、盖板到达导布辊处的布幅，以此布幅除 $2n$ 作为 l_0，且一般不需要补偿。也可以把下机布两根经纱间距作为纬向单元原长 l_0，再按式（46）求取 l_0' 作为纬向单元原长，（这种方法适合初步概算）。如果下机实际布幅 $W_{\text{实}}$ 宽于或窄于公称布幅 $W_{\text{公称}}$ ，在编好的 MATLAB 程序（表 3-1-1）“h5 =”（h5

表示布幅）后面应填入下机实际布幅 $W_{实}$ 的具体数据，对应地：

$$实际经密\ P_{实} = W_{公称} \div W_{实} \times 公称经密\ P_{公称} \tag{47}$$

在 MATLAB 程序（表 3-1-1）“h3 =”（h3 表示经密）后面应填入实际经密 $P_{实}$ 的具体数据。

（3）求 b_1、λ_{11}、λ_{12}、C_{11} 和 $\tan\alpha_{(1),\ n}$ 与 $\bar{T}_{1,\ j}$ 的表达式。

$$b_1 = \frac{\hat{T}}{2kms_1}$$

$$= 16.596 \div (2 \times 5593.064 \times 37 \times 0.228) = 0.00017586859$$

代入式（30）、式（31）：

$$\lambda_{11} = (1 + 0.00017586859) + \sqrt{(1 + 0.00017586859)^2 - 1} = 1.0189314$$

$$\lambda_{12} = (1 + 0.00017586859) - \sqrt{(1 + 0.00017586859)^2 - 1} = 0.98142039$$

总经根数 $2n = 5664$ 根，$n = 5664/2 = 2832$（根）

将已知的或求出的 h、l'_0、n、s_1、λ_{11}、λ_{12}、$\hat{T}$、k、m 代入式（39）：

$$C_{11} = \frac{n(h - l_0)}{\frac{\hat{T}}{km}\left(\frac{-n\lambda_{11}^{n+1}}{1-\lambda_{11}} + \frac{\lambda_{11}(1-\lambda_{11}^{n})}{(1-\lambda_{11})^2}\right) - \frac{\hat{T}}{km}\left(\frac{-n\lambda_{12}^{n+1}}{1-\lambda_{12}} + \frac{\lambda_{11}(1-\lambda_{112}^{n})}{(1-\lambda_{12})^2}\right) + s_1(\lambda_{11}^{n} - \lambda_{12}^{n})}$$

$$= 3.95342634 \times 10^{-23}$$

代入式（32）：

$$\tan\alpha_{(1),\ n} = \tan\alpha_{(1),\ 2832}$$

$$= 3.9534263 \times 10^{-23} \times (1.0189314^{2832} - 0.98142039^{2832})$$

$$= 4.6068$$

$$\alpha_{(1),\ n} = \alpha_{(1),\ 2832} = \arctan 4.6068 = 77.75°$$

$\alpha_{(1),\ n}$ 为最右边第 1 根经纱的倾斜角，也就是最右边第 1 根经纱与钢筘筘齿的摩擦包角。

$$\bar{T}_{(1),\ n} = \bar{T}_{(1),\ 2832} = \hat{T}\tan\alpha_{(1),\ 2832} = 16.596 \times 4.6068 = 76.5(\text{cN})$$

此为最大撑幅力。

投影到纬向条带平面上的最大经纱张力 $T_{1,\ n}$ 为：

$$T_{1,\ n} = \sqrt{\hat{T}^2 + \bar{T}_{(1),\ n}^{\ 2}} = \sqrt{16.596^2 + 76.5^2} = 78.2(\text{cN})$$

当钢筘打到前死心时，经纱的梭口张开的角并不太大，故实际的最大经纱张力比 $T_{1,\ n}$ 只是略大，故近似认为实际的最大经纱张力 ≈ $T_{1,\ n}$。

一般地：

$$\tan\alpha_{(1),j} = 3.9534263 \times 10^{-23} \times (1.0189314^{j} - 0.98142039^{j})$$

代入式（33）求出钢筘筘前经纱张力在纬向的分力 $\bar{T}_{1,j}$：

$$\bar{T}_{(1),j} = \hat{T}\tan\alpha_{(1),j} = 16.596 \times 3.9534263 \times 10^{-23} \times (1.0189314^{j} - 0.98142039^{j})$$

$$(j=1,\ 2,\ \cdots,\ 2832)$$

计算结果见图 3-3-1。从具体计算数据来看，当 $j \leqslant 2232$ 时，$\bar{T}_{(1),j} < 0.001\text{cN} \approx 0$。而当 j 接近 n 时撑幅力却变得很大。如最右边 50 根经纱的撑幅力之和达到了全部撑幅力的 60.9%；最右边 100 根经纱的撑幅力之和却达到全部撑幅力的 84.7%；最右边 150 根经纱的撑幅力之和却达到全部撑幅力的 94.0%；最右边 200 根经纱的撑幅力之和却达到全部撑幅力的 97.7%。可见穿筘幅边部容易磨损，特别是边部约 2cm 宽的一段筘齿最容易磨损。图 3-3-2 画出了自右边起经纱累计撑幅力占总撑幅力百分比与自右数起经纱序号的关系图。

经纱的总撑幅力由式（35）计算：

$$\bar{T}_{总(1),j} = \sum_{j=1}^{2832} \bar{T}_{(1),j} = 4115.0(\text{cN})$$

将已知的或求出来的 n、λ_{11}、λ_{12}、$\hat{T}$、C_{11} 代入式（42）得等效撑幅力：

$$\bar{T}'_{总(1),n} = \frac{\hat{T}C_{11}}{n}\left[\frac{-n\lambda_{11}^{n+1}}{1-\lambda_{11}} + \frac{\lambda_{11}(1-\lambda_{11}^{n})}{(1-\lambda_{11})^{2}} + \frac{n\lambda_{12}^{n+1}}{1-\lambda_{12}} - \frac{\lambda_{11}(1-\lambda_{12}^{n})}{(1-\lambda_{12})^{2}}\right] = 4038.2(\text{cN})$$

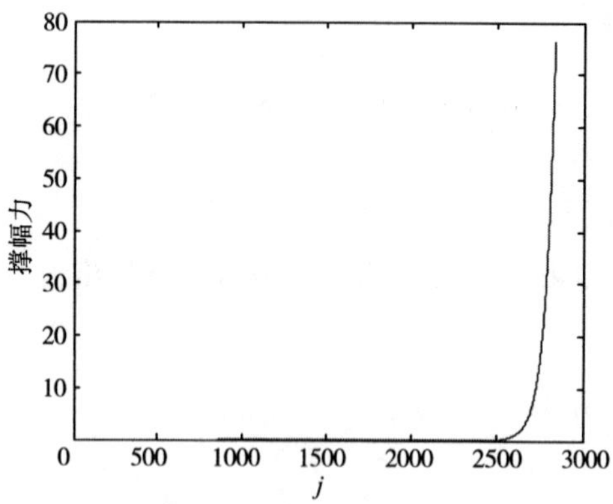

图 3-3-1

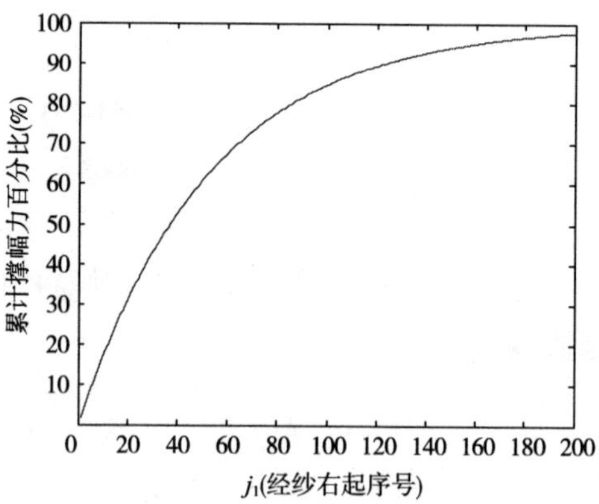

图 3-3-2

撑幅力的作用重心为：

$$N_{重心} = \frac{n\bar{T}'_{总(1),n}}{\bar{T}_{总(1),j}} = \frac{2832 \times 4038.2}{4115.0} = 2779.18$$

$n=2832$，可见 $N_{重心}$ 很接近 n 。

从本题的计算过程可知，$\alpha_{(1),j}$ 、$\tan\alpha_{(1),j}$ 、$\bar{T}_{(1),j}$ 值主要是由大于 1 的 λ_{11} 起作用，而小于 1 的 λ_{12} 随着 j 的增大很快趋于 0。所以 $\tan\alpha_{(1),j}$ 、$\bar{T}_{(1),j}$ 都可近似看作等比级数，单调增加函数，当 j 最大（$j=n$）时，$\bar{T}_{1,j}$ 也最大。即最右边的那一根经纱撑幅力最大，其经纱张力也最大。当计算出经纱张力后，就可计算出经纱对筘齿的摩擦力了。

例 1 的 MATLAB 程序如下：

说明：(1) 将例 1 的 MATLAB 程序写在 Excel 电子工作表中，使用时只要将此表用鼠标全部抹黑（即全部“选择”），再按常用状态菜单条上的“复制”按纽，然后“粘贴”到 MATLAB 的命令窗口上即可。几十秒钟后，MATLAB 会给出全部的计算结果。

(2) 表 3-3-1 中灰色格中的数字，可根据具体品种和实际数据填写。但 h13 句，程序栏中可填入实测数据（或指定数据），也可填入程序：

100/［h4＊（1-h121/100）］

填入此程序表示钢筘筘齿到第 1 根纬纱的距离 s_1 等于织物中相邻两根纬纱的机上间距 s ，即 $s_1=s$。

表 3-3-1　例 1 的 MATLAB 程序（在 Excel 电子表格中编制）

%代号＝	具体数据或程序		项目或说明
h1＝	9.5	%	经纱特数
h2＝	9.5	%	纬纱特数
h3＝	354	%	经密（根/10 厘米）
h4＝	346	%	纬密（根/10 厘米）
h5＝	160	%	布幅（cm）
h6＝	84.5	%	筘号（齿/2 英寸）
h7＝	2	%	每筘穿入数
h8＝	floor（h3＊h5/10/h7）/h6＊5.08	%	机上筘幅
h9＝	floor（h3＊h5/10）	%	总经根数
h10＝	round（h9/2）	%	半幅经纱根数 n（四舍五入）
h11＝	100/h3	%	按每筘穿 1 根下机织物经纱间距 sj（mm）即 l_0
h12＝	50.8/h6/h7	%	按每筘穿 1 根筘处经纱间距 h（mm）
h121＝	3	%	下机织缩率（%）（设定值）

续表

h13=	0. 228	%	打纬时筘至第 1 根纬纱距离 s_1（mm）。填写实测值，或填入程序：100/（h4 *（1-h121/100））
h15=	h4 *（1-h121/100）	%	机上纬密
h16=	100/h15	%	机上纬纱间距 s（mm）
h161=	h13	%	设定筘齿至第 1 根纬的距离，或用 s 或用 s_1（mm）
h18=	287	%	织物纬向断裂强力（N）
h19=	10. 5	%	织物纬向断裂伸长率（%）
h191=	299	%	织物经向断裂强力（N）
h192=	10. 5	%	织物经向断裂伸长率（%）
h20=	94	%	机上张力（kgf）
% h201—h205 及下一行的 h11 是通过			
%修正 l_0来消除缓弹性变形和塑性变形的影响			
h201=	h191/（h3/2）* 100	%	单根经纱断裂强力 q_{jmax}
h202=	h20 * 1000/h9	%	机上设定单纱张力
h203=	h202/h201 * h192	%	下机织缩率′. 注意：它和一般意义上的下机织率不同，它没有考虑一般下机织缩率中缓弹性变形和塑性变形部分
h204=	100	%	急弹性变形占有率
h205=	（h12-h11）*（1-h204/100）-h203/h19 *（h12-h11）+h11	%	考虑到急弹性占有率、经纱张力引起布幅收缩后的经纱间隔，记作 l_0'。
h11=	vpa（h205）	%	
		%	
h21=	h20/h9 * 100	%	平均单纱经向张力分量
h22=	h20/h9 * 1000	%	单纱张力经向分量 $\hat{T}$
h23=	vpa（h18/（h4/2）/（100/h3 * h19/100）* 100）	%	单个纬向单元弹性系数 k 值
h231=	sqrt（h22/（h23 * h16））	%	a 值，为后面椭圆方程作准备
h24=	16	%	边撑握持点至织口距离（mm）
h25=	11	%	细腰处至织口距离（mm）
h26=	round（h25/100 * h15）	%	细腰处至织口的纬纱根数 m（mm）（四舍五入）
h27=	h23 * h26	%	km（当 h27=h23 * h262 时，表示 km_2）
h28=	h22/（2 * h161 * h27）	%	b1

续表

h29 =	（1+h28）+sqrt（（1+h28）^2-1）	%	λ11
h30 =	（1+h28）-sqrt（（1+h28）^2-1）	%	λ12
h31 =	-h10 * h29^（h10+1）/（1-h29）+h29 *（1-h29^h10）/（1-h29）^2	%	
h32 =	-h10 * h30^（h10+1）/（1-h30）+h30 *（1-h30^h10）/（1-h30）^2	%	
C11 =	h10 *（h12-h11）/（h22/h27 *（h31-h32）+h161 *（h29^h10-h30^h10））	%	
		%	C11
h36 =	C11 *（h29^h10-h30^h10）	%	$\tan\alpha_{1,n}$
h37 =	atan（h36）	%	$\alpha_{1,n}$（弧度）
h38 =	atan（h36）* 180/pi	%	$\alpha_{1,n}$（°）
h41 =	atan（h36）* 180/pi	%	筘齿处最右 1 根经纱的倾斜角 $\alpha_{1,n}$（°）
h42 =	atan（h36）	%	筘齿处最右 1 根经纱的倾斜角（弧度）
h44 =	[1：h10]';	%	j=1，2，3，…，n-1，n
h45 =	C11. *（h29. ^h44-h30. ^h44）	%	$\tan\alpha_{1,j}$
h46 =	h22. * h45	%	撑幅力各项"$\overline{T}_{1,j}$"
h47 =	sum（h46）	%	撑幅力总和 $\overline{T}_{总(1),n}$
h471 =	h22 * C11/h10 *（h31-h32）	%	等效撑幅力 $\overline{T}'_{总(1),n'}$
h48 =	h46（h10）	%	最大的撑幅力 $\overline{T}_{1,n}$
h49 =	sqrt（h22^2+h48^2）	%	最大的经纱张力 $\overline{T}_{1,n}$
h50 =	plot（h44，h46'），title（'图 6'），xlabel（'j'），ylabel（'撑幅力'）	%	画出钢筘撑幅力与 j 的关系图。图 3-3-1
h51 =	[h44，h46]	%	撑幅力各项"$\overline{T}_{1,j}$"与序号 j
h52 =	h471/h47 * h10	%	$N_{重心}$
h521 =	round（h52）	%	$N'_{重心}$（取整后）
h522 =	C11. *（h29. ^h521-h30. ^h521）	%	$\tan\alpha_{1,N'重心}$
h523 =	h47/h522	%	$N'_{重心}$处等效力 $\hat{T}_{(1),N'重心}$
h53 =	flipud（h51）	%	从右边第 1 根经纱起开始计数的撑幅力
h531 =	[];	%	
	for j1 = 1：200，h532 = sum（h53（1：j1，2））/h47 * 100，h531 = [h531，h532]，end	%	从右边第 1 根经纱起开始计数的累计撑幅力（%）
h533 =	[1：j1；h531]'	%	
h534 =	plot（h533（:，1），h533（:，2）），title（'图 7'），xlabel（'j1（经纱右起序号）'），ylabel（'累计撑幅力百分比'）	%	自右起计数累计撑幅力百分比与自右起经纱序号的关系图。图 3-3-2
h535 =	h44. *（h12-h11）-h13. * h45	%	$X_{(1),j}$

第四节　单根经纱受力后折线形态和模拟经纱受力后折线形态

设有一根经纱，和许多根始终相互平行的纬向单元绞接，经纱两头对称地倾斜一个角度（图 3-4-1）。取第 i 和第 $i+1$ 个绞接点为分离体作受力分析，根据前面假定，所有各经纱张力的经向分量都相等，且为 $\hat{T}$，所以只需写出纬向受力平衡方程。

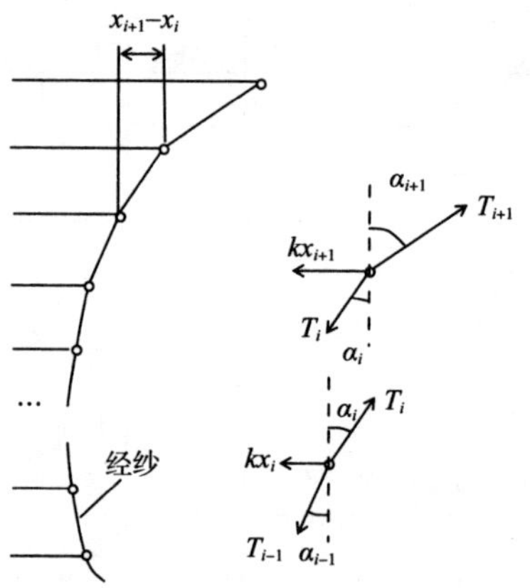

图 3-4-1　单根经纱的经纱张力引起的纬纱伸长

$$\begin{cases} T_{i+1}\sin\alpha_{i+1} - T_i\sin\alpha_i = kx_{i+1} \\ T_i\sin\alpha_i - T_{i-1}\sin\alpha_{i-1} = kx_i \end{cases} \tag{48}$$ [1]

将 $T_{i+1}\cos\alpha_{i+1} = T_i\cos\alpha_i = T_{i-1}\cos\alpha_{i-1} = \hat{T}$ 代入式（48），得：

$$\begin{cases} \hat{T}\tan\alpha_{i+1} - \hat{T}\tan\alpha_i = kx_{i+1} \\ \hat{T}\tan\alpha_i - \hat{T}\tan\alpha_{i-1} = kx_i \end{cases}$$

$$\begin{cases} \tan\alpha_{i+1} - \tan\alpha_i = \dfrac{k}{\hat{T}}x_{i+1} \\ \tan\alpha_i - \tan\alpha_{i-1} = \dfrac{k}{\hat{T}}x_i \end{cases} \tag{49}$$

[1] 本节至第六节的公式推导在第三节公式的基础上，故本节的公式编号延续第三节的公式编号，第五节的公式编号延续本节的公式编号，第六节的延续第五节的。

两式相减，得：

$$\tan\alpha_{i+1}-2\tan\alpha_i+\tan\alpha_{i-1}=\frac{k}{\hat{T}}(x_{i+1}-x_i) \tag{50}$$

纬纱间距为 s ，所以：

$$(x_{i+1}-x_i)=s\cdot\tan\alpha_i \tag{51}$$

代入式（50），得：

$$\tan\alpha_{i+1}-\left(2+\frac{sk}{\hat{T}}\right)\tan\alpha_i+\tan\alpha_{i-1}=0 \tag{52}$$

式（52）就是关于单根经纱倾斜角正切的差分方程。它和式（26b）方程形式类似，解法过程完全相同，故直接写出结果。

$$\tan\alpha_i=C_{31}\lambda_{31}^i+C_{32}\lambda_{32}^i \tag{54}$$

$$\lambda_{31}=(1+b_3)+\sqrt{(1+b_3)^2-1} \tag{55}$$

$$\lambda_{32}=(1+b_3)-\sqrt{(1+b_3)^2-1} \tag{56}$$

$$b_3=\frac{sk}{2\hat{T}} \tag{57}$$

式中：C_{31} 、C_{32} 是常数。

当 $i=0$ 时，$\alpha_i=0$，$\tan\alpha_i=0$，解得 $C_{32}=-C_{31}$ 。

$$\tan\alpha_i=C_{31}(\lambda_{31}^i-\lambda_{32}^i) \tag{32b}$$

注意：这里的 $\alpha_i=0$，$\tan\alpha_i=0$，实际并不是真的 $\alpha_0=0$， $\tan\alpha_0=0$，而是 $\alpha_i=0^+$ ，$\tan0^+>0$，$\alpha_i=0^-$ ，$\tan0^-<0$，$\alpha_0=0$ 相当于 $\tan0^++\tan0^-=0$。为方便起见，将 $i=0$ 处情况忽略。

式（32b）虽然和式（32）在形式上是一样的，但式（32）的自变量是经纱位置序号 j ，式（32b）的自变量却是纬纱序号 i ，另一个不同是中间推导过程中有的参数有差别，对应式（32）的 $b_1=\dfrac{\hat{T}}{2s_1k}$ ，对应式［32（b）］的 $b_3=\dfrac{sk}{2\hat{T}}$ ，k 、$\hat{T}$ 、s（ s_1 是 s 的特例）在分子和分母上的位置恰是颠倒的。

式（52）还可用纬向单元伸长量来表示：

$$x_{i+2}-\left(2+\frac{sk}{\hat{T}}\right)x_{i+1}+x_i=0 \tag{59}$$

比较式（59）与式（52）知，纬向单元伸长量的规律与经纱倾斜角正切的规律完全相同。

以上研究了单根经纱与若干根相互平行的纬向单元绞接时经纱倾斜角正切或纬向单元伸长量的规律问题。单个纬向单元的弹性系数为 k ，若系统的原长不是一个纬向单元，而是由 i 个纬向单元串联在一起，则系统的弹性系数 K_i 为：

$$K_i = \frac{k}{i} \tag{60}$$

同理，若系统是由 n 个纬向单元串联在一起，则系统的弹性系数 K_n 为：

$$K_n = \frac{k}{n} \tag{61}$$

在第三节和例 1 中，已将 n 根经纱的撑幅力化为最右侧处（第 n 根处）的一个等效撑幅力 $\bar{T}'_{总(1),\ n}$ ，故每根纬向系统的弹性系数 $K_n = \dfrac{k}{n}$ ，把细腰至织口的纬纱根数的 m 根纬纱看成是 m 个个体系统，则式（52）对应变成：

$$\tan\alpha_{i+1} - \left(2 + \frac{sk}{n\hat{T}}\right)\tan\alpha_i + \tan\alpha_{i-1} = 0 \tag{52a}$$

于是仿式（32b）的推导过程，得：

$$b_4 = \frac{\gamma sk}{2n\hat{T}} \tag{57a}$$

式中：γ 为系数，若不作特别说明，$\gamma = 1$。

$$\lambda_{41} = (1 + b_4) + \sqrt{(1 + b_4)^2 - 1} \tag{55a}$$

$$\lambda_{42} = (1 + b_4) - \sqrt{(1 + b_4)^2 - 1} \tag{56a}$$

$$\tan\alpha_{i,\ n} = C_{41}(\lambda_{41}^i - \lambda_{42}^i) \tag{32d}$$

将坐标原点取在图 3-1-1 中 A 部分的左下角，那么细腰处就变成第 0 根纬纱，织口处第 1 根纬纱就变成第 m 根纬纱。s 为两根纬纱之间的距离，s_1 为第 m 根纬纱和钢筘筘齿前端的距离，第 i 根纬纱的布边位置（第 i 根纬纱与第 n 根经纱绞接点的位置）记为 $\breve{X}_{i,\ n}$ ，第 i 根纬纱所织织物的伸长量记为 $X_{i,\ n}$ 。则 $X_{m,\ n}$ 就是织口处第 1 根纬纱所织织物的伸长量。在第三节和例 1 中，把 m 根纬纱看成一个整体，这 m 根纬纱的每一根所织织物的伸长量都和织口处第 1 根纬纱的所织织物的伸长量一样，它们的伸长量都是 $u_{总(1),\ n}$［式（38）］。这里将 m 根纬纱看成是 m 个个体，只将第 m 根纬纱（也就是织口第 1 根纬纱）的伸长量看成 $u_{总(1),\ n}$ ，即：

$$X_{m,\ n} = u_{总(1),\ n}$$

同时，令 $\tan\alpha_{m,\ n} = \tan\alpha_{(1),\ n}$ ，代入式（32d），则有：

$$C_{41} = \frac{\tan\alpha_{m,\ n}}{\lambda_{41}^i - \lambda_{42}^i} = \frac{\tan\alpha_{(1),\ n}}{\lambda_{41}^i - \lambda_{42}^i} \tag{62}$$

第 m 根纬纱的布边位置 $\breve{X}_{m,n}$ 为：

$$\breve{X}_{m,n} = nh - s_1\tan\alpha_{m,n} = nh - s_1\tan\alpha_{(1),n} \tag{63}$$

s 是纬纱间距，第 n 根经纱（最边部的那根经纱）在第 $i+1$ 根纬纱上的投影为 $s\cdot\tan\alpha_{i,n}$（图 3-4-1），在第 1 根纬纱到第 m 根纬纱的投影和为 $\sum_{i=0}^{m-1} s\cdot\tan\alpha_{i,n}$，在第 1 根纬纱到第 i 根纬纱的投影和为 $\sum_{i=0}^{i-1} s\cdot\tan\alpha_{i,n}$，所以，第 i 根纬纱的布边位置 $\breve{X}_{i,n}$ 为：

$$\breve{X}_{i,n} = nh - s_1\tan\alpha_{(1),n} - \sum_{i=0}^{m-1} s\cdot\tan\alpha_{i,n} + \sum_{i=0}^{i-1} s\cdot\tan\alpha_{i,n} \tag{64}$$

第 m 根纬纱所织织物的伸长量 $X_{m,n}$ 为：

$$X_{m,n} = u_{总(1),n} = n(h - l_0) - s_1\tan\alpha_{(1),n} \tag{65}$$

第 i 根纬纱所织织物的伸长量 $X_{i,n}$ 为：

$$\begin{aligned}
X_{i,n} &= n(h - l_0) - s_1\tan\alpha_{(1),n} - \sum_{i=0}^{m-1} s\cdot\tan\alpha_{i,n} + \sum_{i=0}^{i-1} s\cdot\tan\alpha_{i,n} \\
&= n(h - l_0) - s_1\cdot\tan\alpha_{(1),n} - s\sum_{i=0}^{m-1} C_{41}(\lambda_{41}^{i} - \lambda_{42}^{i}) + s\sum_{i=0}^{i-1} C_{41}(\lambda_{41}^{i} - \lambda_{42}^{i}) \\
&= n(h - l_0) - s_1\cdot\tan\alpha_{(1),n} - sC_{41}\left[\frac{\lambda_{41}(1 - \lambda_{41}^{m-1})}{1 - \lambda_{41}} - \frac{\lambda_{42}(1 - \lambda_{42}^{m-1})}{1 - \lambda_{42}}\right] + \\
&\quad sC_{41}\left[\frac{\lambda_{41}(1 - \lambda_{41}^{i-1})}{1 - \lambda_{41}} - \frac{\lambda_{42}(1 - \lambda_{42}^{i-1})}{1 - \lambda_{42}}\right] \\
&= n(h - l_0) - s_1\cdot\tan\alpha_{(1),n} - sC_{41}\left[\frac{\lambda_{41}(-\lambda_{41}^{m-1} + \lambda_{41}^{i-1})}{1 - \lambda_{41}} - \frac{\lambda_{42}(-\lambda_{42}^{m-1} + \lambda_{42}^{i-1})}{1 - \lambda_{42}}\right]
\end{aligned} \tag{66}$$

设 $W_{i,n}$ 为第 i 根纬纱与第 m 根纬纱所织织物伸长量的差值，称为欠伸量。

$$\begin{aligned}
W_{i,n} &= X_{m,n} - X_{i,n} = \sum_{i=0}^{m-1} s\cdot\tan\alpha_{i,n} - \sum_{i=0}^{i-1} s\cdot\tan\alpha_{i,n} \\
&= s\sum_{i=0}^{m-1} C_{41}(\lambda_{41}^{i} - \lambda_{42}^{i}) - s\sum_{i=0}^{i-1} C_{41}(\lambda_{41}^{i} - \lambda_{42}^{i}) \\
&= sC_{41}\left[\frac{\lambda_{41}(1 - \lambda_{41}^{m-1})}{1 - \lambda_{41}} - \frac{\lambda_{42}(1 - \lambda_{42}^{m-1})}{1 - \lambda_{42}}\right] - sC_{41}\left[\frac{\lambda_{41}(1 - \lambda_{41}^{i-1})}{1 - \lambda_{41}} - \frac{\lambda_{42}(1 - \lambda_{42}^{i-1})}{1 - \lambda_{42}}\right] \\
&\quad (i = 1, 2, \cdots m)
\end{aligned} \tag{67}$$

$$W_{0,n} = X_{m,n} - X_{1,n} = \sum_{i=1}^{m-1} s\cdot\tan\alpha_{i,n}$$

$W_{0,n}$ 为第 0 根纬纱与第 m 根纬纱所织织物伸长量的差值，也就是细腰处和织口处第 1 根纬纱最边的一个绞接点在纬向的差异值，也称为布边内凹量，记作 L_W（图 3-1-1）；其在经向的差异值则记为 L_J。

总欠量记为 $w_{总m,n}$：

$$W_{总m,n} = \sum_{i=1}^{m} W_{i,n} = \sum_{i=1}^{m} (X_{m,n} - X_{i,n})$$
$$= sC_{41} \sum_{i=1}^{m} \left[\sum_{i=0}^{m-1} (\lambda_{41}^{i} - \lambda_{42}^{i}) - \sum_{i=0}^{i-1} (\lambda_{41}^{i} - \lambda_{42}^{i}) \right]$$
$$= sC_{41} \left[(m-1) \sum_{i=0}^{m-1} (\lambda_{41}^{i} - \lambda_{42}^{i}) - \sum_{i=1}^{m} \sum_{i=0}^{i-1} (\lambda_{41}^{i} - \lambda_{42}^{i}) \right]$$
$$= sC_{41}(m-1) \left[\frac{\lambda_{41}(1-\lambda_{41}^{m-1})}{1-\lambda_{41}} - \frac{\lambda_{42}(1-\lambda_{42}^{m-1})}{1-\lambda_{42}} \right] -$$
$$sC_{41} \sum_{i=1}^{m} \left[\frac{\lambda_{41}(1-\lambda_{41}^{i-1})}{1-\lambda_{41}} - \frac{\lambda_{42}(1-\lambda_{42}^{i-1})}{1-\lambda_{42}} \right]$$
$$= sC_{41} \left(\frac{(-(m-1)\lambda_{41}^{m})}{1-\lambda_{41}} + \frac{\lambda_{41}(1-\lambda_{41}{}^{m-1})}{(1-\lambda_{41})^{2}} \right) - sC_{41} \left(\frac{(-(m-1)\lambda_{42}^{m})}{1-\lambda_{42}} + \frac{\lambda_{42}(1-\lambda_{42}^{m-1})}{(1-\lambda_{42})^{2}} \right) \tag{68}$$

作为个体的各根纬纱所织织物的总伸长量 $X_{总m,n}$ 为：

$$X_{总m,n} = mX_{m,n} - W_{总m,n} = mX_{(1),n} - W_{总m,n}$$
$$= m[n(h-l_0) - s_1 \tan\alpha_{(1),n}] - W_{总m,n} \tag{69}$$

达到总伸长量 $X_{总m,n}$ 所需的拉力 $\bar{T}_{个体总m,n}$ 为：

$$\bar{T}_{个体总m,n} = K_n X_{总m,n} = \frac{k}{n} X_{总m,n} \tag{70}$$

对应地，各根纬纱所织的织物上，达到伸长量 $X_{个体i,n}$ 所需的拉力 $\bar{T}_{个体i,n}$ 为：

$$\bar{T}_{个体i,n} = K_n X_{i,n} = \frac{k}{n} X_{i,n} \tag{70a}$$

在第三节和例题 1 中，把 m 根纬纱看成一个并联整体，每根纬纱所织织物的伸长量都看作 $u_{总(1),n}$（$= X_{m,n}$），则 m 根纬纱所织织物的伸长量的总伸长量为 $mu_{总(1),n}$，达到此总伸长量 $mu_{总(1),n}$ 所需的等效力为 $\bar{T}'_{总(1),n}$：

$$\bar{T}'_{总(1),n} = \frac{km}{n} u_{m,n} = \frac{km}{n} X_{m,n} \tag{71}$$

令

$$\eta = \frac{X_{总m,n}}{mu_{m,n}} \times 100\% \tag{72}$$

因伸长与拉力成正比，故：

$$\eta = \frac{X_{总m,n}}{mu_{总(1),n}} \times 100\% = \frac{mu_{总(1),n} - W_{总m,n}}{mu_{总(1),n}} \times 100\% = \frac{mX_{m,n} - W_{总m,n}}{mX_{m,n}} \times 100\%$$

$$= \frac{m[n(h - l_0) - s_1\tan\alpha_{(1),n}] - W_{总m,n}}{mX_{m,n}} \times 100\% = \frac{\bar{T}_{个体总m,n}}{\bar{T}'_{总(1),n}} \times 100\% \quad (73)$$

$$\eta m = \frac{X_{总m,n}}{u_{总(1),n}} \quad (74)$$

$$\bar{T}_{个体总m,n} = \eta\bar{T}'_{总(1),n} \quad (75)$$

令 $m_2 = \eta m$，代入式（74），并整理得：

$$X_{总m,n} = m_2 u_{总(1),n} = m_2 X_{m,n} = \eta m X_{m,n} \quad (76)$$

式中：m_2 不一定是整数。

式（75）、式（76）说明，由于织口纬向条带上有细腰的存在，各根纬纱所织的织物伸长量不一，m 根伸长不一的纬纱所织的织物伸长量的总和，仅相当于 m_2 倍的第 m 根纬纱（即织口处的第 1 根纬纱）所织织物的伸长量的总和。拉伸前 m 根所需的拉力，仅相当于拉伸后 m_2 根所需的拉力。也就是说，由 m_2 根纬纱组成的并联整体所需的拉力和作为 m 个个体的 m 根纬纱所需的拉力是相同的。这里，m 是实际存在的，是细腰处至织口的纬纱根数，m_2 是一个虚拟的数字。

具体求解 m_2 过程如下：

（1）根据织口处纬向条带上细腰处至织口的距离 L_J、机上纬密计算出纬纱根数 m；

（2）把 m 根纬纱看作一个并联整体，计算出第 n 根经纱（最右一根经纱）的倾斜角 $\alpha_{(1),n}$ 或其正切值 $\tan\alpha_{(1),n}$ 和等效撑幅力 $\bar{T}'_{总(1),n}$，见第三节和例 1；

（3）把 m 根纬纱看作 m 个个体，计算各根纬纱所织织物的布边位置、伸长量、欠伸量、总欠量、总伸长量及所需的拉力 $\bar{T}_{个体总m,n}$，将总伸长量与 $mu_{总(1),n}$ 比较求出 η 和 m_2。

（4）将 m_2 当作 m，重复进行第（2）步的计算，计算出新的 $\alpha_{(1),n}$、$\tan\alpha_{(1),n}$、$\bar{T}'_{总(1),n}$。

（5）把 m 根纬纱看作 m 个个体［注意：这里的 m 是指上面第（1）步计算出的 m，不是第（4）步中的 m_2］，计算出新的各根纬纱所织织物的布边位置、伸长量及 $\bar{T}_{个体\ i,n}$、欠伸量、总欠量、总伸长量及所需的拉力 $\bar{T}_{个体总m,n}$；

（6）比较新的 $\bar{T}_{个体总m,n}$ 和新的 $\bar{T}'_{总(1),n}$ 是否相等，若相等，计算结束。写出此时钢筘处经纱倾斜角规律（摩擦角规律）或撑幅力规律、最大撑幅力和总撑幅力、m_2 等；写出此时的布边位置规律，各根纬纱所织织物伸长量、第 m 根与第 0 根纬纱所织织物伸长量的差异值 L_W（内凹量）等。若新的 $\bar{T}_{个体总m,\ n}$ 和新的 $\bar{T}'_{总(1),\ n}$ 不相等，则运用近似牛顿法重复第（4）（5）步，直到相等为止。

（7）比较计算值和机上值的差异，分析原因。最简单的方法是检查内凹量 L_W 的计算值与实际值的差异，调整 s_1 值（须遵守一定规则，不可随意调），调整式（57a）中的急弹性变形率、系数 γ，使计算值与实际值基本达到一致。还需解释或通过其它补充试验检测这种调整是否合理。

例 2：在例 1 的条件下，计算细腰到织口之间织物条带上第 n 根经纱（布边）的折线形状。

在例 1 中，已知或已计算出：

$$n = 2832\ (\text{根})$$

单个纬向单元的弹性系数 $k = 5593.064$（cN/mm）

$$\tan\alpha_{(1),\ n} = 4.6068$$

$$\text{总撑幅力}\ \bar{T}_{总(1),\ j} = 4115.0\ (\text{cN})$$

$$\text{等效总撑幅力}\ \bar{T}'_{总(1),\ n} = 4038.2\ (\text{cN})$$

n 个纬向单元串联后的弹性系数 K_n 为：

$$K_n = k/n = 5593.064/2832 = 197.50\ (\text{cN/mm})$$

织物下机纬密为 346 根/10cm，下机织缩率为 3%，

$$\text{机上纬密} = \text{下机纬密} \times (1 - \text{织缩率}) = 346 \times (1 - 3\%) = 335.62(\text{根}/10\text{cm})$$

$$\text{机上纬纱间距}\ s = 100/\text{机上纬密} = 0.297956\ (\text{mm})$$

由式（57a）（不作说明时式中 $\gamma = 1$）有：

$$b_4 = \frac{sK_n}{2\hat{T}} = \frac{sk}{2n\hat{T}} = \frac{0.297956 \times 5593.064}{2 \times 2832 \times 16.596}$$

$$= 0.017728585$$

代入式（55a）、式（56a）：

$$\lambda_{41} = (1 + b_4) + \sqrt{(1 + b_4)^2 - 1}$$

$$= (1 + 0.017728585) + \sqrt{(1 + 0.017728585)^2 - 1}$$

$$= 1.2068621$$

$$\lambda_{42} = (1 + b_4) - \sqrt{(1 + b_4)^2 - 1}$$

$$= (1 + 0.017728585) - \sqrt{(1 + 0.017728585)^2 - 1}$$

$$= 0.82859511$$

$$C_{41}=\frac{\tan\alpha_{(1),\ n}}{\lambda_{41}^{m}-\lambda_{42}^{m}}=\frac{4.6068}{\lambda_{41}{}^{37}-\lambda_{42}{}^{37}}=0.004386004$$

代入式（32d）：

所得数据见表 3-4-1，同时用图 3-4-2 表示。

表 3-4-1

h59 = i	h60 = $\tan\alpha_{i,n}$	h16 = s	h61 = $s\cdot\tan\alpha_{i-1,n}$	h66 = $s\cdot\sum\tan\alpha_{i-1,n}$	h68 = $\breve{X}_{i,n}$	h681 = $X_{i,n}$	h69 = 欠伸量 $W_{i,n}$
0	0	0. 29796					
1	0. 001659	0. 29796	0	0	843. 6	48. 64	6. 62
2	0. 003377	0. 29796	0. 000494	0. 0005	843. 6	48. 64	6. 62
3	0. 005215	0. 29796	0. 001006	0. 0015	843. 61	48. 64	6. 62
4	0. 007237	0. 29796	0. 001554	0. 0031	843. 61	48. 64	6. 62
5	0. 009516	0. 29796	0. 002156	0. 0052	843. 61	48. 65	6. 62
6	0. 01213	0. 29796	0. 002835	0. 008	843. 61	48. 65	6. 61
7	0. 01518	0. 29796	0. 003615	0. 0117	843. 62	48. 65	6. 61
8	0. 01876	0. 29796	0. 004523	0. 0162	843. 62	48. 66	6. 61
9	0. 02302	0. 29796	0. 005591	0. 0218	843. 63	48. 66	6. 6
10	0. 02808	0. 29796	0. 006857	0. 0286	843. 63	48. 67	6. 59
11	0. 03414	0. 29796	0. 008367	0. 037	843. 64	48. 68	6. 58
12	0. 04142	0. 29796	0. 01017	0. 0472	843. 65	48. 69	6. 57
13	0. 05016	0. 29796	0. 01234	0. 0595	843. 66	48. 7	6. 56
14	0. 06068	0. 29796	0. 01494	0. 0745	843. 68	48. 72	6. 55
15	0. 07335	0. 29796	0. 01808	0. 0925	843. 7	48. 73	6. 53
16	0. 08862	0. 29796	0. 02185	0. 1144	843. 72	48. 76	6. 51
17	0. 107	0. 29796	0. 0264	0. 1408	843. 74	48. 78	6. 48
18	0. 1292	0. 29796	0. 03189	0. 1727	843. 78	48. 81	6. 45
19	0. 156	0. 29796	0. 03851	0. 2112	843. 82	48. 85	6. 41
20	0. 1884	0. 29796	0. 04649	0. 2577	843. 86	48. 9	6. 36
21	0. 2274	0. 29796	0. 05612	0. 3138	843. 92	48. 96	6. 31
22	0. 2744	0. 29796	0. 06774	0. 3816	843. 99	49. 02	6. 24
23	0. 3312	0. 29796	0. 08177	0. 4633	844. 07	49. 1	6. 16
24	0. 3998	0. 29796	0. 09869	0. 562	844. 17	49. 2	6. 06
25	0. 4825	0. 29796	0. 1191	0. 6811	844. 28	49. 32	5. 94
26	0. 5823	0. 29796	0. 1438	0. 8249	844. 43	49. 47	5. 8

续表

h59 = i	h60 = $\tan\alpha_{i,n}$	h16 = s	h61 = $s\cdot\tan\alpha_{i-1,n}$	h66 = $s\cdot\sum\tan\alpha_{i-1,n}$	h68 = $\breve{X}_{i,n}$	h681 = $X_{i,n}$	h69 = 欠伸量 $W_{i,n}$
27	0. 7028	0. 29796	0. 1735	0. 9984	844. 6	49. 64	5. 62
28	0. 8481	0. 29796	0. 2094	1. 2078	844. 81	49. 85	5. 41
29	1. 024	0. 29796	0. 2527	1. 4605	845. 06	50. 1	5. 16
30	1. 235	0. 29796	0. 305	1. 7655	845. 37	50. 41	4. 86
31	1. 491	0. 29796	0. 3681	2. 1336	845. 74	50. 77	4. 49
32	1. 799	0. 29796	0. 4442	2. 5778	846. 18	51. 22	4. 04
33	2. 172	0. 29796	0. 5361	3. 1139	846. 72	51. 76	3. 51
34	2. 621	0. 29796	0. 647	3. 7609	847. 36	52. 4	2. 86
35	3. 163	0. 29796	0. 7809	4. 5418	848. 15	53. 18	2. 08
36	3. 817	0. 29796	0. 9424	5. 4842	849. 09	54. 13	1. 14
37	4. 607	0. 29796	1. 137	6. 6216	850. 23	55. 26	0
						$X_{总i,n}$	$W_{总i,n}$
合计						1837. 93	206. 8

由式（63）知第 37 根纬纱（即织口处第 1 根）所织织物的边部位置是：

$$\breve{X}_{m,\,n} = \breve{X}_{37,\,n} = nh - s_1\tan\alpha_{m,\,n} = nh - s_1\tan\alpha_{(1),\,n}$$
$$= 2832 \times 0.30059172 - 0.228 \times 4.6068$$
$$= 850.2254(\text{mm})$$

第 i 根纬纱所织织物的布边位置 $\breve{X}_{i,\,n}$，这里只计算第 1 根纬纱所知织物的边部位置 $\breve{X}_{1,\,n}$，由式（64）：

$$\breve{X}_{1,\,n} = nh - s_1\tan\alpha_{(1),\,n} - \sum_{i=0}^{37-1} s\cdot\tan\alpha_{i,\,n} + \sum_{i=0}^{1-1} s\cdot\tan\alpha_{i,\,n}$$
$$= nh - s_1\tan\alpha_{(1),\,n} - \sum_{i=0}^{37-1} s\cdot\tan\alpha_{i,\,n} + s\cdot\tan0°$$
$$= 2832 \times 0.30059172 - 0.228 \times 4.6068 - 6.6216 + 0$$
$$= 843.6038(\text{mm})$$

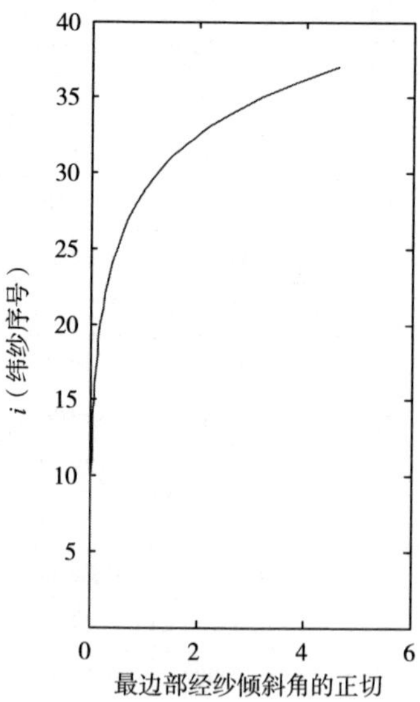

图 3-4-2

第 i 根纬纱所织织物的伸长量 $X_{i,\,n}$ 由式（66）

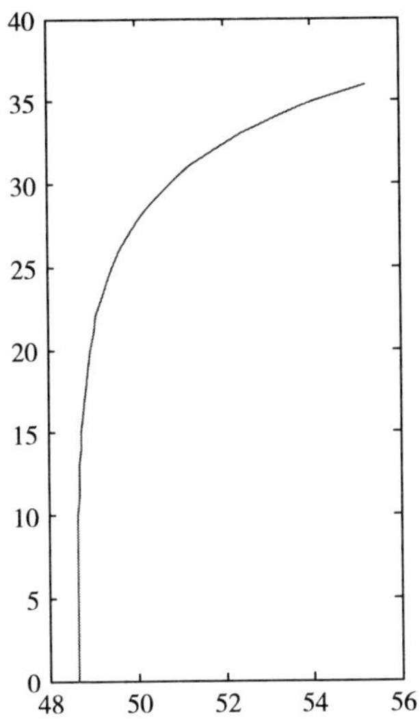

图 3-4-3

算出，仅需将 λ_{41} 、λ_{42} 等参数及 $i=1,\ 2,\ \cdots m$ 代入式（66）即可。计算结果填入表 3-4-1 并如图 3-4-3 所示。其中，$m=37$，第 37 根纬纱所织织物伸长量为：

$$X_{m,\ n}=X_{37,\ 2832}=55.2629(\text{mm})$$

达到伸长量 $X_{37,\ 2832}$ 所需的拉力 $\bar{T}_{个体37,\ n}$ 是：

$$\bar{T}_{个体37,\ n}=K_nX_{37,\ n}=\frac{k}{n}X_{i,\ n}$$

$$=5593.064\div2832\times55.2629=109.1\ (\text{cN})$$

简单讨论：这是细腰至织口间各根纬纱所织织物中纬向受拉力最大的一根（也就是织口处的第一根纬纱）。如果把这根屈曲的纬纱单独分离出来，$\bar{T}_{个体m,\ n}$ 就相当于作用于这根纬纱的最边上的等效撑幅力，它接近但小于这根屈曲的纬纱所受到的总撑幅力。即使这根纬纱所受的总撑幅力，那还不是这根纬纱所受的最大拉力即最大纬纱张力，原因是因为纬纱是屈曲的。最大纬纱张力投影到纬向的分力才是这根屈曲的纬纱所受到的总撑幅力。由此可见，织物中最大纬纱张力大于 109.1cN。即使是 109.1cN，对于 JC9.5tex 纱来说，也是一个不小的值，约占纬纱断裂强力的 70%。何况纬纱断裂强力存在着条干不匀性、短片段断裂伸长率不匀性，强力不匀性。细节处捻度大，短片段断裂伸长率小，断裂强力小，故“绳从细处断”。就经纱来说，经纱张力产生的纬向撑幅分力在整个穿筘幅或整幅布上的分布是，仅两边部经纱撑幅力很大，其它位置的经纱撑幅力则很小。而纬纱受到的向左右两边的纬向拉力（撑幅力）恰与经纱的情况相反，仅两边部纬纱受到的撑幅力较小，稍向内纬纱受到的撑幅力都很大。就经向来说，从织口到边撑直至织物脱离边撑刺前，单根纬纱的等效撑幅力都很大，只是在细腰处和织物即将脱离边撑前一小段织物内，单根纬纱的等效撑幅力相对稍小。边撑处最宽的布幅也许宽于筘幅，此处单根纬纱的等效撑幅力就有可能大于织口第 1 根纬纱处。纬缩率大的织物单根纬纱等效撑幅力大，易产生边疵。当然纬密大的织物因需要撑幅的根数多，也易产生边疵。纬纱张力过大，在打纬和织造过程中，纬纱不光要承担拉力，甚至还要承担织物中上下层经纱交错引起的剪力。因纬纱张力很大，纬纱同时对经纱也有一个很大的剪力。而纺织材料的一个特点就是耐拉不耐剪。在织造一些接近或达到允许最大覆盖系数的织物时，有时会出现织物还未进入边撑就发生纱线断裂的现象，很可能与剪切力有关。综上可知，设计良好的边撑绝非易事，既希望解决经纱边部倾斜问题而矫枉过正（有的织物边撑处的宽度甚至大于穿筘幅宽），又不能使纬纱张力过大而稍遇意外就涨破布面或产生边疵。边撑刺环的灵活性也是重要的，单根纬纱纬向等效撑幅力很大时，若刺环转动不灵活，相当于给纬纱增加了一个意外的剪切力，易产生边疵。知道了经纱张力经向分力 $\hat{T}$ 和单根纬纱纬向等效撑幅力 $\bar{T}_{个体i,\ n}$，对于研究织口纬向条带上织物的屈曲波高、打纬过程、筘退后时的反拨根数等都有重要意义。$\hat{T}$ 一般可通过测量获得，而 $\bar{T}_{个体i,\ n}$ 一般只能通过计算求得。

由上面的讨论可知，从织口到边撑脱纱处的这一段织物是纬纱在织造过程中易断的危险期。织物纬缩率大而纬纱自身断裂伸长率又很小的纬纱尤其如此。

对于喷气织机，纬纱在织造过程中易断的另一个危险期出现在高速飞行的纬纱被挡纬销忽然挡住时。因为高速飞行的纬纱忽然停止，速度降为 0，反弹时会产生很大的惯性冲力。在冲力公式是：$F = m\Delta v/\Delta t$ 中，m 是单根纬纱的质量与挡纬销到织机左边剪刀之间纬纱的质量之和（仅在本式中和本段叙述中表示质量），v 为挡纬前纬纱飞行的速度，Δt 是纬纱速度由 v 降为 0 所用的时间。布幅越宽，纬纱越长，m 越大，冲力 F 越大；引纬速度越大，冲力越大；纬纱自身断裂伸长率越小，冲力越大，越易断头。对于喷水织机也有同样的问题。对于有梭织机、剑杆织机、片梭织机，由于梭子、剑头、片梭制动时间 Δt 长，基本不存在此问题。

综上所述，喷气织机纬纱在织造过程中有两个易断的危险期。

在例 1 中，把所有 37 根纬纱当成一个并联整体，实际上是把所有 37 根纬纱所织织物的伸长量都看作 $X_{m,\ n}$：

$$mX_{m,\ n} = 37 \times X_{37,\ 2832} = 37 \times 55.2629 = 2044.73(\text{mm})$$

在本例中，把所有 37 根纬纱看成 37 个个体，由式（67）可计算出各根纬纱所织织物的牵伸量（相对于第 m 根纬纱所织织物伸长量），由式（68）求得总牵量 $W_{总m,\ n}$ =206.8mm，37 个个体伸长量之和为 $X_{总m,\ n}$：

$$X_{总m,\ n} = mX_{m,\ n} - W_{总m,\ n} = 2044.7-206.8=1837.9\ (\text{mm})$$

要达到此伸长量所需的力为 $\bar{T}_{个体总m,\ n}$：

$$\bar{T}_{个体总m,\ n} = \frac{k}{n} \cdot X_{总m,\ n} = 5593.064 \div 2832 \times 1837.9 = 3629.8(\text{cN})$$

明显小于例 1 计算出的等效撑幅力 $\bar{T}'_{总(1),\ n}$（4038.2cN）

$$比值\ \eta = \frac{X_{总m,n}}{mX_{m,n}} \times 100\% = \frac{\bar{T}_{个体总m,n}}{\bar{T}'_{总(1),n}} \times 100\% = 89.89\%$$

$$m_2 = \eta m = 0.8989 \times 37 = 33.26(根)$$

就是说作为个体的 37 根纬纱所织织物的伸长量，与作为并联整体的 33.26 根纬纱所织织物的伸长量相等，或所需的撑幅力相同。这是初步得到的 m_2 值。

把例 2 的计算过程编制成 MATLAB 程序（表 3-4-2）。该程序也是在 Excel 电子表中编制的，接在例 1 的 MATLAB 程序（表 3-3-1）之后，运行时，先将表 3-3-1 复制，粘贴在 MATLAB 的命令窗口里，然后再把表 3-4-2 复制，粘贴在 MATLAB 的命令窗口里，按回车键，一般地，一分钟后就可得出结果。

表 3-4-2　例 2 的 MATLAB 程序（在 Excel 电子表格中编制）

h54=	1	%	γ（一般为 1）
h55=	vpa（h16 * h23/h10/（2 * h22）* h54）	%	b4
h56=	（1+h55）+sqrt（（1+h55）^2-1）	%	λ41
h57=	（1+h55）-sqrt（（1+h55）^2-1）	%	λ42
h58=	h36/（h56^h26-h57^h26）	%	系数 C_{41}
h59=	[0：h26]';	%	i=0，1，2，3，…，m-1，m
h60=	h58. *（h56. ^h59-h57. ^h59）	%	$\tan\alpha_{i,n}$
h601=	subplot（121），plot（h60，h59），title（'图 9'），xlabel（'最边部经纱倾斜角的正切'），ylabel（'i'），	%	$\tan\alpha_i$ 与纬序号关系图，图 3-4-2
h61=	[h16. * h60（1：h26）]	%	$s * \tan\alpha_{i-1,n}$
h62=	find（h61==0）	%	当 tanαi>0. s>0，取正值
h66=	ones（h26，1）	%	
	fori=1：h26，h66（i）=sum（h61（1：i）），end	%	求出第 n 根经纱的折线形状 h66
h67=	h10 * h12-h13 * h36	%	$\breve{X}_{m,n}$（第 n 根经纱第 m 个绞接点的具体位置 h67）
h68=	h67-h66（h26）+h66	%	$\breve{X}_{i,n}$（第 n 根经纱的各绞接点的具体位置 h68）
h681=	h68-h10 * h11	%	$X_{i,n}$（第 n 根经纱第 i+1 个绞接点的伸长量 h681）
h682=	sum（h681）		
h683=	h23/h10 * h681		单根纬纱纬向等效拉力 $\bar{T}_{个体m,n'}$
h69=	h67-h68	%	欠伸量 $W_{i,n}$

续表

h70=	sum（h69）	%	总欠伸量
h71=	h10 *（h12-h11）-h13 * h36	%	$X_{m,n}$（第 n 根经纱第 m 个绞接点的伸长量 h71）
h72=	（h26 * h71-h70）/（h26 * h71）	%	η
h73=	h10 *（h12-h11）	%	
h74=	h23/h10 * sum（h681）	%	总伸长量 $\sum X_{i,N}$ 所需的力
h741=	subplot（122），plot（h681，h59（1：h26）），title（'图 10'），xlabel（'最边部经纱各绞接点伸长量'）	%	图 3-4-3（伸长量与纬纱序号）

截至现在，例 2 完成的是前述求解 m_2 过程的第（3）步。这里得到的 m_2，只是初步值，在将这里求出的 m_2 当作 m 重新计算时，会求出新的 $\bar{T}'_{总(1),\ n}$ 和新的 $\bar{T}_{个体总m,\ n}$ 值，新求出的 $\bar{T}'_{总(1),\ n}$ 和 $\bar{T}_{个体总m,\ n}$ 两者也未必相等。要使两者相等，必须使用牛顿近似法多次迭代才能获得。令：

$$f = f(m_2) = \bar{T}'_{总(1),\ \bar{N}} - \bar{T}_{总拉m,\ \bar{N}} \tag{77}$$

近似牛顿法公式：

$$m_2^{(t+1)} = m_2^{(t)} - \frac{2f(m_2^{(t)})\Delta m_2}{f(m_2^{(t)} + \Delta m_2) - f(m_2^{(t)} - \Delta m_2)} \tag{78}$$

直至 $$\left| m_2^{(n+1)} - m_2^{(n)} \right| < \varepsilon$$

式中：$m_2^{(t)}$、$m_2^{(t+1)}$ 为 m_2 的第 t 次和第 $t+1$ 次迭代值；Δm_2 是一个可指定的很小值；ε 是要求的精度。

编制和使用近似牛顿法的 MATLAB 程序和步骤如下：

（1）把表 3-3-1 和表 3-4-2 复制，粘贴到新的 Excel 电子表格中，为叙述方便，把新 Excel 表中的表 3-3-1 和表 3-4-2 记为表 3-3-1（2）和表 3-4-1（2），以便与原表 3-3-1 和表 3-4-2 区别。

（2）在表 3-3-1（2）中，将“h27=h23 * h26　　%km（……）”一行删除，但在此行之前插入表 3-4-3，在表 3-4-1（2）后面续入表 3-4-4。改动后的表统称为新表 I。

（3）复制新表 I，粘贴在 MATLAB 命令窗口，按回车键，程序运行，最终得

m2= 33.45，f=-6.1809 * 10^（-9），f（$=\bar{T}_{总(1),\ n} - \bar{T}_{总拉m,\ n}$）极接近 0，可见，准确性是较高的。

表 3-4-3　近似牛顿法前半部分程序

h261=	1	%	η（初值输入 1）
h81=	0	%	
h80=	999	%	
h78=	h26	%	
h79=	0	%	
h76=	[ ]	%	
h77=	[ ]	%	
	while　h80>=.00000001	%	控制 ε
h771=	0.000000002	%	Δm_2
h772=	h78	%	m_2
for	h262=h772-h771：h771：h772+h771	%	第二次计算出来的 m_2 值
h27=	h23 * h262	%	km_2

表 3-4-4　近似牛顿法后半部分程序

h75=	h471-h74	%	$\overline{T}_{总(1),n}-\overline{T}_{个体总m,n}$
h76=	[h76，h75]	%	
h77=	[h77，h262]	%	
	end	%	
h78=	h77（h81 * 3+2）-2 * h771 * h76（h81 * 3+2）/（h76（h81 * 3+3）-h76（h81 * 3+1））	%	近似牛顿法公式
h80=	abs（h78-h79）	%	
h79=	h78	%	
h81=	h81+1	%	
	end	%	
		%	
m2=	h79	%	m_2
f=	vpa（h76（end-1），5）	%	$\overline{T}_{总(1),n'}-\overline{T}_{个体总m,n}$

通过第（3）步，所需的数据都已给出。可以通过新表Ⅰ（或表 3-3-1、表 3-4-2、表 3-4-3、表 3-4-4）最后一列的说明栏查出程序中代号所代表的内容或符号，把程序代号输入到 MATLAB 命令窗口，就可求出对应符号的数值了。

如“h47”表示“撑幅力总和 $\overline{T}_{总(1),n}$”，“h471”表示“等效撑幅力 $\overline{T}'_{总(1),n}$”，在 MATLAB 命令窗口键入：

h47

按回车键后得：

h47= 3719. 859

在 MATLAB 命令窗口键入：

h471

按回车键后得：

h471=3653. 9235

其他各项也都可查出，如：

钢筘处各根经纱的倾斜角及其正切值（［h44，h45］，h50）、撑幅力（h51）、总撑幅力（h47）、$N_{重心}$（h52）、最大撑幅力（h48）、最大经纱张力（h49）；

第 n 根经纱处经纱的位置（h68）、倾斜角及其正切值（h60、h601）、折线形状（规律）（h741）；

第 n 根经纱各网络点处纬向伸长量（h681）、单根纬纱纬向等效撑幅力（h683）等。

把细腰至织口的 m 根纬纱当作一个整体（如例 1）与当作 m 个个体，计算出的数据是不同的，表 3-4-5 给出了两者的数据，后者考虑了各根纬纱对织口处第 1 根纬纱的欠伸量，且经过牛顿近似法迭代计算。

表 3-4-5

代号	项目	单位	例 1 数据	牛顿近似法修正后数据	比较
h69（1）	织口边部与细腰纬向距离	mm	6. 622	6. 293	-0. 329
h26	纬纱根数 m	mm	37	37	
m2	纬纱根数 m2	mm	37	33. 45	-9. 60%
h36	$\tan\alpha_{1,n}$		4. 607	4. 378	-5%
h38	$\alpha_{1,n}$（°）	°	77. 75	77. 13	-0. 8%
h203	补偿用下机织缩率	%	1. 032	1. 032	
h22	经纱张力经向分量 $\hat{T}$	厘牛	16. 6	16. 6	
h47	撑幅力总和 $\bar{T}_{总(1),n}$	厘牛	4115	3720	-9. 6%
h471	等效撑幅力 $\bar{T}_{总(1),n'}$	厘牛	4038	3654	-9. 5%
h48	最大的撑幅力 $\bar{T}_{1,n}$	厘牛	76. 45	72. 66	-5. 0%
h49	最大的经纱张力 $T_{1,n}$	厘牛	78. 24	74. 53	-4. 7%
h10	半幅经纱根数 n	根	2832	2832	
h52	撑幅力重心 $N_{重心}$	根	2779	2782	外移 3 根
h522	$\tan\alpha_{1,N'重心}$		1. 705	1. 633	-4. 2%

注 计算取值，系数 $\gamma=1$，急弹性变形率（%）= 100，织口至细腰经向距离（mm）= 11，s_1=0. 228mm。

在例 1 中，细腰至织口段的纬向条带上相当于是织口处第 1 根纬纱伸长量的纬纱根数是 37 根，在这里最终结果是 $m_2=33.45$ 根，降低了 9.60%。在例 1 中，布边内凹量是 6.62mm，在这里最终结果是 6.29mm，降低了 0.33mm。

在例 1 中，得出最大撑幅力是 76.45cN，经纱最大倾斜角（摩擦包角）是 77.75°，撑幅力总和是 4115cN，撑幅力重心在第 2779 根经纱上；在这里最终得出最大撑幅力是 72.66cN，降低了 5%，经纱最大倾斜角（摩擦包角）是 77.13°，撑幅力总和是 3720cN，降低了 9.60%，撑幅力重心在第 2782 根经纱上，外移了 3 根。

截至现在，求解 m_2 过程已基本结束，但还有一步非常重要的工作，就是比较计算值和机上值的差异，分析原因。在织机运转时，用频闪仪观察，目测细腰处与织口边部在纬向的距离（称作细腰内凹量），约在 6mm，与计算值的 6.3mm 是比较接近的，这说明计算是基本准确的。从伸长量的角度看，准确率在 95%以上。但织机运转时只能目测，无法量准，再一个，也无法真正确定 s_1 的大小。在织机停车后，细腰内凹量就能量得较准。

在两种条件下进行测量细腰处与织口边部在经向、纬向的距离，①织机停车时；②织机停车后慢慢将筘打到织口。所得数据见表 3-4-6，计算结果也一同填入。

由于钢筘是在停车时慢慢打到织口的，虽然筘齿基本接触到织口处第 1 根纬纱，但一般织口处前几根纬纱并不像正常织物那样紧密，故综合考虑，在计算时把筘齿与第 1 根纬纱的距离定在与机上织物纬纱正常纬纱间距相同的数值上，即 $s_1=s$。表中的计算值就是以此为基础计算的。

从表 3-4-6 可以看出，当筘在织口时，实测值和计算值接近，从纬向条带伸长的角度来看，计算值的精确值在 98%左右。当筘齿距织口有一定距离（如 18~30mm），计算出的值都小于实测值，这主要是由于筘退后时，织口的纬纱向机后反拨，使纬纱间距变大，而在边部经纱和纬纱之间是有滑移的。而在计算时并没有考虑这种滑移。在表 3-4-6 中除 C30 * 30 * 68 * 68 * 67 细布误差较大外，其余误差都在 1mm 左右。

综上所述，在织口与细腰这样短长度织物内，此处给出的差分公式和编写的程序是能够计算钢筘处经纱倾斜角、经纱撑幅力等实际问题的。

最简单的方法是测量布边内凹量 L_W 的计算值与实际值的差异，调整 s_1，调整式（57a）中的急弹性变形率、系数 γ 使计算值与实际值基本达到一致。但须注意，调整 s_1 是指钢筘在前心时，无法测量 s_1 究竟有多大时，根据第五节介绍的方法，在一定范围内调整 s_1 计算值，之后，还须判断调整是否合理。当筘距织口明显有一段距离，直接就能量出 s_1 值时则必须按实测的 s_1 代入计算。

表 3-4-6

JC60*60*90*88*63细布	筘与织口距离（mm）			筘在织口	筘在织口	25	30
	织口边与细腰	经向距离		11	12.2	9	9
		纬向距离	实测	6	6.1	1	1
			计算	5.544	5.826	0.57	0.52
C30*30*68*68*67细布	筘与织口距离（mm）			筘在织口		19	
	织口边与细腰	经向距离		12		7	
		纬向距离	实测	6		3	
			计算	6.8		0.74	
C40*40*133*72*104.5" 2/1↖	筘与织口距离（mm）			筘在织口		19	
	织口边与细腰	经向距离		3		0	
		纬向距离	实测	0.5		0	
			计算	0.75		0	
C40*40*110*85*98"	筘与织口距离（mm）			筘在织口		18	18
	织口边与细腰	经向距离		3		7	4
		纬向距离	实测	1.5		1	0.5
			计算	1.59		0.45	0.28
TS55/C45 40*40*133*96*92"	筘与织口距离（mm）					18	18
	织口边与细腰	经向距离				12	6
		纬向距离	实测			1	1
			计算			0.4	0.28
TS/C 40*40*133*96*109.5"	筘与织口距离（mm）			筘在织口		22	22
	织口边与细腰	经向距离		4.5		8	7
		纬向距离	实测	1.5~2		0.2~0.5	0.2~0.3
			计算	1.36		0.25	0.24
C40*40*110*90*98"	筘与织口距离（mm）			筘在织口		28	
	织口边与细腰	经向距离		4.5		6	
		纬向距离	实测	2~2.5		0. 5	
			计算	2.5		0.35	
JC80*80*88*78*68"	筘与织口距离（mm）			筘在织口		18	18
	织口边与细腰	经向距离		3		7	4
		纬向距离	实测	3		1	0.5
			计算	2.4		0.45	0.28

注 计算参数取值，系数 $\gamma=1$，急弹性变形率（%）= 100。

前面通过表 3-3-1、表 3-4-2~表 3-4-4 程序的联合运行，求出了织口第一根

纬纱处第 j 根经纱的倾斜角 $\alpha_{1,j}$ 的正切（即程序中的 h45），这个角也是经纱与钢筘筘齿的摩擦包角。第 j 根经纱与筘齿的摩擦力可看作介于以下两值之间：

$$F_{mocha1,j} = \hat{T} \div \cos\alpha_{1,j} \times (1 - e^{-f_1\alpha_{1,j}}) \hat{T} \sqrt{1 + \tan^2\alpha_{1,j}} (1 - e^{-f_1\alpha_{1,j}})$$

$$F_{mocha2,j} = \hat{T}(e^{f_1\alpha_{1,j}} - 1)$$

式中：f_1 为经纱与钢筘筘齿的摩擦系数。

程序见表 3-4-7，在运行表 3-4-4 程序后运行表 3-4-7 即可求出摩擦力。

表 3-4-7　近似计算各单根经纱与筘齿的摩擦力

f1 =	0.11	%f1—经纱与钢筘的摩擦系数
h451 =	atan（h45）	% h451—经纱与筘齿的摩擦包角
Fmocha1 =	h202. * sqrt（1+h45.^2）. *（1-exp（-f1. * h451））	
Fmocha2 =	h202. *（exp（f1. * h451）-1）	
	%Fmocha 1、Fmocha 2—各根经纱与筘齿的摩擦力	
	% h202—经纱平均张力	

第五节　影响撑幅力的因素

从第三、四节的讨论和例 1、例 2 可知，撑幅力、总撑幅力和纬向单元的弹性系数 k、纬纱间距 s、筘齿到织口第 1 根纬纱的距离 s_1、每纬纬向单元数 n、总伸长量、经纱张力经向分量 $\hat{T}$、经纱间距 s_j、细腰至织口的纬纱根数 m、m_2 及边撑的撑幅情况等因素有关。而这些因素又取决于纱线原料、纱支、织物经纬密度或紧度与幅宽等。撑幅力还特别与经纱序号 j 即某根经纱是否在边部有很大关系。下面择其要者略作讨论。

一、撑幅力与 s_1 的关系

假定经纱张力经向分力 $\hat{T}$、织口至细腰的经向距离 L_J 不变（相当于 m 不变），对于 JC9.5/9.5　354/346　160 细布而言（具体数据见表 3-5-1），模拟公式表明，最大撑幅力和细腰内凹量与 s_1 很好的服从乘幂规律，如：

$$\text{最大撑幅力} = 35.289 s_1^{-0.4827} \quad (R^2 = 0.9998)$$

$$\text{细腰内凹量} = 3.0561 s_1^{-0.4828} \quad (R^2 = 0.9998)$$

$R^2=1$ 表示完全服从乘幂规律，$R^2=0.9998$ 应该是高度贴合的。

表 3-5-1

h13	h69（1）	h26	m2	h36	h38	h22	h47	h48	h49	h52	h522
筘与织口距离	织口边部与细腰纬向距离（mm）	纬纱根数 m（h26）	纬纱根数 $m2$	$\tan\alpha_{1,n}$	$\alpha_{1,n}$（°）	单纱经向张力分量 $\hat{T}$	撑幅力总和 $\overline{T}_{总(1),n}$	最大的撑幅力 $\overline{T}_{1,n}$	最大的经纱张力 $T_{1,n}$	撑幅力重心 $N_{重心}$	$\tan\alpha_{1,N'重心}$
20	0.71	37	36.5	0.49	26.2	16.6	4035	8.178	18.5	2352	0.19
15	0.82	37	36.5	0.57	29.6	16.6	4045	9.435	19.1	2410	0.21
10	1.00	37	36.4	0.70	34.8	16.6	4042	11.54	20.2	2484	0.26
5	1.41	37	36.1	0.98	44.4	16.6	4020	16.26	23.2	2586	0.36
1	3.10	37	35.2	2.16	65.1	16.6	3916	35.79	39.5	2724	0.80
0.5	4.33	37	34.5	3.01	71.6	16.6	3840	50.02	52.7	2756	1.11
0.4	4.82	37	34.3	3.35	73.4	16.6	3810	55.66	58.1	2765	1.25
0.35	5.14	37	34.1	3.57	74.4	16.6	3791	59.32	61.6	2769	1.32
0.3	5.53	37	33.9	3.85	75.4	16.6	3767	63.82	66.0	2774	1.43
0.28	5.71	37	33.8	3.97	75.9	16.6	3756	65.94	68.0	2776	1.47
0.26	5.92	37	33.7	4.12	76.3	16.6	3743	68.3	70.3	2778	1.52
0.24	6.14	37	33.5	4.27	76.8	16.6	3729	70.92	72.8	2780	1.57
0.22	6.40	37	33.4	4.45	77.3	16.6	3713	73.89	75.7	2783	1.66
0.2	6.69	37	33.2	4.66	77.9	16.6	3695	77.26	79.0	2785	1.72
0.18	7.03	37	33.0	4.89	78.4	16.6	3675	81.17	82.9	2788	1.83
0.16	7.43	37	32.8	5.17	79.1	16.6	3650	85.74	87.3	2790	1.90
0.14	7.90	37	32.6	5.50	79.7	16.6	3621	91.22	92.7	2793	2.03
0.12	8.48	37	32.2	5.90	80.4	16.6	3585	97.93	99.3	2796	2.18
0.1	9.22	37	31.8	6.41	81.1	16.6	3540	106.4	107.7	2800	2.41
0.08	10.20	37	31.3	7.10	82.0	16.6	3480	117.8	118.9	2803	2.61
0.06	11.60	37	30.5	8.07	82.9	16.6	3394	133.9	134.9	2808	3.07
0.057	11.86	37	30.4	8.25	83.1	16.6	3377	137	138.0	2808	3.06
0.134	8.07	37	32.5	5.62	79.9	16.6	3610	93.21	94.68	2794	2.079
0.298	5.55	37	33.9	3.86	75.5	16.6	3766	64.03	66.15	2774	1.427

注 计算参数取值，$L_J=11$，系数 $\gamma=1$，急弹性变形率（%）= 100。

从上面模拟式和表 3-5-1 中数据可知，在织口至细腰的距离 L_J 不变的条件下，筘齿距第 1 根纬纱越近（即钢筘越打向机前），最大撑幅力和细腰内凹量 L_W 越大。在正常织造时，筘齿距第 1 根纬纱的距离是多少？实际上，自综平开始，筘齿就与刚织入的哪一根纬纱接触，筘齿与纬纱一旦接触，筘齿与第 1 根纬纱中心的距离就应等于纬纱的半径，但这个等于纬纱半径距离显然不能反映织造情况或打纬时的织物条带的织物情况。倒是刚织入的这根纬纱与上一纬纬纱的中心距能较好地反映织造情况，所以在正常织造时应把刚织入的这根纬纱与上一纬纬纱的中心距定为 s_1，但在计算 m 数时把刚织入的一根纬纱也需计入。停车时当钢筘再退后没有引纬再打到织口时，s_1 表示的当然是筘齿到织口处第 1 根纬纱中心的距离。在正常织造情况下，当钢筘打到前死心时，s_1 小于或等于正常机上织物纬纱间距，但 s_1 究竟是多大很难用仪器量出，织物和工艺不同，也不一样。对于平纹、斜纹布类，可根据织物可织的最大覆盖系数确定出最小极限值。

$$\text{织物覆盖系数}(\%) = 0.01052P_j\sqrt{\mathrm{Tt_j}} + 0.01052P_w\sqrt{\mathrm{Tt_w}} \tag{79}$$

式中：P_j、P_w 分别为织物的经纱密度、纬纱密度（根/10cm）；$\mathrm{Tt_j}$、$\mathrm{Tt_w}$ 分别为织物的经纱线密度、纬纱线密度（tex）

若已知织机可织的最大覆盖系数，则最大可织纬密极限 $P_{w极限}$ 为：

$$P_{w极限} = \frac{\text{织物最大覆盖系数}(\%) - 0.01052P_j\sqrt{\mathrm{Tt_j}}}{0.01052\sqrt{\mathrm{Tt_w}}} \tag{80}$$

对于津田驹喷气织机，可制织织物的最大覆盖系数是：平纹组织为 36.5%，2/2 斜纹组织为 41%。

$$\text{机上最小织物纬纱间距} = \frac{100}{P_{w极限}(1-\text{下机织缩率})} \tag{81}$$

对于本品种：

$$P_{w极限} = \frac{36.5 - 0.01052 \times 354 \times \sqrt{9.5}}{0.01052\sqrt{9.5}} = 771.681(\text{根}/10\text{cm})$$

$$\text{机上最小织物纬纱间距}\ s_{min} = \frac{100}{771.681 \times (1-3\%)} = 0.1336(\text{mm})$$

当织物接近最大覆盖系数（如仿羽绒布）时，必须采用高后梁、较低的综框高度等工艺才能织造，若采用一般的平布工艺织造，则难以打纬，或打纬发出很大的声响，使织造困难。对于平布织物，采用一般工艺，织造能顺利进行，显然，钢筘打纬时 s_1 一般不会小于机上最小纬纱间距 s_{min}。

综上所述，钢筘打纬时，$s_{min} \leqslant s_1 \leqslant$ 机上正常纬纱间距 s。

表3-5-1 最后两行给出了 $s_1 = s_{min}$ 和 $s_1 = s$ 时的计算数据，对应的最大经纱张力

分别是 94. 7cN 和 66. 2cN，对应的最大摩擦角分别为 79. 9°和 75. 5°。

即使是 94. 7cN 和 66. 2cN，对于 JC9. 5 纱（浆纱断裂强力约在 160~190cN）来说，仍然是断头几率很大的值。

对喷气织机而言，布边多是毛边，且多为绳状绞边。使用绞边的目的是防止经纱沿纬纱滑移或滑脱。但绳状态绞边仅仅是防止滑移，但不能完全阻止滑移，故仍有少量滑移。滑移使边部经密减小，纬纱张力也减小，致使边部经纱屈曲程度减小（与中部经纱相比），经缩率减小，从而边部经纱张力减小。所以平布类织物，除非有特别要求，一般不需要布边。对于喷气织机而言，虽最边部若干根经纱松，但越到边部，经纱张力越大的总趋势并不会变，边部约 2cm 的一段筘齿最容易磨损就是证明，当然最边部 1~3mm 一段筘齿磨损反而较轻并呈过渡状。

对于有梭织机，最边部经纱张力仍较大，易断边，故平布类织物都有布边，如地组织每筘穿 2 根，边组织每筘穿 4 根，相当于 2 根边经当 1 根地经用，则每根边经纱的撑幅力会降低到只有原来的 50%左右，每根边经纱张力也显著降低。

喷气织机有异型筘槽，槽上鼻深 9mm，边撑最边握撑点到织口的距离约 15~16mm，如果把织口游动量也计算在内，为 19~20mm，有梭织机边撑最边握撑点到织口的距离为 5~6mm，加上织口游动量一般不超过 10mm。若考虑钢筘在前死心时，细腰恰在边撑握持点与织口的中心，则钢筘撑幅的纬向条带的长度，有梭织机约为 5mm，喷气织机约为 10mm。

有梭织机织 JC9. 5/9. 5　354/346　160 细布，在 $s_1 = s_{min}$ 和 $s_1 = s$ 时，对应的最大经纱张力分别是 66. 89cN 和 47. 17cN，对应的最大摩擦角分别为 75. 64°和 69. 4°。最边部经纱的经纱张力仍是比较大的，故每筘穿入 4 根边纱（地组织为每筘穿2 根）。

二、总撑幅力 $\bar{T}_{总m,n}$ 与 s_1 的关系

在织口至细腰的距离 L_J 不变的条件下，从表 3-5-1 可见，s_1 越小，$\bar{T}_{总m,n}$ 越大。事实上，当筘退后时（即 s_1 变大时），L_J 一般会变小，于是 $\bar{T}_{总m,n}$ 变小。所以，$\bar{T}_{总m,n}$ 与 s_1 的关系是，s_1 变大时，$\bar{T}_{总m,n}$ 会变得略小，至少不会变大。

三、撑幅力与纬向断裂伸长率、单个纬向单元弹性系数 k 的关系

实测得 JC9. 5/9. 5　354/346　160 细布纬向断裂强力为 287N，纬向断裂伸长

率为10.5%。若纬向断裂强力和其他参数都不变，在 $s_1=s$、$L_J=11$ 时，假定纬向断裂伸长率分别为8.5%、9.5%、10.5、11.5%、12.5%、13.5%，计算所得数据见表3-5-2。从表3-5-2可知，k 值与纬向断裂伸长率成反比；当纬向断裂伸长率增加时，k 下降，最边部经纱的倾斜角变小，总撑幅力、最大撑幅力、最大经纱张力等都变小，撑幅力重心位置 $N_{重心}$ 变大，而纬纱根数 m_2 只略微增加或基本不变。当纬向断裂伸长率增加时，布边内凹量会减小，但变化不大。

表3-5-2

项目	代号	数据					
织物纬向断裂伸长率（%）	h19	8.5	9.5	10.5	11.5	12.5	13.5
单个纬向单元弹性系数 k 值	h23	6909	6182	5593	5107	4698	4350
筘与织口距离	h13	0.298	0.298	0.298	0.298	0.298	0.298
织口边部与细腰纬向距离（mm）	h69（1）	5.612	5.575	5.546	5.52	5.498	5.479
纬纱根数 m	h26	37	37	37	37	37	37
纬纱根数 $m2$	m2	33.83	33.85	33.86	33.88	33.89	33.91
$\tan\alpha_{1,n}$	h36	4.38	4.10	3.86	3.66	3.48	3.33
$\alpha_{1,n}$（°）	h38	77.1	76.3	75.5	74.7	74.0	73.3
撑幅力总和 $\overline{T}_{总(1),n}$	h47	4746	4200	3766	3413	3121	2875
等效撑幅力 $\overline{T}_{总(1),n'}$	h471	4638	4109	3689	3347	3062	2823
最大的撑幅力 $\overline{T}_{1,n}$	h48	72.7	68.0	64.0	60.7	57.8	55.3
最大的经纱张力 $T_{1,n}$	h49	74.6	70.0	66.2	62.9	60.2	57.8
撑幅力重心 $N_{重心}$	h52	2768	2771	2774	2777	2779	2781
$\tan\alpha_{1,N'重心}$	h522	1.631	1.514	1.427	1.363	1.293	1.237

注　计算参数取值，$L_J=11$，系数 $\gamma=1$，急弹性变形率（%）=100。

最大撑幅力与经纱最大倾斜角的正切 $\tan\alpha_{1,n}$ 成正比，总撑幅力、等效撑幅力、最大经纱张力等都与 $\tan\alpha_{1,n}$ 呈正相关，这是前面已知的。

若织物纬向断裂伸长率不变，织物纬向断裂强力增加，相当于纬向单元弹性系数 k 增大，则撑幅力增大。

四、撑幅力与 L_J（细腰至织口的经向距离）的关系

细腰至织口的经向距离增加，要撑幅的纬纱根数增加，最大撑幅力和总撑幅

力必然增大，布边内凹量也必然增加。

五、撑幅力与织物纬缩率的关系

织物纬缩率大，意味着织物由不受力时的正常幅宽经过撑幅变化到接近穿筘幅宽时需要撑幅的伸长量大，故所需的撑幅力大。

六、撑幅力与纬密的关系

织物的纬密大，意味着所需撑幅的纬纱根数多，故撑幅力大。一般地，织物经密不变，纬密增加时，纬缩率也会增加，也会使撑幅力变大。但布边内凹量会随着纬密增大而变大。机上纬纱间距与纬密成反比，故机上纬纱间距 s 的增大会使撑幅力、布边内凹量减小。

七、撑幅力与经密的关系

织物的经密大，意味着平均每根经纱所需撑幅的纬向变形量少，故最大撑幅力变小。织物经密大，则织物纬缩率会变小，所需撑幅的纬向变形量变少，也使最大撑幅力变小。如府绸，经密很大而纬密小，织物纬缩率在 1.9%~3%，仅边撑的撑幅力几乎可使织口处布幅等于筘幅，需要筘齿撑幅的力就很小。故府绸一般不需要布边。

纬纱线密度变大，则纬纱断裂强力变大，意味着纬向单元弹性系数 k 增大，则撑幅力增大。

经纱线密度变大，对撑幅力的影响较复杂。

八、撑幅力与幅宽的关系

仍以 JC9.5/9.5　354/346 细布为例，计算结果见表 3-5-3。从表 3-5-3 可知，当幅宽从 100cm 变化到 250cm 时，最大撑幅力和总撑幅力增加量很小，撑幅力重心距最边部经纱的根数（$n-N_{重心}$）也变化很小，这说明织造宽幅织物和织造窄幅织物可使用同样的边撑。其原因是：虽然布幅宽时需要的伸长量多，但宽幅织物的经纱根数 n 也大，将各根经纱的撑幅力折合到第 n 根经纱上时，弹性系数 jk/n 却因 n 的增大而减小。

当布幅宽时，布边内凹量变大。

表 3-5-3

项目	代号	数据					
幅宽（cm）	h5	100	130	160	190	220	250
单纱张力经向分量 $\hat{T}$	h22	16. 6	16. 6	16. 6	16. 6	16. 6	16. 6
织口边部与细腰纬向距离（mm）	h69（1）	4. 229	4. 926	5. 546	6. 105	6. 618	7. 091
纬纱根数 m	h26	37	37	37	37	37	37
纬纱根数 $m2$	m2	32. 99	33. 5	33. 86	34. 14	34. 36	34. 54
$\tan\alpha_{1,n}$	h36	3. 808	3. 837	3. 858	3. 874	3. 887	3. 897
$\alpha_{1,n}$（°）	h38	75. 29	75. 39	75. 47	75. 53	75. 57	75. 61
补偿用下机织缩率（h203）	h203	1. 032	1. 032	1. 032	1. 032	1. 032	1. 032
撑幅力总和 $\overline{T}_{总(1),n}$	h47	3669	3725	3766	3797	3821	3842
等效撑幅力 $\overline{T}_{总(1),n'}$	h471	3551	3632	3689	3731	3764	3791
最大的撑幅力 $\overline{T}_{1,n}$	h48	63. 2	63. 68	64. 03	64. 3	64. 51	64. 68
最大的经纱张力 $T_{1,n}$	h49	65. 34	65. 81	66. 15	66. 4	66. 61	66. 77
半幅经纱根数 n	h10	1770	2301	2832	3363	3894	4425
撑幅力重心 $N_{重心}$	h52	1713	2244	2774	3305	3836	4367
$\tan\alpha_{1,N'重心}$	h522	1. 415	1. 436	1. 427	1. 439	1. 448	1. 456
$n-N_{重心}$		57	57	58	58	58	58

注　计算参数取值，$L_J=11$，系数 $\gamma=1$，急弹性变形率（%）= 100。

九、撑幅力与经纱张力经向分量 $\hat{T}$ 的关系

当经纱张力变大时，经纱的屈曲波高变小，纬纱的屈曲波高变大，织物幅宽变小，要将织口布幅撑幅到接近筘幅，就得更大的撑幅力。表 3-5-4 是单纱经纱纱线张力 $\hat{T}$ 由 12. 6cN 逐渐变化到 22. 6cN 时的一组计算数据。

表 3-5-4

项目	代号	数据					
单根经纱张力经向分量 $\hat{T}$	h22	12. 6	14. 6	16. 6	18. 6	20. 6	22. 6
单个纬向单元弹性系数 k 值	h23	5593	5593	5593	5593	5593	5593
筘与织口距离	h13	0. 298	0. 298	0. 298	0. 298	0. 298	0. 298
织口边部与细腰纬向距离（mm）	h69（1）	5. 362	5. 457	5. 546	5. 628	5. 705	5. 779
纬纱根数 m	h26	37	37	37	37	37	37

续表

项目	代号	数据					
纬纱根数 $m2$	m2	33. 82	33. 84	33. 86	33. 88	33. 9	33. 92
$\tan\alpha_{1,n}$	h36	4. 335	4. 071	3. 858	3. 683	3. 537	3. 412
$\alpha_{1,n}$ (°)	h38	77. 01	76. 2	75. 47	74. 81	74. 21	73. 66
补偿用下机织缩率	h203	0. 783	0. 9073	1. 032	1. 156	1. 28	1. 404
撑幅力总和 $\bar{T}_{总(1),n}$	h47	3681	3723	3766	3809	3851	3894
等效撑幅力 $\bar{T}'_{总(1),n}$	h471	3594	3642	3689	3735	3781	3826
最大的撑幅力 $\bar{T}_{1,n}$	h48	54. 61	59. 42	64. 03	68. 49	72. 84	77. 08
最大的经纱张力 $T_{1,n}$	h49	56. 05	61. 18	66. 15	70. 97	75. 69	80. 33
半幅经纱根数 n	h10	2832	2832	2832	2832	2832	2832
撑幅力重心 $N_{重心}$	h52	2766	2770	2774	2777	2780	2782

十、撑幅力与织物纬向急弹性变形率的关系

织物纬向急弹性变形率小，即织物纬向缓弹性变形率和塑性变形率大，则撑幅力小。

十一、撑幅力与织物组织的关系

平面网络的纬向拉伸模型把经纱与纬纱的接触点看作铰接点，因此对于不同的组织，只要织物经密、纬密及下机织缩率确定，则经纱间距 l_0、机上纬纱间距 s 就确定了，若筘号确定，则穿筘处经纱间距 h 也是确定的。l_0、s 、h 及下机织缩率这些计算参数都不涉及织物组织，故对于不同的织物组织，模型、算法、语言程序是完全一样的，没有差别。但织物组织影响断裂强力和断裂伸长率及经纬缩率，间接影响撑幅力。此外，撑幅力还与织造工艺有关。

单根纬纱纬向等效撑幅力 $\bar{T}_{个体m,\ n}$ 是织口处第 1 根纬纱的纬向等效撑幅力，在织口至细腰之间，各根纬纱等效撑幅力中 $\bar{T}_{个体m,\ n}$ 最大，因它伸长量最大，最接近穿筘幅宽。无论什么织物，当钢筘打到前死心时，织口处第 1 根纬纱总是接近于穿筘幅宽，根据式（70a）：

$$\bar{T}_{个体m,\ n} = K_n X_{m,\ n} = \frac{k}{n} X_{m,\ n} \approx \frac{k}{n} \cdot \frac{1}{2}[\text{穿筘幅宽(mm)} - \text{下机布幅(mm)}]$$

$$= \frac{k}{n} \cdot \frac{1}{2} \times \text{穿筘幅宽(mm)} \times \left(1 - \frac{\text{下机布幅}}{\text{穿筘幅宽}}\right)$$

$$= \frac{k}{n} \cdot \frac{1}{2} \times 穿筘幅宽(mm) \times 纬缩率$$

$$= \frac{k}{穿筘经密(根/mm)} \times 纬缩率$$

$$= \frac{100k}{织物经密(根/10cm) \times (1 - 纬缩率)} \times 纬缩率 \tag{82}$$

将式（45）代入式（82）：

$$\bar{T}_{个体m,\ n}(cN) \approx \frac{200}{织物纬密(根/10cm)} \times \frac{织物纬向断裂强力(N)}{织物纬向断裂伸长率} \times \frac{纬缩率}{1 - 纬缩率} \tag{83}$$

由式（83）可知，影响 $\bar{T}_{个体m,\ n}$ 的主要因素是织物纬密、纬向断裂强力、经向断裂伸长率和纬缩率。$\bar{T}_{个体m,\ n}$ 与织物纬密和纬向断裂伸长率成反比，与纬向断裂强力成正比，与纬缩率正相关。注意到式（83）只是个近似式，不是准确式。事实上其它因素如经密、经向断裂强力、L_J、L_W、幅宽等也有影响，但都影响轻微，故在近似式中显现不出来。下机的实际布幅和设计布幅之间的差异是直接影响纬缩率的。经纱张力的经向分力和经向断裂强力、经向断裂伸长率配合起来影响织物纬向单元的原长 l_0，间接地影响了纬缩率，算是影响稍大的。

例如，JC9.5/9.5　354/346 细布，前面已知：经向断裂强力 299N，纬向断裂强力 287N，经向断裂伸长率 10.5%，纬向断裂伸长率 10.5%，织物经纱密度 354 根/10cm，纬纱密度 346 根/10cm。代入式（82）得：$\bar{T}_{个体m,\ n}$ = 102.8（cN），而例 2 中算得 $\bar{T}_{个体m,\ n}$ = 109.1（cN），可见除四个主要影响因素外，其它众多因素影响轻微。表 3-5-5 是几个品种的 $\bar{T}_{个体m,\ n}$ 值，从表 3-5-5 中可以看出纬缩率对 $\bar{T}_{个体m,\ n}$ 影响。由表 3-5-5 可知，后三个品种的 $\bar{T}_{个体m,\ n}$ 大约是纬纱原纱断裂强力的 65%。前面已述，可以视 $\bar{T}_{个体m,\ n}$ 是织口处纬纱张力在纬向的分量，就是说，除织物两边部一段纬向长度外，织口处第 1 根纬纱上的大多数纬向单元的纬纱张力是大于 $\bar{T}_{个体m,\ n}$ 的。这就对边撑提出了很高的要求。下面举一个断纬疵点的实例。

表 3-5-5

品种	纬缩率（%）	$\bar{T}_{个体m,n}$（cN）	纬纱原纱断裂强力（cN）
T/C45 * 45 * 133 * 72 * 63″府绸	2.63	55.6	200~230
JC60 * 60 * 124 * 133 * 62″仿羽布	6.05	100.9	140~160
JC60 * 60 * 90 * 88 * 50″细布	6.11	107.5	140~160
C30 * 30 * 68 * 68 * 67″平布	7.35	156.6	250~270

用丰田 JAT610 喷气织机生产一种平纹织物，采用两种纬纱，织一纬 JC14. 5tex，再织一纬 70 旦锦纶复丝，按此循环下去。从开始制织，到生产这种织物八个月间，时不时地出现断纬疵点，这种疵点不完全是边撑疵，因为有时织物进入边撑前疵点就出现了。修理和调节的项目也多，但有时有效，有时无效，解决不了时就把织轴连同综筘一起换到另外的机台上织造，但也不是每次换车织造后，都能消除纬断疵点。后来用拨针把纱一根根拨下来，发现断疵发生 JC14. 5tex 上。分析原因如下。

两种纬纱在梭口中的纱线长度都等于穿筘幅宽，织成的织物宽度是一样的。假定两种纬纱在织物中的屈曲程度也一样（应该说，70 旦锦纶复丝会较大），则 JC14. 5tex 和 70 旦锦纶复丝伸长率是一样的。JC14. 5tex 和 70 旦锦纶复丝断裂强力差不多，相对来说，70 旦锦纶复丝要稍大些。JC14. 5tex 的断裂伸长率约在 5%左右，70 旦锦纶复丝断裂伸长率约在 13%以上，在两者伸长率相同时，JC14. 5tex 受的力应是 70 旦锦纶复丝的两倍以上。故 JC14. 5tex 纬纱易断，此断疵主要是两种纬纱受到的撑幅力不均所致。而该织物纬密较大，也更易使 JC 14. 5tex 纱断头。

若两种纬纱的引纬工艺相同，JC14. 5tex 因为纱线表面有毛羽，更易引纬。70 旦锦纶复丝虽较细，但因为表面无毛羽，相对而言，更难引纬。JC14. 5tex 易引纬，那么气流给 JC14. 5tex 纱的预张力相对要大。预张力大，最后织成布后 JC14. 5tex 纱的张力也大，与 70 旦锦纶复丝相比会更大。

解决此断纬疵点的原则是，凡是能降低 JC14. 5tex 张力、提高 70 旦锦纶复丝张力的方法，都是可以采取的解决措施。

采取的措施是把筒子架上的 JC14. 5tex 张力夹完全打开（使其失去作用），使 JC14. 5tex 纬纱在进入主喷咀前张力不增加；同时尽可能使筒子架上 70 旦锦纶复丝的张力夹夹紧纬纱，在进入主喷咀前使复丝有较大的预张力。辅喷气路为两种纬纱共用，兼顾两者。但主喷咀可分开调，降低 C14. 5tex 所在气路的主喷压力，减少喷射时间；提高 70 旦锦纶复丝所在气路的主喷压力，延长喷射时间。断纬疵点消失。

十二、平面网络的纬向拉伸模型的优点与缺点

对于细腰到织口短片段的经向长度，从第四节的计算值与实际值的比较来看，平面网络之纬向拉伸模型是能够反映生产实际的，也能解决或通过数据定量解释一些实际生产问题。

因为有单根纬纱等效纬向撑幅力及经纱张力等数据作基础，对研究织口纬向

条带织物中的屈曲波高、打纬过程等有帮助。

因为基本差分方程公式比较简单且给出了 MATLAB 程序，所以计算过程简单容易。只要在织机运转时用频闪仪观察织口到边撑之间细腰的经向距离和细腰的内凹量，或在停车时将钢筘打到前死心量取细腰的经向距离和细腰的内凹量，连同织物基本参数及断裂强力、断裂伸长率等一起填写到 MATLAB 程序的指定位置，很快计算机即可运行完毕，获得许多有用的生产数据。对于经常遇到这样那样和织口纬向条带有关的质量问题，而又没有多少仪器可以测量的工厂技术人员来说，无疑是一件很好的事情。模型简单、计算快捷、实用，这是平面网格的纬向拉伸模型和计算程序的优点。

缺点是对于长片段织物（如边撑到刺毛辊之间较长的织物），计算出的布边曲线和实际的布边曲线差异大。原因是模型只考虑了织物纬向伸长，并假定纬纱间距不变，经纬纱接触点是绞接点（无滑移）。并没有考虑经纱的伸长是有限的，经纱的伸长和刚性对纬向伸长量的影响及经纬纱间的微量滑移。事实上，织物边部的纬纱间距也是变化的，纬纱也存在倾斜问题，织物伸长与强力（张力）也不是完全服从正比例关系等因素，都会影响计算结果。

平面网络的纬向拉伸模型及其算法，能部分地解释和计算织口到边撑之间织物纬向条带受力及筘齿撑幅力问题。它的最大优点是简单，计算快速，对短片段长度织物的计算也比较符合实际。它的计算结果也可以作为其它方法，如直接的织物组织结构分析计算法、有限元法、边界元法等计算结果的比照和参考。

第六节　边撑撑幅力和边撑经向阻力的估算

一、估算边撑撑幅力

由于平面网络的纬向拉伸模型及计算程序计算长片段织物布边曲线误差很大，故直接分段测量布幅，画出布边折线（图 3-6-1），计算出织物纬向伸长量，来估算边撑撑幅力。

当钢筘打纬到前心时，撑幅力的重心位置 $N_{重心}$ 距布边很近，不妨把所有的撑幅力都看作作用在布边上，把边撑看作钢筘。这样可以估计出边撑的撑幅力。以有梭织机织造 JC9.5/9.5　354/346　127 细布为例介绍。从织口到刺毛辊开始，握持点经向选点五处，实测得各点机上布幅如表 3-6-1 所示。

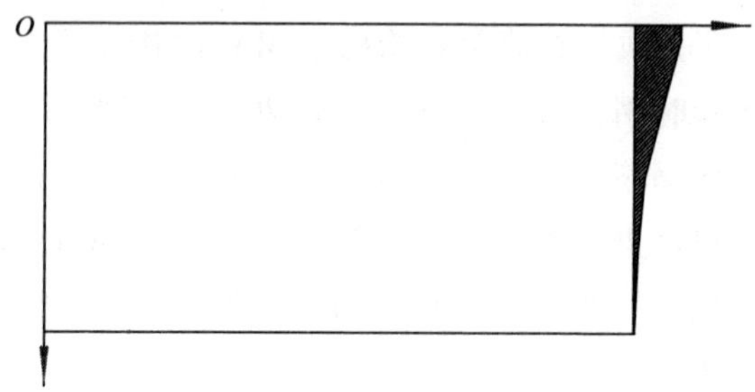

图 3-6-1

表 3-6-1

织物长度（mm）	分段布长（mm）	布幅（mm）	布幅之半（mm）	备注
0	0	1353	676.5	织口
15	15	1353	676.5	
155	140	1277	638.5	
230	75	1263	631.5	
322	92	1256	628	刺毛辊开始握持点
布辊处		1254	627	

织机下机布幅为1270mm，机上布辊布幅为1254mm，这说明机上张力的影响使布幅由1270mm下降为1254mm。同时也说明边撑的纬向撑幅力是从1254mm开始撑幅的。故认为1254mm是原始幅宽。考虑织物左右对称，则半幅机上织物原宽为627（=1254/2）mm，撑幅后对应五个经向位置0（织口处）、15、155、230、322（刺毛辊开始握持点）织物半幅宽度变成676.5mm、676.5mm、638.5mm、631.5mm、628mm，把各点连成折线（图3-6-1），折线与半幅织物原宽的纵向线之间的阴影面积就是机上半幅织物纬向伸长部分的面积，空白的矩形面积则是机上半幅织物原长部分的面积。由图3-6-1和表3-6-1可知：

$$\text{机上织物阴影面积}=676.5\times15+(676.5+638.5)\div2\times140+(638.5+631.5)\div2\times75+(631.5+628)\div2\times92-627\times322=5865.5\ (\text{mm}^2)$$

$$\text{机上半幅织物平均伸长量}=5865.5\div322=18.22\ (\text{mm})$$

由于机上纬密较小，折成下机织物经向长度为：

$$\text{下机织物经向长度}=322\times(1-\text{下机织缩率})=322\times(1-3\%)=312.34\ (\text{mm})$$

由于钢筘撑幅的织物经向长度很短（仅约纬向条带的一半），故近似认为此阴影面积全是由边撑的撑幅力作用所致。

试验室测量织物纬向断裂强力的方法是将 50mm 宽的纬向布条用强力机两钳口（两钳口间原始距离 200mm）夹住拉断，记下拉断时强力值（此时棉布回潮率为 8%）和伸长率值，这就是纬向断裂强力和纬向断裂伸长率。本织物纬向断裂强力是 287N，纬向断裂伸长率是 10. 5%。

实验织物的断裂伸长量 = 200×10. 5% = 21（mm）

视棉布伸长量与拉力成正比，把织物看作弹簧。

试验室布的弹性系数 $K_{试} = 287/21 = 13.67$（N/mm）

试验室布的经向长度是 50mm，纬向长度是 200mm；

实际织造布的经向长度 = 312. 34mm，纬向长度 = 627mm。

根据弹簧串联、并联后弹性系数的变化公式，实际织造布的弹性系数 $K_{实}$ 为：

$$K_{实} = \frac{实际织造布经向长度}{试验室布经向长度} \times \frac{试验室布纬向长度}{实际织造布纬向长度} \cdot K_{试}$$

$$= \frac{312.34}{50} \times \frac{200}{627} \times 13.67$$

$$= 27.23(\text{N/mm})$$

边撑撑幅力 = $K_{实}$×下机织物平均伸长量 = 27. 23×18. 22 = 496（N）

这里得出的是近似值，如果选择的测量点多会更准确。

从计算出的值可见，织物所需的撑幅力还是比较大的。若边撑设计不合理或制作不良，是会出现边撑疵的。

从上面的式（83）和本例可知，边撑撑幅力与单根纬纱的撑幅力、纬密、需撑幅的经向长度等因素有关。

二、以下置式边撑为例估算织物经过边撑的经向阻力

1. 估算织物经过边撑的经向阻力 $T_{织经0}$

机上织物经过边撑的导布路线及各段张力表示符号如图 3-6-2、图 3-6-3 所示。假定织物是从水平位置开始绕过边撑盖后方（以机后为后），刺环（此处刺环半径不计刺部），边撑盖前方到达胸梁的，摩擦包角 γ_1、γ_2 及倾斜角 γ_3 如图 3-6-2 所示，并假定织口到边撑盒后边缘的织物经向张力（全幅）近似等于机上经纱设定张力 $T_{经纱设定}$，试估算织物经过边撑的经向阻力。

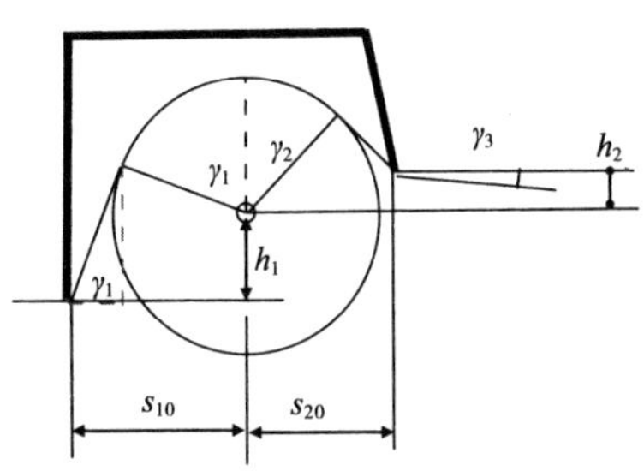

图 3-6-2　织物经过边撑的导布路线

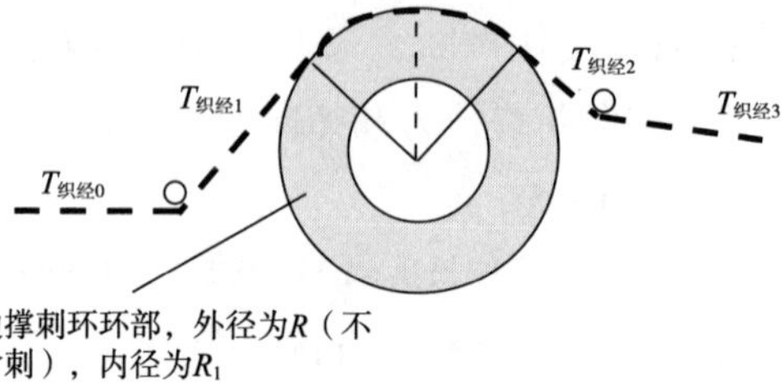

图 3-6-3　织物经过边撑的导布路线及各段张力表示

由于织口到边撑盒后边缘的织物经向张力是指全布幅的机上张力，而边撑只握持两边部一定宽度的织物，近似认为边撑处织物宽度等于筘幅，所以，在边撑盖后，单边边撑握持的织物经向张力 $T_{织经0}$ 为：

$$T_{织经0} \approx \frac{边撑有效长度}{筘幅} \times 织机设定的上机张力 \tag{84}$$

2. 求 γ_1、γ_2

γ_1 为织物绕过边撑盖后边缘时产生的摩擦包角，$\gamma_2-\gamma_3$ 为织物绕过边撑盖前边缘时产生的摩擦包角。由图 3-6-2 知：

$$h_1 + R\cos\gamma_1 = (s_{10} - R\sin\gamma_1)\tan\gamma_1$$

$$h_1\cos\gamma_1 + R\cos^2\gamma_1 = s_{10}\sin\gamma_1 - R\sin^2\gamma_1$$

$$h_1\cos\gamma_1 + R = s_{10}\sin\gamma_1$$

$$h_1\cos\gamma_1 - s_{10}\sin\gamma_1 = -R$$

$$令\ \sin\gamma = \frac{s_{10}}{\sqrt{{s_{10}}^2 + h_1^2}} \qquad \cos\gamma = \frac{h_1}{\sqrt{{s_{10}}^2 + h_1^2}}$$

$$\cos\gamma_1\cos\gamma - \sin\gamma_1\sin\gamma = -\frac{R}{\sqrt{{s_{10}}^2 + h_1^2}}$$

$$\cos(\gamma_1 + \gamma) = -\frac{R}{\sqrt{{s_{10}}^2 + h_1^2}}$$

$$\gamma_1 = \arccos\left(-\frac{R}{\sqrt{{s_{10}}^2 + h_1^2}}\right) - \arccos\left(\frac{h_1}{\sqrt{{s_{10}}^2 + h_1^2}}\right) \tag{85}$$

同理可得：

$$\gamma_2 = \arcsin\left(\frac{R}{\sqrt{{s_{10}}^2 + {h_2}^2}}\right) - \arcsin\left(\frac{h_2}{\sqrt{{s_{10}}^2 + h_2^2}}\right) \tag{86}$$

3. 计算边撑握持处各段织物经向张力和织物经过单边边撑的经向阻力

$$T_{织经1} = T_{织经0} \cdot e^{f_1\gamma_1} \tag{87}$$

式中：f_1 为织物与边撑盒盖边缘的摩擦系数。

对边撑刺环轴心的正压力 $N_{织经1}$ 、$N_{织经2}$ 由下式计算（图 3-6-4）：

$$N_{织经1} = T_{织经1}\sin\frac{\gamma_1+\gamma_2}{2}$$

$$N_{织经2} = T_{织经2}\sin\frac{\gamma_1+\gamma_2}{2}$$

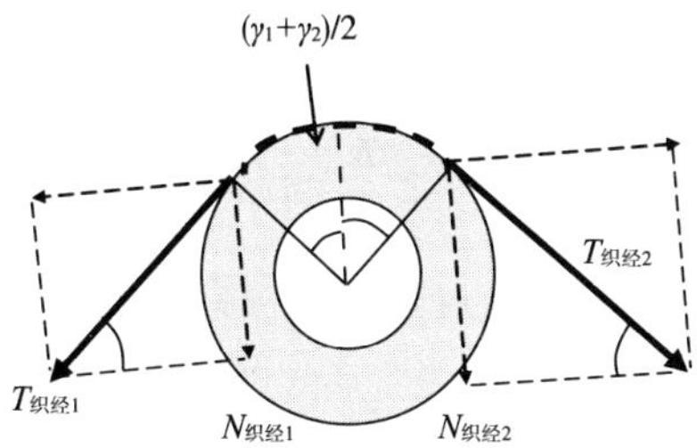

图 3-6-4 织物张力分解图

刺环外径为 R，内径为 R_1，刺环绕其支座转动，摩擦发生在刺环内径。但刺环大小不一，其中最边部的刺环承受的撑幅力最大，可按最边部刺环的外径和内径来估算。

此外，由于边撑对织物有撑幅作用，边撑撑幅力也就是边撑刺环侧面对其支座在纬向的正压力。边撑撑幅力按照本节上面的例题给出的方法计算。参看图 3-6-4得：

$$T_{织经2} = T_{织经1} + f_2 N_{织经1}\cdot\frac{R_1}{R} + f_2 N_{织经2}\cdot\frac{R_1}{R} + f_2\times\text{边撑撑幅力}$$

$$= T_{织经1} + f_2 T_{织经1}\frac{R_1}{R}\sin\frac{\gamma_1+\gamma_2}{2} + f_2 T_{织经2}\frac{R_1}{R}\sin\frac{\gamma_1+\gamma_2}{2} + f_2\times\text{边撑撑幅力}$$

整理得：

$$T_{织经2} = \frac{T_{织经1}\left(1+f_2\dfrac{R_1}{R}\sin\dfrac{\gamma_1+\gamma_2}{2}\right)+f_2\times\text{边撑撑幅力}}{1-f_2\dfrac{R_1}{R}\sin\dfrac{\gamma_1+\gamma_2}{2}} \tag{88}$$

织物经过边撑刺环时的经向摩擦阻力 $F_{织经摩擦力}$ 为：

$$F_{织经摩擦力} = T_{织经2} - T_{织经1} \tag{89}$$

知道了边撑撑幅力和经过边撑的经向摩擦阻力 $F_{织经摩擦力}$ ，就可以进一步定量分析边疵问题。

$$T_{织经3} = T_{织经2}e^{f_1(\gamma_2-\gamma_3)}$$
$$= \frac{T_{织经1}\left(1 + f_2\dfrac{R_1}{R}\sin\dfrac{\gamma_1+\gamma_2}{2}\right) + f_2 \times 边撑撑幅力}{1 - f_2\dfrac{R_1}{R}\sin\dfrac{\gamma_1+\gamma_2}{2}}e^{f_1(\gamma_2-\gamma_3)} \tag{90}$$

将式（87）代入，得：

$$T_{织经3} = T_{织经2}e^{f_1(\gamma_2-\gamma_3)}$$
$$= \frac{T_{织经0}\left(1 + f_2\dfrac{R_1}{R}\sin\dfrac{\gamma_1+\gamma_2}{2}\right)e^{f_1\gamma_1} + f_2 \times 边撑撑幅力}{1 - f_2\dfrac{R_1}{R}\sin\dfrac{\gamma_1+\gamma_2}{2}}e^{f_1(\gamma_2-\gamma_3)} \tag{91}$$

$T_{织经3}$ 为单边边撑对应位置的织物经过整个边撑盒后的织物经向张力。

$$经过整个单边边撑盒后织物经向张力的变化值 = T_{织经3} - T_{织经0} \tag{92}$$

第四章　浆纱与煮浆问题的研究

第一节　高档纯棉织物使用化学浆料的实践

在高支高密纯棉织物上使用化学浆料，是为了保证织轴质量和提高织机效率，现以 JC7.29/JC5.83　420/517　91.5 特细布的化浆使用为例进行介绍。

一、淀粉上浆不利于高支高密特别是高纬密织物的织造

按照“相似相溶”原理，淀粉应是纯棉织物的良好浆料。事实上，它能满足一般纯棉织物的加工要求，而且成本低，来源广。但用于高支高密特别是高纬密的纯棉织物，则不甚理想。主要问题如下：

（1）淀粉浆液属胶状悬浊液，在水中主要呈粒子碎片或多分子集合状态，粒子大，因而：①不易渗入经纱中纤维之间的微小缝隙中去，这与高支高密织物的经纱上浆对渗透性的要求是不适应的；②被覆在纱线表面的浆膜厚，由于分子组成及结构原因，淀粉浆膜脆硬、弹性差，因而在织造过程中易龟裂；加之它对纤维的黏着力不及 PVA、CMC 等化学浆料大，而高支高纬密织物的经纱在织机上摩擦的次数较多，故易落浆而使纱线表面起毛。

（2）淀粉浆在高温和剪切力（如受搅拌等）的作用下，淀粉易分解，淀粉黏度变化大。以煮浆超过 4h 的浆液用来浆纱，则极易产生毛轴，故严格按照“小量勤调”的方法调浆。但由于高支纱浆纱上浆量低，每次调浆量又不能很少，故在浆纱过程中，浆槽中旧浆液的更替较慢，易造成浆液黏度变化，使上浆不匀。

此外，由于淀粉的玉米品种、产地、生长期、成熟度及干燥形式不同等，使用时缸与缸间的淀粉黏度往往差异很大，给质量控制带来困难。

JC7.29/JC5.83　420/517　91.5tex 细布使用，细度为 160 目/英寸（其中加了少量化浆）自磨粉，磨粉工艺和浆料配方见表 4-1-1。

表 4-1-1　磨粉工艺和浆料配方

磨粉工艺	苞米浸泡时间（h）	48
	苞米浸泡温度（℃）	夏 75，冬 80
	振动筛规格（目/英寸）	160
	淀粉浆沉淀时间（h）	48 以上
配浆成份	淀粉（%）	100
	滑石粉（%）	5
	PVA（%）	10
	硅酸钠（%）	6
	油脂（%）	6
	二萘酚（%）	0.2
	平平加（%）	0.8~1
	烧碱（%）	中和
上浆工艺	调浆浓度（50℃）（°Be）	4.8~5.6
	煮浆时间（min）	30 左右
	浆液酸碱度（pH 值）	7.5~8.5

从表 4-1-1 中可见，磨粉工序长，生浆准备时间相当长，在浆纱前一周前就要挑选并浸泡玉米，因而计划调度较麻烦。工艺规定的上浆率为 18%~23%，实际偏上限掌握，为了减少毛轴，有时上浆率高达 30%，却仍不能有效解决，反倒使并黏现象严重。由于上浆率大，经纱表面粗糙，相邻经纱间摩擦力大，或由于落浆多，经纱表面轻毛，织机上开口极不清晰，50%以上的织轴后部梭口上下层经纱的分开点不是在停经架上，而是在综框与停经架之间的中央位置，织造难度很大。

二、PVA 浆料

PVA、CMC 浆料对纯棉织物的黏着力好于淀粉浆料，在高温和剪切力的作用下，浆液黏度稳定，在浆液中浆料是以大分子状态存在，上浆的浆膜薄而柔韧，因而在织造成过程中不易龟裂和脱落。故 PVA 是纯棉织物的良好浆料。PVA 存在的问题是浆膜强力过高和黏着力过好而易产生并黏，可通过适当加入其他浆料和助剂进行调节解决。在 JC7.29/JC5.83　420/517　91.5 特细布上试验并推广应用的浆料配方见表 4-1-2。与淀粉浆液的物理性质对比见表 4-1-3，生产试验情况对比见表4-1-4。

表4-1-2　浆料配方

成分		配比（%）
主浆料	PVA	75
	CMC	25
28#浆料（液体）	100	
甘油	6	

表4-1-3　化学浆料与淀粉浆料的物理性质对比

浆料	淀粉浆料	化学浆料
温度（℃）	100	100
黏度（s）	9.3	7.1
pH值	7.7	7.8
固体量（%）	10.3	7.3

表4-1-4　化学浆料与淀粉浆料生产情况对比

浆料	淀粉浆料	化学浆料
上浆率（%）	22.6	12.7
回潮率（%）	6.22	5.74
伸长率（%）	1.87	0.71
增强率（%）	35.57	42.44
减伸率（%）	31.18	24.13
织疵率（%）（匹长70m）	38.64	27.62
跳花跳纱疵布率（%）（匹长70m）	10.32	5.44
经纱断头［根/（台·h）］	1.00	0.66
织机效率（%）	61.31	67.57

浆料配方中的28#浆料含固量约14.5%，它是丙烯酰胺、醋酸乙烯、乙烯醇的共聚物，吸湿性好，易于分绞。从表4-1-4还可看出：①化学浆料上浆率低（因浆膜薄），约为淀粉浆上浆率的56.2%，这对所用化学浆料成本是有利的。②织疵率下降了11.02%，其中跳花、跳纱疵布率下降了4.88%，下降幅度大。③使用化学浆料后，织机效率提高6.26%。最早试织的5个化浆轴，织机效率提高了14.92%，大面积提高较少的原因之一是当时还有一些剩余的淀粉浆毛轴在处理，拉低了织机效率。化浆应用到JC9.56/JC9.56 420/456 99特细布则使布机效率由48.28%提高到75.58%。应用到JC 9.5/JC 9.5 354/356 127特细布上则使布机效率长期稳定到90%左右及以上。

三、体会与建议

（1）使用以淀粉为主浆料的浆液对高档纯棉织物时上浆，浆纱车速不宜过低。

因为车速低，单位时间用浆量小，浆槽中新旧浆液的更替非常缓慢，旧浆液极易分解，浆液质量较差。

（2）使用PVA作主浆料时，应考虑CMC的合理比例。如在ZA200-190型织机上织造JC14.5/JC14.5　523.5/283府绸时，开始时浆料配方中PVA与CMC的比值约60∶40，经纱毛轴较多，将此比值修改为75∶25后，则大大减少，而并黏现象也没有大幅度增加。

（3）高档纯棉织物上浆宜用质量高的浆料，好处是：第一，可提高织物质量档次和织机效率；第二，多产出的利润远大于多投入的成本；第三，操作、管理方便。不过所用浆料，则应根据各地浆料来源、使用后织机效率、织物质量及总成本加以权衡而确定。一般来说，除使用化学浆料外，还可考虑：

①使用变性淀粉。高支纯棉织物上可使用140目/英寸及以上的变性淀粉。

②使用以PVA为主体的PVA、淀粉或变性淀粉混合浆。需要指出的是，由于PVA浆液为分子溶液，大分子的粒子小，在经纱上形成的浆膜很薄；而淀粉浆为胶体，其中含有颗粒较大的淀粉粒子碎片。若将淀粉浆液均匀地混入PVA浆液中，则浆膜会变厚，上浆率要高于纯化学浆料（这同把滑石粉加入淀粉浆中使上浆率提高的道理相同。又如，用纯水泥膏涂墙，涂膜可以很薄，若在水泥膏中加很少量的粗沙，或小石子，涂膜就会变厚很多。），因此单从浆料成本上看，未必会比纯化学浆料节约，但有利于减少并黏现象。

第二节　浆纱过程的平均储浆时间

本节运用数学方法，找出影响淀粉浆新鲜程度的原因并定量地分析了影响因素，指出高档纯棉织物使用淀粉浆织轴质量差的症结所在，给出了解决措施，对开发高档纯棉织物及合理使用淀粉浆，都有实际的参考价值。

JC7.29/JC5.83特细布使用淀粉浆，织轴毛轴、并黏太多，织机效率低，织物质量差。为此经过多次调查分析，把问题集中在研究浆料与浆液上。

一、浆槽浆液模型与函数式

把浆纱机的浆槽作为一个系统研究，简化模型如图4-2-1所示。设浆槽的容积为M（为方便起见，把预热浆箱中变化的浆液容积作为一个固定容积考虑在其中）且不变。W_2（L/h）为浆槽浆液输出速率，也即浆纱时单位时间的用浆量。

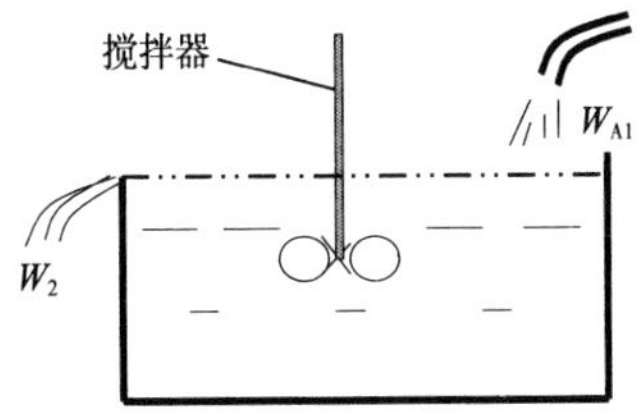

图 4-2-1 浆槽浆液输入输出示意图

W_{A1}（L/h）为供应桶向浆槽输入新浆液的速率。假定在浆纱过程中浆纱机是匀速运动的，则 W_2 是个不变的量，即常量。并假定供应桶向浆槽输入新浆液是连续匀速进行的，则有：

$$W_{A1}=W_2 \tag{1}$$

图 4-2-1 中的搅拌器表示浸没辊及上浆辊旋转、纱线带引、预热浆箱与浆槽之间浆液循环所引起的对浆液的混合、搅拌作用。假定初始时，浆槽中全为旧浆液，新浆液输入后，立即与浆槽中浆液混合均匀，那么浆槽中新浆液的量和新浆液占浆槽浆液的百分比会随输浆时间的推移而增加。在浆槽浆液输出速率 W_2 中也就包括两部分，一部分是旧浆液的输出速率，另一部分是新浆液的输出速率。设在新浆液开始输入时间 θ（h）后，浆槽中新浆液的体积为 M_A（L），占浆槽浆液容积 M 的百分比为 a_{A2}，则在该瞬时，浆槽新浆液输出速率 W_{A2} 占浆槽浆液输出速率 W_2 的百分比也是 a_{A2}。那么，在该瞬时，输入输出新浆液的速率的差值即为浆槽中新浆液量变化的速率，即：

$$W_{A2}-W_{A1}+\frac{dM_A}{d\theta}=0$$

$$W_2a_{A2}-W_{A1}+\frac{d(Ma_{A2})}{d\theta}=0 \tag{2}$$

式中：θ 为新浆液输入的时间（h）；$\frac{dM_A}{d\theta}$ 为浆槽中新浆液量增加的速率（L/h），用导数形式表示。

式（2）是一个关于 a_{A2} 与输入新浆液时间 θ 的微分方程，解得：

$$a_{A2}=\frac{W_{A1}}{W_2}-\frac{W_{A1}}{W_2}e^{-\frac{W_2}{M}\theta} \tag{3}$$

将式（1）代入式（3），得：

$$a_{A2}=1-e^{-\frac{W_{A1}}{M}\theta}=1-e^{-\frac{W_2}{M}\theta} \tag{4}$$

式（4）即为浆槽中新浆液量占浆槽总浆液量 M 的百分比率 a_{A2} 的函数式。从式中可知，浆槽中新、旧浆液更替的快慢与浆槽容积 M 呈负相关，与浆纱单位时间用浆量 W_2 呈正相关。从式（4）还可知，输入新浆液的时间 θ 越长，浆槽中新浆液所占的百分比越高。

浆槽中旧浆液的百分比率为 $1-a_{A2}$。

$$1-a_{A2}=e^{-\frac{W_2}{M}\theta} \tag{5}$$

某厂 1491 型浆纱机浆槽容积约 300L（预热浆箱中的储浆量近似按一个不变值 30L 考虑在内），由于 JC7.29/JC5.83 特细布纱支细，车速低，用浆量仅约 60L/h，代入式（4）得：

$$a_{A2}=1-e^{-\frac{60}{300}\theta}=1-e^{-0.2\theta} \tag{6}$$

式（6）的计算值见表 4-2-1，描绘成图 4-2-2 中的实曲线。实曲线与横坐标在纵坐标上的差值为新浆液所占的百分比 a_{A2}，100%水平线与实曲线在纵坐标上的差值为旧浆液所占的百分比为 $1-a_{A2}$。

表 4-2-1

时间 t（h）	0	1	2	3	4	5	6	7	8	9	10
a_{A2}（%）	0	18.1	33.0	45.1	55.1	63.2	69.9	75.3	79.8	83.5	86.5
$1-a_{A2}$（%）	100	81.9	67.0	54.9	44.9	36.8	30.1	24.7	20.2	16.5	13.5

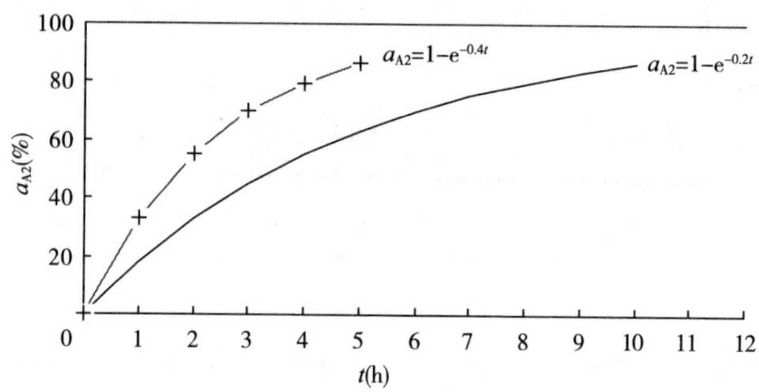

图 4-2-2

淀粉浆最大的缺点之一是在高温和剪切力（如搅拌、压榨）等条件易分解，黏度不稳定，甚至沉淀。实践证明，淀粉浆煮好后在供应桶或煮浆桶内存放 4h 再用时，极易出现毛轴，一般地，都要重做新浆。从表 4-2-1 和图 4-2-2 中的实曲线可知，浆槽容积较大而单位时间用浆量又很少时，浆槽中新旧浆液的更替非常缓慢。对于 JC7.29/JC5.83 特细布品种，当新浆液从开始输入浆槽到浆纱 5h 后，浆槽中旧浆液的比例还有 36.8%，那么另外 63.2% 的新浆液的情况如何？在 JC7.29/JC5.83 特细布浆纱煮浆时，每桶煮熟浆 300L，可用 5h，就是说每桶浆全部注入浆槽需 5h。则在第 5h 末瞬时，这占浆槽容积 63.2%的所谓新浆液也是在煮浆桶、供应桶或浆槽中存放了 5h 的浆液。这时浆槽中的浆液都是存放了 5h 或 5h

以上的浆液。显然这样的浆液质量很差，满足不了 JC7.29/JC5.83　420/517 特细布这样高支高纬密织物需要良好浆液的要求。假如能将浆纱车速提高一倍，或者将浆槽容积减少到原来的一半，代入式（4）则有：

$$a_{A2} = 1 - e^{-\frac{120}{300}\theta} = 1 - e^{-\frac{60}{150}\theta} = 1 - e^{-0.4\theta} \tag{7}$$

用带“×”的虚线绘在图 4-2-2 上。比较式（6）与式（7），从图 4-2-2 可以看出，后者新旧浆液的更替要快得多。这样浆槽中浆液的质量也要好得多。对于中、粗支经纱的纯棉织物，一方面，因为它们对浆液的要求比较低；另一方面，因纱支粗，浆纱车速高，单位时间用浆量多，浆槽中新旧浆液更替比较快，浆液质量还是比较好的。故淀粉浆对中粗支纯棉织物还是比较适用的。

二、浆槽中浆液的平均储浆时间与浆纱起机时间的关系

浆液在煮浆桶中煮成熟浆后，并不是一下子都输入浆槽中，就是说，大部分浆液煮好后是要在煮浆桶或供应桶中存放很长时间的。熟浆输入浆槽后，与浆槽中原来的浆液混合均匀，也不是一下子就被经纱带走，而是慢慢地被经纱带走，因此大部分浆液输入浆槽后也是有很长的储存时间的。储浆时间越长，浆液越不新鲜。计算浆槽中某桶浆液的储浆时间，不应该只从输入浆槽算起，而应从煮浆桶煮好熟浆算起。一桶浆液输完后，下一桶浆液接着输入，浆槽中就存在着几桶浆液共存的局面，而几桶浆液的储浆时间及所占浆槽总浆液量（浆槽容积）的百分比是不同的，故有必要引进加权平均储浆时间（以下简称平均储浆时间）的概念来表示浆槽浆液的平均新鲜程度。图 4-2-3（a）为浆槽中浆液的平均储浆时间 T 与浆纱起机时间 t 的关系，图 4-2-3（b）为浆槽浆液中各桶浆液所占百分比及储浆时间与浆纱起机时间 t 的关系。这两个图是相互对应的。在图 4-2-3（a）中，最上方的方框表示第 1、2、3 …，n 桶熟浆的容积 V，与方框相连接的粗垂线表示各相应桶序的浆液在煮浆桶中煮好的时刻，与粗垂线相连接的带箭头粗横线段表示各桶浆液输入浆槽的时间范围。浆纱起机前，第 1 桶浆液要先将空浆槽注满，需浆液体积 M（L），故将 M 画在纵坐标（第一根粗垂线）的左边，剩余的浆液体积 $V-M$ 再在浆纱过程中徐徐输入浆槽，故将 $V-M$ 画在纵坐标的右边。在图 4-2-3 中忽略了第 1 桶浆液注入空浆槽所用的时间，并假定各桶浆液的计划安排是恰到好处的，即假定前一桶浆液刚输完，后一桶浆液恰巧煮好并开始输入浆槽。

除第 1 桶浆液外，每桶浆液能向浆槽输入的时间 T' 为：

$$T' = \frac{V}{W_2} \tag{8}$$

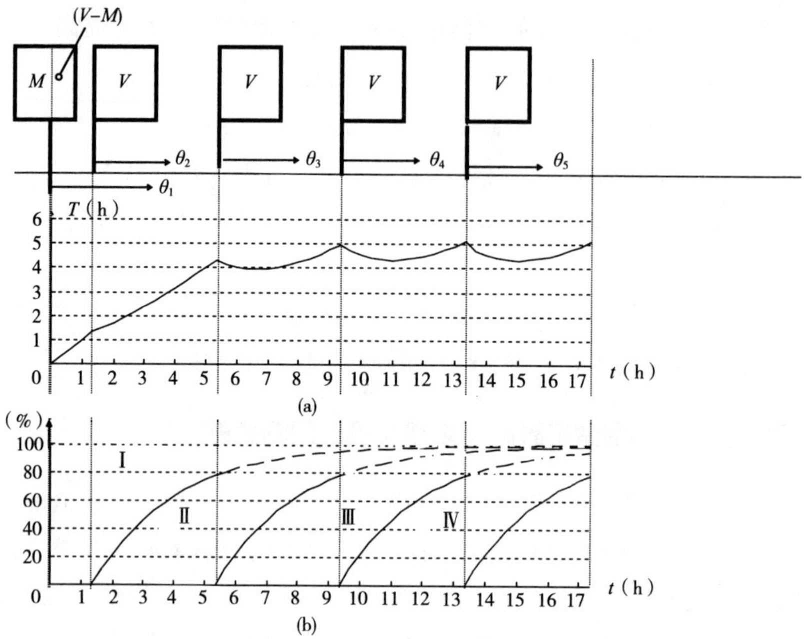

图 4-2-3　浆槽中各桶浆液所占百分比、平均储浆时间与浆纱时间关系示意图

第 1 桶浆液在浆纱过程中向浆槽输入的时间 T_1' 为：

$$T_1' = \frac{V - M}{W_2} \tag{9}$$

根据假设，第 1 桶浆液的煮好时刻就是浆纱起机时刻，那么第 1 桶浆液的储浆时间 T_1 就是浆纱起机时间 t_1，即：

$$T_1 = t_1 \tag{10}$$

$$T_{1末} = t_{1末} \tag{11}$$

第 1 桶浆液输完后，第 2 桶浆液接着输入。如果把浆槽中第 1 桶浆液看作旧浆液，把第 2 桶及以后的各桶浆液看作新浆液，将 θ_2 当作 θ，就能根据式（4）在图 4-2-3（b）中画出第 2 桶及以后的各桶浆液在浆槽中所共占的百分比曲线。这条曲线起始点的坐标是（$t_{1末}$，0）。

以这条曲线为分界线，它的下面（至横坐标）表示第 2 桶及以后各桶浆液所共占的百分比，它的上面（至 100%水平线）表示第 1 桶浆液所占的百分比。在第 2 桶浆液输浆期间，浆槽中仅存在第 1 桶和第 2 桶浆液，就是说在此期间这条曲线下面仅表示第 2 桶浆液所占的百分比，故画成实线。而在第 2 浆液输完后，这条曲线的下面表示第 2 桶及以后各桶浆液所共占的百分比，故画成虚线。同样，在第 3

桶浆液开始输入时，可以把浆槽中的第 1、第 2 桶浆液都视为旧浆液，把第 3 桶及以后的各桶浆液统视为新浆液，那么按式（4）也可画出一条曲线。这条曲线与前条曲线相比，形状完全相同，仅相当于将前条曲线沿横坐标右移了 $T'(=\frac{V}{W_2})$。按这样将第 1 条曲线右移的方法，就可画出一簇曲线［图 4-2-3（b）］。这簇曲线的好处是它清晰地区分出各桶浆液所占的百分比［图 4-2-3（b）中的Ⅰ、Ⅱ、Ⅲ、Ⅳ区］，如前述的两条曲线中间所夹的部分是第 2 桶浆液在浆槽浆液中所占的百分比［图 4-2-3（b）中的Ⅱ区］。综合上述，对图 4-2-3（b）中的线条有以下两点总结：

（1）实曲线真实反映了某桶浆液在它输浆期间在浆槽浆液中所占的百分比。

（2）虚曲线不能真实反映某桶浆液在浆槽浆液中所占的百分比，但虚线与它下面的一条曲线在纵坐标上的差值却表示该桶浆液输完后在浆槽中所占的百分比［下面式（12）中等号右边用“+”连接的各项中的中括号［ ］内的式子即表示各桶浆液所含的百分比］。

以上两点也可以一句话表述：某条曲线（也含直线 $a_{A2}=100\%$）与它下面的且相邻的直线（即横坐标）或曲线在纵坐标上的差值表示这桶浆液在浆槽浆液中所占的百分比。

设浆纱起机时间为 t，第 1、2、3……n 桶浆液的储浆时间分别为 θ_1、θ_2、θ_3……θ_n，它们所占的百分比分别为 a_1、a_2、a_3……a_n，则在第 2 桶浆液开始输浆后浆槽中平均储浆时间 T 由加权平均公式计算，即：

$$
\begin{aligned}
T &= \frac{\sum_{i=1}^{n}\theta_i a_i}{\sum_{i=1}^{n} a_i} = \frac{\sum_{i=1}^{n}\theta_i a_i}{100\%} = \sum_{i=1}^{n}\theta_i a_i \\
&= t[\mathrm{e}^{-b\theta_2}] + \theta_2[(1-\mathrm{e}^{-b\theta_2})-(1-\mathrm{e}^{-b\theta_3})] + \theta_3[(1-\mathrm{e}^{-b\theta_3})-(1-\mathrm{e}^{-b\theta_4})] + \cdots + \\
&\quad \theta_i[(1-\mathrm{e}^{-b\theta_i})-(1-\mathrm{e}^{-b\theta_{i+1}})] + \cdots + \theta_{n-1}[(1-\mathrm{e}^{-b\theta_{n-1}})-(1-\mathrm{e}^{-b\theta_n})] + \theta_n(1-e^{-b\theta_n})
\end{aligned} \tag{12}
$$

式中：$b=\frac{W_2}{M}$，并由式（9）（8）得：

$$\theta_2 = t - T_1' = t - \frac{V-M}{W_2}$$

$$\theta_3 = t - T_1' - T' = t - \frac{V-M}{W_2} - \frac{V}{W_2}$$

$$\theta_4 = t - T_1' - 2T' = t - \frac{V-M}{W_2} - 2\frac{V}{W_2}$$

$$\vdots$$

$$\theta_i = t - T_1' - (i-2)T' = t - \frac{V-M}{W_2} - (i-2)\frac{V}{W_2}$$

$$\vdots$$

$$\theta_n = t - T_1' - (n-2)T' = t - \frac{V-M}{W_2} - (n-2)\frac{V}{W_2}$$

式（12）即为浆纱过程平均储浆时间 T 与各桶浆液输入浆槽时间 θ_1、θ_2、θ_3…… θ_n 的关系式。对式（12）计算时应注意，在计算第 i（$i>1$）桶浆液输浆期间某瞬时的平均储浆时间时，应令 θ_{i+1}、θ_{i+2}、θ_{i+3}……等于 0。

式（12）计算较麻烦，但按上面介绍的画图方法画图较方便，画好图后，θ_i、a_i 都可以从图 4-2-3（b）中直接用直尺量出。这样就可以算出浆纱起机后任一时刻的平均储浆时间。如浆纱起机后 6h 末的时刻，第 1、2、3 桶浆液的储浆时间 θ_1、θ_2、θ_3 分别为 6h、4. 67h 、0. 67h，它们在浆槽中所占的百分比分别为 17%、61%、22%，平均储浆时间 T 为：

$$T = 17\% \times 6 + 61\% \times 4.67 + 22\% \times 0.67 \approx 4.0\ (\text{h})$$

对式（12），还可应用叠代公式计算，方法是，如果已算出第 k 桶浆液输浆末瞬时浆液的平均数储浆时间 T''_{k}，那么在第 k+1 桶浆液输浆期间平均数储浆时间 $T''_{\theta_{\text{k+1}}}$ 为：

$$\begin{aligned} T''_{\theta_{\text{k+1}}} &= (T''_{\text{k}} + \theta_{\text{k+1}})\text{e}^{-b\theta_{\text{k+1}}} + \theta_{\text{k+1}}(1 - \text{e}^{-b\theta_{\text{k+1}}}) \\ &= T''_{\text{k}}\text{e}^{-b\theta_{\text{k+1}}} + \theta_{\text{k+1}} \end{aligned} \tag{12a}$$

在第 k+1 桶浆液输浆末瞬时浆液的平均数储浆时间 $T''_{\text{k+1}}$ 为：

$$T''_{\text{k+1}} = T''_{\text{k}}\text{e}^{-bT'} + T' \tag{12b}$$

以上两式重复叠代使用，就得到整个浆纱过程不同瞬时的平均储浆时间 T。也就是说，当式（12）中的各 θ_i 变化时，平均储浆时间 T 也在变化。给出各 θ_i 具体值，就得到各相应的 T 值。绘成曲线如图 4-2-3（a）所示。从图中可以看出：①随着浆纱时间推移，平均储浆时间 T 呈增加趋势；②除第 1、第 2 桶浆液外，每桶新浆液开始输入一段时间内，平均储浆时间 T 会下降。

图 4-2-3 是以 M=300L、V=450L、W_2=112. 5（L/h）画出来的。当然，取的参数不同，曲线的具体形态会有不同，但上述两点的曲线形式有普遍性。

某厂原用淀粉浆浆 JC7. 29/JC5. 83　420/517　91. 5tex 细布时平均储浆时间 T 与浆纱起机时间 t 的关系见表 4-2-2。表 4-2-2 进一步说明 JC7. 29/JC5. 83 特细布的淀粉浆质量差，如在起机 10h 的瞬时，浆槽中浆液的平均储浆时间高达 6.8h (其中含储浆时间为 10h 的浆液 36.8%、储浆时间为 5h 的浆液 63.2%)，用这样的浆液浆纱，极易出毛轴。为了减少毛轴，有时实际上浆率高达 30%，不但没有解决毛轴问题，反而使并黏现象更严重。这一方面是由于淀粉浆的缺点，如浆膜硬、脆、厚而不匀、断裂伸度小、对棉纤维的黏着力不及 PVA 等化学浆料所致；另一方面是由于淀粉浆不新鲜，分解过多，对棉纤维黏着力差，而高的上浆率使浆膜更厚，在织造过程中经纱屈曲摩擦次数过多时（因纬密大），极易造成浆膜龟裂、脱落而造成毛轴。故淀粉浆一般不能满足高支高密（特别是高纬密）纯棉织物的织造要求。由于 PVA 等化学浆料有浆膜薄（上浆率则可小）而柔韧、断裂伸度大、耐磨、浆液黏度稳定、对棉纤维的黏着力好于淀粉浆等优点，故在有梭织机高档纯棉织物上使用化学浆，几乎未出过毛轴。同时使用化学浆后，品种的织造难度大大降低，从而为开发更高支高密的纯棉织物准备了一定的条件。

表 4-2-2　储浆时间 T 与浆纱起机时间 t 的关系

t (h)	1	2	3	4	5	6	7	8	9	10	11	12	13	14	15
T (h)	1	2	3	4	5	5.3	5.4	5.7	6.2	6.8	6.6	6.6	6.8	7.1	7.5

$n \to \infty$，$T_{max} = 7.91h$，$T_{min} = 7.29h$。

三、浆槽中浆液的平均储浆时间与每次煮浆容积的关系

浆一缸纱一般需要好几桶浆液。若每次煮浆多，则浆液在煮浆桶、供应桶和浆槽中储存的时间长，那么浆液平均储浆时间长。下面讨论它们之间的关系。

1. 上极限情况

假定浆纱起机前把全缸纱所需的浆液一次性煮好（即假定一桶浆液容积很大，能浆一缸纱），随即，浆纱机起机，那么，浆槽中浆液的平均储浆时间就等于浆纱起机时间 t，即：

$$T = t \tag{13}$$

2. 下极限情况

假定浆纱起机前第 1 桶煮好的浆液把浆槽注满还剩的体积是 $V-M$，把 $V-M$ 浆液用完后，以后每次的煮浆容积无限小，并随时连续注入浆槽内，那么，浆槽中浆液的平均储浆时间 T 与浆纱起机时间 t 的关系是：

（1）在 $V-M$ 浆液用完前，T 与 t 的关系仍同式（13）。

（2）在 $V-M$ 浆液用完后，T 与 t 的关系为：

$$T=\frac{V_1-M}{W_2}e^{-\frac{W_2}{M}\left(t-\frac{V_1-M}{W_2}\right)}+\frac{M}{W_2}\left(1-e^{-\frac{W_2}{M}\left(t-\frac{V_1-M}{W_2}\right)}\right) \tag{14}$$

式中：V_1为第一桶浆液的煮浆容积（L）。

若将式（14）两边对浆纱起机时间 t 求导，就得到平均储浆时间 T 的极值 $T_{极值}$：

$$T_{极值}=\frac{M}{W_2}=常数 \tag{15}$$

当 $V_1<2M$ 时，$T_{极值}$ 为极大值；当 $V_1>2M$ 时，$T_{极值}$ 为极小值；当 $V_1=2M$ 时，第 1 桶熟浆液输完后，浆槽中浆液的平均储浆时间 T 始终为 $\frac{M}{W_2}$（=常数）（参看附图 1）。

在式（14）中，如果 $V-M=0$，就变为：

$$T=\frac{M}{W_2}(1-e^{-\frac{W_2}{M}t}) \tag{16}$$

在式（16）中，当 $t\rightarrow\infty$ 时，T 达到最大值 T_{max}。

$$T_{max}=\frac{M}{W_2}=常数 \tag{17}$$

在下极限情况下，若第 1 桶熟浆的体积小于两倍的浆锅容积，最大的储浆时间（h）也仅为浆槽容积与单位时间用浆量的比值。这是一种比较理想的情况。

式（14）（15）的推导参看附录 1。

3. 一般情况

平均储浆时间 T 的公式已由式（10）（12）给出。这里只写出浆纱过程中平均储浆时间的最大值 T_{max}。

$$T_{max}=\frac{\frac{V}{W_2}}{1-e^{-\frac{V}{M}}} \tag{18}$$

当起机时间较长后，如大于 15h，浆槽浆液的最小平均储浆时间 T_{min} 一般可按下式计算：

$$\begin{aligned}T_{min}&=\frac{M}{W_2}[1-\ln(1-e^{-\frac{V}{M}})+\ln\frac{V}{M}]\\&=\frac{M}{W_2}[1-\ln(1-e^{-\frac{V}{M}})+\ln V-\ln M]\end{aligned} \tag{19}$$

以上两式刻划了浆槽容积 M、每次煮浆容积 V、单位时间用浆量 W_2及 T_{max}（或 T_{min}）之间的关系，为定量控制平均储浆时间提供了基础。式（18）（19）的推导过程请参看附录2。

图4-2-4的T与t曲线是一般情况的一个特例。

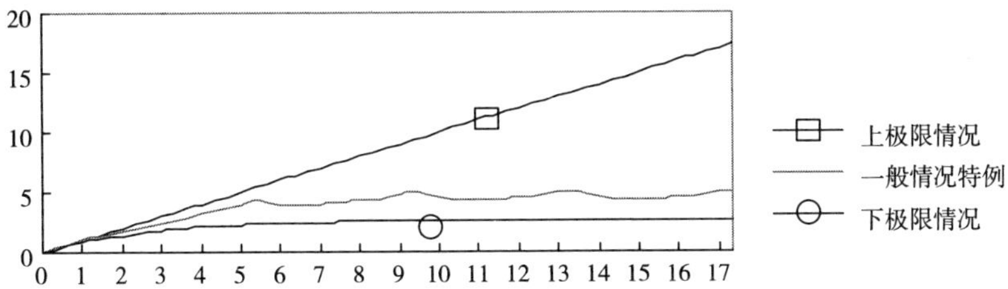

图4-2-4　每桶煮浆容积对平均储浆容积的影响

为了比较上极限、下极限、一般情况三种情况下T的大小，给出了表4-2-3和图4-2-4。下极限情况是按式（16）进行列表和画图的。

表4-2-3　上极限、下极限、一般情况三种情况下T的大小

t（h）		1	2	3	4	5	6	7	8	9
T（h）	上极限情况	1	2	3	4	5	6	7	8	9
	一般情况	1	1.58	2.4	3.29	4	4.01	3.97	4.25	4.75
	下极限情况	0.83	1.41	1.8	2.07	2.26	2.39	2.47	2.53	2.58
t（h）		10	11	12	∞	当$t\to\infty$时，T_{max}		当$t\to\infty$时，T_{min}		
T（h）	上极限情况	10	11	12	∞	∞		—		
	一般情况	4.53	4.32	4.49	不定	5.149		4.421		
	下极限情况	2.6	2.62	2.64	2.667	2.667		—		

注　作表参数取值：一般情况$M=300L$，$W_2=112.5L$，$V=450L$；下极限情况$M=300L$，$W_2=112.5L$，$V_1=300L$。

上述讨论表明，每次煮浆容积V越小，平均储浆时间T越小。为了减少平均储浆时间T，就应该减少每次煮浆容积或提高浆纱车速增大单位时间用浆量或减少浆槽容积。

四、结论

（1）淀粉浆煮好后存放时间长，易分解，黏度和黏着力下降。

（2）影响浆液新鲜程度的主要因素是浆槽容积、每次煮浆容积、单位时间用浆量及用浆时间。浆槽容积越大，或每次煮浆容积越大，或单位时间用浆量越少，浆槽中浆液的平均储浆时间越长，浆液越不新鲜。而单位时间用浆量又与经纱粗细、总经根数、浆纱车速有关。车速越高，单位时间用量越多，浆液新鲜程度越好，故使用淀粉浆时，车速不宜太低，应适当高速。平均储浆时间与用浆时间（即浆纱时间）的总趋势呈正相关，即浆纱时间越长，浆液新鲜程度的总趋势是越不新鲜，这就是在浆有些品种时，为什么刚起机时不出毛轴，而浆到一定时间后易出毛轴的原因。

（3）高支高密的高档纯棉织物对浆液的要求高，而单位时间用浆量又相对偏少，浆液的新鲜程度偏低，故较高档次的纯棉织物应使用黏度较稳定的变性淀粉浆，高档次的纯棉织物应使用化学浆或混合浆。

（4）从浆液新鲜程度看，应采用车速高而浆槽容积小的浆纱机。

（5）淀粉浆调煮浆液要贯彻“小量多调（每次煮浆量要少，煮浆次数相对较多）”的原则。在实际应用时可把最大平均储浆时间 T_{max} 作为控制指标，通过式（18），倒算出每桶煮浆容积。

（6）把生浆或半熟浆打入浆槽前的预热浆箱中烧煮，煮好后再打入浆槽中使用，有利于提高总浆液的新鲜程度。但这样做有时容易出现浆团和管道堵塞。

（7）淀粉浆调浆计划安排要周密，尽量减少煮好浆后的等待使用时间。一般来说，煮好浆后，或多或少总有输浆等待时间，故浆槽中实际的平均储浆时间比按公式计算所得的平均储浆时间还要长些。

（8）双浆槽浆纱机相当于浆槽容积增大了一倍，若使用淀粉浆，从浆液新鲜程度看，它更适合高经密织物的浆纱（因单位时间用浆量大）。若浆纱车速较低时，也应将浆槽溢浆口下移，减少浆槽容积。若对经密不大的细薄织物上浆，可只用一个浆槽。

（9）使浆槽浆液稳定的一些原则已周知，如浆槽“小容积”、调浆时“小量多调”、给淀粉变性使浆液稳定等。此处则是引入浆槽平均储浆时间的概念，运用推导的公式及图表，定量地表示浆纱全过程中浆液的新鲜程度并分析其影响因素。

附录1　公式（4）的推导

$$W_2 a_{A2} - W_{A1} + \frac{d(Ma_{A2})}{d\theta} = 0 \tag{2}$$

$$W_2 a_{A2} - W_{A1} = -M\frac{da_{A2}}{d\theta}$$

$$d\theta = -M\frac{da_{A2}}{W_2 a_{A2} - W_{A1}}$$

$$d\theta = M\frac{da_{A2}}{W_{A1} - W_2 a_{A2}}$$

$$d\theta = \frac{M}{W_{A1}} \cdot \frac{da_{A2}}{1 - \frac{W_2}{W_{A1}}a_{A2}}$$

$$d\theta = \frac{M}{W_{A1}} \cdot \frac{\frac{W_{A1}}{W_2}d\left(\frac{W_2}{W_{A1}}a_{A2}\right)}{1 - \frac{W_2}{W_{A1}}a_{A2}}$$

$$d\theta = \frac{M}{W_{A1}} \cdot \frac{-\frac{W_{A1}}{W_2}d\left(1 - \frac{W_2}{W_{A1}}a_{A2}\right)}{1 - \frac{W_2}{W_{A1}}a_{A2}}$$

两边积分，得：

$$\theta = -\frac{M}{W_{A1}} \cdot \frac{W_{A1}}{W_2}\ln\left(1 - \frac{W_2}{W_{A1}}a_{A2}\right) + C$$

$$\theta = -\frac{M}{W_2} \cdot \ln\left(1 - \frac{W_2}{W_{A1}}a_{A2}\right) + C$$

$$-\frac{W_2}{M}(\theta - C) = \ln\left(1 - \frac{W_2}{W_{A1}}a_{A2}\right)$$

两边取指数：

$$e^{-\frac{W_2}{M}(\theta-C)} = 1 - \frac{W_2}{W_{A1}}a_{A2}$$

$$\frac{W_2}{W_{A1}}a_{A2} = 1 - e^{-\frac{W_2}{M}(\theta-C)}$$

$$a_{A2} = \frac{W_{A1}}{W_2}\left(1 - e^{-\frac{W_2}{M}(\theta-C)}\right)$$

因为:

$$W_{A1} = W_2 \tag{1}$$

所以:

$$a_{A2} = 1 - e^{-\frac{W_2}{M}(\theta-C)}$$

当 $\theta = 0$ 时，$a_{A2} = 0$，所以 $C = 0$。

于是:

$$a_{A2} = 1 - e^{-\frac{W_2}{M}\theta} \tag{4}$$

推导完毕。

附录2 式（14）（15）的推导

$$T=\frac{\sum_{i=1}^{n}\theta_i a_i}{\sum_{i=1}^{n}a_i}=\frac{\sum_{i=1}^{n}\theta_i a_i}{100\%}=\sum_{i=1}^{n}\theta_i a_i$$

$$\begin{aligned}&=te^{-b\theta_2}+\theta_2[(1-e^{-b\theta_2})-(1-e^{-b\theta_3})]+\theta_3[(1-e^{-b\theta_3})-(1-e^{-b\theta_4})]+\cdots+\\&\theta_i[(1-e^{-b\theta_i})-(1-e^{-b\theta_{i+1}})]+\cdots+\theta_{n-1}[(1-e^{-b\theta_{n-1}})-(1-e^{-b\theta_n})]+\theta_n(1-e^{-b\theta_n})\end{aligned}\tag{12}$$

也即：

$$\begin{aligned}T&=te^{-b\theta_2}+\theta_2[(-e^{-b\theta_2})+e^{-b\theta_3})]+\theta_3[(-e^{-b\theta_3})+e^{-b\theta_4})]+\cdots+\theta_{i-1}[(-e^{-b\theta_{i-1}})+\\&e^{-b\theta_i})]+\theta_i[(-e^{-b\theta_i})+e^{-b\theta_{i+1}})]+\cdots+\theta_{n-1}[(-e^{-b\theta_{n-1}})+e^{-b\theta_n})]+\theta_n(1-e^{-b\theta_n})\\&=te^{-b\theta_2}+\theta_2(-e^{-b\theta_2})+\theta_2e^{-b\theta_3}+\theta_3(-e^{-b\theta_3})+\theta_3e^{-b\theta_4}+\theta_4(-e^{-b\theta_4})+\cdots+\\&\theta_{i-1}e^{-b\theta_i}+\theta_i(-e^{-b\theta_i})+\cdots+\theta_{n-2}e^{-b\theta_{n-1}}+\theta_{n-1}(-e^{-b\theta_{n-1}})+\theta_{n-1}e^{-b\theta_n}+\theta_n(1-e^{-b\theta_n})\\&=te^{-b\theta_2}+\theta_2(-e^{-b\theta_2})+(\theta_2-\theta_3)e^{-b\theta_3}+(\theta_3-\theta_4)e^{-b\theta_4}+\cdots+\\&(\theta_{i-1}-\theta_i)e^{-b\theta_i}+\cdots+(\theta_{n-2}-\theta_{n-1})e^{-b\theta_{n-1}}+(\theta_{n-1}-\theta_n)e^{-b\theta_n}+\theta_n\\&=te^{-b\theta_2}+\theta_2(-e^{-b\theta_2})+\sum_{i=3}^{n}(\theta_{i-1}-\theta_i)e^{-b\theta_i}+\theta_n\end{aligned}\tag{12a}$$

在上式中：

$$(\theta_2-\theta_3)=\theta_3-\theta_4=\cdots=\theta_{i-1}-\theta_i=\cdots=\theta_{n-2}-\theta_{n-1}=\theta_{n-1}-\theta_n=T' \qquad (*1)$$

T' 为每桶浆液输入浆槽所花费的时间，T' 由正文中的式（8）确定。即：

$$T'=\frac{V}{W_2}\tag{8}$$

在推导式（14）（15）时，假定除第1桶浆液外，其他各桶浆液的煮浆容积为无穷小，即 $T'\to0$，令 $T'=d\theta$。又因为 $\theta_n\leqslant T'$，当 $T'\to0$，$\theta_n\to0$，于是式（12a）在 $T'=d\theta\to0$ 时可写成积分形式，即：

$$\begin{aligned}T&=te^{-b\theta_2}+\theta_2(-e^{-b\theta_2})+\int_0^{\theta_3}e^{-b\theta}d\theta\\&=te^{-b\theta_2}+\theta_2(-e^{-b\theta_2})+\frac{1}{-b}e^{-b\theta}\Big|_0^{\theta_3}\\&=te^{-b\theta_2}+\theta_2(-e^{-b\theta_2})+\frac{1}{-b}(e^{-b\theta_3}-1)\\&=te^{-b\theta_2}+\theta_2(-e^{-b\theta_2})+\frac{1}{b}(1-e^{-b\theta_3})\end{aligned}$$

$$= te^{-b\theta_2} + \theta_2(-e^{-b\theta_2}) + \frac{M}{W_2}(1 - e^{-b\theta_3}) \tag{12b}$$

在式（12b）中：

$$\theta_2 = t - \frac{V_1 - M}{W_2}$$

$$\theta_3 = \theta_2 - d\theta \approx \theta_2 = t - \frac{V_1 - M}{W_2}$$

式中：V_1 为第 1 桶熟浆液的容积（L）。

将以上两式代入式（12b）并注意，$b=\frac{W_2}{M}$，于是有：

$$T = te^{-\frac{W_2}{M}\left(t-\frac{V_1-M}{W_2}\right)} - \left(t - \frac{V_1 - M}{W_2}\right)e^{-\frac{W_2}{M}\left(t-\frac{V_1-M}{W_2}\right)} + \frac{M}{W_2}\left(1 - e^{-\frac{W_2}{M}\left(t-\frac{V_1-M}{W_2}\right)}\right)$$

$$= \frac{V_1 - M}{W_2}e^{-\frac{W_2}{M}\left(t-\frac{V_1-M}{W_2}\right)} + \frac{M}{W_2}\left(1 - e^{-\frac{W_2}{M}\left(t-\frac{V_1-M}{W_2}\right)}\right) \tag{14}$$

上式就是式（14）了。将式（14）两边对浆纱起机时间 t 求导，得：

$$\frac{dT}{dt} = \frac{V_1 - M}{W_2}\left(-\frac{W_2}{M}\right)e^{-\frac{W_2}{M}\left(t-\frac{V_1-M}{W_2}\right)} + e^{-\frac{W_2}{M}\left(t-\frac{V_1-M}{W_2}\right)}$$

$$= \left(1 - \frac{V_1 - M}{M}\right)e^{\frac{V_1-M}{M}}c^{-\frac{W_2}{M}t}$$

并令$\frac{dT}{dt}=0$，于是有：

$$\begin{cases} e^{-\frac{W_2}{M}t} = 0 \\ \left(1 - \frac{V_1 - M}{M}\right) = 0 \end{cases}$$

解之，得：

$$\begin{cases} t = \infty \\ V_1 = 2M \end{cases}$$

将以上两式代入式（14），结果都一样，平均储浆时间 T 的极值为：

$$T_{极值1} = T_{极值2} = \frac{M}{W_2} = 常数 \tag{15}$$

$V_1 = 2M$ 的意义是，当第 1 桶熟浆液输完后，浆槽中浆液的平均储浆时间 T 始终为 $\frac{M}{W_2}$（=常数）；$V_1 < 2M$ 时，$T_{极值1} = T_{极值2} = \frac{M}{W_2}$ 为极大值；$V_1 > 2M$ 时，$T_{极值1} = T_{极值2} = \frac{M}{W_2}$ 为极小值，因为第 1 桶熟浆液体积比较大，第一桶熟浆液输完瞬时浆槽中浆液的平均储浆时间 T 大于 $\frac{M}{W_2}$。当 $M=300\text{L}$，$W_2=112.5\text{L/h}$，V_1 分别为 750L、600L（$=2M$）、425L、300L（$=M$）时所画出的曲线如附图 1 所示。

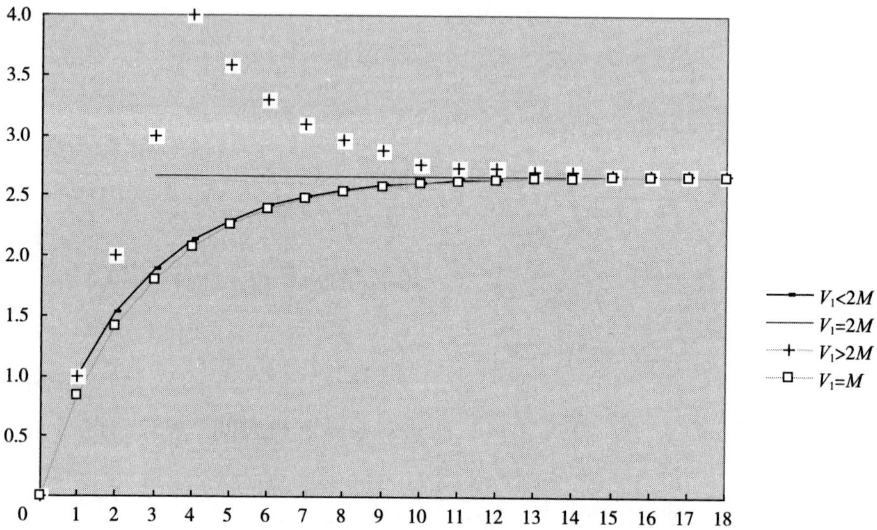

附图 1　除第 1 桶浆液外其他各桶浆液煮浆容积为无穷小时 T（纵坐标）与 t（横坐标）的关系图

在式（14）中如果 $V-M=0$，式（14）就变为：

$$T=\frac{M}{W_2}(1-e^{-\frac{W_2}{M}t}) \tag{16}$$

对于式（15），当 $t\to\infty$ 时，平均储浆时间 T 则达到最大值，即：

$$T_{\max}=\frac{M}{W_2}=常数 \tag{17}$$

以上论述即为式（14）（15）（16）（17）的证明。

附录 3　式（18）（19）的推导

在附录 2 中，原文中的式（12）写成式［12（a）］。式（12）是

$$T=te^{-b\theta_2}+\theta_2(-e^{-b\theta_2})+(\theta_2-\theta_3)e^{-b\theta_3}+(\theta_3-\theta_4)e^{-b\theta_4}+\cdots+$$
$$(\theta_{i-1}-\theta_i)e^{-b\theta_i}+\cdots+(\theta_{n-2}-\theta_{n-1})e^{-b\theta_{n-1}}+(\theta_{n-1}-\theta_n)e^{-b\theta_n}+\theta_n \tag{12}$$

$$T=te^{-b\theta_2}+\theta_2(-e^{-b\theta_2})+\sum_{i=3}^{n}(\theta_{i-1}-\theta_i)e^{-b\theta_i}+\theta_n \qquad [12(a)]$$

$$(\theta_2-\theta_3)=\theta_3-\theta_4=\cdots=\theta_{i-1}-\theta_i=\cdots=\theta_{n-2}-\theta_{n-1}=\theta_{n-1}-\theta_n=T' \qquad (*1)$$

$$T = \frac{V}{W_2} \tag{8}$$

由（*1）式，有：

$$\begin{cases} \theta_{n-1} = T' + \theta_n \\ \theta_{n-2} = 2T' + \theta_n \\ \quad \vdots \\ \theta_i = (n-i)T' + \theta_n \\ \quad \vdots \\ \theta_3 = (n-3)T' + \theta_n \\ \theta_2 = (n-2)T' + \theta_n \end{cases} \tag{*2}$$

又
$$t = \theta_2 + T_1' = T_1' + (n-2)T' + \theta_n = \frac{V-M}{W_2} + (n-2)T' + \theta_n$$

代入式［12（a）］，得：

$$\begin{aligned} T =& [T_1' + (n-2)T' + \theta_n]e^{-b[T_1'+(n-2)T'+\theta_n]} + [(n-2)T' + \theta_n](-e^{-b[(n-2)T'+\theta_n]}) + \\ & [T'e^{-b[(n-3)T'+\theta_n]} + T'e^{-b[(n-4)T'+\theta_n]} + \cdots + \\ & T'e^{-b[(n-i)T'+\theta_n]} + \cdots + T'e^{-b(T'+\theta_n)} + T'e^{-b\theta_n}] + \theta_n \\ =& (T_1' + \theta_n)e^{-b[T_1'+(n-2)T'+\theta_n]} + [e^{-b(n-3)T'} + e^{-b(n-4)T'} + \cdots + \\ & e^{-b(n-i)T'} + \cdots + e^{-bT'} + 1]T'e^{-b\theta_n} + \theta_n \\ =& (T_1' + \theta_n)e^{-b[T_1'+(n-2)T'+\theta_n]} + (\sum_{j=0}^{n-3} e^{-bjT'})T'e^{-b\theta_n} + \theta_n \\ =& (T_1' + \theta_n)e^{-b[T_1'+(n-2)T'+\theta_n]} + [\sum_{j=0}^{n-3} (e^{-bT'})^j]T'e^{-b\theta_n} + \theta_n \end{aligned} \tag{**1}$$

在式（**1）中，当 $n \to \infty$ 时，等号右边第一项趋于0。另外，从原文中的图4-2-3可以看出，除第1、第2桶浆液外，在每桶浆液输入初瞬时或该桶浆液输入末瞬时，浆槽浆液平均储浆时间 T 获得极大值。为方便起见，在 $n \to \infty$ 时，取该桶浆液输入浆槽初瞬时，则式（**1）中 $\theta_n = 0$，$e^{-b\theta_n} = 1$。那么，当 $n \to \infty$ 时，浆槽浆槽浆液平均储浆时间 T 的最大值 T_{max} 为：

$$T_{max} = [\sum_{j=0}^{n-3} (e^{-bT'})^j]T' \tag{**2}$$

式（**2）等号右边中括号内是一个关于公比为 $e^{-bT'}$ 的等比级数和。根据等比数列前 n 项和公式，可将上式写为：

$$T_{max} = [\sum_{j=0}^{n-3} (e^{-bT'})^j]T' = \frac{1-(e^{-bT'})^{n-2}}{1-e^{-bT'}}T' \tag{**3}$$

当 $n \to \infty$ 时，$(e^{-bT'})^{n-2} \to 0$，式（**3）变为：

$$T_{\max} = \frac{T'}{1 - e^{-bT'}} \qquad (**4)$$

在式（**4）中，$T' = \frac{V}{W_2}$，$b = \frac{W_2}{M}$，$bT' = \frac{W_2}{M}\frac{V}{W_2} = \frac{V}{M}$，代入，则有：

$$T_{\max} = \frac{\frac{V}{W_2}}{1 - e^{-\frac{V}{M}}} \qquad (18)$$

这就是正文中的式（18）了。

式（18）也可看作当 $n \to \infty$ 时，第 $n-1$ 桶浆液输浆末瞬时浆槽浆液的平均储浆时间，那么在第 $n-1$ 桶浆液输浆末瞬时至第 n 桶浆液输浆末瞬时期间，浆槽浆液的平均储浆时间 T 也可求出。求法是将式（18）代入式（**1）中，则有：

$$T = (T_1' + \theta_n) e^{-b(T_1' + (n-2)T' + \theta_n)} + T_{\max} e^{-b\theta_n} + \theta_n \qquad (**1a)$$

注意到当 $n \to \infty$ 时，式（**1a）中第一项趋于0，故当 $n \to \infty$ 时，平均储浆时间 T 为：

$$T = T_{\max} e^{-b\theta_n} + \theta_n \qquad (**1b)$$

将式（**1b）两边对 θ_n 求导，并令其导数为0，可求出当 $n \to \infty$ 时，在第 $n-1$ 桶浆液输浆末瞬时至第 n 桶浆液输浆末瞬时期间，浆槽浆液平均储浆时间 T 的最小值 $T_{\min}$。

$$\frac{dT}{d\theta_n} = -bT_{\max} e^{-b\theta_n} + 1 = 0$$

$$e^{-b\theta_n} = \frac{1}{bT_{\max}}$$

$$\theta_n = -\frac{1}{b}\ln\left(\frac{1}{bT_{\max}}\right) = -\frac{M}{W_2}\ln\left(\frac{1}{\frac{W_2}{M}\frac{\frac{V}{W_2}}{1 - e^{-\frac{V}{M}}}}\right) = -\frac{M}{W_2}\ln\left(\frac{1 - e^{-\frac{V}{M}}}{\frac{V}{M}}\right) \qquad (**5)$$

将式（**5）所求的 θ_n 和式（18）代入式（**1b），即可求出 $T_{\min}$，辗转代回步骤如下：

$$-b\theta_n = \ln\left(\frac{1 - e^{-\frac{V}{M}}}{\frac{V}{M}}\right)$$

$$e^{-b\theta_n} = \frac{1 - e^{-\frac{V}{M}}}{\frac{V}{M}}$$

$$T_{\min} = T_{\max} e^{-b\theta_n} + \theta_n$$

$$= \frac{\frac{V}{W_2}}{1-e^{-\frac{V}{M}}} \frac{1-e^{-\frac{V}{M}}}{\frac{V}{M}} - \frac{M}{W_2}\ln\left(\frac{1-e^{-\frac{V}{M}}}{\frac{V}{M}}\right)$$

$$= \frac{M}{W_2} - \frac{M}{W_2}\ln\frac{1-e^{-\frac{V}{M}}}{\frac{V}{M}} = \frac{M}{W_2}\left(1-\ln\frac{1-e^{-\frac{V}{M}}}{\frac{V}{M}}\right)$$

$$= \frac{M}{W_2}\left[1-\ln(1-e^{-\frac{V}{M}})+\ln\frac{V}{M}\right]$$

$$= \frac{M}{W_2}[1-\ln(1-e^{-\frac{V}{M}})+\ln V-\ln M] \tag{19}$$

这就是式（19）了。

第三节　煮浆过程中热交换与固体量变化的研究

调浆工作中如何根据所要求的熟浆固体量和体积来确定生浆的固体量和体积，或煮浆桶预加水量，本节系统地讨论了这一问题，给出了生浆固体量与熟浆固体量的比值 ε 的取值范围。

一、确定煮浆桶生浆固体量的步骤

浆液的重量浓度称为浆液的固体量，是指浆液中各浆料干重之和与浆液总重量的百分比。确定煮浆桶生浆固体量（即重量浓度）的步骤如下：

（1）根据织物经纱原料、经纬纱特数、经纬密度、织物组织及织机类型和织机车速等确定浆料配方；

（2）根据第（1）点和浆料配方确定上浆率；

（3）根据上浆率和浆槽固体量的关系确定浆槽浆液固体量；

（4）根据浆槽固体量和供浆桶固体量的关系确定供浆桶固体量，主要综合考虑的因素是：供浆桶浆液温度和浆槽温度之差、输浆管道的热损失等，确定的直接办法则是通过测量供浆桶固体量和浆槽固体量，比较其差异，经过较长一段时间的观察，就得到一套经验数据，而在设计供浆桶固体量时，则按这套经验数据予以确定；

（5）可近似认为，供浆桶浆液固体量就等于煮浆桶成浆的固体量，通常煮浆桶和供浆桶本身就是一个桶。

（6）近似按浆液比热和高压蒸汽热焓值确定生浆固体量，并根据成浆体积确定生浆体积。

（7）从泡粉池向煮浆桶输入适量浓度较大的生浆，加水稀释，加热到50℃，使波美浓度和体积达到规定值（定浓法）；或根据浆料干量、浆料中的水分量、生浆体积确定煮浆桶加水量（定积法），调好浆液，煮浆开始。

二、"煮浆"试验

"煮浆"试验在G921高速搅拌煮浆桶（煮浆桶直径102cm）中进行。先在煮浆桶中加入适量水，开搅拌器并加入75kg PVA（1799）、2.25kgCMC，打开蒸汽阀门烧开浆液，然后迅速关闭蒸汽阀门，于是浆液温度逐渐降低，每隔10min测量浆液温度、黏度，数据如表4-3-1所示。显然本试验并不符合煮浆的规定，故将"煮浆"两字加上引号，但本试验是有意义的。因为依据本试验数据可得出煮浆过程中热交换与浆液固体量变化的一些重要数据。

表4-3-1 试验工艺

序号	时间 t_{1j}（min）	浆液温度 T_{1j}（℃）	浆液黏度（s）	浆液高度（cm）/体积（L）	室内干球温度 T_0'（℃）	室内湿球温度（℃）	式按（15）计算浆液温度 T_{1j}（℃）
1	0	98.5	7.8	88（719）			98.45
2	10	96.5	8.7				96.58
3	20	94.8	8.3		32.6	26.8	94.85
4	30	93.2	8.1				93.24
5	40	91.8	8.3				91.75
6	50	90.5	8.4		31.8	26.9	90.36
7	60	89.2	9.2				89.08
8	70	87.9	9.4				87.88
9	80	86.9	9.7				86.77
10	90	85.8	10.2	84.8（693）	31.7	26.7	85.74
11	100	84.9	10.6				84.78
12	110	84	10.3				83.89
13	120	83.1	10.6				83.07
14	130	82.3	11	84（686）	31.4	26	82.30
平均	—	—	—	—	31.875	—	—

1. 试验过程中浆液的吸放热分析

在该试验中，关闭蒸汽阀门后，仍有对浆液加热的热源，一是搅拌器在旋转过程中与浆液摩擦所产生的热，这是一个与浆液黏度大小有关的值，黏度大，对搅拌器的阻力就大，摩擦发出的热就多；另一个热源是蒸汽管道，因为控制给煮浆桶加热的蒸汽阀门距煮浆桶很近，其距离约 70cm，虽然将蒸汽阀门关闭了，但高温的蒸汽管道仍会通过传导向浆液传递一定的热量，传递热量的大小后面将给出实测值。这两个热源对浆液产生的效果都是使浆液中的水分蒸发。

试验期间测过 4 次调浆室温度，平均值为 31.875℃。浆液的温度高，调浆室的温度低，于是浆液要向外散热。浆液向外散热主要通过三个途径：第一，通过浆液表面蒸发，这种散热使得浆液水分减少，浆液液面降低，固体量增大；第二，通过桶壁向外幅射热量；第三，通过桶底向调浆室地板传导热量。后两种热量传递都不会使浆液固体量变化。浆液温度从 98.5℃下降到 82.3℃时，浆液液面高度从 88cm（从浆液底面量起）下降到 84cm，下降量为 4cm。如果把浆料也当作水看待，且不考虑桶壁温度变化对浆液温度变化的影响，经过计算知，影响浆液液面高度下降 4cm 的因素也分三部分。第一，浆液温度从 98.5℃下降到 82.3℃要放出热量，这个热量包括上述三种散热途径散走的总热量，由于后两种途径（从桶底桶壁散热）散走的热量相对于第一种散热途径（通过浆液表面蒸发）散走的热量很小，故此时把这三种散热途径散走的热量都看作以第一种散热途径散走的热量，那么按热平衡方程计算知，这些热使水蒸发而使液面下降了 2.46cm；第二，浆液热胀冷缩使液面下降 0.96cm（水在 4℃以上时热胀冷缩，只有在 4℃时比重才为 1）；第三，搅拌器摩擦散热及关闭了阀门的蒸汽管道通过传导热量使水分蒸发而使液面下降 0.5777cm。其中第三部分相当于在平均温度 90.4℃条件下，蒸发水 4.72kg，蒸发所需热源量为 2624kcal，蒸发时间为 2.167h，平均每小时蒸发水分 2.18kg，蒸发热为 1211kcal/h，即 1.408kW，可见第三项所产生的热量不大，搅拌器用于产生摩擦热的电动机实测耗电量约为 1.11kW，则关闭阀门后蒸汽管道传导的热量仅为 0.307kW。另外，搅拌器空转还需动力约 0.79kW（实测值），由于搅拌器支撑部位在调浆桶桶盖顶端，把它产生的摩擦热视作与浆液吸放热无关的值，若煮浆桶浆液温度为 72.4℃，上述第三项产生的热量较大，原因是，温度低，黏度大，产生的摩擦热就多；关闭阀门后蒸汽管道和浆液之间的温差较大，传递的热量就多。但差异并不大故按常量处理。

2. 试验数据的分析

现在对表 4-3-1 中煮浆温度与时间的关系数据作一些处理和分析。

设浆液的温度为 T_1，浆液的重量为 W_1，比热为 c，则浆液的热量 Q_1 按下式计算：

$$Q_1 = cW_1T_1 \tag{1}$$

于是：

$$T_1 = \frac{Q_1}{cW_1} \tag{2}$$

我们知道，若有两个物体，甲为高温物体，乙为低温物体，甲向乙单位时间的传热量与甲乙物体之间的温度差成正比，此处把甲看作浆液，把乙看作调浆室室内空气或地面。从上面的分析可知，浆液高度为 88cm（719L），在 130min（2.17h）内，水分蒸发高度仅为 3.04cm（=2.46cm+0.58cm），不足 4%，所以此处可以把浆液的重量看作不变，而浆液的温度又与浆液所含的热量成正比，那么，在将浆液的重量近似看作常量的情况下，浆液单位时间温度的变化量或传热量就和浆液与调浆室温度之差成正比。即有：

$$\frac{1}{cW_1}\frac{\mathrm{d}Q_1}{\mathrm{d}t} = \frac{\mathrm{d}T_1}{\mathrm{d}t} = A + K(T_1 - T'_0) \tag{3}$$

或

$$\frac{\mathrm{d}Q_1}{\mathrm{d}t} = cW_1\frac{\mathrm{d}T_1}{\mathrm{d}t} = AcW_1 + KcW_1(T_1 - T'_0) \tag{4}$$

式中：$\frac{\mathrm{d}Q_1}{\mathrm{d}t}$，$\frac{\mathrm{d}T_1}{\mathrm{d}t}$ 为浆液单位时间传热量（kcal/min）、单位时间温度的变化值（℃/min）；T_1 为浆液温度（℃）；T'_0 为浆室温度（℃）；c 为浆液的比热，近似取水的比热值［kcal/（kg·℃）］，$c=1$；W_1为浆液重量（kg）；A、K 为常数。

式（4）中的 AcW_1 表示某恒定热源向浆液的单位时间传热量，本试验是指搅拌器摩擦散热及关闭阀门后蒸汽管道通过传导热量单位时间向浆液输入的热量。$KcW_1(T_1 - T'_0)$ 表示浆液单位时间向调浆室室内放出的热量。

下面求解浆液的温度变化式。式（4）第二个等号两侧可变为：

$$\frac{\mathrm{d}T_1}{A + K(T_1 - T'_0)} = \mathrm{d}t \tag{5}$$

对上式两边积分，则有：

$$\begin{aligned} T_1 &= \frac{1}{K}\mathrm{e}^{K(t+C)} - \frac{A}{K} + T'_0 \\ &= \frac{\mathrm{e}^{KC}}{K}\mathrm{e}^{Kt} - \frac{A}{K} + T'_0 \end{aligned}$$

$$= \frac{C_1}{K}e^{Kt} - \frac{A}{K} + T'_0 \tag{6}$$

式中：C、C_1为积分常数。

令
$$D_1 = \frac{C_1}{K} \tag{7}$$

$$D_2 = -\frac{A}{K} + T'_0 \tag{8}$$

则
$$T_1 = D_1 e^{Kt} + D_2 \tag{9}$$

在本次试验中，由于关闭了蒸汽阀门，故时间 t 增大时，浆液温度 T_1降低，从上面两式中可知 $K<0$，表示浆液向外放热，$D_1>0$，故浆液温度 T_1变化曲线是指数衰减曲线（图 4-3-1）。

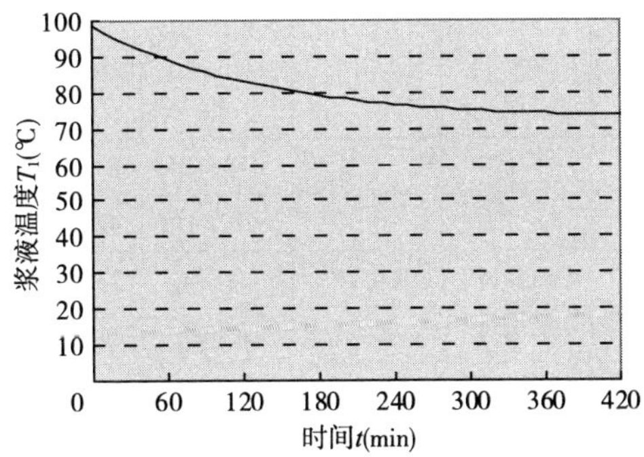

图 4-3-1　浆液温度变化曲线

实测出 n 组（t、T_1、T'_0）数值（象表 4-3-1 那样），将式（3）中的导数 $\frac{dT_1}{dt}$ 以 $\frac{\Delta T_1}{\Delta t}$ 代替，于是式（3）就变成 $y = a + k(x - x_0)$ 形式的直线表达式，将 $\frac{\Delta T_1}{\Delta t}$ 作为 y，T_1 作为 x，T'_0 作为 x_0，A 作为 a，K 作为 k，运用数学上的最小二乘法，就能求出常数 A、K。然后根据式（3）的初始条件就能定出 C_1，由式（7）～（9）定出 D_1、D_2和 T_1的曲线表达式。表 4-3-2 给出了运用最小二乘法过程的有关数据，在这里只写出本次试验的结果。

$$T_1 = 26.084e^{-0.007423t} + 72.366 \tag{10}$$

式（10）就是本试验将浆液加热到 98.5℃后关闭蒸汽阀门浆液温度的变化表达式。它和一般的指数衰变曲线式（9）在形式上是完全一致的。将时间 t 的具体数值代入式（10），得出的浆液温度 T_1与实测数据是很接近的，见表 4-3-

1、表 4-3-2。浆液温度的变化曲线如图 4-3-1 所示。式（10）还说明，当时间无限长时，只要高速煮浆桶的搅拌器在转动，浆液温度是不会低于 72.4℃的，而 72.4℃是浆液达到吸放热平衡的平衡点温度。对比式（10）和式（8）（9）可知，浆液平衡点温度为 D_2。D_2由两部分组成，一部分是由调浆室温度 T'_0 引起的，在这里 $T'_0=31.9$℃；另一部分是由 $-\frac{A}{K}$ 组成的，在这里$\left(-\frac{A}{K}\right)=40.5$℃，是由搅拌器摩擦发热和蒸汽管传导热引起的。虽然本试验是一次具体的试验，但其数学表达式（9）却是从普遍现象推导出的，故它反映了关闭蒸汽阀门后浆液温度的变化的曲线形式。对于各缸具体的浆液，式（9）中的常数 K、D_1、D_2只是不同而已。

表 4-3-2　试验数据分析表

序号	时间 t_{Kj} (min)	浆液温度 T_{Kj} (℃)	x_j	y_j	$x_j \cdot y_j$	$(x_j-\bar{x})^2$	$(y_j-\bar{y})^2$	按式（15）计算浆液温度 T_{1j} (℃)
1	5	97.5	65.625	-0.2	-13.125	69.65828	0.005683	97.50
2	15	95.65	63.775	-0.17	-10.8418	42.20001	0.00206	95.70
3	25	94	62.125	-0.16	-9.94	23.48521	0.001252	94.03
4	35	92.5	60.625	-0.14	-8.4875	11.19675	0.000237	92.48
5	45	91.15	59.275	-0.13	-7.70575	3.98463	2.9E-05	91.04
6	55	89.85	57.975	-0.13	-7.53675	0.48463	2.9E-05	89.71
7	65	88.55	56.675	-0.13	-7.36775	0.36463	2.9E-05	88.47
8	75	87.4	55.525	-0.1	-5.5525	3.075976	0.000606	87.31
9	85	86.35	54.475	-0.11	-5.99225	7.861553	0.000214	86.25
10	95	85.35	53.475	-0.09	-4.81275	14.46925	0.001198	85.25
11	105	84.45	52.575	-0.09	-4.73175	22.12617	0.001198	84.33
12	115	83.55	51.675	-0.09	-4.65075	31.40309	0.001198	83.47
13	125	82.7	50.825	-0.08	-4.066	41.65213	0.001991	82.68
平均	65	89.15385	$\bar{x}$：57.27885	$\bar{y}$：-0.12462				
Σ					-94.8105	271.9623	0.015723	

$n=13$

$n\bar{x}\bar{y}=-92.79173077$，$\sum xy=2.067869504$，$K=-0.007422974$，$A=0.30056402$

$$r=\frac{\sum xy-n\bar{x}\bar{y}}{\sqrt{\sum(x-\bar{x})^2\sum(y-\bar{y})^2}}=-0.976255623$$

现在就可以看出关闭阀门进行“煮浆”试验的意义，该试验肯定了关闭阀门后浆液温度服从指数衰减曲线，并能求出 A、K、D_1、D_2 等重要常数。对于煮浆桶可作这样的试验，若对于浆槽也作类似的试验，则对浆纱过程中的热交换和固体量变化有更清楚的认识（这不在本文讲述的范围内）。

虽然，各桶浆液所用的浆料、调浆量、固体量会有所不同，但同时间调浆室温度基本相同，故对大缸煮的化学浆液来说，式（9）中的三个常数差异并不大。这对调浆过程中统一检查是否按规定操作带来许多好处。在煮浆过程中，若发现浆液温度较低，根据式（9）（假如式中的三个常数为已知）至少可以知道，浆液已至少多长时间没有加热了或加热不够。查一下煮浆记录本上的起始时间就能知道调浆过程中是否按规定操作。因为有时可能会有这样一种现象发生，为防止煮浆过程中浆液溢出，调浆过程中有时不小心将煮浆所用的高压蒸汽阀门关得太小或关死。

调浆室室温不同时，从已知曲线算出未知曲线。

调浆室冬季和夏季季温度差异很大，白天和晚上也有差异，当关闭蒸汽阀后，虽然浆液的温度都服从指数衰变曲线，但曲线本身是有差异的。

对于同种配方和固体量的浆液，在调浆室有温度差异时，式（6）中的 A、K 是不变的，仅 T'_0、C_1 不同。如在某一个调浆室温度下的曲线已求出（即 T'_0、C_1、A、K 已求出，初始条件 $t=0$ 时，T_1 已知），要求另一个温度条件下的指数衰变曲线，则很容易求出。方法是设调浆室在两种不同温度条件下（即 $t=0$ 时），浆液的初始温度 T_1 相同，将另一个室温代入式（6），则该室温下的 C_1 就可简单求出。

3. 式（9）中 K、D_1、D_2 的确定

设调浆式温度不变，式（9）中有三个未知常数，事实上，只要作出三组（t，T_1）对应值就可确定这三个常数了。如果测出调浆室温度 T'_0，还可求式（1）中的常数 A。设这三组（t，T_1）对应值分别为（t_1，T_{11}）、（t_2，T_{12}）、（t_3，T_{13}），但须注意在调查这三组数据时，应使它们之间的时间间隔相等，即：

$$t_2 - t_1 = t_3 - t_2 \tag{11}$$

或

$$t_3 - t_1 = 2(t_2 - t_1) \tag{12}$$

否则，最后求解过程会非常麻烦。将（t_1，T_{11}）、（t_2，T_{12}）、（t_3，T_{13}）分别代入式（9），于是有：

$$T_{11} = D_1 e^{Kt_1} + D_2 \tag{13}$$

$$T_{12} = D_1 e^{Kt_2} + D_2 \tag{14}$$

$$T_{13} = D_1 e^{Kt_3} + D_2 \tag{15}$$

移项，得：

$$T_{11}-D_2=D_1\mathrm{e}^{Kt_1} \tag{16}$$

$$T_{12}-D_2=D_1\mathrm{e}^{Kt_2} \tag{17}$$

$$T_{13}-D_2=D_1\mathrm{e}^{Kt_3} \tag{18}$$

以式（17）（18）分别除以式（16），得：

$$\frac{T_{12}-D_2}{T_{11}-D_2}=\mathrm{e}^{K(t_2-t_1)} \tag{19}$$

$$\frac{T_{13}-D_2}{T_{11}-D_2}=\mathrm{e}^{K(t_3-t_1)} \tag{20}$$

对以上两式等号两边取对数，有：

$$\ln\frac{T_{12}-D_2}{T_{11}-D_2}=K(t_2-t_1) \tag{21}$$

$$\ln\frac{T_{13}-D_2}{T_{11}-D_2}=K(t_3-t_1) \tag{22}$$

以式（22）除式（21），并应用式（12），则有：

$$\frac{\ln\dfrac{T_{13}-D_2}{T_{11}-D_2}}{\ln\dfrac{T_{12}-D_2}{T_{11}-D_2}}=\frac{t_3-t_1}{t_2-t_1}=\frac{2(t_2-t_1)}{t_2-t_1}=2$$

那么：

$$\ln\frac{T_{13}-D_2}{T_{11}-D_2}=2\ln\frac{T_{12}-D_2}{T_{11}-D_2}=\ln\left(\frac{T_{12}-D_2}{T_{11}-D_2}\right)^2$$

即：

$$\frac{T_{13}-D_2}{T_{11}-D_2}=\left(\frac{T_{12}-D_2}{T_{11}-D_2}\right)^2 \tag{23}$$

从以上方程的推导过程中，可知在试验中置 $t_3-t_1=2(t_2-t_1)$ 的好处了，若不是 $t_3-t_1=2(t_2-t_1)$，则上式等号右边的幂次数就不会是2，方程会变得非常难解。式（23）可简化为：

$$(T_{11}-D_2)(T_{13}-D_2)=(T_{12}-D_2)^2$$

$$T_{11}T_{13}-D_2T_{11}-D_2T_{13}=T_{12}^2-2D_2T_{12}$$

$$D_2=\frac{T_{11}T_{13}-T_{12}^2}{T_{11}+T_{13}-2T_{12}} \tag{24}$$

求出 D_2 后，通过式（22）可求出 K：

$$K=\frac{\ln\dfrac{T_{12}-D_2}{T_{11}-D_2}}{t_2-t_1} \tag{25}$$

求出 K 后，通过式（13）可求出 D_1：

$$D_1 = \frac{T_{11} - D_2}{e^{Kt_1}} \tag{26}$$

至此，式（9）中的三个常数 K、D_1、D_2 都已求出。通过式（8）和 T'_0 还可求出 A、$-\frac{A}{K}$：

$$-\frac{A}{K} = D_2 - T'_0 \tag{27}$$

$$A = -K(D_2 - T'_0) \tag{28}$$

三、升温煮浆阶段生浆固体量与熟浆固体量的比值 ε_1

PVA 等化学浆料的煮浆过程是，先在煮浆桶中加入适量的水，打开搅拌器，将所需的浆料徐徐倒入煮浆桶内，打开蒸汽阀直接向浆液内通入蒸汽加热至 100℃，然后关小蒸汽阀使浆液在 95℃ 保温 2~4h，即成熟浆。把刚调好还没有加热的浆液称为生浆。即煮浆过程可分为两个阶段，一是升温阶段，二是保温煮浆阶段。此处先讨论升温阶段热交换与浆液固体量变化问题，后面再讨论保温煮浆过程中热交换与浆液固体量变化问题。

设在升温煮浆前，预加进煮浆桶中的水重量为 W_{01}（kg），水的温度为 T_{01}（℃），加入煮浆桶中的浆料有 n 种，各浆料的重量分别为 G_1，G_2，…，G_n（kg），总重量为 G，浆料的温度为调浆室室温，由于浆料比水的重量少得多，为方便起见，将浆料的温度看作与水温度一样。各浆料的干固率分别为 η_1，η_2，…，η_n，浆料的总干重量为 $G_干$，则：

$$G_干 = \eta_1 G_1 + \eta_2 G_2 + \cdots + \eta_n G_n = \sum_{j=1}^{n} \eta_j G_j \tag{29}$$

设这时浆液的固体量为 L_0，浆液的重量为 W_0，则：

$$W_0 = W_{01} + G \tag{30}$$

$$L_0 = \frac{G_干}{W_0} = \frac{G_干}{W_{01} + G} = \frac{\sum_{j=1}^{n} \eta_j G_j}{W_{01} + G} \tag{31}$$

当对浆液加热时，煮浆桶的内壁也被加热，需要一定的热量，但由于煮浆桶的内壁和外壁之间夹有厚厚的保温层，其内壁也很薄，一般用铜皮或不锈钢皮做成，铜或钢的比热很小（铜的比热为 0.09，钢的比热为 0.11，水则为 1)，故加热所需的热量很小，可略去不计。

关于浆料的比热和溶解热。PVA 的比热为 0.4［kcal/（kg·℃）］。大多数浆料的比热和溶解热则很难查到。由于浆料相对于水来说量很小，一般约10%，而水的比热又很大，故可不考虑浆料的溶解热，而把浆料的比热视作与水一样，这样虽有误差，但从煮浆的实践来看，这样作的误差是很小的。

由于煮浆加热阶段只有8~13min，故搅拌器摩擦产生的热可忽略不计。

加热是用100℃以上的高压高热饱和蒸汽直接喷入浆液中来对浆液进行加热的。高压热蒸汽直接喷入浆液中后，温度降低到100℃以下，放出汽化热，汽态的水蒸气变成液态的水，于是浆液的重量和体积增大，浆液的固体量却减小。把浆液加热到100℃后，关小蒸汽阀门，让浆液温度保持在95℃继续煮浆。在浆液由100℃降为95℃的过程中，浆液又主要以蒸发的形式散走热量，相当于高压高热饱和蒸汽只将浆液加热到95℃。

高压高热的蒸汽是在锅炉中将水加热汽化成高压高热的水蒸气。刚从锅炉烧出来的高压高热蒸汽为饱和蒸汽。饱和蒸汽的压力和温度有一一对应的关系。如饱和蒸汽的压力为3.5kgf/cm^2，对应的温度为138.19℃，对应的焓值［焓值是指单位重量所含的热量（kcal/kg），是以0℃的液态水为基准0的一个相对值］为652.4kcal/kg，饱和蒸汽的压力一般为5kgf/cm^2，对应的温度为151.11℃，对应的焓值为656.3kcal/kg。从这里也可以看出，高压饱和蒸汽的压力或温度高低对焓值的影响并不大。从锅炉到调浆室外之间有一段输汽管路，饱和蒸汽经过管路时要向外散热，使蒸汽的温度降低，蒸汽中会析出一定量的水分。由于管路压力的降低一般都在1kgf/cm^{2}以下，故析出的水分很少。锅炉烧的饱和蒸汽压力一般都在5kgf/cm^{2}及以上，为保险起见，将煮浆用的饱和蒸汽焓值看作3.5kgf/cm^{2}时的焓值，则每kg蒸汽实际放出的热量q为：

$$q = i_{汽} - i_1 \tag{32}$$

式中：$i_{汽}$、i_1 分别为饱和蒸汽的焓值（652.4kcal/kg）、95℃水的焓值（i_1 = 95kcal/kg）。

设浆液在95℃时的温度为T'_1，把一桶浆液加热到95℃所需的高压蒸汽为W_{q0}（kg），按照前面的叙述，有：

$$W_{q0} = \frac{c(W_{01} + G)(T'_1 - T_{01})}{q} = \frac{c(W_{01} + G)(T'_1 - T_{01})}{i_{汽} - i_1} \tag{33}$$

则浆液升高到95℃的固体量L_1为：

$$L_1 = \frac{\sum_{j=1}^{n} \eta_j G_j}{W_{01} + G + W_{q0}} \tag{34}$$

令浆液升温前固体量L_0与升温至95℃瞬时固体量L_1的比值为ε_1，则有：

$$\varepsilon_1 = \frac{L_0}{L_1} = \frac{\dfrac{\sum_{j=1}^{n}\eta_j G_j}{W_{01} + G}}{\dfrac{\sum_{j=1}^{n}\eta_j G_j}{W_{01} + G + W_{q0}}} = \frac{W_{01} + G + W_{q0}}{W_{01} + G} = 1 + \frac{W_{q0}}{W_{01} + G}$$

$$= 1 + \frac{c(T_1' - T_0)}{i_{汽} - i_1} \tag{35}$$

四、保温煮浆过程的热交换与浆液固体量变化

在保温煮浆阶段（即将浆液烧开后，关小蒸汽阀门，保持浆液温度在95℃以上若干时间），用式（4）可以确定浆液固体量的变化值。

式（4）的物理意义是在浆液温度为 T_1、调浆室温度为 T_0' 的条件下，一缸浆液单位时间向调浆室放出的热量。要是浆液温度 T_1 保持不变（保温），则加热蒸汽也必须同时向浆液输入同等量的热量。故式（4）也可用来计算保温煮浆阶段浆液从蒸汽中吸收的热量。

将式（4）两边对时间 t 求积分，并注意到这个阶段 T_1 为不变的值（常量），则有：

$$Q_1 = cW_1[A + K(T_1 - T_0')]t = cdV_1[A + K(T_1 - T_0')]t \tag{36}$$

每千克浆液所需热量 q_1（kcal/kg）为：

$$q_1 = c[A + K(T_1 - T_0')]t \tag{37}$$

式中：V_1 为浆液体积（L）；d 为浆液比重（kg/L）。

保温煮浆时间 t 由工艺设定，若等号右边其他参数或常数已测知，则保温煮浆阶段所需的热量就可根据式（36）（37）计算出。如果每 kg 高压蒸汽（主体是气态水，略含稍许液态水）下降到浆液温度时变成液态水所放出的热量 q 是已知的，则由下式计算保温煮浆阶段所需的蒸汽重量 W_{q1}（kg）：

$$W_{q1} = \frac{Q_1}{q} \tag{38}$$

如果保温煮浆初始，浆液的固体量为 L_1，浆料的干固量为 $G_{干}$，则：

$$L_1 = \frac{G_{干}}{W_1} \times 100\% \tag{39}$$

那么，保温煮浆结束浆液煮成熟浆时，熟浆的固体量 L_2 则为：

$$L_2 = \frac{G_{干}}{W_1 + W_{q_1}} \times 100\% = \frac{G_{干}}{W_1 + \dfrac{Q_1}{q}} \times 100\% \tag{40}$$

令
$$\varepsilon_2 = \frac{L_1}{L_2} \tag{41}$$

将式（37）~（40）代入，得：

$$\varepsilon_2 = \frac{L_1}{L_2} = \frac{W_1 + W_{q1}}{W_1} = 1 + \left| \frac{c[A + K(T_1 - T_0')]t}{q} \right| \tag{42}$$

式中：$\frac{c[A + K(T_1 - T_0')]t}{q}$表示浆液向外放热，其值为负，而要保持浆液温度不变，而吸热，吸热为正值，故加绝对值号。

又
$$\varepsilon_2 = \frac{L_1}{L_2} = \frac{W_1 + W_{q1}}{W_1} \approx \frac{V_1 + V_Q}{V_1} \tag{43}$$

令：
$$W_2 = W_1 + W_{q1} \tag{44}$$
$$V_2 = V_1 + V_{q1} \tag{45}$$

若煮浆桶处处直径相同，则：

$$h_2 = h_1 + h_{q1} \tag{46}$$

式中：V_{q1}、h_{q1}为保温煮浆期间所用蒸汽重量变成液态水时的体积（L）及所占煮浆桶的高度（cm）。

那么

$$\varepsilon_2 = \frac{L_1}{L_2} = \frac{W_2}{W_1} \approx \frac{V_2}{V_1} = \frac{h_2}{h_1} \tag{47}$$

$$L_2 = \frac{L_1}{\varepsilon_2}$$

则有
$$\begin{cases} W_2 = \varepsilon_2 W_1 \\ V_2 = \varepsilon_2 V_1 \\ h_2 = \varepsilon_2 h_1 \end{cases} \tag{48}$$

例 1：在试验中，将保温煮浆温度定在 95℃，保温煮浆时间为 240min，将表 4-3-2 所求结果 $K=-0.007423$、$A=0.300564$、$T_0=31.875$ 及水的比热 $c=1$kcal/(kg·℃)、水的比重 $d\approx1$kg/L、$q=652.4-95=557.4$（kcal/kg）、浆液体积 $V=719$L 代入式（42），得：

$$\begin{aligned} \varepsilon_2 &= 1 + \left| \frac{c[A + K(T_1 - T_0)]t}{q} \right| \\ &= 1 + \left| \frac{1 \times \{0.300564 + [-0.007423 \times (95 - 31.875)]\} \times 240}{652.4 - 95} \right| \\ &= 1.07265 \end{aligned}$$

$\varepsilon_2=1.07265$ 表示 1kg 浆液在保温煮浆 4h 后增至 1.07265kg，相当每小时增

加 1.82%。

在保温煮浆初给时，若固体量 $L_1 = 10.19\%$，在保温煮浆未了时，由式（48）知，固体量 L_2为：

$$L_2 = \frac{10.19}{1.073} = 9.50\ (\%)$$

至此，熟浆的固体量已计算完毕。由式（48）还可知，保温煮浆结束即为成浆时煮浆桶浆液面高度 h_2 为：

$$h_2 = \varepsilon_2 h_1 = 1.07265 \times 88 = 94.4\ (\text{cm})$$

浆液液面高度比保温煮浆前上升了 6.4cm，实际上升了约 6cm，比较符合实际。

五、整个煮浆过程固体量的变化系数 ε

前面已求出浆液升温前固体量 L_0与升温至 95℃瞬时固体量 L_1的比值 ε_1，又求出保温煮浆开始瞬时浆液固体量 L_1与保温煮浆结束瞬时浆液固体量 L_2的比值 ε_2。

令浆液升温前固体量 L_0与保温煮浆结束瞬时瞬时固体量 L_2的比值为 ε，则有：

$$\begin{aligned}
\varepsilon &= \varepsilon_1 \varepsilon_2 \\
&= \left[1 + \frac{c(T_1' - T_0)}{i_{汽} - i_1}\right]\left\{1 + \left|\frac{c[A + K(T_1 - T_0')]t}{q}\right|\right\} \\
&= \left[1 + \frac{c(T_1' - T_0)}{i_{汽} - i_1}\right]\left\{1 + \left|\frac{c[A + K(T_1 - T_0')]t}{i_{汽} - i_1}\right|\right\}
\end{aligned} \tag{49}$$

式中：T_1'、T_1 都为 95℃（前者将浆液升温至 95℃，后者将浆液保温在 95℃）。

从 ε 的推导过程看，ε 是从一般性的煮浆过程推导出来的。对于淀粉浆情况需略作说明，淀粉浆一般在 50℃要定浓，故浆液是从 50℃开始煮浆到烧开，然后关闭蒸汽阀门焖浆 0.5~1h。故淀粉浆计算 ε 时可不考虑式（49）中的 ε_2 项。同时 T_0 取为 50℃。

不同调浆室温度 T_0'、调浆水温 T_0、保温煮浆时间 t 条件下的 ε_1、ε_2 计算值列于表 4-3-4、表 4-3-5。在表 4-3-4 中调浆室温度 T_0' 夏季按 32℃计算，冬季按 20℃计算。从表中可知 ε 的变化较大，故在煮浆前加水量适当留有余地，在浆料即将煮好前根据规定的固体量再定积。但表 4-3-4 还是有一定的参考意义。夏季可以适当取小值，冬季可适当取较大值。

如果已知比值 ε，要求煮浆桶煮成的熟浆的固体量为 L_2，熟浆的重量为 W_2，求煮浆前的预加水量。求法步骤如下：

（1）确定浆料干固量 $G_{干}$。

$$G_{干} = L_2 W_2 \tag{50}$$

（2）由浆料干固量 $G_{干}$ 和浆料干固率确定浆料重量 G。

（3）初步煮浆前的预加水量。

$$W_{01} = \frac{W_2}{\varepsilon} - G \tag{51}$$

表 4-3-3 饱和蒸汽部分数据

绝对压力 P（kg/cm）	温度 t（℃）	蒸汽焓 I（kcal/kg）	绝对压力 P（kg/cm）	温度 t（℃）	蒸汽焓 I（kcal/kg）
1.0	99.09	638.8	5.0	151.11	656.3
1.5	110.79	643.1	5.5		
2.0	119.62	646.3	6.0	158.8	658.3
2.5	126.79	648.7	6.5		
3.0	132.88	650.7	7.0	164.17	659.9
3.5	138.19	652.4	7.5		
4.0	142.92	653.9	8.0	169.61	661.2
4.5	147.2	655.2			

表 4-3-4 升温煮浆阶段的 ε_1

煮浆形式	保温煮浆温度（℃）	水温（℃）	ε_1
煮化学浆（定积法）	95	14	1.145318
	95	16	1.141729
	95	18	1.138141
	95	20	1.134553
	95	22	1.130965
	95	24	1.127377
	95	26	1.123789
	95	28	1.120201
	95	30	1.116613
	95	32	1.113025
	95	34	1.109437
淀粉浆	100	50	1.089702

表 4-3-5　保温煮浆阶段的 ε_2

煮浆形式	保温煮浆温度（℃）	调浆室温度（℃）	煮浆时间（min）	ε_2
煮化学浆（定积法）	95	32	60	1.017663
	95	32	120	1.035325
	95	32	180	1.052988
	95	32	240	1.07065
	95	20	60	1.027251
	95	20	120	1.054502
	95	20	180	1.081753
	95	20	240	1.109004
50℃定浓煮淀粉浆				1

注　煮浆所用饱和蒸汽的绝对压力按 3.5kgf/cm^2。

（4）实际预加水量要适当少些。因为煮成熟浆前还要用定积法确定最终固体量。因为浆料的干固率和实验室实测的干固率会有差异及浆料制作时的差异，浆液黏度也会有差异，蒸汽含液态水的量有差异。

由于浆液的重量 W（kg）一般不好计量，一般测量浆液的体积 V（L），并近似考虑浆液的比重 $d=1$（kg/L）来计算浆液的重量。

$$W = dV \tag{52}$$

如调浆桶为圆筒，则：

$$W = \pi r^2 dh \tag{53}$$

式中：r 为调浆桶内径（cm）；h 为浆液深度（cm）。

故得出结论：以往调浆确定浆液固体量使用的定积法和定浓法都是实用的、行之有效的方法。对煮浆过程中热交换和固体量的变化进行理论上的分析和研究，目的是更理性地进行煮浆和检查，以减少失误。

第四节　不同温度下生浆浓度与比重的关系

本节讨论 50℃及以下温度时淀粉生浆固体量（浓度）与比重或波美度的关系（这个问题对于自磨淀粉是一个常见问题）。设水的体积为 V_1、重量为 G_1、比重为 d_1，浆料的体积为 V_2、重量为 G_2、比重为 d_2，浆液的体积为 V、重量为 G、比重为 d，在 50℃及以下的较低温度下，淀粉并未溶解，颗粒相对于水分子显得很大，故近似把生浆的体积看作浆料的体积与水的体积之和，即：

$$V = V_1 + V_2 \tag{1}$$

设生浆的浓度为 γ，则有：

$$\gamma = \frac{G_2}{G_1 + G_2} \tag{2}$$

$$1 - \gamma = \frac{G_1}{G_1 + G_2} \tag{3}$$

由于：

$$V_1 = \frac{G_1}{d_1} \tag{4}$$

$$V_2 = \frac{G_2}{d_2} \tag{5}$$

所以：

$$V = V_1 + V_2 = \frac{G_1}{d_1} + \frac{G_2}{d_2}$$

$$d = \frac{G}{V} = \frac{G_1 + G_2}{\frac{G_1}{d_1} + \frac{G_2}{d_2}} = \frac{G_1 + G_2}{\frac{d_2 G_1 + d_1 G_2}{d_1 d_2}} = \frac{1}{\frac{\frac{d_2 G_1}{G_1 + G_2} + \frac{d_1 G_2}{G_1 + G_2}}{d_1 d_2}}$$

$$= \frac{d_1 d_2}{\frac{d_2 G_1}{G_1 + G_2} + \frac{d_1 G_2}{G_1 + G_2}} = \frac{d_1 d_2}{d_2(1 - \gamma) + d_1 \gamma}$$

$$= \frac{1}{\frac{1 - \gamma}{d_1} + \frac{\gamma}{d_2}} \tag{6}$$

整理式（6）有：

$$dd_2(1 - \gamma) + dd_1\gamma = d_1 d_2$$

$$dd_2 - dd_2\gamma + dd_1\gamma = d_1 d_2$$

$$- dd_2\gamma + dd_1\gamma = d_1 d_2 - dd_2$$

$$\gamma = \frac{d_1 d_2 - dd_2}{dd_1 - dd_2}$$

$$= \frac{d_2}{d}\frac{d_1 - d}{d_1 - d_2} \tag{7}$$

式（7）即为生浆固体量（浓度）γ 与生浆比重 d、浆料比重 d_2、水的比重 d_1 的关系表达式。在式（7）中，生浆比重 d 是用波美浓度计来测的。浆料比重 d_2 是玉米淀粉为 1.623kg/L、小麦淀粉为 1.629kg/L。水在不同温度下的比重 d_1 则由

《棉织手册》查得，数值见表4-4-1。但这里不能把水的比重当作1看待，因为在4℃时比重才为1，而在4℃以上热胀冷缩，热胀冷缩对水的比重或浆液比重产生的影响与浆料在浆液中浓度的不同对浆液比重产生的影响在数值上属同一数量级，故不能近似当1看待，否则误差很大。

表4-4-1　水在不同温度下的比重

温度（℃）	1	2	4	10	20	30	40	41
比重（g/L）	999.87	999.97	1000	999.73	998.23	995.67	992.24	991.86
温度（℃）	42	43	44	45	46	47	48	49
比重（g/L）	991.47	991.07	990.66	990.25	989.82	989.4	988.96	988.52
温度（℃）	50	51	52	53	54	55		
比重（g/L）	988.07	987.62	987.15	986.69	986.21	985.73		

在应用式（7）时，若测出的生浆比重是用波美度来表示的，则需先换算成一般法定单位制表示的生浆比重值，换算公式：

$$d = \frac{144.32}{144.32 - \text{波美度}} \tag{8}$$

代入式（7），得：

$$\gamma = \frac{d_2}{144.32} \frac{d_1(144.32 - \text{波美度}) - 144.32}{d_1 - d_2} \tag{9}$$

式（9）即为生浆固体量（浓度）γ与生浆波美度、浆料比重d_2、水的比重d_1的关系表达式。当生浆温度一定时，水的比重d_1也为常数，于是γ与波美度之间的关系为线性关系。因为淀粉浆在50℃定浓，故在50℃时生浆固体量（浓度）γ与波美度关系值最重要。玉米淀粉的比重为1.623，50℃时水的比重为0.98807，代入式（9），于是有：

$$\gamma = (0.030495 + 0.0175 \times \text{波美度}) \times 100\% \tag{10}$$

式（10）说明，波美度每升1度，生浆固体量增加1.75%。将式（10）列成表4-4-2，查起来很方便。从笔者的实践看，表4-4-2的计算值与实际值是比较相符的。

在50℃附近，温度每升高1℃，生浆固体量γ约下降$\gamma/500$（蒸汽汽态水变成液态水冲稀）；若维持波美度不变，温度每升高1℃，则固体量下降0.1%~0.12%。这两项合起来就是温度每升高1℃，固体量下降0.11~0.13%，等同于若生浆固体量γ不变，温度每升高1℃，波美度约下降0.07°Be。了解了这一点，为调浆预测

50℃时的波美度带来很大方便。例如，要使50℃时的波美度为2. 2°Be，在48℃时量得波美度为2. 34°Be，便能知道在50℃时的波美度恰好为2. 2°Be。

表4-4-2 玉米淀粉浆液生浆浓度与波美度的关系

波美度	比重	生浆浓度（%）	波美度	比重	生浆浓度（%）	波美度	比重	生浆浓度（%）
0	1	3. 05	2. 2	1. 0155	6. 9	4. 4	1. 0314	10. 75
0. 2	1. 0014	3. 4	2. 4	1. 0169	7. 25	4. 6	1. 0329	11. 1
0. 4	1. 0028	3. 75	2. 6	1. 0183	7. 6	4. 8	1. 0344	11. 45
0. 6	1. 0042	4. 1	2. 8	1. 0198	7. 95	5. 0	1. 0359	11. 8
0. 8	1. 0056	4. 45	3. 0	1. 0212	8. 3	5. 2	1. 0374	12. 15
1. 0	1. 007	4. 8	3. 2	1. 0227	8. 65	5. 4	1. 0389	12. 5
1. 2	1. 0084	5. 15	3. 4	1. 0241	9	5. 6	1. 0404	12. 85
1. 4	1. 0098	5. 5	3. 6	1. 0256	9. 35	5. 8	1. 0419	13. 2
1. 6	1. 0112	5. 85	3. 8	1. 027	9. 7	6. 0	1. 0434	13. 55
1. 8	1. 0126	6. 2	4. 0	1. 0285	10. 05			
2. 0	1. 0141	6. 55	4. 2	1. 03	10. 4			

有时从泡粉池输入煮浆桶中的浆料并不是仅含有一种成分的浆料，除主浆料淀粉外，往往还含有防腐剂，有时还含有滑石粉。对于防腐剂（如二萘酚），由于重量极小，可忽略不计，但滑石粉的重量却不能忽略。这时仍设浆料的比重为 d_2，其中淀粉的比重为 d_{21}，重量为 G_{21}，滑石粉的比重为 d_{22}，重量为 G_{22}，并设滑石粉占淀粉的重量为 η，仿式（6）的推导过程，有：

$$d_2 = \frac{G_2}{V_2} = \frac{G_{21} + G_{22}}{\dfrac{G_{21}}{d_{21}} + \dfrac{G_{22}}{d_{22}}} = \frac{G_{21}(1 + \eta)}{\dfrac{G_{21}}{d_{21}} + \dfrac{\eta G_{21}}{d_{22}}}$$

$$= \frac{1 + \eta}{\dfrac{1}{d_{21}} + \dfrac{\eta}{d_{22}}} \tag{11}$$

式（11）即为浆料的加权比重 d_2的表达式。然后将式（11）代入式（7），即可求出双组分浆料生浆固体量（浓度）γ。滑石粉比重为2. 7~2. 8。例如玉米淀粉的比重为1. 623，取滑石粉比重为2. 75，若 η =5%，则 d_2=1. 6553。

参考文献

［1］张俊康．喷气织机使用疑难问题［M］．北京：中国纺织工业出版，2001.

［2］吴望一．流体力学：下［M］．北京：北京大学出版社，1983.

［3］叶诗美．工程流体力学习题集［M］．北京：水利电力出版社，1985.

［4］皮利平科．气流引纬［M］．北京：纺织工业出版，1984.

［5］周炳荣．纺纱气圈理论［M］．上海：东华大学出版社，2010.

［6］棉织手册　棉织手册编写组　中国纺织出版社

［7］姚穆，等．纺织材料学［M］．北京：中国纺织工业出版社，1990.

［8］数学手册编写组．数学手册［M］．北京：高等教育出版社，1979.

［9］薛定宇，陈阳泉．高等应用数学问题的 MATLAB 求解［M］．北京：清华大学出版社，2004.

［10］南京工学院数学教研室．数学物理方程与特殊函数［M］．北京：人民教育出版，1978.

［11］张德丰．数值方法［M］．北京：清华大学出版社，2016.

［12］成大先，等．机械设计手册［M］．北京：化学工业出版社，2004.

［13］秦贞俊，陈国忠，等．现代喷气织机及应用．东华大学出版社，2008. 7.

［14］祝章琛．主喷射气流的引纬特性［J］．棉纺织技术，1994（7）．

［15］祝章琛，郑志刚．喷气织机四连杆打纬机构的设计和研究［J］．纺织学报，1986（5）．

［16］韩万军，祝章琛．纬纱张力的测量和分析［J］．陕西纺织，1994.

［17］陈光勇．在层流和紊流中轴向气流对纤维的作用力［J］．

［18］汪黎明，裘品闲，唐衍硕，陈明．引纬气流对纬纱作用的研究［J］．

［19］胡辉．伽辽金法在悬臂梁大挠度问题中的应用　http：//www. cnki. net.

［20］徐霞，陈雪云，郑秀岐，张国盛．纱线毛羽数与毛羽值（H）的相关性分析．维普资讯．

［21］张俊康，张长明，傅鹏超．勒纱轴产生的原因及其预防措施［J］．陕西纺织，1994.

［22］张俊康．异型筘磨损原因与预防措施［J］．棉纺织技术，1990（3）．

［23］张俊康．延长 ZA 型喷气织机异型筘使用寿命的方法［J］．棉纺织技术 1994.7.

［24］张俊康．影响喷气织机流量因素的探讨［J］．陕西纺织，1993（2）．

［25］张俊康．喷气织机各气路流量的测量方法［J］．陕西纺织，1994.

［26］张俊康．喷气织机节气节电问题的探讨［J］．陕西纺织，1990.

［27］张俊康．喷气织机停经装置的使用实践［J］．陕西纺织，1990.

［28］张俊康．喷气织机绳状绞边的织造实践与分析［J］．陕西纺织，1989.

［29］张俊康．喷气织机若干工艺问题浅析［J］．陕西纺织，1994.

［30］张俊康．高档纯棉织物使用化浆的实践［J］．陕西纺织，1991.

［31］周永元．浆料化学［M］．北京：纺织出版社，1985.